第六届全国高等学校优秀测绘教材
教育部高等学校高职高专测绘类专业教学指导委员会组织编写

土木工程测量

（第2版）

王根虎　主编

黄河水利出版社
·郑州·

内 容 提 要

本书共分6个模块,21个单元,主要内容包括测量学的基本知识、测量仪器的使用、地形图的测绘及使用、建筑施工测量、管道与路桥施工测量、房产测量。全书内容体现高职高专教学特点,充分结合工程实践,突出实际动手技能的培养,强调新规范和新技术的应用。

本书可满足高职院校城市规划、建筑设计、建筑施工技术、市政工程、道路桥梁工程、房地产项目管理等专业测量教学的需要,也可作为土木工程技术人员及相关人员学习的参考书。

图书在版编目(CIP)数据

土木工程测量:第2版/王根虎主编;教育部高等学校高职高专测绘类专业教学指导委员会组织编写.—郑州:黄河水利出版社,2011.6

第六届全国高等学校优秀测绘教材

ISBN 978-7-5509-0063-9

Ⅰ.①土… Ⅱ.①王…②教… Ⅲ.①土木工程-工程测量-高等职业教育-教材 Ⅳ.①TU198

中国版本图书馆CIP数据核字(2011)第103588号

出 版 社:黄河水利出版社

地址:河南省郑州市顺河路黄委会综合楼14层　　邮政编码:450003

发行单位:黄河水利出版社

发行部电话:0371-66026940、66020550、66028024、66022620(传真)

E-mail:hhslcbs@126.com

承印单位:黄河水利委员会印刷厂

开本:787 mm×1 092 mm　1/16

印张:21.25

字数:491千字　　　　印数:8 101—12 100

版次:2005年2月第1版　　　　印次:2005年2月第1次印刷

2011年6月第2版　　　　2011年6月第4次印刷

定价:35.00元

前　言

《土木工程测量》自2005年1月出版以来，受到广大读者的欢迎。在我院创建国家级示范院校的过程中，作为优质核心课程重点建设的“土木工程测量”，按照工、学结合的人才培养模式的建设思路和方案，结合教学实践及工程实际，以及兄弟院校的教学经验对原教材进行了重新编写。

编写时，结合课程建设的要求，在对行业和企业进行充分调研的基础上，依据土建类测量职业岗位的技能标准，对课程进行准确定位。在教材内容选取上，以理论知识适度够用为原则，将实际应用与动手操作作为主要内容，把原有课程内容整合成测量学的基础知识、测量仪器及其使用、大比例尺地形图的测绘及其应用、建筑施工测量、管道与路桥施工测量和房产测量等6个模块。通过不同知识模块的组合，以满足建筑工程、建筑学、城镇规划、给水与排水、供热与通风、市政道路工程、房地产管理等专业的测量教学需要。

在内容编排上，每个模块由若干个单元组成，每个单元分解为若干个知识点或技能点。教材内容充分结合工程实践，突出实际动手技能、强调最新规范、体现新技术应用。本教材文字简练，图文并茂，通俗易懂，以提高学生学习的积极性与主动性。

全书共计6个模块，21个单元，97个知识点或技能点。全书由内蒙古建筑职业技术学院王根虎担任主编，李映红担任副主编。参编人员有：内蒙古建筑职业技术学院李映红、郭晓华、董岱、关毅、韩继颖、弓永利、齐秀峰、冯雪力、王跃宾、李杰，内蒙古天基测绘技术有限责任公司张兆玖，内蒙古工程学校黄秀丽。具体编写分工如下：单元一、单元十四、单元十六由王根虎编写，单元二由韩继颖编写，单元三、单元六和单元八由冯雪力编写，单元四和单元七由王跃宾编写，单元五由齐秀峰编写，单元九由郭晓华编写，单元十由关毅编写，单元十一和单元十二由弓永利编写，单元十三由黄秀丽编写，单元十五和单元十七由张兆玖编写，单元十八、单元二十一由董岱编写，单元十九由李杰编写，单元二十由李映红编写。全书由王根虎统稿，由郭晓华担任主审。

由于编者水平有限，书中难免有缺点和不足之处，恳请使用本书的教师及读者批评指正。

编　者

2011年1月

目　录

模块四　建筑施工测量

模块一　测量学的基本知识

本模块包括测量学基础、测量误差的基本知识和直线定向与测量坐标的计算 3 个单元,是学好土木工程测量课程的基本知识,是进行施工测量的理论基础。

单元一　测量学基础

教学内容

本单元包括测量学的概念、测量学在土木工程中的作用、地面点位置的确定、测量工作的内容和测量工作的原则等内容。

能力目标

通过本单元的学习,使学生了解本课程的主要内容、任务和学习方法,理解地面点位的确定方法和测量工作的程序、特点及要求,掌握测量学的定义及高程、大地水准面和独立平面直角坐标系列的概念。本单元以测量基本知识为主,为学生学习本课程打好理论基础。

知识点一　测量学的概念

"测量"(Surveying)一词最早出现于古埃及,当时由于尼罗河河水泛滥,需要对土地重新丈量,因此也就是"土地划分"的意思。在中国,根据《史记 · 夏本记》中"左准绳,右规矩"的记载,早在夏禹治水的时候就已产生了测量。

随着人类生产和科技的发展,就目前而言,测量学就是研究应用测量仪器和工具度量地球或地球局部区域的形状、大小与地表各种物体的几何形状及其空间位置,并把度量结果用数据或图形表示出来的科学。它的实质就是确定地面点的位置。

测量学因研究的范围和对象不同,产生了许多分支学科。

一、地形测量学

当研究的对象仅是地球自然表面上的一个小区域,且将这个区域投影到地球曲面上时,由于地球的半径很大,故可以把该区域的投影球面当做平面,而不考虑其曲率。研究这类小区域地球表面形状和大小的学科称为地形测量学或普通测量学。它研究的内容可以用文字、数字或符号记录下来,按一定的比例缩小并描绘在图纸上成为与地面保持相似的地形图。

二、大地测量学

当研究的对象是地球表面上一个较大的区域甚至是整个地球时,就必须考虑地球的曲率。这种以研究广大地区为对象的学科称为大地测量学。它的基本任务是建立国家大地控制网和控制点,测定地球的形状、大小和研究地球重力场的理论、技术与方法。

三、摄影测量学

利用摄影像片来研究地球表面形状和大小的学科称为摄影测量学。按获得照片的方式不同,摄影测量学又可分为地面摄影测量学、航空摄影测量学、水下摄影测量学和航天摄影测量学等。

四、工程测量学

为了满足城市建设、大型厂矿建设、水利枢纽、农林、道路修建等方面在勘测设计、施工放样、竣工验收和工程保养等各阶段所需要的测量工作的理论、技术和方法的学科称为工程测量学。工程测量学按所服务的工程种类不同,也可分为建筑测量、线路测量、桥梁与隧道测量、矿山测量、城市测量和水利测量等。

五、海洋测量学

以海洋和陆地水域为对象所进行的测量和海图编制工作,称为海洋测量学。

六、地图学

利用测量所提供的成果资料,研究如何投影缩绘成地图,以及地图制作的理论、工艺、技术和应用等方面的学科称为地图学。

近年来,由于人造卫星的发射及电子技术的发展,测量内容已由常规的大地测量发展到全球卫星定位系统(简称 GPS)。这一技术已应用到大地控制测量、工程定位、军事测量等方面。测量由地面摄影测量和航空摄影测量发展到遥感系统(简称 RS),已广泛应用于防洪抗灾、森林防火、土地调研等领域。由光电仪器及计算机等学科的综合应用,发展到电子平板测图及自动收集、处理测量数据的地理信息系统(简称 GIS),测量的对象也由地球表面扩展到外围空间,由静态发展到动态,测量仪器已由传统的光学仪器向电子化、智能化发展。

本书的主要内容包括普通测量学和部分工程测量学,着重介绍常规测量仪器的构造与使用、大比例尺地形图的测绘与应用以及一般工程的施工测量。

知识点二　测量学在土木工程中的作用

测量学广泛应用于土木工程的勘测、设计、施工和运营管理各个阶段。根据不同的施测对象和阶段,测量的作用如下。

一、测图

在工程规划设计阶段，首先要测绘建筑区域的形状和大小、地面的起伏形态（地貌）和固定性物体（地物）的地形图，为设计提供详细、准确的各种比例尺图件和测绘资料，以便确定布局合理、经济实用的设计与规划方案。建筑物竣工后，为了工程验收和以后的维修管理，还需要测绘竣工图。

此外，与建筑工程相关的土地划拨、产权边界测定等，需要测绘只表示地物平面尺寸和位置的平面图。对于道路、管线和特殊构造的设计，还需要测量带状图及沿一定方向表示地面起伏变化的断面图。

二、用图

若要做出经济、合理、实用、美观的建筑设计方案，就必须充分利用地形，合理使用土地，处理好建筑与环境之间的关系，使建筑形式、布局与地形构成协调统一的整体。因此，使用地形图、地物图和断面图等测绘资料就贯穿于工程设计阶段的全过程。

用图是一个逆用成图知识的过程。成图是将地物、地貌的相关位置转换为图面符号之间的位置，用图则相反，是将图面符号还原为地物、地貌，以及它们相应的形状、大小和位置。

三、测设

在施工前，需要根据设计图纸的要求，将图纸上设计好的建（构）筑物的位置在施工场地上标定出来，作为施工位置的依据。在施工过程中，及时为施工提供所需的轴线及标高，以保证按图施工、实现设计意图。同时，要采用测量的方法对施工和安装工作进行几何尺寸、平面位置及标高等检验、校核，以满足设计要求，保证结构安全。

测设是测图的逆过程。测图是将地面上的点位测绘到图上，测设则是将图上的设计点位放样到地面上，二者测量过程相反。测设工作贯穿于施工全过程。

四、监测

对于一些有特殊要求的建筑物，为了监视在各种应力作用下的安全性和稳定性，或检查其设计理论和施工质量，还需要进行变形监测。变形监测包括沉降观测、位移观测、倾斜观测和裂缝观测等。

由此可见，在土木工程各阶段的实施中自始至终都需要测量工作，而测量的精度和速度直接影响到整个工程的质量与进度。因此，测量对指导工程设计、要求按图施工、鉴定工程质量、保证工期及安全运营管理等都起着十分重要的作用。

知识点三　地面点位置的确定

一、地球的形状和大小

测量工作大多在地球表面上进行，测量点位的确定、测量成果的计算与处理都与地球的形状和大小密切相关。因此,首先必须认识地球的形状和大小。

地球是一个表面形状极不规则的球体,其上有高山、丘陵、平原、江河湖泊和海洋等。地球上最高的珠穆朗玛峰高出海平面 8 844.43 m,最低的太平洋马里亚纳海沟低于海平面约 11 034 m,二者相差近 20 km,但是与地球的半径相比,是微不足道的。在地球表面上海洋的面积约占 71%,而陆地的面积仅占 29%。因此,人们就把海水包围的球体看做地球的形状。

描述这样一个复杂表面上各点的位置,就要选择一个基准面作为依据。由于地球表面上海洋的面积约占 2/3,因此人们很自然地把理想静止的海水表面选为基准面。静止的(海)水面称为水准面,与水准面相切的平面称为水平面。海水表面有涨有落,因此水准面不是唯一的。但是,某一点多年平均海水面的位置基本上是稳定的,所以人们就选取经过本国或本地区某一点的平均静止的海水面为唯一的基准面,称为大地水准面。它穿过大陆与岛屿延伸所形成的一个闭合曲面所包围的形体称为大地体。

由于地球的自转运动,地球上任一点都要受到离心力和吸引力的作用,这两个力的合力称为重力。重力的作用线为铅垂线,铅垂线是测量工作的基准线,而静止的水表面处处与铅垂线垂直,所以大地水准面也就必然保持这一特征。但是,由于地球内部质量分布不均匀,引起铅垂线的方向产生不规则的变化,致使大地水准面成为一个不规则的复杂曲面,如图 1-1(a)所示,它不能用一个规则几何形体和数学公式表达。若把地球的自然表面投影到这个曲面上,就很难进行测量的计算与制图工作。为此,人们就采用一个与大地水准面非常接近的规则的几何表面来代替它,以表示地球的形状与大小,这个规则的几何表面就称为地球椭球面,它所包围的形体称为地球(参考)椭球体,如图 1-1(b)所示,作为测量工作和制图工作的基准面。地球(参考)椭球体由椭圆 NESW 绕其短轴 NS 旋转而成,如图 1-2 所示。它的形状与大小通常以其长半径 a、短半径 b 和扁率 α 来表示。我国目前采用的元素值为 $a = 6\ 378\ 140$ m,$b = 6\ 356\ 755$ m,$\alpha = \dfrac{a-b}{a} = \dfrac{1}{298.253}$,并选择陕西省泾阳县永乐镇某点为大地原点,进行大地定位。由此而建立起的国家坐标系,就是现在使用的"1980 年国家大地坐标系"。

由于地球(参考)椭球体的扁率很小,在小范围内可近似地把它作为圆球体,其半径为

$$R = \frac{1}{3}(2a + b) = 6\ 371 \text{ km}$$

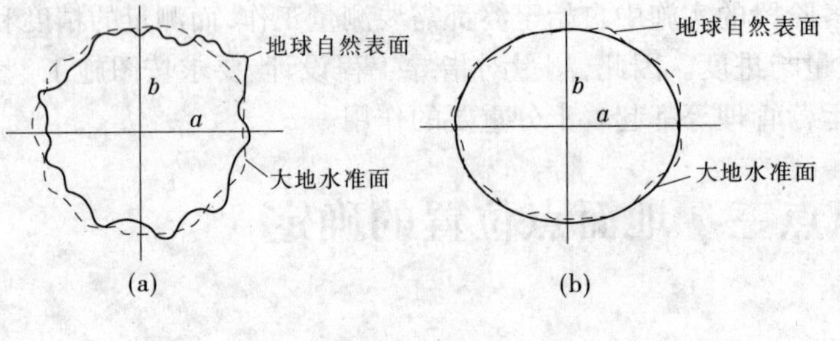

图 1-1

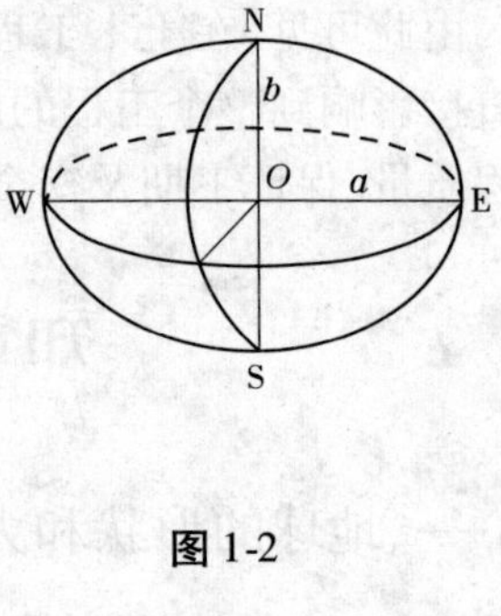

图 1-2

二、地面点位置的确定

从几何学可知，一个点的空间位置需要用三个量来确定，即三维空间坐标。同样，在确定地面点位时，也采用三维空间坐标来表示。在大范围内，用球面坐标系的两个坐标表示地面点投影到椭球体表面上的位置；在小范围内，用平面直角坐标系中两个坐标表示地面点投影到水平面上的位置，第三个坐标用高于或低于大地水准面的铅垂距离来表示，如图 1-3 所示。

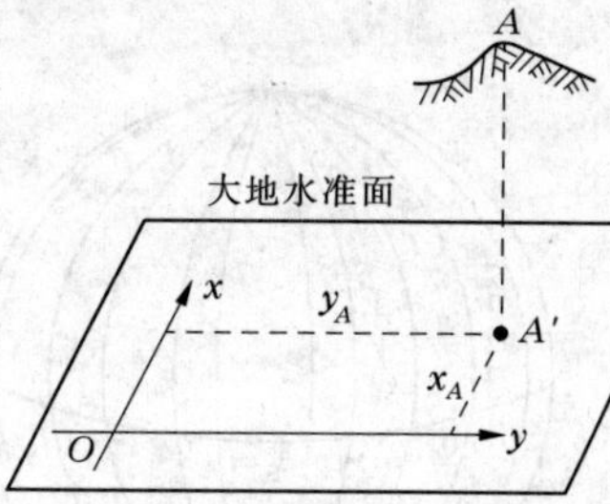

图 1-3

（一）地面点在投影面上的坐标

1. 地理坐标

在大区域内或从整个地球范围内来考虑点的位置，常用经度 λ 和纬度 φ 表示，称为地理坐标。如图 1-4 所示，N、S 为地球北极和南极，NS 称为地轴，O 为地球的中心。

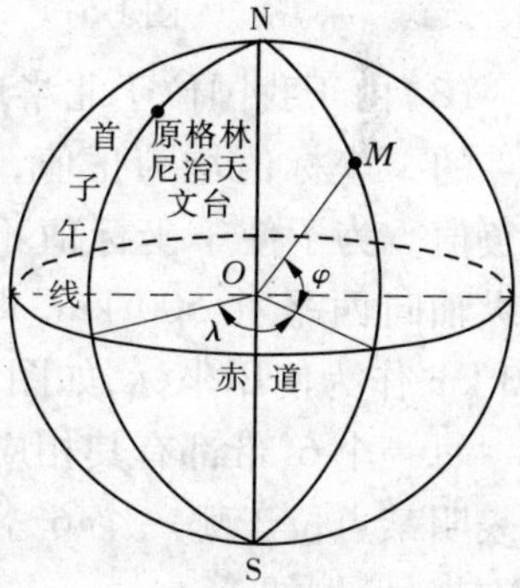

图 1-4

通过地球的中心且垂直于地轴的平面称赤道面，它与地球表面的交线称地球赤道线。

经过地轴所作的平面称为子午面。子午面与地球表面的交线称为子午线。其中，通过原格林尼治天文台（国际协议原点 C_1O）的子午面和子午线分别称为首子午面和首子午线。

地面上某一点 M 的经度就是通过该点的子午面与首子午面间的夹角，用 λ 表示。经度从首子午线起向东自 0°～180°称为东经，向西自 0°～180°称为西经。

M 点的纬度就是过该点的铅垂线与赤道平面间的夹角，用 φ 表示。纬度从赤道起向北自 0°～90°称为北纬，向南自 0°～90°称为南纬。

地面上每一点都有一对地理坐标。例如，位于呼和浩特市某点的地理坐标为东经 111°42′、北纬 40°52′。知道了某一点的地理坐标，就可以确定该点在大地水准面上的投影位置。

2. 高斯平面直角坐标

地理坐标是球面坐标，在国家的中、小比例尺地图绘制中经常采用。在工程建设设计、施工中使用的大比例尺地形图，则用高斯平面直角坐标来确定地面点的平面位置。

高斯平面直角坐标系建立的要点如下所述：

（1）把地球表面每隔一定的经度差（6°）划分一带，整个地球分为 60 个带，并从首子午线开始自西向东编号，如图 1-5 所示，东经 0°～6°为第 1 带，6°～12°为第 2 带……位于每带中央的子午线为中央子午线。如第 1 带中央子午线的经度为 3°，任一带的中央子午线经度为

$$\lambda_0 = 6°N - 3° \tag{1-1}$$

式中　N——带的编号。

(2)以每条带的中央子午线为坐标系纵轴 x,赤道为横轴 y,其交点为坐标系原点 O,从而构成使用于这一带的高斯平面直角坐标系,如图 1-6 所示。在这个投影面上的每一个点的位置,就可用直角坐标 x、y 值来确定。

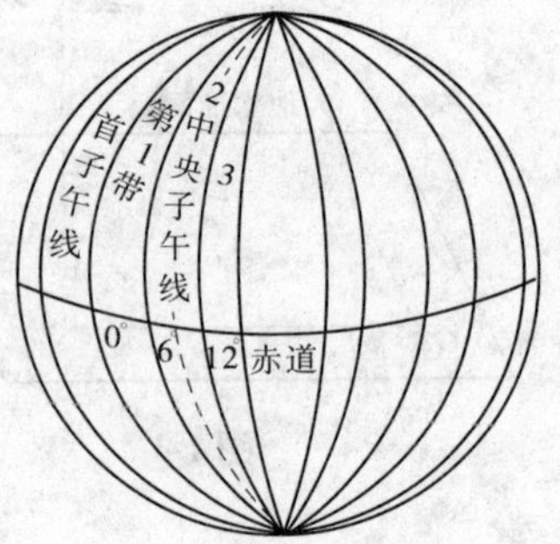

图 1-5

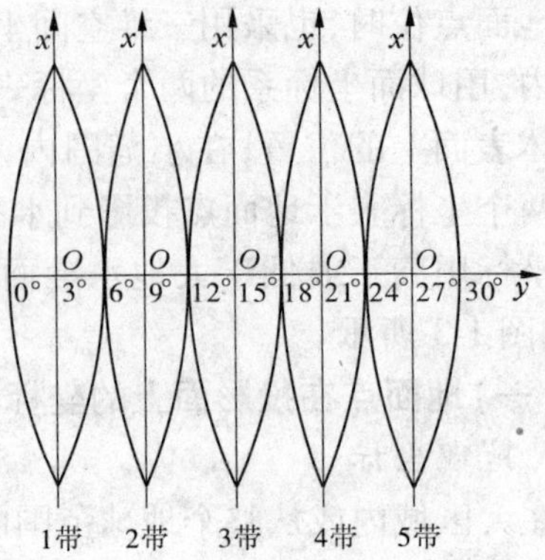

图 1-6

(3)由于我国位于北半球,所以在我国范围内所有点的 x 坐标值均为正值,而 y 坐标值则有正值也有负值。为了使 y 坐标值不出现负值,人为地把坐标纵轴向西平移 500 km,即把实际 y 坐标值加上 500 km 作为使用坐标,如图 1-7 所示。

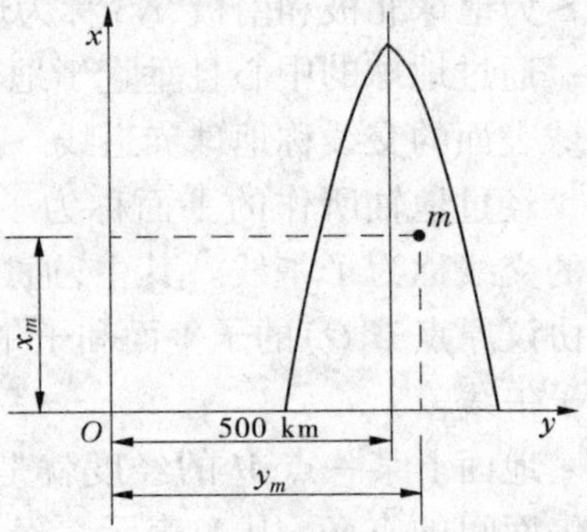

图 1-7

每一个 6°带都有其相应的平面直角坐标系。为了表明某点位于哪一个 6°带,规定在横坐标值前面加上带号,例如

$$x_m = 3\ 218\ 643.98\ \text{m}$$

$$y_m = 20\ 587\ 307.25\ \text{m}$$

此处,y 坐标的前面两位数字"20"表示该点位于第 20 带。

在高斯投影中,离中央子午线近的部分变形小,离中央子午线愈远变形愈大,两侧对称。因此,要求投影变形更小时,应采用 3°带。3°带是从东经 1°30′起,每隔经差 3°划分一个带,整个地球划分为 120 个带,每一个带按前面所述方法,建立起各自的高斯平面直角坐标系,如图 1-8 下半部分所示。各带的中央子午线经度为

$$\lambda_0' = 3°n \tag{1-2}$$

式中　n——带的编号。

3. 假定(独立)平面直角坐标

在小范围内(一般半径不大于 10 km 的范围内),把局部地球表面上的点以正射投影的原理投影到水平面上,在水平面上假定一个直角坐标系,用直角坐标描述点的平面位置,如图 1-9 所示。

假定平面直角坐标的建立方法,一般是在测区中选一点为坐标原点,以通过原点的真南北方向(子午线方向)为纵坐标 x 轴方向,以通过原点的东西方向(垂直于子午线方向)为横坐标 y 轴方向。为了便于直接引用数学中的有关公式,以右上角为第Ⅰ象限,顺时针排列,依次为Ⅱ、Ⅲ、Ⅳ象限。为了避免在测区内出现负坐标值,原点坐标多定为一个足够

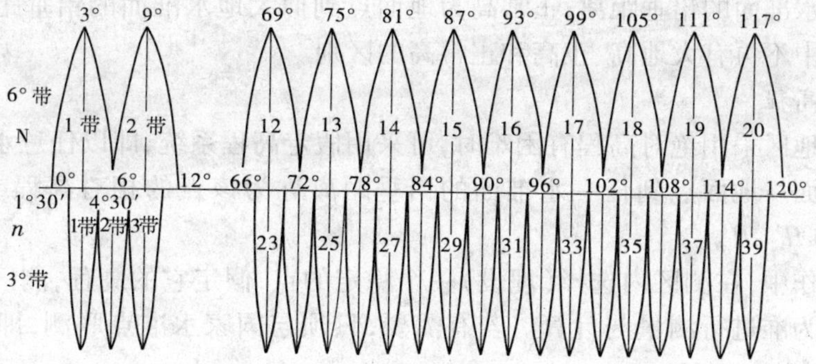

图 1-8

大的整数，如图 1-9 中 $x_{原}$ = 300 000 m，$y_{原}$ = 500 000 m。

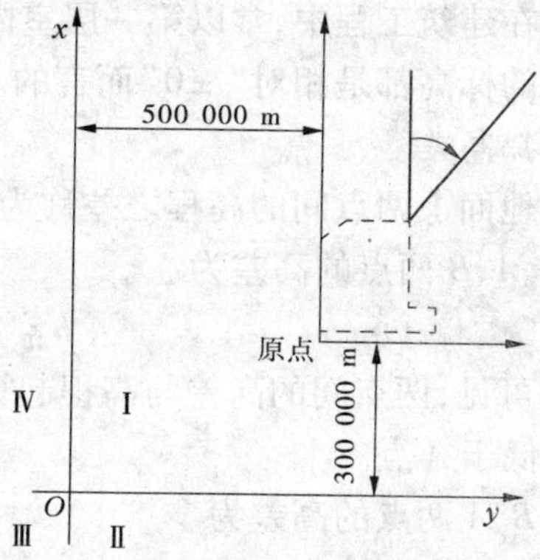

图 1-9

直角坐标系建立后，地面上各点的位置都可以用坐标(x，y)表示，即地面点可用坐标反映在图纸上，图上的点也可以用坐标准确地反映在地面上。假定平面坐标施测完毕以后，尽量与国家坐标系联测(即进行坐标轴的换算)。

4. WGS－84 坐标

1984 年美国国防部为进行 GPS 导航定位建立的地心坐标系，英文全称为 World Geodetic System(世界大地坐标系)，简称 WGS－84 坐标。它可以和 1954 北京坐标系或 1980 国家(西安)大地坐标系等参心坐标系相互变换。

(二)地面点的高程

为了确定地面的点位，除要知道它的平面位置外，还要确定它的高程。

1. 绝对高程

地面点到大地水准面的铅垂距离称为该点的绝对高程，简称高程(或海拔)，用 H 表示，如图 1-10 所示。地面点 A、B 的绝对高程分别为 H_A、H_B。海水受潮汐和风浪的影响，是个动态曲面，我国在青岛设立验潮站，长期观测和记录黄海海水面的高低变化，取其平均值作为大地水准面的位置(其高程为零)，将此水准面作为我国计算高程的基准面，并在青岛建立了水准原点。

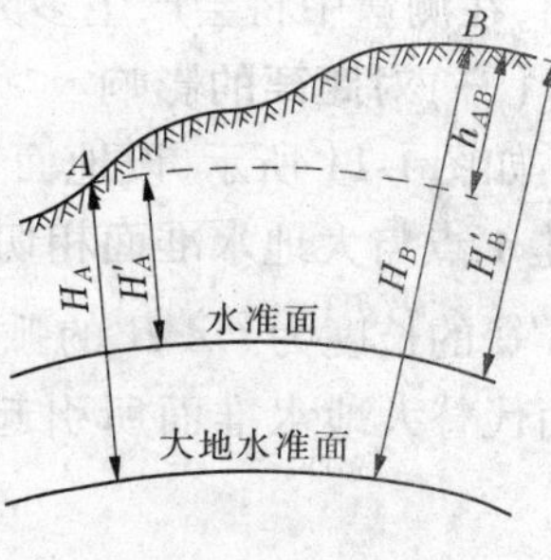

图 1-10

目前，我国采用“1985 年国家高程基准”，它是采用青岛验潮站 1953～1977 年验潮资料计算确定的，并能算得青岛水准原点高程为 72. 260 m，全国各地的高程都以它为基准进行测算(原 1956 年高程基准和青岛水准原点高程 72. 289 m，已由国测发[1987]198 号文件通告废止)。

在高精度的测量中，根据选择高程基准面不同，地面点的高程可分为大地高、正高和正常高等。大地高为地面点到参考椭球体面的垂直距离，可用 GPS 技术测出；正高为地面点到大地水准面的铅垂距离；正常高为地面点到似大地水准面的铅垂距离。在一般工程实际应用中不再有大地高、正高和正常高的区别。

2. 相对高程

当个别地区采用绝对高程有困难时，可采用假定高程系统，即以任意水准面作为起算高程的基准面。地面点到任一水准面的铅垂距离称为该点的相对高程或假定高程，如图 1-10 中的 H'_A、H'_B。

实际工作中，在测区内选择（埋设）一个稳定的点，假定它的高程，测区内其余各点的高程都以它为准进行测量与计算。若有需要，只须与国家水准点联测，即可换算成绝对高程。

3. 建筑标高

在建筑工程中，常以第一层室内地坪作为该建筑的高程起算面，称为"±0"，建筑各部位的标高都是相对"±0"而言的。

4. 高差

地面上两点间的高程之差称为高差，用 h 表示。高差有方向且有正负之分，如图 1-10 所示，A、B 两点的高差为

$$h_{AB} = H_B - H_A = H'_B - H'_A \tag{1-3}$$

由此可见，两点间的高差与高程起算面无关。当 h_{AB} 为正时，B 点高于 A 点；当 h_{AB} 为负时，B 点低于 A 点。

B、A 两点的高差为

$$h_{BA} = H_A - H_B = H'_A - H'_B \tag{1-4}$$

由此可见，A、B 两点的高差与 B、A 两点的高差绝对值相等，符号相反，即 $h_{BA} = -h_{AB}$。

三、用水平面代替水准面的范围

如前所述，在小范围测区内，可以用水平面来代替水准面，那么，把水准面看成一个水平面，在测量中将会产生多大的误差影响呢？为讨论方便，仍假设地球是一个圆球。

（一）对距离的影响

如图 1-11 所示，设地面上 A、B 两点，沿铅垂线方向投影到大地水准面得 A'、B'两点。用过 A'点与大地水准面相切的平面来代替大地水准面，则 B 点在水平面上的投影为 C。设 $A'C$ 的长度为 t，$A'B'$的弧长为 s，则两者之差即为用水平面代替大地水准面所引起的距离误差，用 Δs 表示，则有

$$\Delta s = t - s = R(\tan\theta - \theta) \tag{1-5}$$

将 $\tan\theta$ 用级数展开

$$\tan\theta = \theta + \frac{1}{3}\theta^3 + \frac{5}{12}\theta^5 + \cdots$$

因为 θ 很小，所以只取前两项代入式（1-5），可得

$$\Delta s = \frac{1}{3}R\theta^3$$

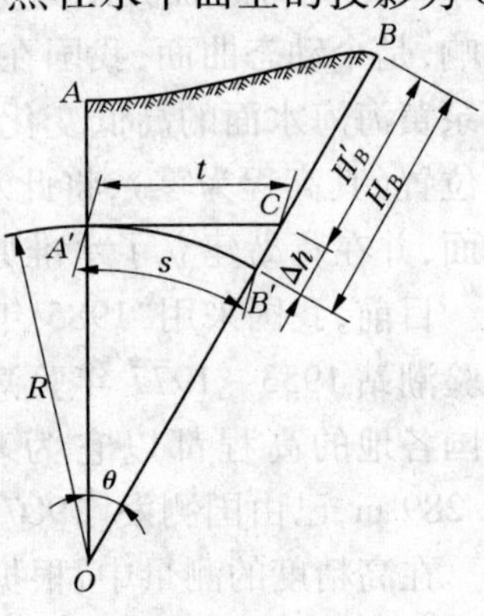

图 1-11

又因

$$\theta = \frac{s}{R}$$

所以

$$\Delta s = \frac{s^3}{3R^2} \tag{1-6}$$

或

$$\frac{\Delta s}{s} = \frac{s^2}{3R^2} \tag{1-7}$$

以地球半径 $R=6\ 371$ km 及不同的距离 s 代入式(1-7)中,可得到表 1-1 所列的结果。

表 1-1　水平面代替大地水准面对距离的影响

s (km)	Δs (cm)	$\Delta s/s$
10	0.82	1:1 219 600
20	6.57	1:304 400
50	102.65	1:48 700

由表 1-1 可知,当水平距离为 10 km 时,用水平面代替水准面所产生的误差为距离的 1/1 219 600,而目前最精密的量距误差为距离的 1/1 000 000。所以,在半径为 10 km 的测区范围内进行距离测量时,可以把水准面当做水平面,不必考虑地球曲率的影响。

(二)对高程的影响

如图 1-11 所示,地面点 B 的绝对高程为 H_B。当用水平面代替大地水准面时,B 点的高程应为 H_B',其差数即为用水平面代替大地水准面所产生的高程误差,用 Δh 表示,可得

$$(R+\Delta h)^2 = R^2 + t^2$$

$$\Delta h = \frac{t^2}{2R+\Delta h} \tag{1-8}$$

因为 t 和 s 相差较小,取 $t\approx s$;又因为 Δh 远小于 R,取 $2R+\Delta h\approx 2R$,代入式(1-8)得

$$\Delta h = \frac{s^2}{2R} \tag{1-9}$$

以地球半径 $R=6\ 371$ km 及不同的距离 s 值代入式(1-9)可得到表 1-2 所列结果。

表 1-2　水平面代替大地水准面对高程的影响

s(km)	0.1	0.2	0.5	1.0	2.0	3.0	4.0	5.0
Δh(cm)	0.08	0.31	2.0	7.8	31.4	71	126	196

由表 1-2 可以看出,地球曲率对高程的影响很大。因此,在较短的距离内,也应考虑地球曲率对高程的影响。

知识点四　测量工作的内容

地面点位可以用它在投影面上的坐标和高程来确定。地面点的坐标和高程在实际工

作中并不是直接测定的，而往往都是通过测量地面点的相互关系经过推算得到的。在图1-12中，如已知点1坐标(x_1, y_1)，那么通过测量角度α、β_2、β_3…和距离D_1、D_2…就可以运用几何关系推算出点2、3…的坐标。应该注意的是，为了测算地面点的坐标，要观测的是它们投影到水平面上以后投影点之间所组成的角度和边长即水平角和水平距离，而不是地面点之间所组成的角度和边长。同理，如果知道点1的高程，又测得了各相邻点间的高差，那么点2、3…的高程也可以推算得到。所以，测量水平角、水平距离和点位之间的高差就是测量工作的三个主要内容，而x、y、H是确定地面点的平面位置和高程的三个要素。

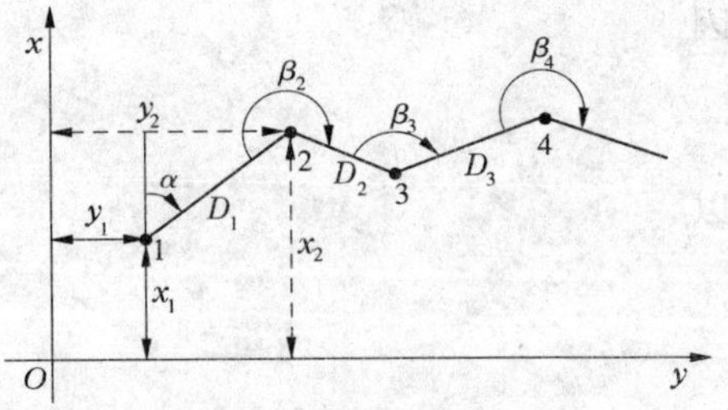

图1-12

知识点五　测量工作的原则

一、测量工作的组织原则

无论是测绘还是测设，最基本的问题是测定点的位置。为了避免误差的积累与传递，保证测区内一系列点位之间具有必要的精度，测量工作必须遵循“从整体到局部”、“由高级到低级”、“先控制后碎部”的原则。为此，应首先在测区内选定一些起主导作用的点位，组成一定的几何图形，如图1-13中1、2、3点位等，使用较精密的仪器和科学的测量方法，测量其平面位置和高程。这些点位精度较高，起着整体控制的主导作用，这些点称为控制点。由一系列控制点所构成的几何图形称为控制网。测量控制点平面位置的工作称为平面控制测量，测量控制点高程的工作称为高程控制测量。在控制点的基础上，测量控制点与其周围碎部点间的相对位置，称为碎部测量或地形测量。

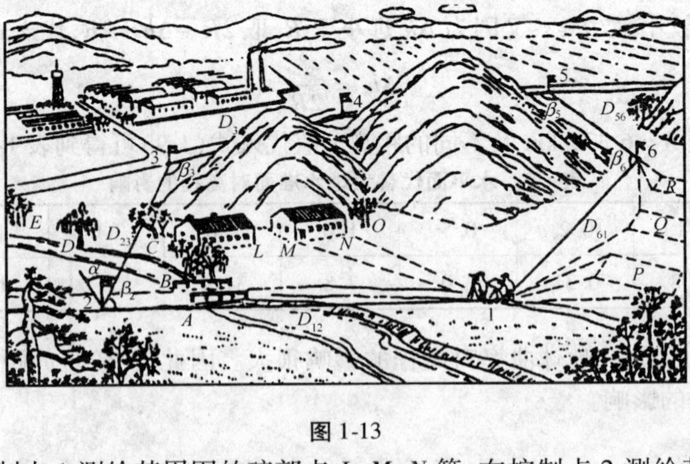

图1-13

例如，在控制点1测绘其周围的碎部点L、M、N等，在控制点2测绘其周围的碎部点A、B、C等。由于控制点之间相互联系成一个整体，所以全测区内碎部点的相对位置也相互联系成一个整体。这样，碎部测量的精度虽然比控制点测量的精度低，但是碎部点的位置都是从控制点测定的，所以误差不会从一个碎部点传递到另一个碎部点。在一定的观测条件下，使各个碎部点能保证它应有的精度。这种“从整体到局部”、“先控制后碎部”的测量工作组织原则，无论是地形图测绘还是施工测量工作都是本着这一基本原则进行的。它既可以保证全测区的整体精度，不致使碎部测量的误差累积起来，同时可以根据控制网把整个测区划分成若干个局部，展开几个工作面同时施测碎部，加快测量进度。

测量工作有内业和外业之分。为了确定地面点的位置，利用测量仪器和工具在现场进行测角、量距和测高差等工作，称为测量外业。将外业观测数据、资料在室内进行整理、计算和绘图等工作，称为测量内业。测量成果的质量取决于外业，但外业又要通过内业才能得出成果。因此，不论外业还是内业，都必须坚持“边测量边校核”的原则，这样才能保证测量成果的质量和较高的工作效率。

二、对测量人员的基本要求

进行测量工作时，除按照上述基本原则外，测量人员还必须注意以下基本要求。

(1)地面点是地球表面的客观存在，地面点的位置应“实事求是”地在测量成果中反映出来。否则，作为工程建设设计、施工中必不可少的测量资料，就会误导设计及施工造成不必要的返工浪费。因此，测量人员应当具备“认真负责，实事求是”的基本品质。

(2)测量工作总是以队、组的集体形式进行的，因此测量人员只有做到团结互助，紧密配合，才能做好测量工作。

(3)测量是一项比较艰苦的工作，无论是地形测绘，还是施工现场测量，经常是白天外业观测，晚上还需要进行内业计算和制图。因此，测量人员必须具有吃苦耐劳的工作作风。

(4)测量仪器和工具是保质保量完成测量和施工放样的根本，如不准确就无法进行测量工作。因此，测量人员必须爱护仪器，定期检校仪器和工具，并在工作中养成正确使用仪器的良好习惯。

(5)测量记录和测绘的图纸是外业工作的成果，也是评定观测质量、使用观测成果的基本依据。因此，必须认真做好记录工作，要做到内容真实、完善，书写清楚、整洁，要保持记录的“原始性”。工作结束后，及时整理归档。

(6)测量标志是测量工作的重要依据，因此要做好标志的设置与保护工作。

(7)随着科学技术的发展，测量工作的理论、方法及所使用的仪器和计算工具在不断地发展和进步，测量人员要不断学习掌握新技术，才能更加精确、快速地进行测量工作，为建筑施工服务。

思考与练习题

1. 测量学的定义及实质是什么?
2. 测量学在土木工程中的作用有哪些?
3. 什么叫水准面? 它有什么特性?
4. 什么叫大地水准面? 它在测量中的作用是什么?
5. 地球(参考)椭球体的元素包括哪些? 我国目前采用的椭球体元素值是多少?

6. 高斯平面直角坐标系建立的要点有哪些？

7. 测量学上的平面直角坐标系与数学中的平面直角坐标系有何不同？

8. 什么叫绝对高程、相对高程和高差？绝对高程有没有负值？建筑物的“ ±0”是什么高程？

9. 某地假定水准面的绝对高程为 189.764 m，测得一地面点的相对高程为 85.238 m，试推算该点的绝对高程，并绘图说明。

10. 已知 $H_B = 150.000$ m，$h_{BA} = -1.000$ m，求 H_A。

11. 哪些是确定地面点位的基本要素？测量工作的三个基本内容是什么？

12. 测量工作的组织原则有哪些？为什么？

13. 测量工作者必须具备哪些基本素质？

单元二　测量误差的基本知识

教学内容

本单元主要包括测量误差的概念及来源、误差的分类、衡量精度的标准、误差传播定律、算术平均值及其中误差等内容。

能力目标

通过本单元的学习，使学生了解观测值、观测误差的概念，认识观测条件对观测值质量的影响，熟知测量平差的任务，掌握误差的分类，学会区分偶然误差、系统误差，以及运用误差传播定率了解测量计算中数字凑整规则，使学生在土木工程测量范围内，对误差有较全面的了解。

知识点一　测量误差的概念及来源

一、观测值与观测误差

通过测量仪器、工具等任何手段获得的以数字形式表示的空间信息，称为观测值，例如用仪器观测地面上两点的角度值、距离值、高差值等。

对某一未知量在相同条件下进行若干次观测，每次所得结果是各不相同的。比如，在测量中对一段距离、一个角度或两点间的高差在相同条件下进行多次重复观测都会出现这种情况。但是，只要不出现错误，每次所得的观测值是非常接近的，这些值与所观测的量的真值或理论值相差无几。我们把观测值与真值或理论值之间的差异称为观测误差，简称真误差或误差，用 Δ 表示。

若用 L 表示观测值，$\tilde{L}$表示真值，则观测误差 Δ 的定义为

$$\Delta = L - \tilde{L} \tag{2-1}$$

本单元讨论的对象与目的就是通过对误差的研究求得所观测量的最可靠值（最或是值）评定观测的可靠程度（精度）。另外，为保证测量结果满足规范与施工精度的要求，保证质量，可以在施测之前选用相应的仪器类型和方法。

在测量过程中，也会因各种原因出现某些错误。错误是不属于误差范围的另一类问题。因为错误是由于粗心大意或操作错误所致，故错误的结果与观测值的量无任何内在关系。尽管错误难以完全杜绝，但是可以通过观测与计算中的步步校核，把它从成果中剔除掉，保证成果的正确可靠。

二、误差的来源

观测误差产生的原因是多种多样的，但由于任何观测值的获取都要具备人、仪器、外

界环境三要素，所以观测误差产生的原因可归结为下列三方面：

(1)仪器工具的影响。仪器误差的影响可从两个方面来理解：一是仪器本身固有的误差，如用只有厘米分划的水准尺进行水准测量时，就很难保证在厘米以下的读数准确无误；二是仪器检校时的残余误差，如水准仪的视准轴不平行于水准轴而产生的 i 角误差等。

(2)观测者的影响。人的感觉器官有一定的限度，特别是人的眼睛分辨能力的局限性，在仪器的安置、对中、整平、照准、读数等方面都会给测量成果带来误差。同时，在观测过程中操作的熟练程度、习惯都有可能给测量成果带来误差。

(3)外界环境的影响。观测时所处的外界条件，如温度、湿度、风力、大气折光等因素都会对观测结果直接产生影响。同时，随着温度的高低、湿度的大小、风力的强弱以及大气折光的不同，它们对观测结果的影响也随之不同，因而在这种客观环境下进行观测，就必然使观测的结果产生误差。

上述仪器、观测者、外界环境三方面的因素是引起误差的主要来源。因此，我们把这三方面的因素综合起来称为观测条件。不难想象，观测条件的好坏与观测成果的质量有着密切的联系。当观测条件好时，观测中产生的误差平均来说就可能相对小些，因而观测质量也会高些；反之，当观测条件差时，观测成果的质量就会低些。如果观测条件相同，观测成果的质量也就可以说是相同的。

知识点二　误差的分类

根据观测误差对观测结果影响的性质，可将误差分为系统误差和偶然误差（随机误差）两种。

一、系统误差

在相同的条件下，做一系列观测，其误差常保持同一数值、同一符号，或者随观测条件的不同，其误差按照一定的规律变化，这种误差称为系统误差。

系统误差有以下特点：

(1) 大小（绝对值）为一常数或按一定规律变化。

(2) 符号（正、负）保持不变。

(3)具有累积性，即误差大小以一定的函数关系累积。

对于系统误差可采用两种办法加以消除或抵消。第一种方法是通过计算改正加以消除，如在用钢尺量距时进行尺长、温度和倾斜的改正。第二种方法是在观测时采取适当措施加以抵消，如经纬仪观测时用正倒镜取平均值可以抵消视准轴不垂直于横轴和横轴不垂直于竖轴的误差，在水准测量中前、后视距相等可以抵消水准管轴不完全平行于视准轴的误差，同时也可以抵消地球曲率和大气折光的影响。在另一方面尽量提高观测者的技能与熟练程度，最大限度地减少人为影响。

二、偶然误差

在相同的观测条件下进行一系列的观测，如果误差在大小和符号上都表现出偶然性，即从单个误差看,该系列误差的大小和符号没有规律性,但就大量误差的总体而言,具有一定的统计规律,这种误差称为偶然误差。例如,观测时的照准误差,读数时的估读误差等,都属于偶然误差。

偶然误差有以下特点:

(1)在一定的观测条件下,偶然误差的绝对值不会超过一定的限值。

(2)绝对值小的误差比绝对值大的误差出现的可能性大。

(3)绝对值相等的正、负误差出现的可能性相等。

(4)偶然误差的算术平均值随着观测次数的无限增加而趋近于零。

实践证明,偶然误差不能用计算改正数或采用一定的观测方法简单地加以消除,只能根据其特性改进观测方法、合理地处理数据,以减少其对测量成果的影响。

三、测量粗差

测量过程中,有时由于人为的疏忽或措施不周,可能出现读错数、记录时误听、误记、计算时弄错符号、点错小数点位置等,超出正常观测条件所出现的问题,称为粗差。

显然,观测结果中不容许粗差存在,这要求测量人员除加强工作责任感,认真细致地观测外,还要采取各种措施进行校核,防止产生粗差,尽量在观测成果中发现并剔除掉。

知识点三　衡量精度的标准

测量的任务不仅是对同一量进行多次观测,求得它的最后结果,同时,必须对测量结果的质量及精度进行评定。这里所说的精度是指对某个量进行多次同精度观测时,其偶然误差分布的离散程度。观测条件相同的各次观测,称为等精度观测,但每次的观测结果之间又总不完全一致。

测量工作中,观测对象的真值只有一个,而观测值有无数个,其真误差也有相同的个数,且有正有负、有大有小。以真误差的平均值作为衡量精度的标准非常不实用,因为真误差的平均值都趋近于0。以真误差绝对值的大小来衡量精度也不能反映这一组观测值的整体优劣。因而,测量中引用了数理统计中均方差的概念,并以此作为衡量精度的标准。具体到测量工作中,以中误差、相对中误差和容许误差作为衡量精度的标准。中误差越大,精度越低;反之,中误差越小,精度越高。

一、中误差

设在相同的观测条件下,对某量进行了 n 次观测,其观测值为 $l_1, l_2, \cdots, l_n$,相应的真误差为 $\Delta_1, \Delta_2, \cdots, \Delta_n$,则中误差为

$$m = \pm\sqrt{\frac{[\Delta\Delta]}{n}} \tag{2-2}$$

在测量中,有时并不知道所观测量的真值,而只能用观测值求得它的算术平均值,然后求每个观测值的改正数 v。如果观测次数为 n,改正数也有 n 个,用改正数求中误差的公式为

$$m = \pm\sqrt{\frac{[vv]}{n-1}} \tag{2-3}$$

中误差所代表的是某一组观测值的精度，而不是这一组观测中某一次的观测精度。

二、相对中误差

在某些情况下，单用中误差还不能准确地反映出观测精度的优劣。例如，丈量了长度为 100 m 和 200 m 的两段距离，其中误差均为 ±0.01 m，显然不能认为这两段距离的精度相同。这时，为了更客观地反映实际情况，还必须引入相对中误差的概念，以相对中误差 K 来作为衡量精度的标准。

相对中误差是中误差的绝对值与相应观测值之比，并用分子为 1 的分数来表示，即

$$K = \frac{|m|}{D} = \frac{1}{\frac{D}{|m|}} \tag{2-4}$$

在上例中，$K_1 = 0.01/100 = 1/10\ 000$，$K_2 = 0.01/200 = 1/20\ 000$。显然，后者的精度比前者的精度高。$K$ 中分母越大，表示相对中误差精度越高；反之越低。值得注意的是，观测时间、角度和高差时，不能用相对中误差来衡量观测值的精度，这是因为观测误差与观测值的大小无关。

三、允许误差

由偶然误差的第一个特性可知，在相同观测条件下，偶然误差的值不会超过一定的限度。为了保证测量成果的正确可靠，就必须对观测值的误差进行一定的限制，某一观测值的误差超过一定的限度，就认为是超限，其成果应舍去，这个限度就是允许误差，也称限差。

对大量的同精度观测进行分析研究以及统计计算可以得出如下结论：在一组同精度观测的误差中，其误差的绝对值超过 1 倍中误差的机会为 32%，误差的绝对值超过 2 倍中误差的机会为 5%，误差的绝对值超过 3 倍中误差的机会仅为 0.3%。上述误差均指偶然误差。误差的绝对值超过 3 倍中误差的机会很小，所以在观测次数有限的情况下，可以认为大于 3 倍中误差的偶然误差实际上是不会出现的，所以一般情况下将 3 倍中误差认为是偶然误差的限差，即

$$\Delta_{限} = 3m \tag{2-5}$$

在实际中，为了提高精度，在有些规范中规定偶然误差的限差为 2 倍中误差，即

$$\Delta_{限} = 2m \tag{2-6}$$

在观测数据检查和处理工作中，常用容许误差作为精度的衡量标准。当观测值误差大于容许误差时，即可认为观测值中包含有粗差，应舍去不用或重测。

知识点四　误差传播定律

前面已经阐述了衡量一组观测值质量的精度指标，并已指出，通常采用的精度指标是

中误差。但在实际测量工作中,往往会遇到某些量的大小不是直接测定的,而是由观测值通过一定的函数关系计算出来的,即常常遇到的某些量是观测值的函数。例如,水准测量中,在测站上测得后视、前视读数分别为 a、b,则高差 $h = a - b$。这里高差 h 是直接观测量 a、b 的函数。显然,当 a、b 存在误差时,h 也受其影响而产生误差。这种关系称为误差传播,阐述这种函数关系的定律称为误差传播定律。误差传播定律随函数的不同而不同,下面按照从简到繁的函数形式来叙述。

一、倍乘函数

设有函数

$$Z = Kx \tag{2-7}$$

式中 K——没有误差的常数;

x——观测值。

则中误差公式为

$$m_Z^2 = K^2 m_x^2$$

即

$$m_Z = K m_x \tag{2-8}$$

也就是说,观测值与一常数的乘积的中误差,等于观测值的中误差乘以该常数,亦即其中误差仍然保持倍乘关系。

【例 2-1】 在 1∶500 的地形图上测得两点之间的距离,图上的距离 $d = 42.3$ mm,在地形图上量距中误差 $m_d = \pm 0.2$ mm,求实地的距离 D 及中误差 m_D。

解

$$D = 500 \times d$$
$$= 500 \times 42.3 \text{ mm} = 21\ 150 \text{ mm}$$
$$m_D = Mm_d = 500 \times (\pm 0.2)\text{mm} = \pm 100 \text{ mm}$$

二、和或差函数

设有函数

$$Z = x \pm y$$

式中:x、y 为彼此独立可直接观测的未知量;Z 为 x、y 的和或差函数。

则其中误差公式为

$$m_Z = \pm \sqrt{m_x^2 + m_y^2} \tag{2-9}$$

由式(2-9)推而广之,设函数 $Z = x_1 + x_2 + \cdots + x_n$,$x_1, x_2, \cdots, x_n$ 为独立观测值,它们的中误差为 $m_1, m_2, \cdots, m_n$,则函数 Z 的中误差 m_Z 为

$$m_Z = \pm \sqrt{m_1^2 + m_2^2 + \cdots + m_n^2} \tag{2-10}$$

由式(2-10)可知,和或差函数的中误差等于各个观测值中误差平方之和再开方。假设式(2-10)中

$$m_1 = m_2 = \cdots = m_n = m$$

则

$$m_Z^2 = nm^2$$

$$m_Z = \pm\sqrt{n}m \quad (2\text{-}11)$$

【例 2-2】 对一个三角形每个内角都进行独立观测，每个角的观测中误差为 m_α，求三角形内角和及闭合差的中误差。

解 三角形内角和是独立观测的三个内角之和，闭合差为内角和减去 180°，180°为理论值，没有误差，故根据式(2-11)可求得三角形内角和闭合差中误差 m 为

$$m = \pm\sqrt{3}m_\alpha \quad (2\text{-}12)$$

三、一般函数

设有一般函数

$$Z = f(x_1, x_2, \cdots, x_n) \quad (2\text{-}13)$$

式(2-13)中 $x_1, x_2, \cdots, x_n$ 为未知量的直接观测值，它们的中误差为 $m_1, m_2, \cdots, m_n$，则

$$m_Z = \pm\sqrt{\left(\frac{\partial f}{\partial x_1}\right)^2 m_1^2 + \left(\frac{\partial f}{\partial x_2}\right)^2 m_2^2 + \cdots + \left(\frac{\partial f}{\partial x_n}\right)^2 m_n^2} \quad (2\text{-}14)$$

利用式(2-14)可以求得观测值任何函数的中误差。式(2-14)也称为误差传播定律的一般公式。

【例 2-3】 已知长方形的厂房，经过测量，其长 L 的观测值为 90 m，其宽 W 的观测值为 50 m，它们的中误差分别为 2 cm、3 cm，求其面积及相应的中误差。

解 矩形面积的函数式为

$$S = LW$$

其面积为 $S = LW = 90 \times 50 = 4\ 500(\text{m}^2)$

对面积表达式进行全微分，得

$$dS = WdL + LdW$$

转化为真误差形式为

$$\Delta_S = Wy\Delta_L + L\Delta_W$$

根据式(2-14)，将上式转化成中误差形式，可得

$$m_S{}^2 = W^2 m_L^2 + L^2 m_W^2$$

将 L、W、m_L、m_W 的数值代入上式，注意单位的统一，可得

$$m_S{}^2 = 50^2 \times 0.02^2 + 90^2 \times 0.03^2 = 8.29(\text{m}^4)$$

面积中误差为 $m_S = \pm\sqrt{8.29} = \pm 2.88(\text{m}^2)$

知识点五　测量计算中数字的凑整规则

测量计算过程中，一般都存在数值取位的凑整问题，由于数值的取舍而引起的误差称为“凑整误差”或“取舍误差”。为避免取舍误差的迅速积累而影响测量成果的精度，在计算中通常采用“4 舍 6 入，5 前单进双舍”的凑整规则，即：

(1) 若拟舍去的第一位数字是 0 ~ 4 中的数，则被保留的末位数不变。

（2）若拟舍去的第一位数字是6～9中的数，则被保留的末位数加1。

（3）若拟舍去的第一位数字是5，其右边的数字皆为0，则被保留的末位数是奇数时就加1，是偶数时就不变。

例如：若取至毫米位，则1.108 4 m、1.107 6 m、1.108 5 m、1.107 5 m都应记为1.108 m。

另外，在计算相对误差时，分母的个、十位数字取为零，不向百位数进位。

思考与练习题

1. 说明测量误差的来源，在测量中如何对待错误和误差？

2. 什么是系统误差？什么是偶然误差？偶然误差有什么重要的特性？

3. 什么是中误差、极限误差和相对误差？

4. 用等精度对16个独立的三角形进行观测，其内角和闭合差分别为+4″、+16″、-14″、+10″、+9″、+2″、-15″、+8″、+3″、-22″、-13″、+4″、-5″、+24″、-7″、-4″，求三角形内角和闭合差的中误差和观测角的中误差。

5. 用钢尺丈量A、B两点间距离，共量6次，观测值分别为187.337 m、187.342 m、186.332 m、187.339 m、187.344 m及187.338 m，求算术平均值D、观测值中误差m、算术平均值中误差M及相对中误差K。

6. 在三角形ABC中，C点不易到达，测量$\angle A = 74°32'15'' \pm 20''$，$\angle B = 42°38'50'' \pm 30''$，求$\angle C$值及中误差。

7. 在一直线上依次有A、B、C三点，用钢尺丈量得$AB = 87.245\ \text{m} \pm 10\ \text{mm}$，$BC = 125.347\ \text{m} \pm 15\ \text{mm}$，求$AC$的长度及中误差。在这三段距离中哪一段的精度高？

单元三　直线定向与测量坐标的计算

教学内容

本单元主要包括直线定向标准方向的种类、直线定向的方法、坐标方位角的推算、测量坐标的正反算。重点是直线定向的方法、坐标方位角的推算、测量坐标的正反算。

能力目标

理解直线定向的意义、标准方向的种类及概念，掌握直线定向的方法及坐标方位角和象限角的换算。正确理解并熟练掌握坐标方位角的推算以及测量坐标正反算的方法，这是施工测量工作的基本理论之一。

知识点一　直线的标准方向

测量工作中，一条直线的方向是根据某一标准方向来确定的。确定一条直线与标准方向之间的水平夹角，称为直线定向。测量上作为定向依据的标准方向线有真子午线(真北)、磁子午线(磁北)、坐标纵轴线(轴北)三种，三者的关系如图 3-1 所示。其中，δ 为磁偏角，γ 为子午线收敛角。

一、真子午线方向

过地面上一点的子午面与地球表面的交线，称为该点的真子午线方向。真子午线方向可用天文观测和陀螺经纬仪来测定。

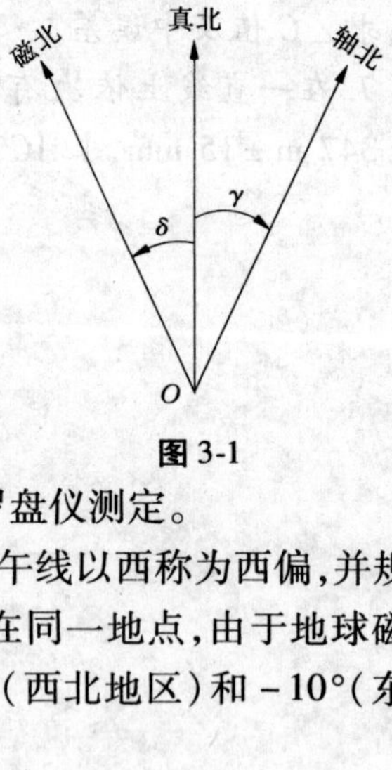

图 3-1

二、磁子午线方向

磁针在某点上自由静止时所指的方向线，就是该点的磁子午线方向。磁子午线方向可在排除磁性干扰的条件下用罗盘仪测定。

磁子午线方向偏于真子午线方向以东称为东偏，偏于真子午线以西称为西偏，并规定东偏为正、西偏为负。磁偏角的大小随地点的不同而异，即使在同一地点，由于地球磁场经常变化，磁偏角的大小也有变化。我国境内磁偏角值在 +6°(西北地区)和 −10°(东北地区)之间。

三、坐标纵轴线方向

通过地面上某点平行于高斯投影平面直角坐标系 x 坐标轴的方向线，称为该点的坐标纵轴线方向。

知识点二　直线定向

一、直线定向的方法

地面上一条直线的方向通常采用方位角或象限角来表示。

(一)方位角

过直线一端点的标准方向的北端顺时针旋转到该直线的水平夹角,称为该直线的方位角,角值为0°~360°,如图3-2所示。

由真子午线北端(简称真北)起算的方位角称真方位角,用A表示。

由磁子午线北端(简称磁北)起算的方位角称磁方位角,用A_m表示。

由平行于坐标纵轴的北端(简称轴北)起算的方位角称坐标方位角,用α表示。

根据真北、磁北、轴北三者方向的关系(见图3-1),方位角有以下几种换算关系

$$A = A_m + \delta \quad (\delta \text{东偏取正,西偏取负}) \tag{3-1}$$

$$A = \alpha + \gamma \quad (\gamma \text{东偏取正,西偏取负}) \tag{3-2}$$

利用式(3-1)和式(3-2)解得

$$\alpha = A_m + \delta - \gamma \quad (\delta、\gamma \text{东偏取正,西偏取负}) \tag{3-3}$$

在一般测量工作中均采用坐标方位角进行定向。

(二)象限角

一直线与坐标纵轴线的南、北方向所夹的锐角称为象限角,常用R表示。其角值为0°~90°,如图3-3所示。

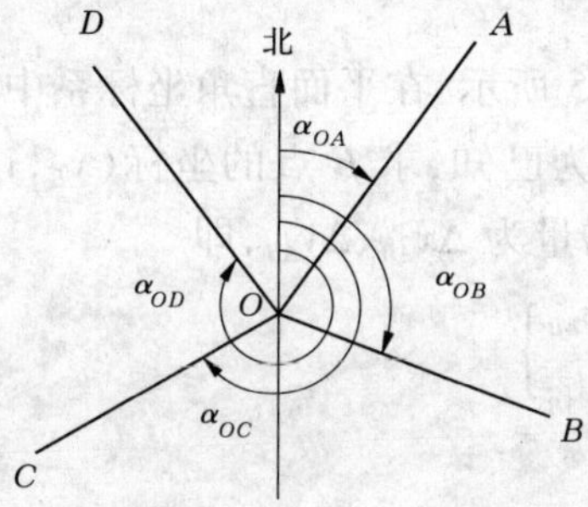

图3-2

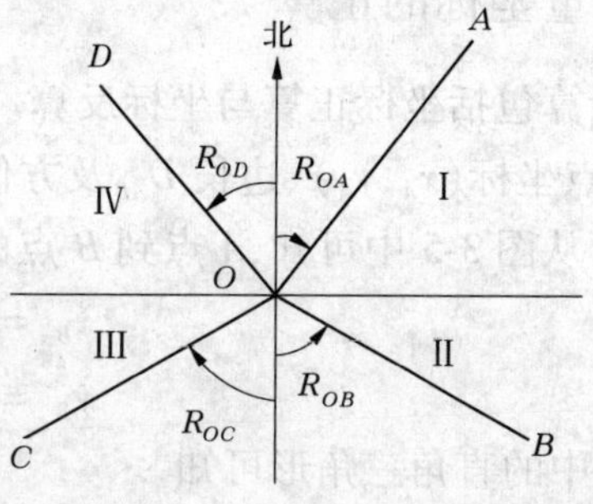

图3-3

(三)坐标方位角和象限角的换算

坐标方位角和象限角的换算关系见表3-1。

表3-1　坐标方位角与象限角的换算关系

直线方向	由坐标方位角推算象限角	由象限角推算坐标方位角
北东,第Ⅰ象限	$R=\alpha$	$\alpha=R$
南东,第Ⅱ象限	$R=180°-\alpha$	$\alpha=180°-R$
南西,第Ⅲ象限	$R=\alpha-180°$	$\alpha=180°+R$
北西,第Ⅳ象限	$R=360°-\alpha$	$\alpha=360°-R$

二、坐标方位角的推算

根据已知直线坐标方位角推算求得未知直线方向的坐标方位角称为坐标方位角的推算。如图 3-4 所示，A 为直线起点，B 为终点，则直线 AB 的坐标方位角为 α_{AB}，直线 BA 的坐标方位角 α_{BA}，又称为直线 AB 的反坐标方位角。

在同一坐标系中，各点的坐标纵轴线是互相平行的，所以

$$\alpha_{BA} = \alpha_{AB} \pm 180° \tag{3-4}$$

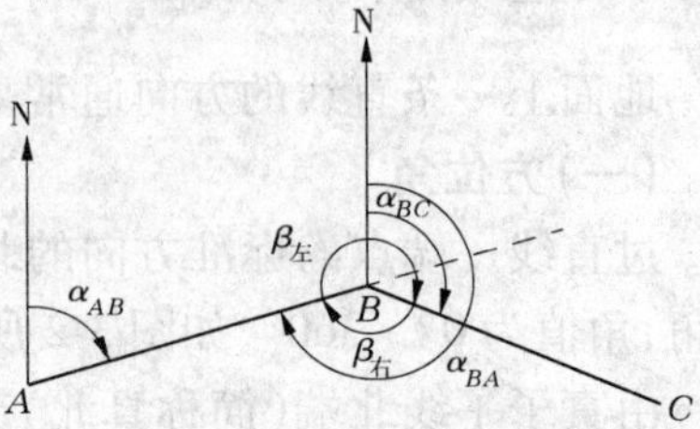

图 3-4

若 AB 的方位角 α_{AB} 为已知，测出 B 点的左角 $\beta_左$，求 BC 的方位角 α_{BC}。

由于 $\beta_左$ 角的位置位于 $A—B—C$ 这样一条路线的左边，故称为左角；同理，$\beta_右$ 称为右角。如图 3-4 所示，则可以得到 BC 的方位角等于 α_{BA} 加上左角 $\beta_左$ 或减去右角 $\beta_右$。按照一般规律 α_{AB} 为 $\alpha_后$，α_{BC} 为 $\alpha_前$，由式 (3-4) 得

$$\alpha_前 = \alpha_后 + 180° + \beta_左 \text{ 或 } \alpha_前 = \alpha_后 + 180° - \beta_右 \tag{3-5}$$

若 $\alpha_前 > 360°$，就减去 360°；若 $\alpha_前 < 0°$，就加上 360°。式(3-5)就是推算坐标方位角的一般公式。

知识点三　测量坐标的计算

一、测量坐标的正算

坐标计算包括坐标正算与坐标反算。如图 3-5 所示，在平面直角坐标系中，有 A、B 两点，假设 A 点坐标(x_A，y_A)、边长 D_{AB} 及方位角 α_{AB} 为已知，求 B 点的坐标(x_B，y_B)，这就是坐标正算。从图 3-5 中可知，A 点到 B 点的坐标增量为 Δx_{AB}、Δy_{AB}，即

$$\left.\begin{aligned} x_B &= x_A + \Delta x_{AB} \\ y_B &= y_A + \Delta y_{AB} \end{aligned}\right\} \tag{3-6}$$

又从图 3-5 中的直角三角形可知

$$\left.\begin{aligned} \Delta x_{AB} &= x_B - x_A = D_{AB}\cos\alpha_{AB} \\ \Delta y_{AB} &= y_B - y_A = D_{AB}\sin\alpha_{AB} \end{aligned}\right\} \tag{3-7}$$

在图 3-5 中，α_{AB} 是第 Ⅰ 象限角，$\sin\alpha_{AB}$ 和 $\cos\alpha_{AB}$ 均为正值，所以 Δx_{AB} 和 Δy_{AB} 也均为正值。随着方位角 α_{AB} 的增大，它可能在第 Ⅱ、Ⅲ、Ⅳ 象限，它的正、余弦随着象限的不同会出现正值或负值，这样坐标增量也会随之而变为正值与负值(见图 3-6)。用计算器计算时正确输入方位角，坐标增量为负值时会自动显示出来。

二、测量坐标的反算

如图 3-5 所示，在平面直角坐标系中有 A、B 两点为已知，即知 x_A、y_A，x_B、y_B，要反过来

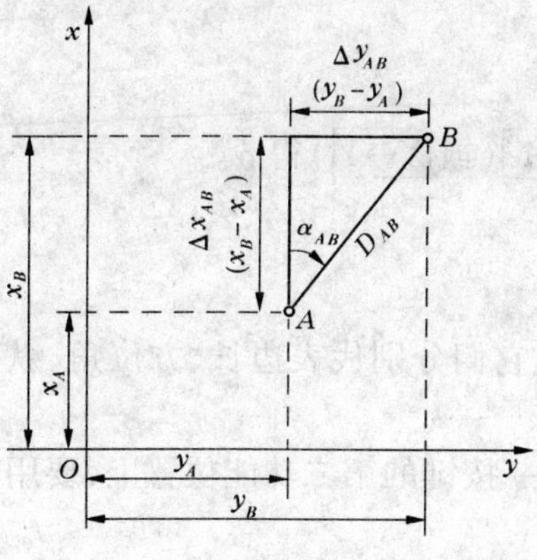

图 3-5

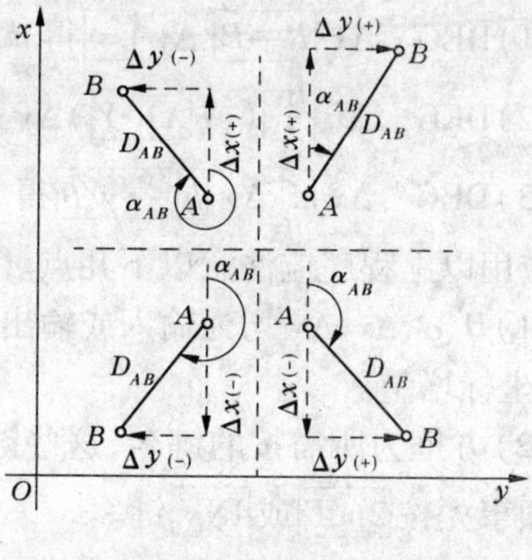

图 3-6

求这两点间的距离 D_{AB} 和直线 AB 的坐标方位角 α_{AB} 即为坐标反算。由图 3-5 可知，A、B 两点之间的坐标增量 Δx_{AB}、Δy_{AB} 可从已知坐标求得，由直角三角形的边、角关系可得

$$\alpha_{AB} = \arctan \frac{\Delta y_{AB}}{\Delta x_{AB}} \tag{3-8}$$

$$D_{AB} = \sqrt{\Delta x_{AB}^2 + \Delta y_{AB}^2} \tag{3-9}$$

或

$$D_{AB} = \frac{\Delta y_{AB}}{\sin\alpha_{AB}} = \frac{\Delta x_{AB}}{\cos\alpha_{AB}} \tag{3-10}$$

因为反三角函数只能求得角度的主值，由式(3-8)求得的值即为 AB 直线的象限角，到底在哪一象限还须用坐标增量的"+"、"−"来判断；再由象限角与坐标方位角的换算关系，才能求出坐标方位角值。

【例 3-1】 已知 $x_A = 350.00$ m，$y_A = 250.00$ m；$x_B = 332.500$ m，$y_B = 228.150$ m，求 α_{AB}。

解 首先计算直线与坐标纵轴之间的象限角，即

$$R = \arctan \left|\frac{\Delta y_{AB}}{\Delta x_{AB}}\right| = \left|\frac{228.150 - 250.00}{332.500 - 350.00}\right| = \left|\frac{-21.85}{-17.5}\right| = 51°18'30''$$

因为 Δy_{AB} 和 Δx_{AB} 都小于零，说明直线的坐标方位角在第三象限，根据表 3-1 可知，$\alpha_{AB} = 180° + R = 231°18'30''$。

目前，所使用的函数型计算器一般都具有专用按键以固定的程序进行坐标正反算的功能（也称为直角坐标与极坐标互换）。尽管计算器的型号与生产厂家众多，但坐标正反算的固定程序大致有三种形式。

对于坐标正算，有：

(1) DEG　D [$P \to R$] α [=] 得 Δx [$X \leftrightarrow Y$] Δy（如 CASIO f_x-100 型等）。

(2) DEG　D [↕]（或 [$X \leftrightarrow Y$]）α [$\to XY$] 得 Δx [↕]（或 [$X \Leftrightarrow Y$]）得 Δy（SHARP 506H 型等）。

(3) DEG　D [a] α [b] [$\to XY$] 得 Δx [b] 得 Δy（如 SHARP 506P 型等）。

对于坐标反算，有

(1) DEG　Δx [R→P] Δy [=] 得 d [X↔Y] α。

(2) DEG　Δx [↕]（或[X↔Y]）Δy [→γ/θ] 得 D [↕]（或[X↔Y]）得 α。

(3) DEG　Δx [a] Δy [b] [→γ/θ] 得 D [b] 得 α。

应用以上程序应注意以下几点。

(1) D、α、Δx、Δy 均为输入或输出的具体数值，它们分别代表边长、方位角、纵坐标增量、横坐标增量。

(2) 方框为所需按的键名，这些键名有些在某一按键的第二功能位置上，要用第二功能必须事先按[2ndF]或[INV]键。

(3) DEG 表示采用一圆周为360°的60进位的角度制。正算时输入角度后需化为十进制。反算时输出的角度也是十进制，必须化为60进制。

(4) 正算时直接输入方位角，反算输出角度为负值时要先加180°或360°，然后化为60进制。

思考与练习题

1. 为什么要进行直线定向？怎样确定直线的方向？

2. 何谓真方位角、磁方位角、坐标方位角及坐标象限角？

3. 已知 A 点的磁偏角为西偏21′，通过 A 点的真子午线与中央子午线之间的收敛角为 +3′，直线 AB 的坐标方位角 $\alpha = 64°20'$，求 AB 直线的真方位角与磁方位角，并绘图说明。

4. 设已测得各直线的坐标方位角分别为37°25′、173°37′、226°18′和334°48′，试分别求出它们的象限角和反坐标方位角。

5. 已知 $x_1 = 450.00$ m，$y_1 = 360.00$ m；$x_2 = 432.760$ m，$y_2 = 460.00$ mm，求 α_{12}。

模块二　测量仪器及其使用

本模块主要介绍常见的光学测量仪器。基本的电子、激光测量仪器的认识及操作使用，是本课程的教学重点之一。要求学生熟悉基本测量仪器的构造和掌握正确的使用方法，这是土木工程测量的基本技能，为学生建立工程测量职业岗位的能力结构打好基础。

单元四　水准仪与高程测量

教学内容

本单元主要包括水准测量的原理、水准仪的构造与使用方法、普通水准测量的方法与内业计算步骤、水准仪的检验和校正、数字水准仪的认识与使用等内容。

能力目标

熟练操作水准仪和掌握普通水准测量的方法及内业计算，了解数字水准仪的构造与使用。这是土木工程施工测量岗位的基本技能之一。

高程是确定地面点位的要素之一。测量地面点高程的工作称为高程测量。由于所使用的仪器和方法不同，高程测量可分为水准测量、三角高程测量和气压高程测量。其中，水准测量是精确地测量地面点高程的主要方法，被广泛应用在国家高程控制测量、工程勘测和施工测量中。本章主要介绍水准测量的原理，水准仪的构造、使用和检验与校正，施测方法及成果计算等。

技能点一　水准测量的原理

一、水准测量的原理

水准测量的原理是利用水准仪提供的一条水平视线，对地面上所竖立的水准标尺进行读数，根据读数求得点位间的高差，从而由已知点的高程计算出所测点的高程。

如图 4-1 所示，已知地面点 A 的高程 H_A，求地面点 B 的高程 H_B。可在 A、B 两点上垂直竖立水准标尺，并在两点的中间安置水准仪，利用水准仪提供的水平视线分别在 A、B 两水准标尺上截取读数 a、b。由于测量是由 A 向 B 方向进行的，所以称 A 点为后视点，a 为后视读数，B 点为前视点，b 为前视读数；仪器到后视点的距离为后视距离，仪器到前视点的距离为前视距离。

由图 4-1 可以看出，A、B 两点的高差 h_{AB} 可由下式求得

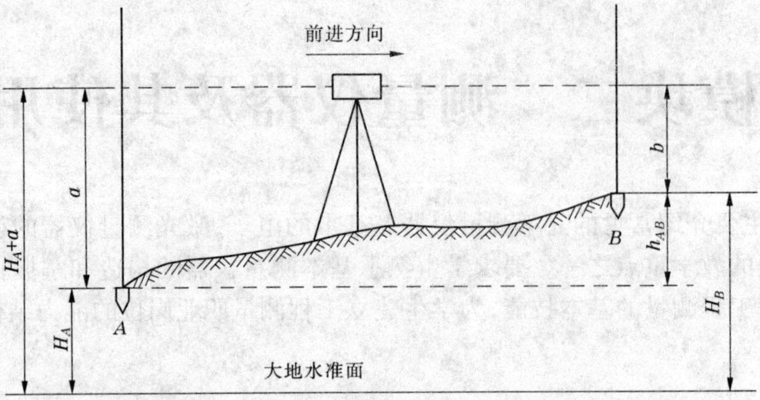

图 4-1

$$h_{AB} = a - b \tag{4-1}$$

即 A、B 两点的高差为后视读数减去前视读数，从而求出 B 点的高程 H_B，即

$$H_B = H_A + h_{AB} = H_A + (a - b) \tag{4-2}$$

据式(4-1)计算出的高差可能为正值或为负值，因此水准测量求得的高差必须用"+"、"-"号表示。当高差为正值时，说明前视点比后视点高；当高差为负值时，说明前视点比后视点低。在计算高程时，高差值须带符号一起进行运算。式(4-2)亦可写成

$$H_B = (H_A + a) - b$$

令 $H_i = H_A + a$，H_i 称为水准仪的水平视线高程，简称视线高。在同一个测站上，利用同一个视线高，可以较方便地计算出若干个不同位置的前视点的高程。这种方法常在工程测量中应用。其公式为

$$H_B = H_i - b \tag{4-3}$$

二、连续水准测量

当 A、B 两点距离较远或高差较大，安置一次仪器不能测得两点间的高差时，必须分成若干站，逐站安置仪器进行连续的水准测量，分别求出各站的高差，各站高差的代数和就是 A、B 两点间的高差。如图 4-2 所示，各测站的高差为 $h_1, h_2, \cdots, h_n$。由式(4-1)可知

$$\begin{aligned} h_1 &= a_1 - b_1 \\ h_2 &= a_2 - b_2 \\ &\vdots \\ h_n &= a_n - b_n \end{aligned}$$

A、B 两点的高差为

$$\begin{aligned} h_{AB} &= h_1 + h_2 + \cdots + h_n \\ &= (a_1 - b_1) + (a_2 - b_2) + \cdots + (a_n - b_n) \\ &= (a_1 + a_2 + \cdots + a_n) - (b_1 + b_2 + \cdots + b_n) \\ &= \sum a - \sum b \end{aligned}$$

即

$$H_B = H_A + h_{AB} = H_A + (\sum a - \sum b) \quad (4\text{-}4)$$

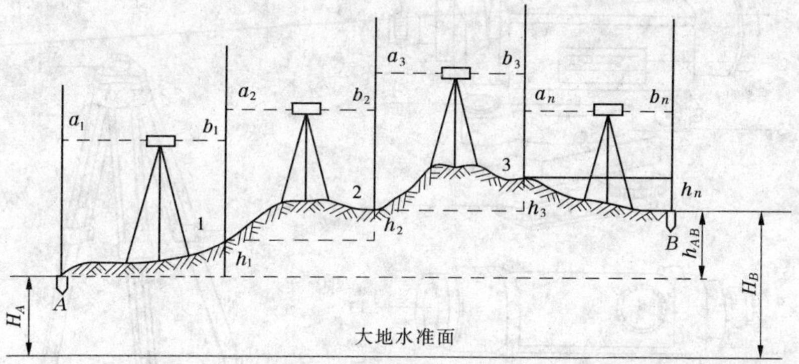

图 4-2

从式(4-4)可以看出:终点对起点的高差等于中间各测站的高差代数和,或者等于各测站后视读数之和减去前视读数之和,以此可检核计算中是否有错误。

图 4-2 中 1、2、3 各立尺点只起高程的传递作用,它既有前视读数,也有后视读数,这些立尺点称为转点,常用"TP"(Turning Point)表示。各转点在水准测量中非常重要,不能碰动,否则整个水准测量将无法获得最后正确的结果。所以,在水准测量中要求转点必须设在坚实稳固的地面上或采用尺垫,以防止观测中水准标尺下沉。

技能点二　水准测量的仪器及工具

水准测量所使用的仪器和工具有水准仪、水准标尺、尺垫和三脚架。现分别介绍如下。

一、DS_3 型微倾式水准仪

我国生产的水准仪按其精度分为 DS_{05}、DS_1、DS_3 和 DS_{10} 等不同等级的仪器。"D"、"S"分别为"大地测量仪器"、"水准仪"汉语拼音的第一个字母,数字表示用这种仪器进行水准测量时,每千米往返观测的高差中误差以毫米为单位。建筑工程测量中通常使用 DS_3 型微倾式水准仪,其测量精度为"±3 mm"。

图 4-3 所示为国产 DS_3 型微倾式水准仪及与之相配套的三脚架。这种水准仪主要构造由望远镜、水准器和基座三大部分组成。

(一)望远镜

望远镜是用以照准目标和对水准标尺进行读数的设备,它主要由物镜、调焦透镜、十字丝及目镜组成,如图 4-4 所示。

根据光学原理可知,观测时由望远镜的物镜对准观测目标,其作用是将观测目标在望远镜镜筒中形成倒立的实像。目镜对向观测者的眼睛,其作用是将物镜形成的像进行放大。因此,目镜又称放大镜。十字丝的作用是精确地照准目标并读取标尺读数。

由于观测目标离水准仪的距离不同,目标的影像在十字丝平面上的位置也随着目标

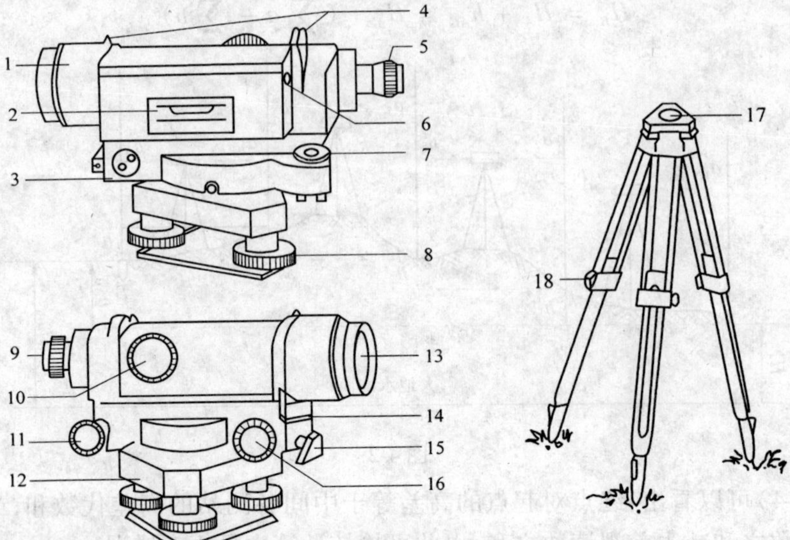

1—望远镜;2—水准管;3—托板;4—准星和照门;5—目镜调焦螺旋;6—气泡观察窗;
7—圆水准器;8—脚螺旋;9—目镜;10—物镜调焦螺旋;11—微倾螺旋;12—基座;13—物镜;
14—微倾片;15—水平制动螺旋;16—水平微动螺旋;17—连接螺旋;18—架脚固定螺旋

图 4-3

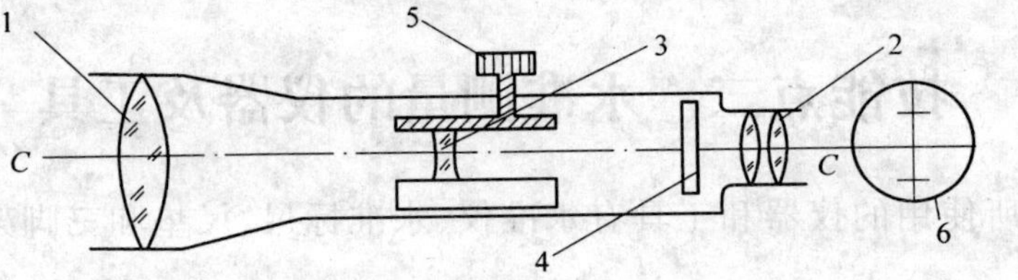

1—物镜;2—目镜;3—调焦透镜;4—十字丝分划板;
5—物镜调焦螺旋;6—十字丝放大像

图 4-4

的远近而改变,为了使观测目标的影像落在十字丝的平面上,在照准目标后必须转动望远镜上的物镜调焦螺旋,使调焦透镜前后移动,直到目标的影像落在十字丝平面上,再通过目镜的放大作用使影像和十字丝同时放大成倒立的虚像,如图 4-5 所示。从望远镜内所看到的目标影像的视角 β 与肉眼直接观察该目标的视角(可近似地认为是 α)之比,称为望远镜的放大倍率,用 $V(V=\beta/\alpha)$ 表示。DS_3 型微倾式水准仪的望远镜放大倍率为 30 倍左右。

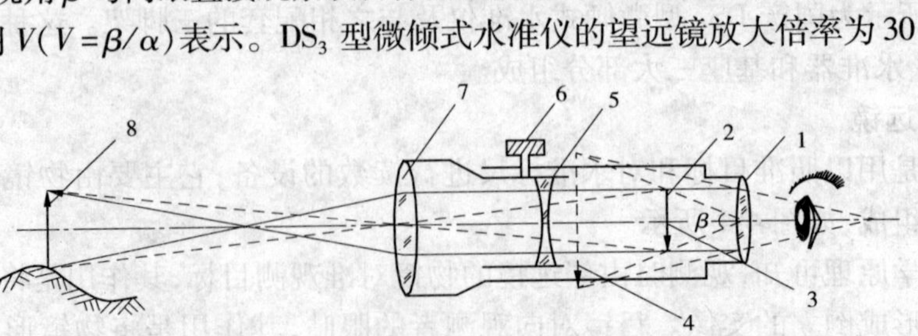

1—目镜;2—十字丝;3—倒立实像;4—放大虚像;5—调焦透镜;6—调焦螺旋;7—物镜;8—目标

图 4-5

十字丝是刻在一块圆玻璃板上且相互垂直的两条细丝，竖直的一根称为纵丝，水平的一根称为横丝，也称为中丝。横丝上、下还刻有两根对称的短横丝，这两根短横丝是用来测量距离的，故称为视距丝，如图 4-4 中的 6 所示。

十字丝交点与物镜光心的连线称为望远镜的视准轴（或照准轴），如图 4-4 中的 CC 连线。

望远镜的正确使用方法是：首先将物镜对准背景明亮处，转动目镜调焦螺旋，使十字丝清晰，然后将物镜对准目标，转动物镜调焦螺旋，使目标的影像落在十字丝平面上，这时就可以在目镜中清晰地看到十字丝和目标了。

由于眼睛的分辨能力有限，在测量中往往目标影像没有完全落在十字丝平面上就误认为影像最清晰了，这时，当观测员的眼睛对着目镜上、下移动时，目标影像与十字丝横丝上、下有错动，这种现象就称为视差。在观测中若有视差存在，将会严重地影响读数的准确性，造成测量数据的不可靠。因此，视差在读数前必须消除。消除视差的方法是仔细认真地对物镜、目镜反复调焦，直到影像与十字丝没有错动现象，如图 4-6 所示。

在物镜的下方还有望远镜的水平制动螺旋和微动螺旋，借助这两个螺旋可以精确地照准目标。

（二）水准器

水准器是仪器的整平装置。水准仪的水准器由管状水准器（或称为水准管）和圆水准器组成。水准管安装在望远镜的左侧，供读数时精确地整平视准轴用。圆水准器安装在托板上，供概略整平仪器用。

1. 水准管

水准管是一个两端封闭而纵向内壁磨成半径为 7 ~ 80 m 圆弧的玻璃管，管内注满酒精和乙醚的混合液，加热密封，冷却后在管内形成气泡。如图 4-7（a）所示，水准管顶面圆弧的中心点 O 称为水准管零点。通过 O 点做一切线 LL 称为水准管轴。安装时，水准管轴与望远镜视准轴平行。当气泡的中心点和零点重合即气泡被零点平分时，称为气泡居中，此时，水准管轴成水平位置，视准轴也同时水平。为了便于判断气泡是否严格居中，一般在零点两侧每隔 2 mm 刻一分划线，如图 4-7（b）所示。水准管上每 2 mm 弧长所对应的圆心角称为水准管的分划值。分划值的大小是反映水准管灵敏度的重要指标。水准管分划值有 10″、20″、30″、60″等几种。分划值愈小，水准管轴的整平精度愈高。DS_3 型水准仪的水准管分划值为 20″。

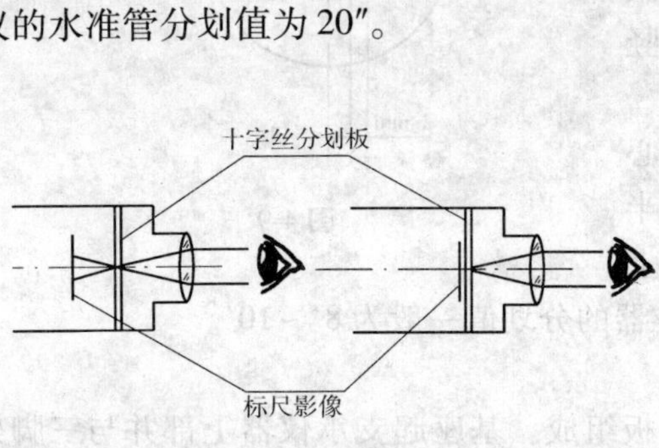

图 4-6

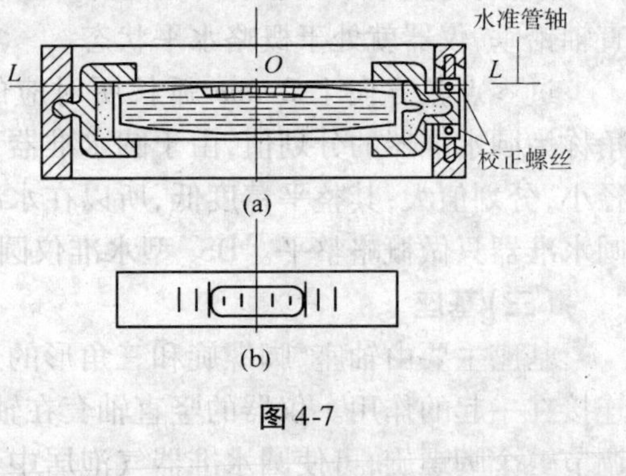

图 4-7

在水准测量观测中，为了提高眼睛判断水准管气泡居中的精度，在水准管的上方安装了一组棱镜，如图 4-8(a)所示。通过棱镜的反射，把水准管一半气泡两端的影像折射到望远镜旁的气泡观察窗内。经过折射后半气泡两端的影像呈两个半影，如图 4-8(b)所示。当气泡居中时，即气泡被零点平分，两端长度相等，两端半气泡就吻合；当气泡不居中时(见图 4-8(c))，就向一端偏移，若偏移量为 d，经过棱镜组反射、折射后，两端半气泡影像合在一起比较，使偏移量扩大了 2 倍，因此就可提高 2 倍的居中精度。在观察窗内看到图 4-8(c)中的影像，通过调节目镜下方的微倾螺旋，就可使水准管气泡居中，半气泡影像吻合，以便达到视线水平。这种具有提高居中精度的棱镜组装置的水准管，称为符合水准器。

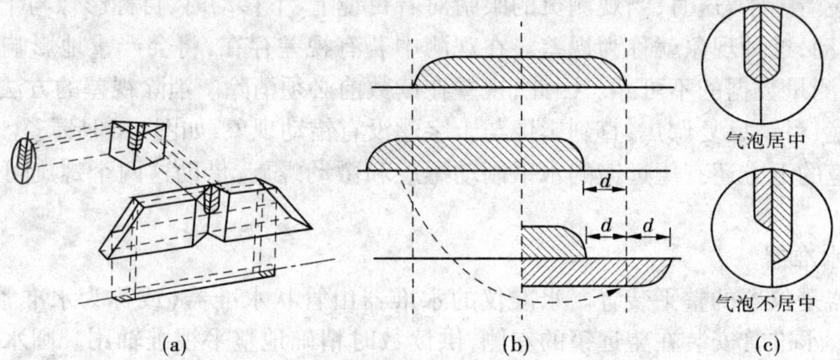

图 4-8

2. 圆水准器

圆水准器是一个顶面内壁磨成半径为0.5～1.0 m 的圆球面的玻璃圆盒，盒内注满酒精和乙醚的混合液，加热密封，冷却后在盒内形成气泡，如图 4-9 所示。它固定在仪器的托板上。玻璃球面的中央刻一圆圈，圆圈的中心称为圆水准器的零点，圆圈的中心和球心的边线称为圆水准器轴。圆水准盒安装时，圆水准器轴和仪器的竖直轴平行。当气泡中心与圆圈中心重合时，表示气泡居中，此时圆水准器轴处于铅垂位置，仪器竖直轴铅垂，仪器就处于概略水平状态。

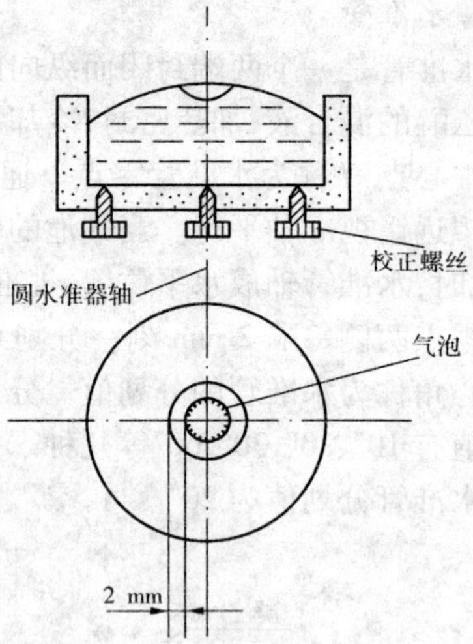

图 4-9

过零点各方向上 2 mm 弧长所对应的圆心角称为圆水准器的分划值，由于圆水准器顶面半径小，分划值大，其整平精度低，所以在水准仪上圆水准器只做概略整平。DS_3 型水准仪圆水准器的分划值一般为 8′～10′。

(三)基座

基座主要由轴座、脚螺旋和三角形的连接板组成。基座起支承仪器上部并与三脚架连接在一起的作用。仪器的竖直轴套在轴座内，可使仪器上部绕竖直轴在水平面内旋转。调节三个脚螺旋，可使圆水准器气泡居中，使仪器概略水平。

通过以上介绍，如图 4-10 所示，望远镜与水准管固定在一起，且望远镜的视准轴应与水准管轴相互平行。当转动微倾螺旋时，顶尖随之做上、下运动，这时水准管与望远镜一起以微倾连接片为支点进行微小的仰、俯运行，当水准管气泡居中时，水准管轴水平，视线（视准轴）也就水平了，即可利用十字丝横丝在水准尺上进行读数。仪器的竖直轴与圆水准器连接在一起，且圆水准器轴应与竖直轴相互平行。当圆气泡居中时，圆水准器就铅垂，竖直轴也处于铅垂状态，仪器就概略水平。由于微倾装置中的顶尖上、下运动量较小，只有仪器概略水平时，才能利用微倾螺旋将水准管气泡居中，使视线水平。因此，在进行水准测量时，每测站先调节脚螺旋，使圆气泡在望远镜转到任何位置时都居中，然后方可开始观测。

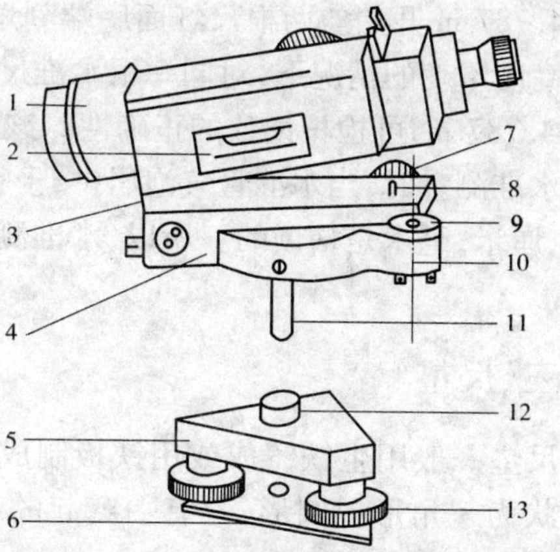

1—望远镜；2—水准管；3—微倾连接片；4—托板；5—基座；6—连接板；7—微倾螺旋；8—顶尖；9—圆水准器；10—圆水准器轴；11—竖直轴；12—轴套；13—脚螺旋

图 4-10

在同一测站上，为了保证同一条视线，只需调平一次圆气泡。由于水准管分划值较小，每次照准目标后，都要调节微倾螺旋，使水准管气泡居中，以保证读数时视线水平。

二、水准标尺

水准标尺采用经过干燥处理且伸缩性较小的优质木材精制而成。目前，有些厂家也生产由玻璃钢或铝合金制成的水准标尺。

常用的水准标尺有可以伸缩的塔尺（见图 4-11（a））和双面尺（见图 4-11（b））两种。水准标尺的基本分划为 1 cm，用黑白或红白相间的油漆喷涂成每 5 cm 的 E 字形（或间隔）作为标志，并在每 10 cm 处有注记。

塔尺全长为 5 m，由 3 节套装组成，可以伸缩，尺底端从零米起算。由于塔尺每节之间接合处常易松动，稳定性差，使用时应注意检查，所以仅适用于低精度的水准测量与地形测量。

双面尺又称红黑面尺，尺长为 3 m，两根尺为一对。黑面刻划是主尺，底端起点为零米；红面刻划是辅尺，底端起点不为零米，与黑面相差一常数 K。一根尺红面从 $K_1 = 4.687$ m 开始，另一根尺红面从

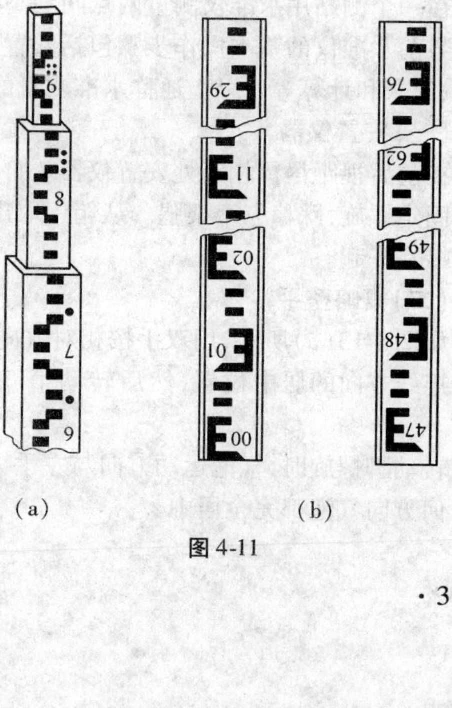

（a）　（b）

图 4-11

K_2 = 4.787 m 开始。两根尺红面底端刻划相差 0.1 m，以供测量检核用。另外，在水准仪视线高度不变的情况下，对同一根水准尺在同一地面点的黑、红两面读数之差应为 4.687 m 或 4.787 m，可检核读数的正确性。该尺适用于精度较高的水准测量。

水准测量时，当水准管气泡居中，十字丝的中丝切在标尺上时，即可依次直接读出米、分米、厘米，毫米是估读的。所以，水准测量的精度与观测时估读毫米数的准确度有很大关系。

三、尺垫

尺垫一般用生铁铸成或用铁板制成，如图 4-12 所示。其形状为三角形或圆形，上有一突起的半圆形圆顶，下面有三个尖的支脚。

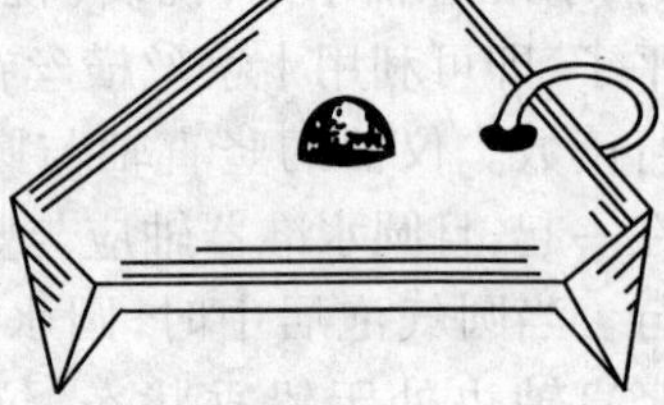

图 4-12

尺垫是在进行连续水准测量时，作为临时的固定尺点，以防止水准标尺下沉和尺点变动，保证转点传递高程的准确性。因此，在使用尺垫时，一定要将三个支脚牢固地踩入土中，水准标尺立在尺垫半圆形突起的顶端上。

四、三脚架

目前，大多采用伸缩式木制或铝合金三脚架，如图 4-3 所示。它由架头和三条架腿组成。利用架腿固定螺旋可调节三条架腿的长度，利用连接螺旋可把仪器固定在架头上。

技能点三　水准仪的使用方法与注意事项

一、水准仪的使用方法

在一个测站用水准仪测量两点间的高差时，要对地面点上竖立的水准标尺进行读数，在读数前水准仪的基本操作步骤包括安置仪器、概略整平、照准标尺、精密整平、读取标尺读数、记录和计算等。以上通称水准测量的基本方法，现分别介绍如下。

(一) 安置仪器

在前后视距尽量相等处安置仪器。打开三脚架，使其高度适中，架头大致水平，拧紧架腿固定螺旋，踩稳三个架腿。从箱中取出水准仪，用连接螺旋使水准仪与三脚架头牢固地连接在一起。

(二) 概略整平

如图 4-13(a)所示，用双手按相对方向转动任意两个脚螺旋，使气泡移动到这两个脚螺旋连线方向的居中位置，然后转动第三个脚螺旋，使圆气泡完全居中，如图 4-13(b)所示。

转动脚螺旋时，气泡运动方向与左手大拇指运动方向一致。反复整平，直到水准仪转到任何方向气泡都完全居中。

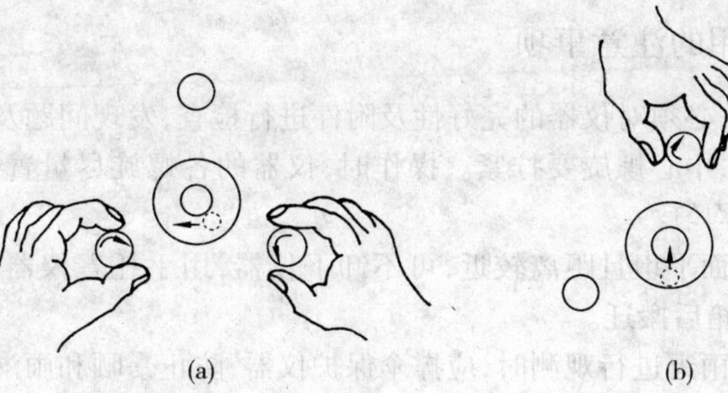

图 4-13

（三）照准标尺

（1）松开制动螺旋，将望远镜物镜对向明亮的背景，转动目镜调焦螺旋，使十字丝清晰。

（2）用望远镜筒上的准星概略地照准水准标尺，使标尺在目镜的视场内，拧紧制动螺旋，固定水准仪。

（3）转动物镜调焦螺旋，使水准标尺清晰。

（4）转动水平微动螺旋，使水准标尺的中央或任一边在十字丝纵丝附近。

（5）眼睛在目镜处上、下移动，观察水准标尺的分划与十字丝横丝有无错动，如有错动，则说明存在视差，应立即消除。

（四）精确整平

在符合水准器观察窗中观察水准管气泡，用右手缓慢而均匀地转动微倾螺旋，直到气泡两端半气泡影像完全吻合。

（五）读取标尺读数

必须在精确整平后才能读取标尺读数。读数是读取十字丝中丝（横丝）截取的标尺数值。

读数时，按照从上向下（倒像望远镜）、由小到大的顺序进行，先估读毫米，依次读出米、分米、厘米，读四位数，空位填零。如图 4-14 中的读数分别为 1. 274 m、5. 960 m、2. 564 m。为了方便，可不读小数点。读完数后仍要检查半气泡是否吻合，若不吻合，应重新调平，重新读数。

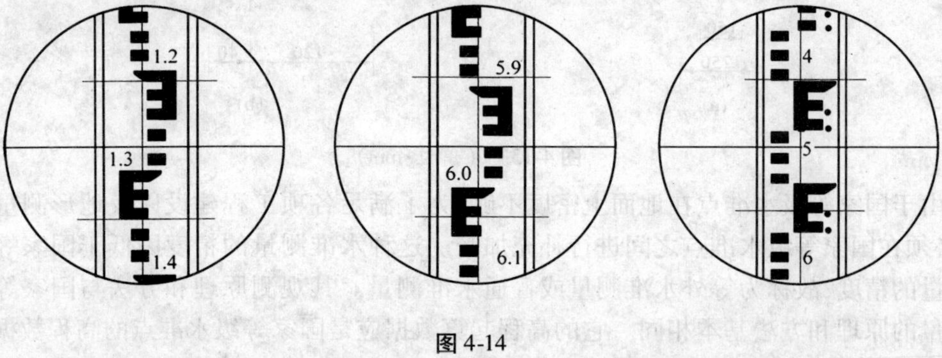

图 4-14

二、水准仪使用的注意事项

(1)领取仪器时,必须对仪器的完好性及附件进行检查,发现问题及时反映。

(2)安置仪器时,中心螺旋要拧紧。操作时,仪器的各螺旋尽量置于中间位置,不拧到极限,用力要轻巧均匀。

(3)迁站时如路面平坦且距离较近,可不卸下仪器,用手托着仪器的基座进行搬迁;否则,必须将仪器装箱后搬迁。

(4)在烈日或阴雨天进行观测时,应撑伞保护仪器,防止暴晒和雨淋。

(5)仪器用完后须擦去灰尘和水珠,不能用手或手帕擦拭光学部分构件。

(6)仪器长期不用,应放置在通风、干燥、阴凉、安全的地方,并注意防潮、防水、防霉、防碰撞。

技能点四　普通水准测量的方法和要求

我国水准测量按精度分为一、二、三、四 4 个等级。一、二等水准测量主要用于科研,也作为三、四等水准测量的起算依据;三、四等水准测量主要用于国防建设、经济建设及地形测量的高程起算依据。

在各等级水准路线上埋设了许多固定的高程标志,称为水准点。常用"BM"(Benck Mark)表示。它们的高程已由专业测量单位按不同等级的精度规定进行观测。这些水准点也称为国家等级水准点,埋设永久性标志,如图 4-15(a)所示。永久性标志一般用混凝土制成,顶部嵌入半球状金属标志,半球状标志顶点表示水准点的高程和位置。在冰冻地区水准点埋设深度应超过冰冻线 0.5 m。有的用金属标志埋设于基础稳定的建筑物墙脚上,称为墙上水准点,如图 4-15(b)所示。

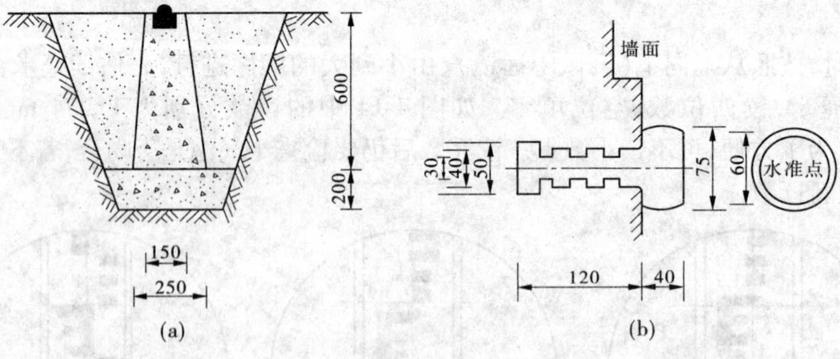

图 4-15　(单位:mm)

由于国家等级水准点在地面上密度不够,为了满足各项工程建设以及地形测量的需要,必须在国家等级水准点之间进行补充加密。这种水准测量的精度因低于国家等级水准测量的精度,故称为等外水准测量或普通水准测量。其观测原理和方法与国家等级水准测量的原理和方法基本相同。它的高程起算数据应是国家等级水准点的高程数据。

普通水准测量按具体要求可埋设如图 4-15 所示的永久性水准点,也可埋设如图 4-16

所示的临时性水准点。在大中型建筑工地上，其水准点可用混凝土制成，顶部嵌入半球状金属标志，如图 4-16(a)所示。在小型建筑工地上可利用地面突起坚硬岩石，亦可用大木桩打入地下，桩顶钉以半球状的金属圆帽钉，如图 4-16(b)所示。为了便于保护与使用，水准点埋设后应绘制点位略图。

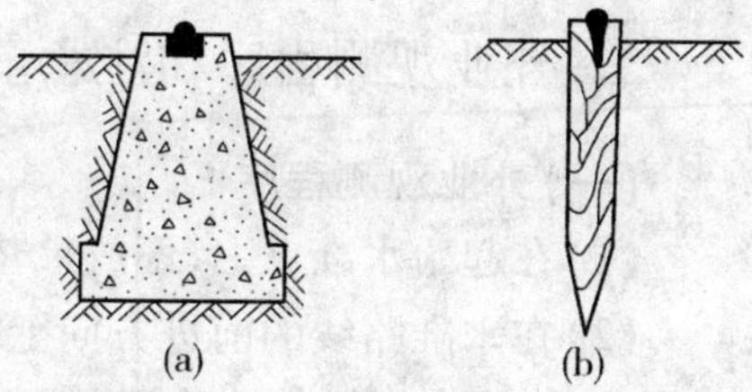

图 4-16

普通水准测量工作包括拟定水准路线和选定水准点、外业观测、水准路线高差闭合差的调整和高程计算。

下面分别介绍普通水准测量的各项工作。

一、拟定水准路线和选定水准点

根据具体工程建设或地形测量的需要，在水准测量之前，必须进行技术设计，以便选择经济合理的水准测量路线。为了使用高程的方便，在拟定的水准路线上，按规定或需要的间距埋设一些水准点，两相邻水准点之间的观测区段称为一个测段。

为了便于计算各水准点高程，并可方便地检查校核测量中可能产生的错误，水准路线要按一定的形式拟定。水准路线的形式有三种，分别介绍如下。

(一)附合水准路线

如图 4-17 所示，从一个已知高级水准点出发，沿选定的测量路线并通过设置的水准点进行观测，最后附合到另一个已知的高级水准点上。这种水准路线称为附合水准路线。

(二)闭合水准路线

如图 4-18 所示，从一个已知高级水准点出发，沿选定的测量路线并通过设置的水准点进行观测，最后又闭合到该已知高程水准点上。这种水准路线称为闭合水准路线。

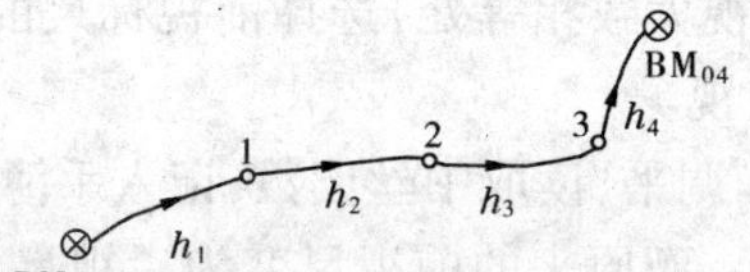

图 4-17

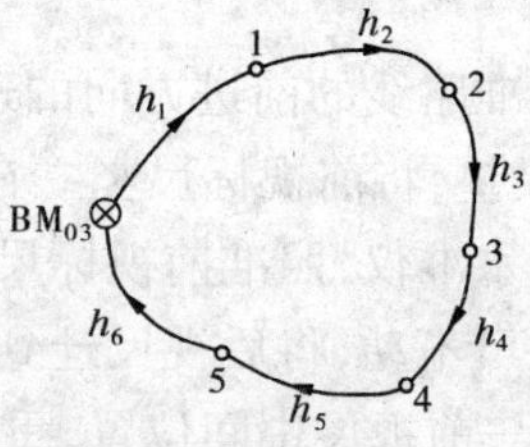

图 4-18

(三)支水准路线

如图 4-19 所示，从一个已知高级水准点出发，沿选定的测量路线并通过设置的水准点进行观测，既不闭合也不附合到另一个已知高级水准点上。这种水准路线称为支水准路线。

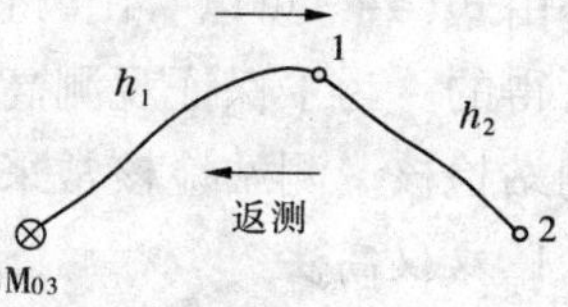

图 4-19

上述三种形式的水准路线所测得的高差值只有附合水准路线和闭合水准路线可以与已知高级水准点进行校核，而支水准路线无法校核。因此，支水准路线不但路线的长度有所限制，点数不超过 2 个，而且还须进行往测与返测，用两个不同方向的测量结果进行比较，以资校核。

二、外业观测程序和注意事项

(一)外业观测程序

(1)在起始水准点上,不放尺垫,直接在标志上立标尺,作为后视。

(2)在水准路线的前进方向上安置水准仪,水准仪离后视标尺最长不要超过 100 m。概略整平,照准标尺并消除视差再精确整平,最后读取中丝读数,并记入表 4-1 水准测量记录手簿中。

表 4-1 水准测量记录手簿

工程名称:________	日期:________	观测者:________
仪器型号: $DS_3$9618	天气:________	记录者:________

测站	点号	后视读数 a (m)	前视读数 b (m)	高差 h(m) +	高差 h(m) −	高程 H (m)	说明
1	BM_{IV3}	2.674		1.251		84.886	已知
2	TP_1	2.538	1.423	0.792			
3	TP_2	1.986	1.746	1.052			
4	TP_3	1.542	0.934	0.216			
5	TP_4	1.473	1.326		−0.369		
	TP_5		1.842			87.828	
		$\sum a=10.213$	$\sum b=7.271$	+3.311	−0.369		
计算检核		$\sum a-\sum b=10.213-7.271=+2.942$		$\sum h=3.311-0.369=+2.942$			

(3)在水准路线的前进方向的适当地方(前、后视大致相等处)选择前视标尺的转点,放置并踩稳尺垫,将前视标尺竖立在尺垫上,作为前视。

(4)转动水准仪,照准前视标尺,消除视差,精确调平,读取中丝读数,记入手簿。

(5)前视尺不动,将后视尺迁到前面作为前视尺,而原来的前视尺变为后视尺。水准仪迁到后视尺、前视尺中间位置,重复(2)、(3)、(4)步进行操作,直到最后一个水准点上。

(二)测站检核

由式(4-4)可以看出,待定点 B 的高程是根据 A 点高程和沿路各测站所测的高差计算所得的。为了保证观测高差正确无误,必须对每测站的观测高差进行检核,这种检核称为测站检核。测站检核常采用双仪高法和双面尺法进行。

1. 双仪高法

在每个测站上,利用两次不同的仪器高度分别观测,高差的差值不超过 ±5 mm 时,取平均值作为该测站的观测高差,否则重测。

2. 双面尺法

在每个测站上,不改变仪器高度,分别读取双面水准尺的黑面读数和红面读数。红面读数减去 4.687 m 或 4.787 m 应等于黑面读数,其差值不超过 ±3 mm 时,取其平均值作为标尺读数，否则重测。

（三）水准测量的注意事项

（1）在水准点上立尺时，不要放尺垫，直接将水准尺立在水准点标志上。

（2）为了读取准确的标尺读数，水准尺应立垂直，不得前后、左右倾斜。为了保证水准标尺垂直，必要时水准标尺上应设置圆水准器。

（3）在观测中，记录应复诵，以免听错、记错。在确认观测数据无误又符合要求后，后视尺才准许提起尺垫迁移，否则后视尺不能移动尺垫。

（4）前、后视距应大致相等，以消除或减弱仪器水准管轴与视准轴不完全平行的 i 角误差。

如图 4-20 所示，由于两轴不完全平行而产生一个小的夹角 i。当水准管气泡居中时，水准管轴水平，但视准轴仍处于倾斜位置，致使前、后视读数产生偏差 x_1 和 x_2，其大小与视距成正比。当前、后视距相等时，$x_1 = x_2$，在计算高差时将相互抵消掉。

另外，由于地球曲率及大气折光的影响，致使水准尺读数产生误差 f。如图 4-21 所示，c 为地球曲率对读数的影响，r 为大气折光对读数的影响，即 $f = c - r$。计算测站高差时，应从后、前视读数中分别减去 f，才能得到正确高差，即 $h = (a - f_a) - (b - f_b)$。当前、后视距离相等时，$f_a = f_b$，计算高差时就可抵消掉地球曲率与大气折光的影响。

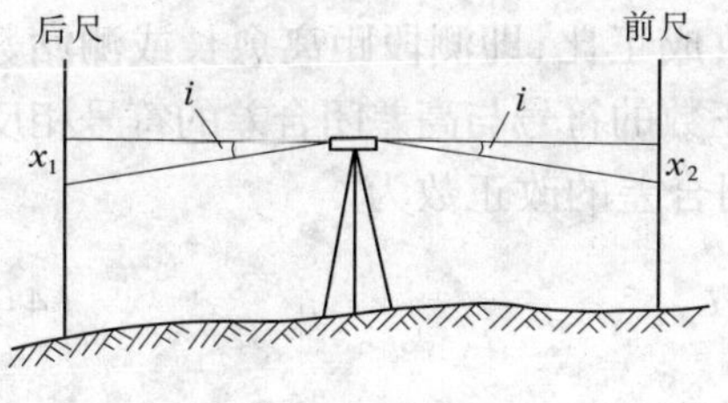

图 4-20

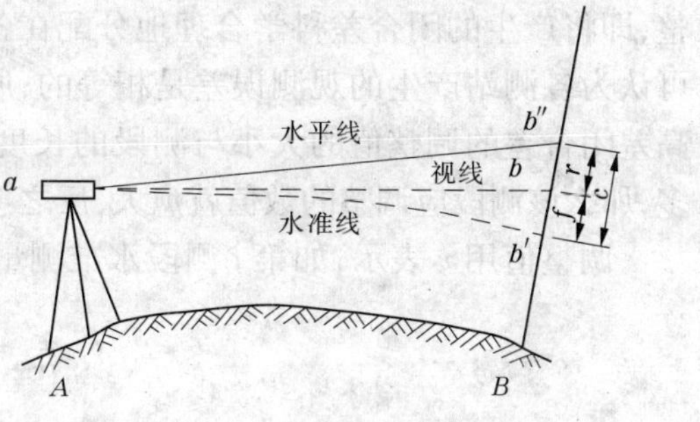

图 4-21

（5）记录、计算字迹清晰工整，易于辨认。读错、记错、算错时须用斜线划掉，将正确数据重新记在它的上方，不得涂改，以保持记录的原始性。

三、水准路线高差闭合差的调整和高程计算

（一）高差闭合差的计算

由于进行水准测量时，受仪器本身、气候、观测者的感官等因素的影响，观测的数据不可避免地会产生些误差，致使所观测的结果无论是对一个测站或对一条水准路线而言，都与理论的数据不相符。所以，把一条水准路线实际测出的高差和已知的理论高差之差称为水准路线的高差闭合差，用 f_h 表示。

附合水准路线的高差闭合差为

$$f_h = \sum h - (H_{终} - H_{始}) \tag{4-5}$$

闭合水准路线的高差闭合差为

$$f_h = \sum h \tag{4-6}$$

支水准路线的高差闭合差为

$$f_h = \sum h_{往} + \sum h_{返} \tag{4-7}$$

(二)普通水准测量高差闭合差的允许值

为了保证测量成果的精度,水准测量路线的高差闭合差不允许超过一定的范围,否则应重测。水准路线高差闭合差的允许范围称为高差闭合差的允许值。普通水准测量时,平地和山地的允许值分别按式(4-8)和式(4-9)计算。

平地

$$f_{h允} = \pm 40\sqrt{L} \quad (\text{mm}) \tag{4-8}$$

式中 L——水准路线的总长度,km。

山地

$$f_{h允} = \pm 12\sqrt{n} \quad (\text{mm}) \tag{4-9}$$

式中 n——水准路线的总测站数。

(三)高差闭合差的调整

对于附合水准路线和闭合水准路线来说,当高差闭合差满足允许值时,可以进行调整,即将产生的闭合差科学合理地分配在各测段中。因在进行水准测量时观测条件相同,可认为各测站产生的观测误差是相等的,所以水准路线高差闭合差的调整原则是:各测段高差闭合差的调整值的大小与测段的长度或测站数成正比,即测段距离愈长或测站数愈多,那么该测段应调整的数值就愈大,反之愈小。改正数的符号与高差闭合差的符号相反。

调整值用 v 表示,如第 i 测段水准测量的高差闭合差的改正数为

$$v_i = -\frac{f_h}{\sum L_i} \times L_i \tag{4-10}$$

式中 f_h——高差闭合差,mm;

$\sum L_i$——路线的总长度,km;

L_i——第 i 测段水准路线的长度,km。

式(4-10)也可表示为

$$v_i = -\frac{f_h}{\sum n_i} \times n_i \tag{4-11}$$

式中 f_h——高差闭合差;

$\sum n_i$——路线的总测站数;

n_i——第 i 测段水准路线的测站数。

当按式(4-10)或式(4-11)计算出各段的调整值后,将各测段的观测高差值与该测段的调整值取代数和,求得各测段经调整后的高差值,即

$$h_i = h'_i + v_i \tag{4-12}$$

式中 h'_i——第 i 测段的观测高差值;

v_i——高差闭合差的调整值。

对于支水准路线来说，调整后的高差值就为往返观测符合要求后测量结果的平均高差值，即按下式计算

$$h = \frac{|h_{往}| + |h_{返}|}{2} \tag{4-13}$$

h 的正负号与往测高差的符号相同。

（四）各点高程的计算

对于附合水准路线或闭合水准路线来讲，需根据起点的已知高程加上各段调整后的高差依次推算各所求点的高程，即

$$H_i = H_{i-1} + h_i (i = 1,2,3\cdots) \tag{4-14}$$

推算到终点已知高程点上时，应与该点的已知高程相等。否则，说明计算有误，找出原因，重新计算。

对于支水准路线来说，因无法检核，在计算中要仔细认真，确认计算无误后方能使用计算成果。

图 4-22 是一条附合水准路线，作为算例，其计算的步骤与结果按表 4-2 进行。

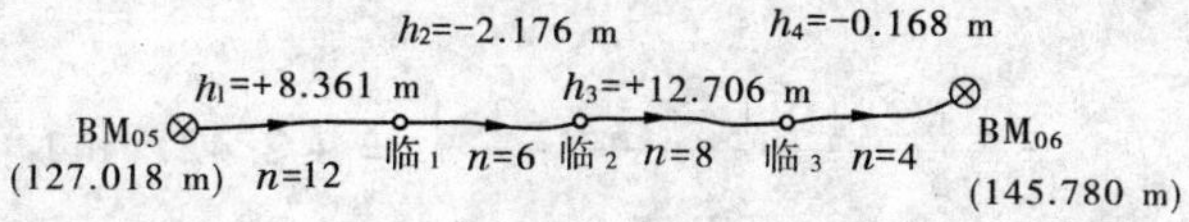

图 4-22

表 4-2 附合水准路线高差闭合调整与高程计算

点号	测站点 n	实测高差 h'（m）	高差改正数 v（m）	改正后高差 h（m）	高程 H（m）	说明
1	2	3	4	5	6	7
BM_{05}					127.018	已知
	12	+8.361	+0.016	+8.377		
临$_1$					135.395	
	6	−2.176	+0.008	−2.168		
临$_2$					133.227	
	8	+12.706	+0.010	+12.716		
临$_3$					145.943	
	4	−0.168	+0.005	−0.163		
BM_{06}					145.780	已知
	$\sum n = 30$	$\sum h' = +18.723$	$\sum v = +0.039$	$\sum h = +18.762$		

辅助计算如下：

高差闭合差为

$$f_h = \sum h' - (H_{06} - H_{05})$$
$$= +18.723 - 18.762 = -0.039(\text{m}) = -39 \text{ mm}$$

高差闭合差允许值为

$$f_{h允} = \pm 12\sqrt{n} = \pm 12\sqrt{30} = \pm 65(\text{mm})$$

$|f_h| < |f_{h允}|$，观测合格。

闭合水准测量路线的高程计算，除高差闭合差按式(4-6)计算外，其闭合差的调整方法、允许值的大小均与附合水准路线相同。

支水准路线的高程计算可参照下面实例进行。

如图4-23所示，已知水准点 A 的高程为 H_A = 1 048.653 m。欲求得1点的高程，往测高差为 $h_{往}$ = +2.418 m，返测高差为 $h_{返}$ = -2.436 m。往测和返测各设了5个站。1点高程计算方法如下。

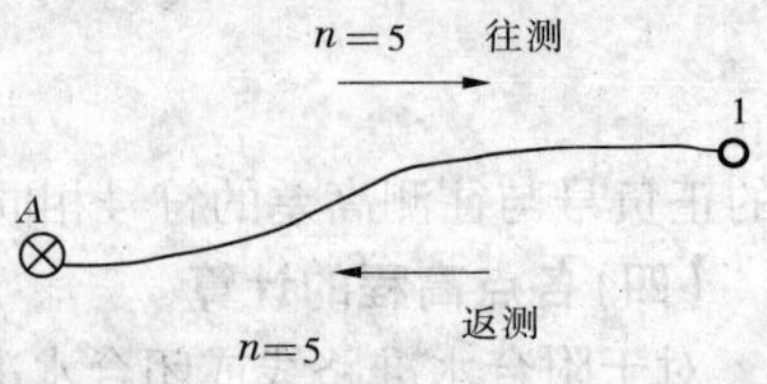

图4-23

高差闭合差为

$$f_h = h_{往} + h_{返} = +2.418 - 2.436$$
$$= -0.018(\text{m}) = -18 \text{ mm}$$

闭合差允许值为

$$f_{h允} = \pm 12\sqrt{n} = \pm 12\sqrt{5} \approx \pm 27(\text{mm})$$

$|f_h| < |f_{h允}|$，观测合格。

取往测和返测高差绝对值的平均值作为 A、1两点间的高差，其符号与往测符号相同。即

$$h_{A1} = \frac{|+2.418| + |-2.436|}{2} = +2.427(\text{m})$$

那么1点的高程为

$$H_1 = H_A + h_{A1} = 1\,048.653 + 2.427 = 1\,051.080(\text{m})$$

技能点五　微倾式水准仪的检验与校正

水准仪是进行高程测量的主要工具。水准仪的功能是提供一条水平的视线，而水平视线是依据水准管轴呈水平位置来实现的，如图4-24所示。一台合格的水准仪必须满足以下几个条件：①水准管轴应与视准轴平行；②圆水准器轴应与仪器竖直轴平行；③十字丝的横丝应与仪器竖直轴垂直。其中，水准管轴与视准轴平行是水准仪应满足的主要条件。

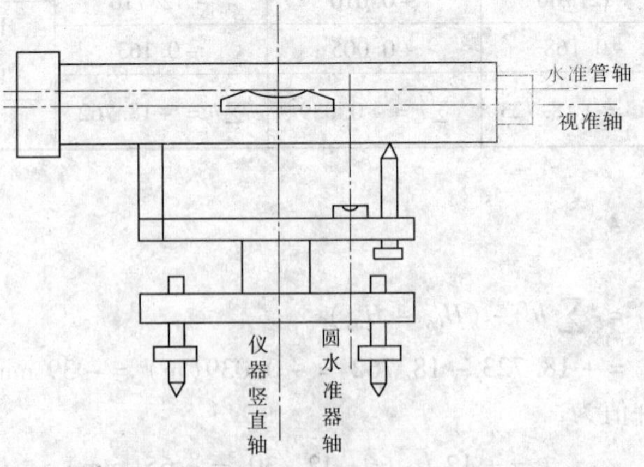

图4-24

满足上述条件的目的是达到水准测量原理的要求，从而获得可靠的观测数据，以保证最后结果达到精度要求。由于仪器在长期的使用过程中不合理的操作、运输途中的振动等因素，使得水准仪不完全满足上述条件。为此，在进行水准测量之前，必须对所使用的水准仪进行检验，检验后不满足条件的还须校正，只有全部条件满足后水准仪才能进行水准测量。

仪器检验与校正的顺序原则是前一项检验不受后一项检验的影响，或者说后一项检验不破坏前一项检验条件的满足。因此，水准仪检验与校正应按下列顺序进行，不能颠倒。

一、圆水准器轴应平行于仪器竖直轴

（一）检验

转动三个脚螺旋使圆水准器气泡居中，然后将水准仪望远镜旋转 180°，若气泡仍然居中，说明此条件已满足；若气泡不居中，则说明此项条件不满足，必须进行校正。

（二）校正

校正是用装在圆水准器下面的三个校正螺丝完成的，如图 4-25 所示。用校正针转动三个校正螺丝，使气泡向中心位置移动一半的偏差量。这时，圆水准器轴已与仪器竖直轴平行了。再转动脚螺旋使气泡向中心位置移动另一半的偏差量，即这时圆水准器气泡已经居中，两轴已处于铅垂状态了。这样反复进行，直到望远镜转到任何方向上圆水准器气泡都居中。

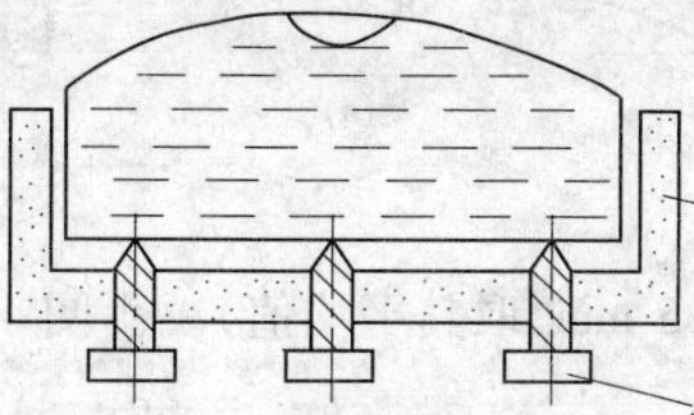

图 4-25

二、十字丝横轴应垂直于仪器竖直轴

（一）检验

整平仪器，使望远镜中十字丝横丝的一端与远处同仪器等高的一个明显点状目标相重合，拧紧制动螺旋，如图 4-26(a)所示。

转动微动螺旋，若目标从横丝的一端至另一端始终在横丝上移动，说明此项条件已经满足；若目标偏离横丝，如图 4-26(b)所示，则说明此项条件不满足，须进行校正。

（二）校正

旋开目镜的护罩，露出十字丝分划板座的三个固定螺丝，如图 4-27 所示。用小改锥轻轻松开固定螺丝，转动十字丝分划板座，使横丝的一端与目标重合，并轻轻旋紧三个固定螺丝。然后检验此项，直到满足条件。

三、水准管轴应平行于视准轴

（一）检验

1. 求出正确高差

如图 4-28(a)所示，在平坦的地面上选择相距约 80 m 的 A、B 两点，放置尺垫或打木桩。在 A、B 的中点 C 上安置水准仪，用双仪高法测出 A、B 两点间的高差 h_{AB}（两次高差之

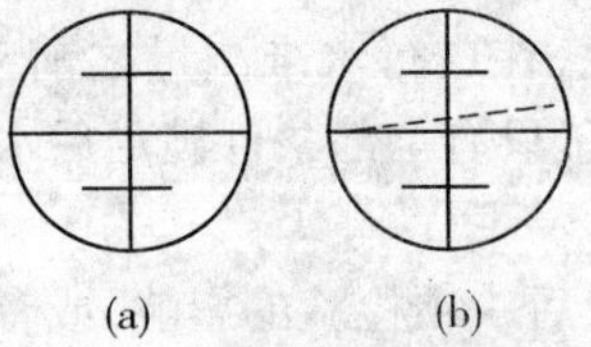

图 4-26

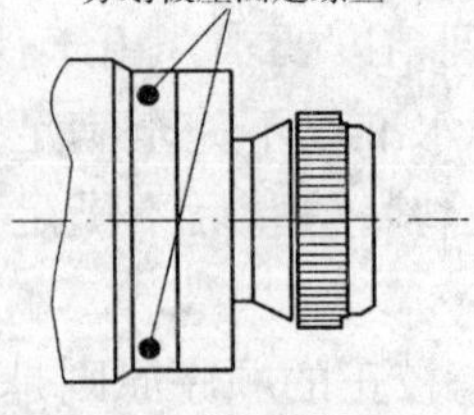

图 4-27

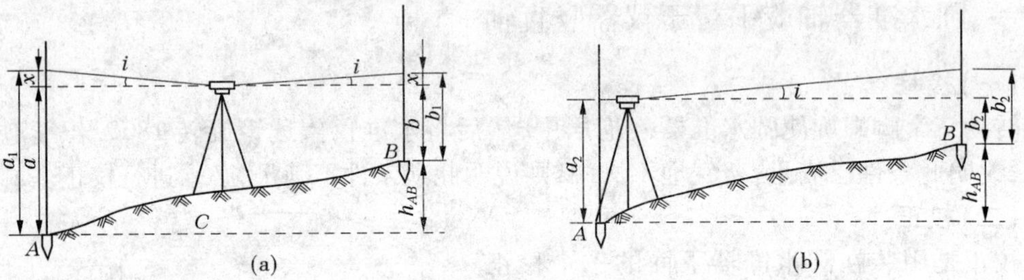

图 4-28

差不超过 ±5 mm，取其平均值）。由图 4-28（a）可以看出

$$h_{AB} = (a_1 - x) - (b_1 - x) = a_1 - b_1$$

因为仪器到两尺的距离相等，即使水准管轴与视准轴不完全平行，对读数产生的误差 x 相等，在计算高差时相互抵消，测出的高差 h_{AB} 就是正确高差。

2. 计算正确的前视读数，并判断条件是否满足

如图 4-28（b）所示，把水准仪搬到离 A 点约 3 m 处，精确调平后读得 A 尺上的读数为 a_2，因为仪器离 A 点很近，i 角引起的读数误差很小，可忽略不计，即认为 a_2 读数正确。由 a_2 和高差 h_{AB} 就可计算出 B 点标尺上水平视线的读数 b_2，即

$$b_2 = a_2 - h_{AB}$$

然后转动仪器照准 B 点标尺，精确调平后读取水准标尺读数为 b'_2。如果 $b_2 = b'_2$，说明两轴平行；否则，两轴不平行而存在 i 角，其值为

$$i = \frac{b'_2 - b_2}{D_{AB}}\rho'' \qquad (4\text{-}15)$$

式中　D_{AB}——A、B 两点间的距离。

测量规范规定，当 DS_3 水准仪 i 角绝对值大于 20″时，需要进行校正。

（二）校正

转动微倾螺旋，使水准读数为正确读数 b_2，这时视准轴水平，而水准管气泡不居中（符合水准器半气泡影像错开），如图 4-29 所示。先用校正针松开水准管一端左、右校正螺丝 a 和 b，再调节上、下校正螺丝 c 和 d，升高或降低水准管的一端，使气泡重新居中（符合水准器两个半气泡影像吻合），然后旋紧各校正螺丝。此项校正需要反复进行，直到条件满足要求。

在实际工作中，也可用平行线法进行该项的检验与校正。

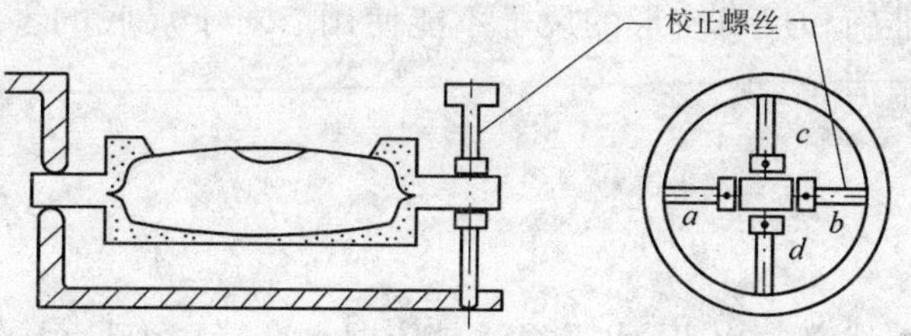

图 4-29

如图 4-30 所示，在两面墙（电杆）中间安置水准仪。精确调平后分别在两面墙上十字丝横丝瞄准处划一横线 a_1 和 b_1。把仪器搬至距其中一面墙前约 3 m 处，同样在墙上划出一横线 a_2，量取 a_1、a_2 间距 l，在另一面墙上从 b_1 量取 l 得 b_2 横线（与 a_2 方向一致）。精确调平后照准 b_2 横线，若能瞄准 b_2，说明两轴平行；否则，两轴不平行，当差值绝对值大于 3 mm 时就应校正。

水准管轴平行于视准轴的检验应定期进行。

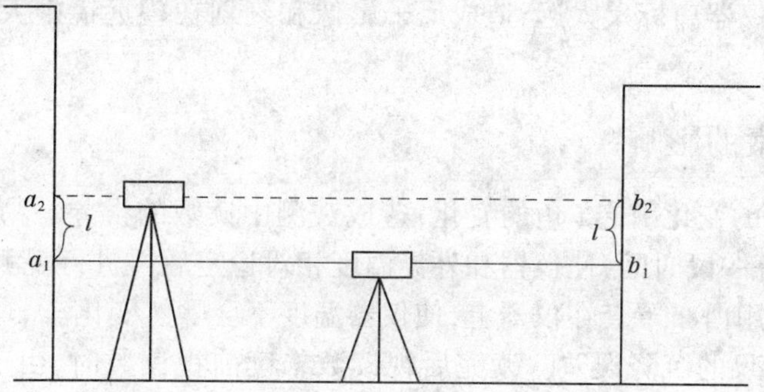

图 4-30

技能点六　水准测量的误差分析

水准测量的误差来源有多个方面，但主要来自仪器及使用工具的误差、观测误差和外界因素的影响三个方面。

一、仪器及使用工具的误差

（一）水准管轴和视准轴不完全平行引起的误差

这项误差是水准测量的主要误差，虽然在水准仪的检验与校正中已得到检验和校正，但不可能将 i 角完全消除，还会有残余的误差。观测时，虽然尽量使前、后视距相等，尽可能地减小 i 角对读数的影响，但也难以完全消除。所以，观测中还要避免阳光直射仪器，以防引起 i 角的变化。当精度要求高时，利用不同时间段进行往返观测，以消除因 i 角变化引起的误差。

（二）水准标尺误差

水准标尺刻划不均匀、不准确、尺身变形等都会引起读数误差，因此对水准尺要进行检定。对于刻划不准确和尺身变形的尺子不能使用。对于尺底的零点差,采用在每测段设置偶数站的方法来消除。

二、观测误差

(一)观测误差

水准仪观测时视线必须水平,水平视线是依据水准管气泡是否居中来判断的,为消除此项误差,每次在读数之前,一定要使水准管气泡严格居中,读后检查。

(二)标尺不垂直引起的读数误差

标尺不垂直,读数总是偏大,特别是观测路线总是上坡或下坡时,其误差是系统性的,为了消除此项误差,可在水准标尺上安置经过校正的圆水准器,当气泡居中时,标尺即垂直。

(三)读数误差

读数误差一是来源于视差的影响,二是来源于读取中丝毫米数时的估读不准确的影响。为了消除这两方面的误差,可采用重新调焦来消除视差和按规范要求设置测站与标尺的距离,不要使仪器离标尺太远,造成尺子影像和刻划在望远镜中太小,以致读毫米数时估读误差过大。

三、外界因素的影响

(1)外界温度的变化引起 i 角的变化,造成观测中读数的误差。为消除此项误差,可在安置好仪器后等一段时间,使仪器和外界温度相对稳定后再进行观测。若阳光过强,可打伞遮阳,迁站时用白布罩套在仪器上,使仪器温度不会骤然变化。

(2)仪器和标尺的沉降误差。读完后视读数未读前视读数时,由于尺垫没有踩实或土质松软,致使仪器和标尺下沉,造成读数误差。消除此项误差的办法有两种:一是操作读数要准确而迅速;二是选择坚实地面设站和立尺,并踩实三脚架及尺垫。

(3)大气折光的影响。由于大气的垂直折光作用,引起了观测时的视线弯曲,造成读数误差。削减此项误差的办法有三种:一是选择有利时间来观测,尽量减小折光的影响;二是视线距地面不能太近,要有一定的高度,一般视线高度离地面要在 0.3 m 以上;三是使前、后视距相等。

上述各项误差的来源和消除方法都是采用单独影响的原则进行分析的,而实际作业时是综合性的影响,只要在作业中注意上述的消除方法,特别是迅速、准确地读数,会使各项误差大大减小,达到满意的精度要求。若有条件可使用自动安平水准仪,它可自行提供水平视线,不需要手动微倾螺旋整平、居中气泡,使观测速度大大提高,有效地消减了一些误差,保证了水准路线的测量精度。

技能点七　自动安平水准仪的认识与使用

利用水准仪进行测量时,是根据仪器上水准管的气泡居中获得水平视线,再读取水准标尺的中丝读数,通过计算,得出两点间的高差值。为了获得水平视线,每次读数前必须转动微倾螺旋,使水准管气泡居中,这一必须实施的操作步骤给水准测量的速度和精度都带来了一定的影响。为了省略这一操作步骤，加快观测速度，提高成果的精度，在20世纪40年代就研制出一种可以自动精确整平的水准仪，这种水准仪只需经观测员概略整平（圆水准器气泡居中）即可自动地进一步精确整平，获得水平视线，读取标尺读数，这种水准仪称为自动安平水准仪。图4-31所示为国产AL332－1型自动安平水准仪的外形。

图4-31

自动安平水准仪的使用非常简便，在观测时，只需用脚螺旋将圆水准器气泡调至居中，打开补偿器开关，照准标尺即可读取读数。搬站时或观测完后应关上补偿器开关。

自动安平水准仪在使用前也要按照本单元技能点五中的检验及校正的方法进行检验与校正，同时要检验补偿器的性能。其方法是先在水准尺上读数，然后少许转动物镜或目镜下面的一个脚螺旋，人为地使视线倾斜，再次读数，若两次读数相等，则说明补偿器性能良好，否则需专业人员修理。

技能点八　电子水准仪的认识与使用

一、电子水准仪简介

1963年，Fennel厂研制出了编码经纬仪，加上20世纪40年代已经出现的电磁波测距技术，随着光电技术、计算机技术和精密机械的发展，到80年代已开始普遍使用电子测角和电子测距技术，然而到80年代末水准测量还在使用传统仪器。这是由于水准仪和水准标尺不仅在空间上是分离的，而且两者的距离可以以1 m多变化到100 m，因此在技术上引起数字化读数的困难。

为实现水准仪读数的数字化，人们进行了近30年的尝试，如德国蔡司厂的RENI 002A已使测微器读数能自动完成，但粗读数还需人工读出并按键输入，与精读数一起存入存储器，因此还算不上真正的电子水准仪；又如，利用激光扫平仪和带探测的水准标尺可以使读数由标尺自动记录，由于这种试验结果还不能达到精密几何水准测量的要求，因此也没有解决水准测量读数自动化的难题。

1987年，瑞士徕卡（Leica）公司推出了世界上第一台电子水准仪NA2000。在NA2000上首次采用了数字图像技术处理标尺影响，以CCD阵列传感器取代测量员的肉眼对标尺读数并取得成功。这种传感器可以识别水准尺上的条码分划，并以相关技术处理信号模型自动显示标尺读数和视距，从而实现水准观测自动化。

电子水准仪具有测量速度快、读数客观、能减轻作业劳动强度、精度高、测量数据便于输入计算机和容易实现水准测量内外业一体化的特点，因此它投放市场后很快受到用户的青睐。国外的低精度高程测量广泛使用各种类型的激光定线仪和激光扫平仪。因此，电子水准仪定位在中精度和高精度水准测量范围，分为两个精度等级，中等精度的标准差为1.0～1.5 mm/km，高精度的标准差为0.3～0.4 mm/km。

经过多年的发展，电子水准仪已经发展到了第二代、第三代产品，仪器精度也达到了一、二等水准测量的要求。图 4-32 所示为天宝(Trimble)DINI12 型电子水准仪。

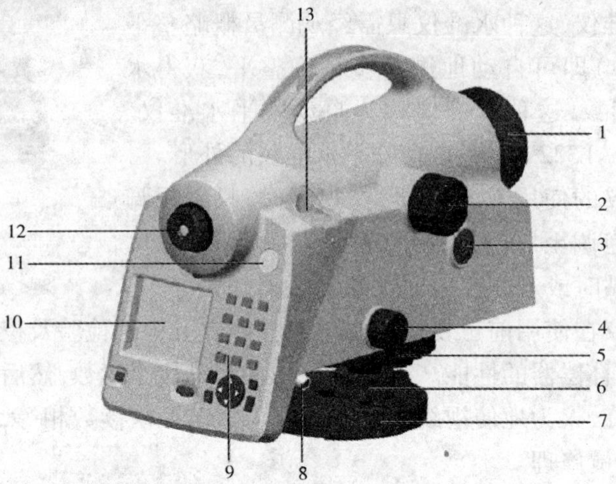

1—望远镜遮阳板；2—望远镜调焦螺旋；3—触发键；4—水平微调；5—刻度盘；6—脚螺旋；7—底座；8—电源/通信口；9—键盘；10—显示器；11—圆水准气泡；12—十字丝；13—圆水准气泡调节器

图 4-32

二、电子水准仪的优点

(1)速度快：水准仪可以自动读数、记录和检核，不用观测员人工观测，作业速度快慢取决于仪器整置速度和跑尺人员的速度。

(2)精度高：图像处理技术自动判别读数，免除了观测员人工夹准分划和读数误差的影响。对图形影像多个分划取平均值，有利于消除标尺分划误差。另外，速度的提高，可消除与时间有关的外界条件的影响，如温度变化引起的视准轴的变化、大气垂直折光的变化、仪器水准尺升降等的影响。

(3)仪器质量轻，操作简便，能减轻作业员的劳动强度。

(4)易于实现测量内外业一体化。数字水准仪将数据直接记录在卡或内存中，及时检核，按规定格式输出，便于在计算机上处理，形成自动流程，不仅大大提高了工作效率，而且避免了由于人工记录、计算出现的差错。

三、仪器的基本操作及使用

电子水准仪其实与光学水准仪没有多少不同的地方。在光学水准仪中用到的许多原理和方法在电子水准仪中仍然需要用到。当按下了 Measure 测量键时，仪器就会把瞄准并调焦好的尺子上的条码图片(见图 4-33)来一个快照，然后与仪器内存中的同样的尺子条码图片进行比较和计算。这样，一个尺子的读数就可以计算出来并且保存在内存中了。天宝(Trimble)电子水准仪的主菜单如表 4-3 所示。

图 4-33

表 4-3　天宝(Trimble)电子水准仪主菜单

主菜单	子菜单	第二级子菜单	描述
1. 文件	工程菜单	选择工程	选择已有工程
		新建工程	新建一个工程
		工程重命名	改变工程名称
		删除工程	删除已有工程
		工程间文件复制	在两个工程间复制信息
	编辑器		编辑已存数据,输入、查看数据,输入改变代码列表
	数据输入/输出	DINI 到 USB	将 DINI 数据传输到数据棒
		USB 到 DINI	将数据棒数据传入 DINI
	存储器	USB 格式化	记忆棒格式化,注意警告信息
			内/外存储器,总存储空间,未占用空间,格式化内/外存储器
2. 配置	输入		输入大气折射、加常数、日期、时间
	限差/测试		输入水准线路限差(最大视距、最小视距高、最大视距高等信息)
	校正	Forstner 模式	视准轴校正
		Nabauer 模式	视准轴校正
		Kukkamaki 模式	视准轴校正
		日本模式	视准轴校正
	仪器设置		设置单位、显示信息、自动关机、声音、语言、时间
	记录设置		数据记录、记录附加数据、线路测量单点测量、中间点测量
3. 测量	单点测量		单点测量
	水准线路		水准线路测量
	中间点测量		基准输入
	放样		放样
	断续测量		断续测量
4. 计算	线路平差		线路平差

四、使用注意事项

(一)补偿误差

数字水准仪是在光学自动安平水准仪的基础上发展起来的,补偿器基本上都属于吊带重力补偿器,经过运输、温度变化等,其内应力发生变化,补偿性能差异较大,必须定期检测,超过限差时应及时调校。另外,应注意补偿器的稳定时间,置平仪器后不要立即测量,要有 1 ~2 s 的时间延迟。

(二)视准线误差(i 角)

视准线误差的大小直接影响着水准测量的成果,测量过程中尽量保证前、后视距离差在规定的范围内。数字水准仪一般都有独立的测距功能,水准尺读数前可以根据距离测量值调整水准尺或水准仪的位置。

（三）光亮度对测量的影响

数字水准仪的CCD图像传感器只能在有限的亮度范围内将图像转换为用于测量的有效电信号，这些有效的信号强度是由时间积分决定的，像照相机一样用控制曝光时间来保证一定的光通量，其曝光时间的范围为几毫秒到2 s。

（1）采样条码群体中亮度不均匀（如遇阴影）时，就会使曝光时间失控，影响测量精度，严重时使仪器自动中止测量。

（2）在逆光或背景光线很强时进行测量，标尺图像对比度下降，即使传感器CCD有充分的光通量，而测量实体标尺条码却曝光不足，使测量信号的估算产生困难，往往造成测量失败。

（3）在测量中光强发生强烈变化时应停止测量。

（4）在测量中，若仪器处的亮度大于标尺处的亮度，光线通过仪器的物镜和目镜的漫反射，使CCD的本底噪声增大，造成标尺条码曝光不足，使测量失败或影响测量。这时，可将目镜遮住，物镜罩上遮光罩，情况就会得到改善。

（四）调焦对测量的影响

数字水准仪依据的是用于测量的所有间隔码元估算并多次测量的平均值，因此调焦对测量的影响远比光学水准仪小得多。若仅是通常调焦波动，则对测量结果只产生微不足道的影响，测量时间相对延长而已。若读数时焦距未调整清晰，则易造成测量失败。

（五）标尺安置状态对测量的影响

仪器在自动测量过程中对标尺安置状态的监视反映很迟钝，偏离垂直状态很大范围，仪器仍然测量，因此显得标尺安置更为重要。精密因瓦条码标尺上都安置了圆水准器，这对提高标尺的安置速度有一定益处。

（六）磁致误差

虽然目前数字水准仪的补偿器都是用铝或非磁性材料制造的，在均匀磁场下检测无显著影响，但在交变磁场中，都能检测到补偿器的偏转量，因此测区通过大功率的发电厂、变电枢纽或测线沿高压输电线、电气化铁路时，要谨慎选用仪器，必须检测其磁致误差的影响幅度。

（七）仪器的晾置和预热

由于仪器参数（如 i 角）受环境温度影响易发生变化，作业前仪器充分晾置或预热，使仪器与外界气温趋于一致或处于稳定的热交换平衡状态，避免仪器在初始阶段（温度不稳定阶段）进行测量而影响精度。在结束晾置前3 min打开电源进行预热，晾置时间与仪器和环境的温差成正比，对于精密测量，晾置时间一般是温差度数的2～3倍。如温差为10 ℃，则晾置时间为20～30 min。在潮湿情况下，应擦去水珠，晾干或吹干仪器，及时烘烤干燥剂，使仪器存放在干燥的箱体内。

（八）振动对测量的影响

由于交通、机械、风等产生的振动，影响补偿器致使视准线不稳。在周围环境恶劣时，如明显的机械振动、载重运输车通过、风力过大等，应暂停测量。

思考与练习题

1. 什么叫水准点、转点、视准轴、圆水准器轴、水准管轴、水准管分划值？

2. 水准仪有哪些螺旋？各起什么作用？

3. 怎样使圆水准器气泡居中？圆水准器气泡居中后水准管气泡是否就一定居中？为什么？

4. 什么叫视差？如何消除视差？

5. 根据表4-4水准测量记录，计算高差及高程并进行校核，最后绘图说明其施测情况，并将各点的标尺读数在图中注明。

表4-4 水准测量记录手簿

测点	后视读数 a(m)	前视读数 b(m)	高差 h(m)		高程 H (m)	说明
			+	−		
BM_1	0.157	2.370			1 048.376	新华桥东侧
TP_1	0.964	3.907				
TP_2	0.305	1.043				
A	1.432	0.417				
TP_3	3.387	1.824				
TP_4	2.679	0.264				
B						
检核						

6. 水准测量有哪几种路线？请按图4-34中所给数据，计算出各点高程。

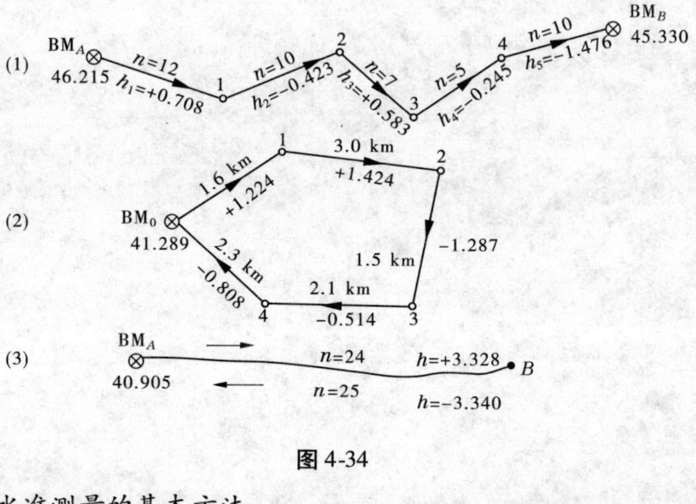

图4-34

7. 简要叙述水准测量的基本方法。

8. 安置水准仪时，为什么要尽量安置在前、后视距相等处？

9. 水准仪安置于 A、B 之间，读取 a_1 为 1.356 m，b_1 为 1.287 m，水准仪搬至 A 点附近时读数 a_2 为 1.345 m，b_2 为 1.270 m。试问视准轴与水准管轴是否平行？若不平行，如何校正？

10. 在水准测量过程中，如发现原水准点有变异、转点挪动，或者仪器未支稳甚至被碰动等情况，应当怎么办？

11. 水准测量中的主要误差有哪些？如何消除？

12. 如何使用自动安平水准仪？

13. 电子水准仪的基本原理是什么？有哪些优点？

单元五　经纬仪与角度测量

教学内容

本单元主要包括角度测量的概念、经纬仪的构造及操作方法、经纬仪的检验与校正方法和电子经纬仪的认识与使用。

能力目标

在熟悉角度测量原理的基础上，熟练掌握使用光学经纬仪及电子经纬仪进行实际角度的测量与计算。这是土木工程施工测量岗位的基本技能之一。

技能点一　角度的概念及测量原理

一、水平角的概念及测量原理

地面上两相交方向线垂直投影在水平面上的夹角称为水平角，通常用 β 表示。如图 5-1所示，设 A、B、C 为地面上任意三点，将这三点沿铅垂线方向投影到水平面 P 上，得相应的 a、b、c 三点，水平面上 ab 与 ac 两条直线的夹角 β 即为地面上的 AB 与 AC 两个方向线之间的水平角。由图 5-1 可见，水平角 β 即为通过 AB 与 AC 两个铅垂面和水平面 P 的交线 ab 与 ac 的夹角。如果过 A 点的铅垂线 Oa 上任一点作一水平面，则它和这两个铅垂面的交线所夹的角也一定等于水平角 β。

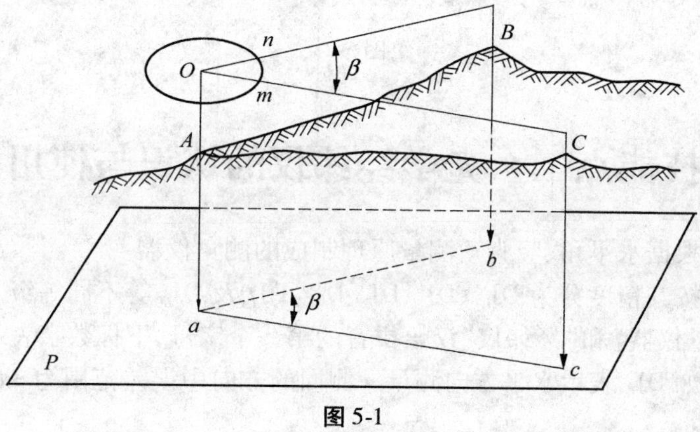

图 5-1

因此，在过 A 点的铅垂线上 O 点处水平地放置一个有度刻划的圆盘，圆盘的圆心与 O 点重合，并使圆盘处于水平状态，圆盘上设有可以绕圆心转动的望远镜，它不但能在水平面内转动，以照准不同方向上的目标，而且也能上下转动，以照准不同高度的目标，并且上下转动时视线保持在同一铅垂面内。当望远镜照准地面点 B 时，构成 OB 的铅垂面，在圆盘上可读一数为 n，当望远镜再照准地面点 C 时，构成 OC 的铅垂面，在圆盘上又可读一

数为 m,则这两个方向线所夹的水平角为

$$\beta = \text{右目标读数 } m - \text{左目标读数 } n \tag{5-1}$$

观测者面向测角的分角线方向,左侧的为左目标,右侧的为右目标,如 $m < n$,则 $\beta =$ 右目标读数 $m + 360° -$ 左目标读数 n,水平角没有负值,取值范围为 0°~360°。

二、竖直角的概念与测量原理

在同一铅垂面内,照准方向线与水平线的夹角称为竖直角,通常用 α 表示。照准方向线在水平线之上时称为仰角,角值为正值;照准方向线在水平线之下时称为俯角,角值为负值。

如图 5-2 所示,在过 A、B、C 的铅垂面中 A 点处,放置一个铅垂的圆盘,圆盘上有度刻划。当照准 B 点时,其方向线 AB 与水平线 AO 在圆盘上的夹角即为 AB 方向线的竖直角($+\alpha$)。同理,当照准 C 点时,其方向线 AC 与水平线 AO 在圆盘上的夹角即为 AC 方向线的竖直角($-\alpha$)。

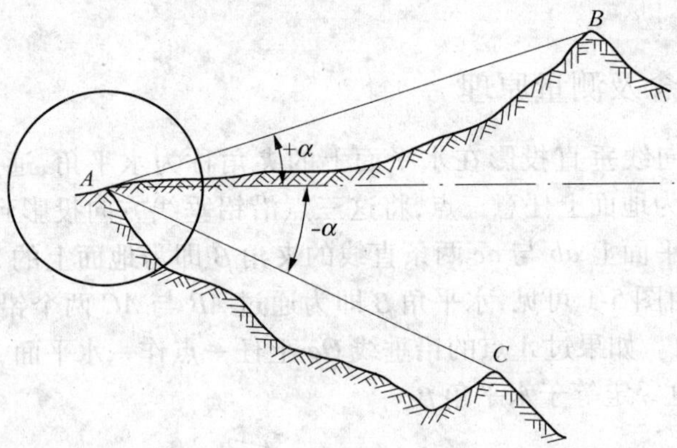

图 5-2

技能点二 光学经纬仪的认识与使用

经纬仪就是根据水平角、竖直角测量原理制成的测角仪器。

国产经纬仪按其精度分为 DJ_{07}、DJ_1、DJ_2、DJ_6、DJ_{15} 及 DJ_{60} 等不同等级。其中"D"、"J"分别为"大地测量仪器"和"经纬仪"汉语拼音的第一个字母,下标数字表示该仪器所能达到的精度指标。如 DJ_6 表示水平方向测量一测回的方向中误差范围为 ±6″的大地测量经纬仪。

一、DJ_6 型光学经纬仪的构造

(一)一般构造

图 5-3 所示为北京光学仪器厂生产的 DJ_6-1 型光学经纬仪的外形,它的基本构造可分为照准部、水平度盘和基座三个部分。

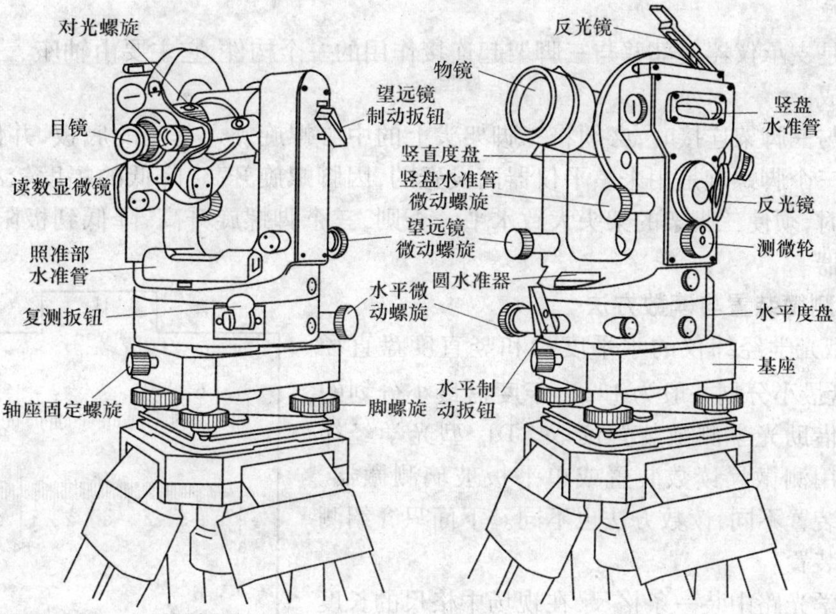

图 5-3

1. 照准部

照准部是指水平度盘以上能绕竖轴转动的部分。这一部分主要包括望远镜、竖直度盘、照准部水准管、圆水准器、光学光路系统、测微器等。这一部分装在底部有竖轴的 U 形支架上,其中望远镜、竖直度盘和横(水平)轴连在一起并安装在支架上,当望远镜上下转动时,竖直度盘也随之转动;当望远镜绕竖轴水平转动时,可在水平度盘上读取刻划读数。望远镜无论上下、水平转动都可借助于各自的制动螺旋和微动螺旋固定在任何一个部位。

照准部上的光学对中器(或采用垂球)及水准管在安置仪器时可使水平度盘的圆心位于地面点的铅垂线上,并能使水平度盘处于水平位置。

2. 水平度盘

水平度盘和竖直度盘都是用玻璃制成而精确刻划的圆盘,按顺时针方向由 0° ~ 360° 进行刻划。

水平度盘的空心外轴套在度盘旋转轴套外,而照准部的竖轴则穿过度盘和外轴中心,插入度盘旋转轴套内,然后插入基座的轴套内。拧紧轴座固定螺丝就可使照准部连同水平度盘与基座固定在一起。因此,在使用仪器的过程中,切勿松动该螺丝,以免仪器上部与基座脱离而坠地。

水平度盘可根据测角的需要,使用水平度盘读数变换手轮或复测扳钮来改变度盘上的读数位置。复测扳钮又称离合器。扳上扳钮,可使水平度盘与照准部分离,转动照准部可读取水平度盘上不同方向的读数。扳下扳钮,可使水平度盘与照准部扣合,转动照准部时,水平度盘一起转动而读数不变。采用水平度盘读数变换手轮瞄准一个目标方向后,可任意设置度盘的读数。

3. 基座

基座是支承仪器上部并与三脚架起连接作用的一个构件，它主要由轴座、三个脚螺旋和底板组成。

仪器与三脚架连接时，必须将三脚架头上的中心螺旋旋入基座的底板，并使之固紧。基座上的三个脚螺旋是用来整平仪器而设置的，因脚螺旋升高、降低的幅度较小，所以在整平仪器时，须使三脚架的架头大致水平。否则，三个脚螺旋升高、降低到极限位置也无法整平仪器。

(二) 测微装置与读数方法

DJ_6 型光学经纬仪的水平度盘和竖直度盘直径很小，度盘最小分划一般为 1°，小于度盘最小分划的读数必须借助光学测微装置读取。DJ_6 型光学经纬仪通常采用测微尺读数装置或单平板玻璃测微器。由于测微装置不同，读数方法也不同。下面只介绍测微尺读数装置。

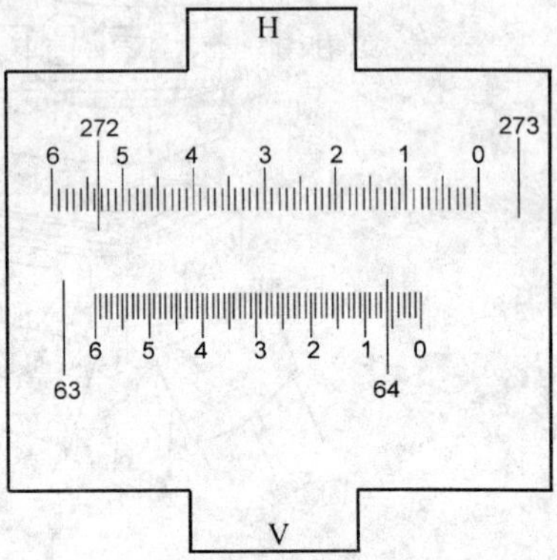

图 5-4

在光学光路中装一条格尺，在视场中格尺的长度等于度盘最小分划的长度，尺的零刻划就是读数的指标线，此种装置称为测微尺。图 5-4 所示为读数显微镜内所看到的度盘及测微尺的影像，注有“H”（或“水平”）的是水平度盘读数窗，注有“V”（或“竖直”）的是竖直度盘读数窗。度盘刻划为 0°～360°，每 1°为一格，测微尺上刻 60 小格，恰好等于度盘上每格的宽度，故测微尺上每个小格为 1′，可估计到 0. 1′（即 6″）。每 10 个分划注记一个数字，注记的增加方向与度盘上注记的增加方向相反。

读数时，先调节读数显微镜目镜，使度盘及测微尺影像清晰。然后，读取位于测微尺上的度刻线的注记度数，再以度刻线为指标从测微尺零分划开始数整格数（每一格即为 1′），不足一格的将其分成 10 等份，每 1 份为 6″，把各部分相加就为完整的读数。在图 5-4 中，水平度盘读数为 272°53′18″，竖直度盘读数为 64°06′00″。

二、经纬仪的使用方法

(一) 安置经纬仪

使用经纬仪测量角度之前，首先要将经纬仪安置在测站点上，同时要使仪器的水平度盘的圆心与地面上标志中心处在同一铅垂线上，这项操作称为对中。此外，水平度盘还必须处于水平状态，这项操作称为整平。

1. 对中

垂球对中法：首先将三脚架打开，安置在地面测站点上，调整好三脚架的高度，拧紧架腿上的固定螺丝，并使架头大致水平，挂上垂球，移动三脚架使垂球尖与地面标志大致对准，踩实三脚架，然后用中心螺丝连接经纬仪，最后移动基座，使垂球尖与地面标志点严格对准并拧紧中心螺丝。垂球对中误差范围不应超过 ±3 mm。

光学对中器对中法：

(1)打开三脚架，使架头大致水平，大致对中，安放经纬仪，拧紧中心螺丝。

(2)转动光学对中器目镜调焦螺旋，使对中器分划板清晰，拉出或推进对中器的镜管，使地面标志点影像清晰。如光学对中器分划板中心与地面标志点偏离过大，可移动三脚架，使分划板中心与地面标志点接近。

(3)转动脚螺旋，使地面标志点对准对中器分划板中心。

(4)利用伸缩三脚架架腿概略整平，使圆水准器气泡居中，再转动脚螺旋，使照准部水准管气泡居中。

(5)检查地面标志点是否在对中器分划板中心，如偏离很小，可移动基座使其精确对中。否则，重复(2)、(3)、(4)项操作。

采用光学对中器应使对中、整平工作反复进行，一般对中误差范围不应超过 ±1 mm。

2. 整平

整平的目的是让经纬仪的竖轴处于铅垂位置，使水平度盘处于水平状态，它是通过转动脚螺旋使照准部水准管气泡居中来完成的。其操作方法如下：

(1)概略整平。转动三个脚螺旋，使圆水准器的气泡居中。

(2)精确整平。如图 5-5(a)所示，首先转动照准部，使水准管轴和任意两脚螺旋的连线平行，分别用两手相对方向转动这两个脚螺旋使气泡居中，然后将仪器转动 90°，如气泡偏离中点，再转动第三个脚螺旋使其居中，如图 5-5(b)所示。这项操作需反复进行，直到仪器转到任何方向时，气泡都处在居中位置。

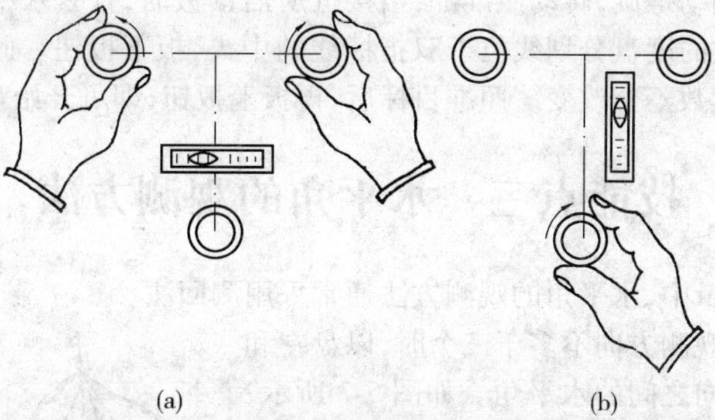

(a) (b)

图 5-5

(二)照准目标

照准的目的是使目标点与十字丝交点重合。照准时，先调节目镜使十字丝清晰，利用粗瞄器照准目标，使目标在望远镜的视场内，然后拧紧水平制动螺旋和望远镜制动螺旋，转动物镜调焦螺旋使目标清晰，再调节微动螺旋精确地照准目标，并消除视差。

当测量水平角时，为了减小目标的偏心误差，应尽量瞄准目标的底部，如图 5-6(a)所示。当测量竖直角时，地面的目标顶部要和十字丝的横丝相切，为了减小十字丝横丝不水平的误差，照准目标时尽量使目标接近纵丝，如图 5-6(b)所示。

(三)读数和置数

1. 读数

读数的目的是读出照准方向的度盘和测微尺数字(读数)。读数时，先打开经纬仪上

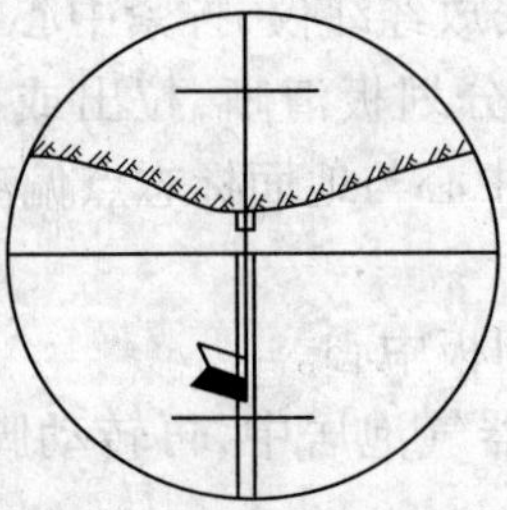

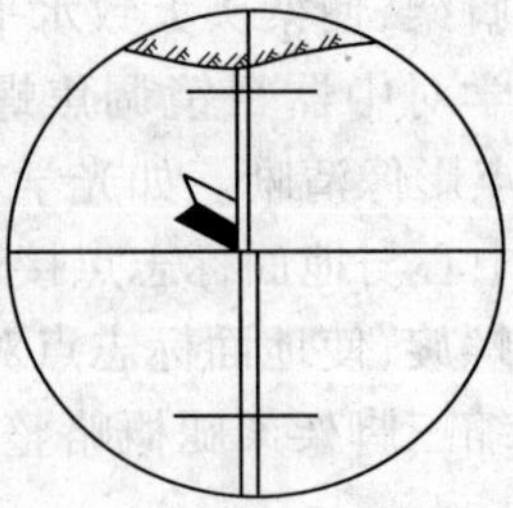

(a)　　　　　　(b)

图 5-6

的反光镜并对读数显微镜目镜进行调焦，使度盘和测微尺影像清晰，当读取竖直度盘读数时，还须先使竖直度盘指标水准管气泡居中，然后按测微装置类型和前述的读数方法读数。

2. 置数

置数的目的是在照准目标时，使水平度盘的读数为所需安置的读数。

置数的方法是借助于经纬仪上的水平度盘读数变换轮或复测扳钮完成的。

利用水平度盘读数变换手轮置数的方法是：先用盘左（竖直度盘位于望远镜左侧，也称为正镜；反之为盘右）精确照准目标，调节水平度盘计数变换手轮，使水平度盘读数为所需的读数，方可开始观测。

利用复测扳钮置数的方法是：盘左位置，转动测微轮使测微尺读数为所需的秒数；扳上扳钮，打开水平制动螺旋，转动照准部，当接近所需读数时，拧紧水平制动螺旋，调节微动螺旋，使所需读数的度盘分划线位于双指标线的中央，扳下扳钮。此时，水平度盘将随照准部一起转动，读数不会改变。照准目标后，再扳上扳钮，即可开始观测。

技能点三　水平角的观测方法

在土木工程测量中，水平角的观测方法通常采用测回法。

测回法适用于观测方向不多于三个时，以盘左和盘右分别观测各方向之间的水平角。如图 5-7 所示，要观测的水平角为 $\angle ABC$，具体观测方法如下：

(1)在测站点 B 上安置经纬仪，对中、整平。

(2)用盘左位置照准左边的目标 A，并将水平度盘置数，所置的度盘读数略大于零，读取读数 $a_{左}$，记入手簿表 5-1 中。

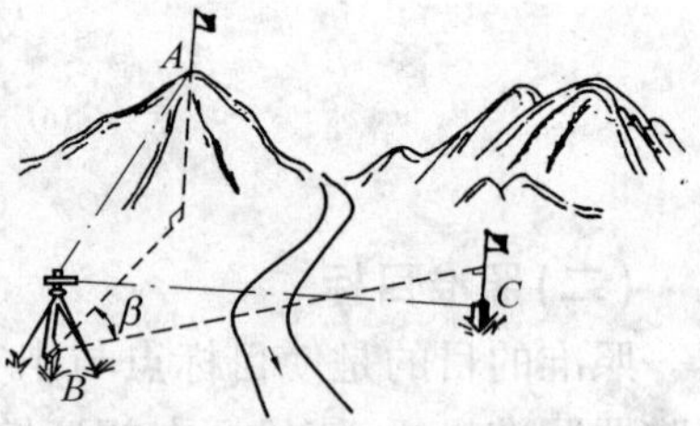

图 5-7

(3)顺时针方向转动照准部，照准右边的目标 C，读取读数 $c_{左}$，记入手簿。计算上半测回的角值

$$\text{水平角 } \beta_{左} = \text{右目标读数 } c_{左} - \text{左目标读数 } a_{左} \tag{5-2}$$

(4)纵转望远镜，旋转照准部成盘右位置，照准右边的目标 C，读取读数 $c_{右}$，记入手簿。

(5)逆时针方向转动照准部，照准左边的目标 A，读取读数 $a_{右}$，记入手簿。计算下半

测回的角值

$$\text{水平角}\ \beta_{右} = \text{右目标读数}\ c_{右} - \text{左目标读数}\ a_{右} \tag{5-3}$$

表 5-1　测回法观测手簿

测站	盘位	目标	读数 (° ′ ″)	半测回角值 (° ′ ″)	一测回角值 (° ′ ″)	各测回 平均角值 (° ′ ″)	说明
B （第一测回）	左	A	0 03 18	97 16 18	97 16 15	97 16 12	
		C	97 19 36				
	右	C	277 19 36	97 16 12			
		A	180 03 24				
B （第二测回）	左	A	90 02 06	97 16 06	97 16 09		
		C	187 18 12				
	右	C	7 18 24	97 16 12			
		A	270 02 12				

对于 DJ_6 型光学经纬仪，上、下半测回所测的水平角其角值的差值范围为 ±40″时，取其平均值作为一测回的观测结果，即

$$\beta = \frac{1}{2}(\beta_{左} + \beta_{右}) \tag{5-4}$$

否则应重测。

在实际观测中，当测角精度较高时，对一个角值往往按规定要观测多个测回，每测回都要改变盘左起始方向的水平度盘读数，每测回变动计数的大小可按 $\frac{180°}{n}$ 计算（n 为测回数）。各测回之间所测的同一角值之差值范围不超过 ±24″，否则应重测。

技能点四　竖直角的观测方法

竖直角主要用于三角高程计算或将观测的倾斜距离化算为水平距离。

一、竖直度盘的构造

图 5-8 所示为光学经纬仪竖直度盘构造的示意图。由竖直角测量原理可知，要求安装在横轴（水平轴）一端的竖直度盘与横轴相垂直，且二者的中心重合。度盘分划按 0°～360°进行注记，其形式有顺时针方向注记与逆时针方向注记两种，读数指标为可动式。其构造特点有以下几点：

（1）竖直度盘、望远镜固定在一起，当望远镜绕横轴（水平轴）上下转动时，竖直度盘随着转动，而指标不一起转动。

（2）读数指标、指标水准管、指标水准管微动框架三者连成一体，而且指标的方向与

指标水准管轴垂直。当转动指标水准管微动螺旋时，通过其框架使指标及其水准管作微量运动，当气泡居中时，水准管轴水平而指标就处于正确位置（即铅垂）。

（3）竖直度盘读数指标的正确位置是：当望远镜视线水平，且指标水准管气泡居中时，指标在竖直度盘上的读数应为 90°或 90°的倍数（即 180°、270°、0°），称为水平视线读数，又称为起始读数。图 5-9 中指示的起始读数为 90°。

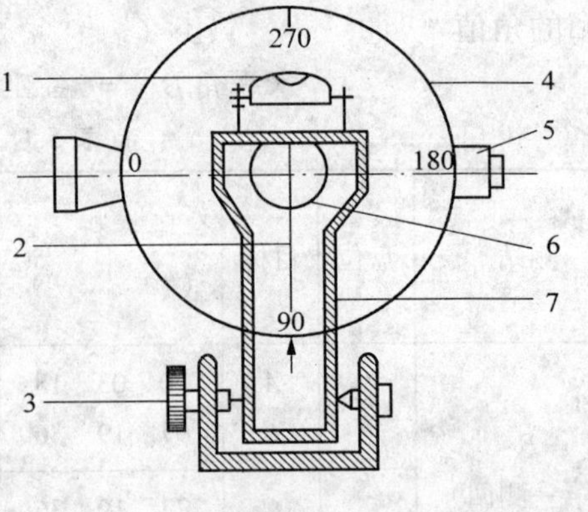

1—指标水准管；2—读数指标；3—指标水准管微动螺旋；4—竖直度盘；5—望远镜；6—水平轴；7—框架

图 5-8

二、竖直角的计算公式

竖直度盘的注记形式有顺时针和逆时针两种，如图 5-10 所示。它们计算竖直角的公式有所不同。在观测之前，应确定出竖直度盘的注记形式，以便写出其计算公式。

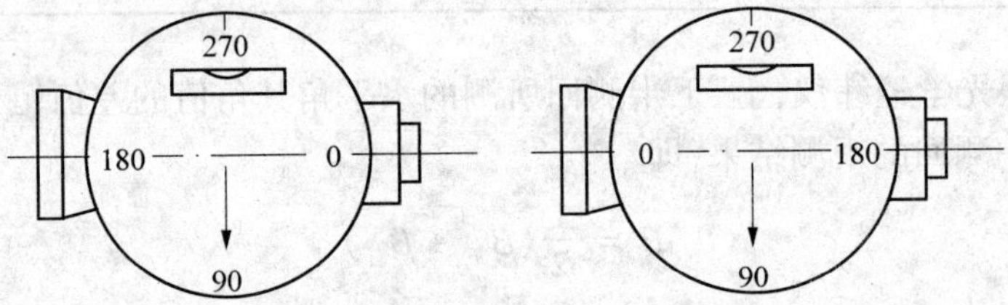

图 5-9

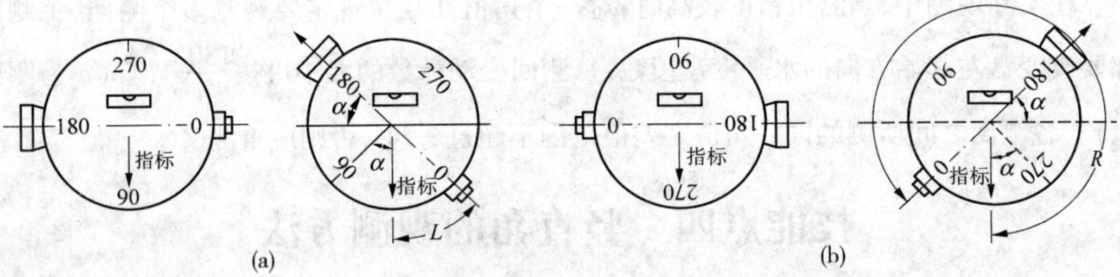

图 5-10

确定方法如下：

（1）盘左位置，逐渐抬高望远镜的物镜，若竖直度盘读数随之减小，则为顺时针注记。如图 5-10（a）所示，盘左时视线水平，竖直度盘读数为 90°，当抬高物镜照准目标时，竖直度盘读数为 L，则竖直角计算公式为

$$\alpha_{左} = 90° - L \tag{5-5}$$

如图 5-10（b）所示，盘右时视线水平，竖直度盘读数为 270°，当抬高物镜，瞄准同一目标时，竖直度盘读数为 R，则竖直角计算公式为

$$\alpha_{右} = R - 270° \tag{5-6}$$

(2)盘左位置,逐渐抬高望远镜,若竖直度盘读数随之增大,则为逆时针注记。如图 5-11 所示,同样道理可确定出竖直角的计算公式为

$$\left.\begin{aligned}\alpha_{左} &= L - 90^\circ \\ \alpha_{右} &= 270^\circ - R\end{aligned}\right\} \tag{5-7}$$

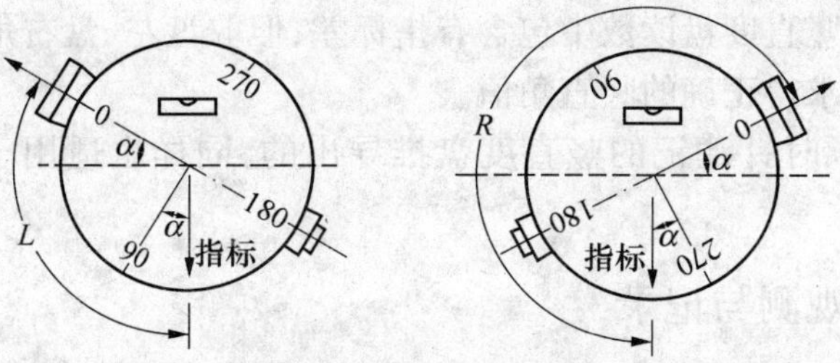

图 5-11

将式(5-5)~式(5-7)合写为一式,即

$$\alpha = \pm(目标读数 - 起始读数) \tag{5-8}$$

式(5-8)中正负号的取法为:抬高物镜,若竖盘读数随之减小,取负号;抬高物镜,若竖盘读数随之增大,取正号。

三、竖直度盘的指标差

上述竖直角计算公式是在望远镜视线水平、指标水准管气泡居中、指标处于正确位置(铅垂)条件下推导出的。而实际上这个条件往往不能满足,即视线水平、指标水准管气泡居中时,指标所处的位置与正确位置产生了一个 x 角,该角值就称为竖直度盘的指标差,简称指标差。

如图 5-12(a)所示,盘左时竖直角公式为

$$\alpha = 90^\circ - L - x = \alpha_{左} - x \tag{5-9}$$

如图 5-12(b)所示,盘右时竖直角公式为

$$\alpha = R - 270^\circ + x = \alpha_{右} + x \tag{5-10}$$

因式(5-9)与式(5-10)两式相等,即

$$\alpha_{左} - x = \alpha_{右} + x$$

所以

$$x = \frac{1}{2}(\alpha_{左} - \alpha_{右}) = \frac{1}{2}(360^\circ - R - L) \tag{5-11}$$

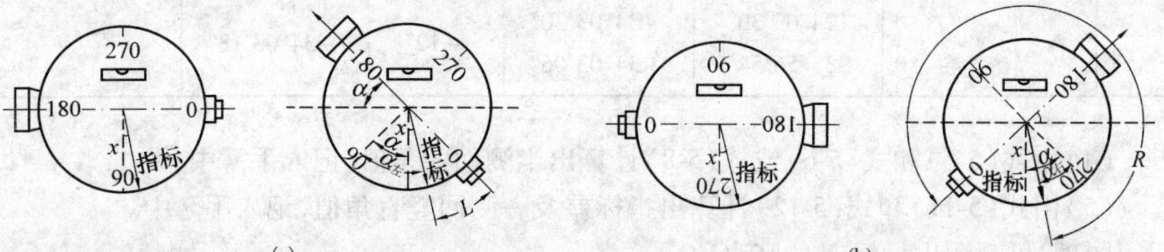

(a) (b)

图 5-12

指标差有正、有负。当 x 为正时，指标偏于正确位置的右侧（见图5-12）；当 x 为负时，指标偏于正确位置的左侧。

取盘左、盘右观测的平均值，即把式(5-9)和式(5-10)相加，就可求得正确的竖直角值

$$\alpha = \frac{1}{2}(\alpha_{左} + \alpha_{右}) = \frac{1}{2}(R - L - 180°) \tag{5-12}$$

由此可见，尽管竖直度盘读数中包含有指标差，但取盘左、盘右角值的平均值，就可消除指标差的影响，而求得正确的竖直角值。

以上公式是按顺时针注记的竖直度盘推导出的，同样也适用于逆时针注记的竖直度盘。

四、竖直角的观测与记录

如图5-13所示，欲观测 OM、ON 方向线的竖直角，其观测过程及记录、计算方法如下。

(1)在测站点 O 上安置仪器，对中、整平；判别水平视线读数（起始读数）：调成盘左位置，将望远镜置为大致水平，看竖直度盘读数接近于0°、90°、180°、270°中的哪一个，如接近90°，即可定出盘左时的起始读数为90°，则盘右时的起始读数为270°。

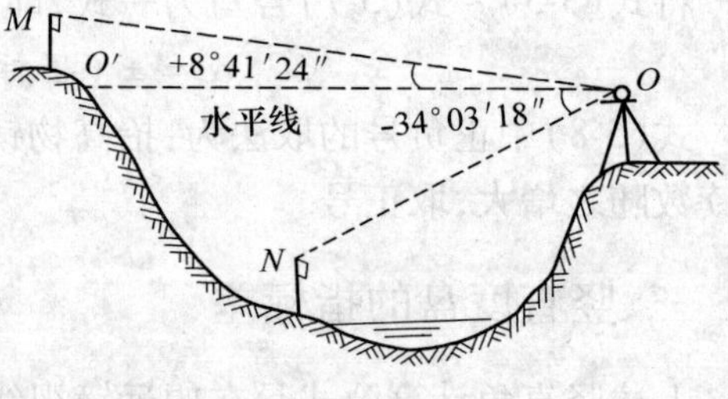

图5-13

(2)盘左观测：照准目标点 M，使十字丝横丝精确地切于目标的顶端。转动竖直度盘指标水准管微动螺旋，使指标水准管气泡居中，读取竖直度盘读数 L(81°18′42″)，记入表5-2竖直角观测手簿中。

(3)盘右观测：再照准 M 点，调平指标水准管气泡，读取竖直度盘读数 R(278°41′30″)，记入手簿中。

表5-2　竖直角观测手簿

测站	目标	竖直度盘位置	竖直度盘读数	半测回竖直角	指标差	一测回竖直角	备注
(1)	(2)	(3)	(4)	(5)	(6)	(7)	
O	*M*	左 右	81°18′42″ 278°41′30″	+8°41′18″ +8°41′30″	−6″	+8°41′24″	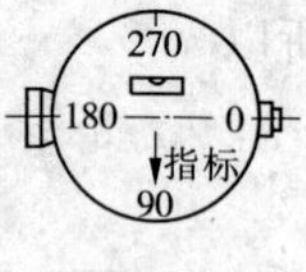
	N	左 右	124°03′30″ 235°56′54″	−34°03′30″ −34°03′06″	−12″	−34°03′18″	

(4)由式(5-5)和式(5-6)或式(5-8)计算出半测回的角值，记入手簿中。

(5)由式(5-11)和式(5-12)计算出指标差及一测回竖直角值，记入手簿中。

同理，可观测出目标 N 的竖直角。

在竖直角观测的过程中，每次读数之前必须调平指标水准管气泡，使指标处于正确位

置才能读数，因此操作复杂，影响工效，有时甚至因遗忘这步操作而发生错误。为此，近年来有些经纬仪上采用了竖盘指标自动归零装置，观测时只要打开自动归零开关，就可读取竖直度盘读数，从而提高了竖直角测量的速度和精度。

此外，指标差 x 可用来检查观测质量。同一测站上观测不同目标时，指标差的变动范围不相同，DJ_6 型光学经纬仪不超过 ±25″。

技能点五　经纬仪的检验与校正

为了保证观测成果的质量，经纬仪的各主要轴线之间必须满足一定的几何关系（如图 5-14 所示）：①照准部水准管轴应垂直于仪器的竖轴（LL⊥VV）；②十字丝的纵丝应垂直于横轴（水平轴）；③望远镜的视准轴应垂直于仪器的横轴（CC⊥HH）；④横轴应垂直于竖轴（HH⊥VV）；⑤竖直度盘指标差应接近于零；⑥光学对中器的视准轴应重合于仪器的竖轴。

虽然经纬仪在出厂时都经过严格的检验，这些条件都已满足，但由于长途运输、长期的使用及搬迁等原因，各轴线间的几何关系会发生变化，所以在观测之前必须对仪器进行检验，以保证各轴线间的正确几何关系。若不满足，还必须进行校正。经纬仪的检验与校正按以下顺序进行，不能颠倒。

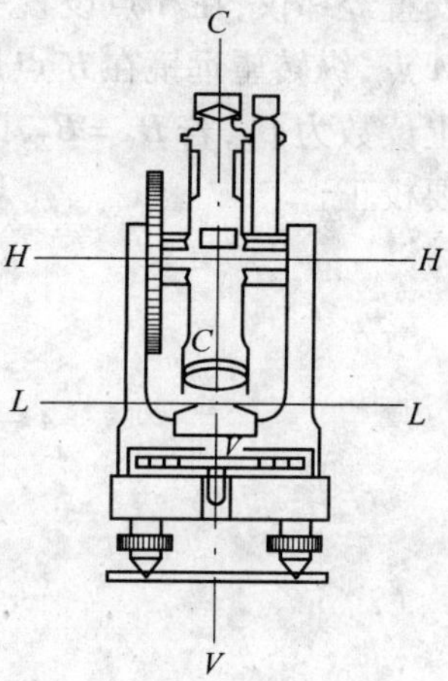

图 5-14

一、照准部水准管轴应垂直于竖轴

（一）检验

（1）将仪器大致整平，使水准管平行于任意两个脚螺旋的连线，然后转动这两个脚螺旋，使水准管气泡居中。

（2）将照准部转动 180°，若气泡仍然居中，则说明该条件已经满足，否则必须校正。

（二）校正

（1）当气泡偏离中心后，先转动水准管校正螺丝，使气泡向中心方向移动一半的距离。

（2）转动平行于水准管的两个脚螺旋，使气泡向中心方向移动剩下的那一半距离。

（3）此项要反复进行校正，直到转动照准部到任何位置后气泡仍在中心位置。

二、十字丝纵丝应垂直于横轴

（一）检验

（1）整平仪器，离仪器 10 m 左右，悬挂一垂球，使垂球稳定，若十字丝纵丝与垂球线重合或平行，则说明满足此项条件，否则必须校正。

（2）整平仪器，离仪器 10 m 远处设一明显点状标志，使十字丝纵丝与标志重合，上下转动望远镜微动螺旋，如十字丝纵丝不离开标志，说明此项条件已满足，否则必须校正。

(二)校正

(1)旋开目镜处十字丝分划板座的护盖,稍微放松十字丝固定螺丝,如图5-15所示。

(2)转动十字丝环,使十字丝纵丝重合于垂球线或标志,并旋紧固定螺丝。

(3)此项检验与校正须反复进行。

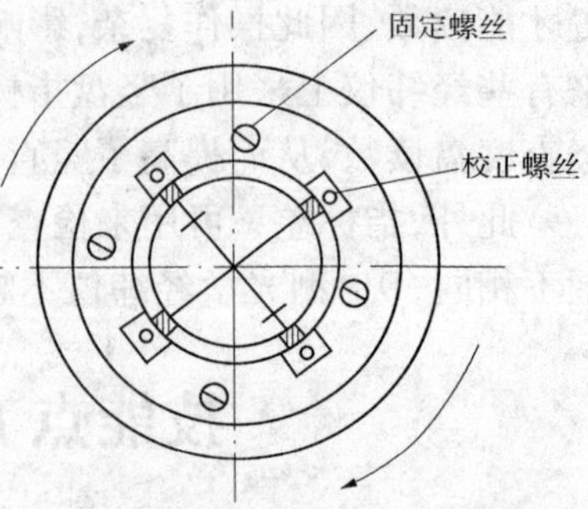

图5-15

三、视准轴应垂直于横轴

(一)检验

如图5-16所示,在平坦地面上选相距80~100 m的A、B两点,在A、B两点的中点O上安置经纬仪,在A点设置一标志,B点与仪器同高处横放一带毫米分划的尺子。盘左照准A点,纵转望远镜在B点尺子上读数为B_1。然后,盘右照准A点,纵转望远镜在B点尺子上读数为B_2,若$B_1=B_2$,即两点重合,说明此项条件满足;若B_1、B_2差值大于5 mm,则需要校正。

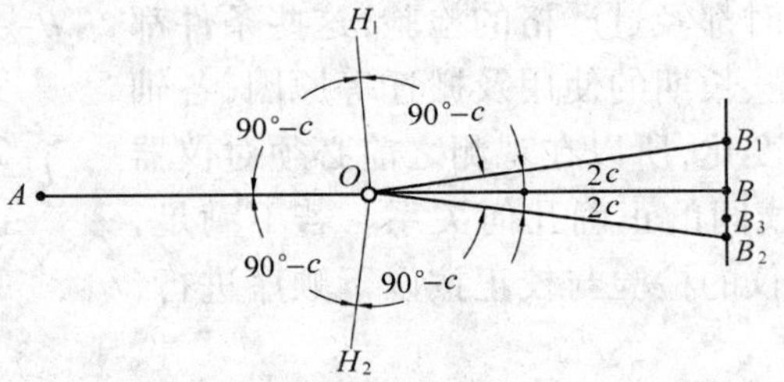

图5-16

(二)校正

设视准轴误差为c,在盘左位置时,视准轴OA与横轴OH_1的夹角为$\angle AOH_1=90°-c$,如图5-16所示,纵转望远镜后,视准轴与横轴的夹角不变,即$\angle H_1OB_1=90°-c$。因此,OB_1与AO的延长线之间的夹角为$2c$。同理,OB_2与AO的延长线的夹角也是$2c$,所以$\angle B_1OB_2=4c$,即B_1与B_2读数的差值。

校正时,取B_1B_2差值的$\frac{1}{4}$(该方法又称为四分之一法)定出B_3点。旋开目镜处十字丝分划板座的护盖,先微微放松十字丝上下两个校正螺丝,一松一紧左右两个校正螺丝,十字丝左右移动,使十字丝交点对准B_3即可。反复进行,直到满足条件。

四、横轴应垂直于竖轴

(一)检验

(1)整平仪器,盘左位置照准离仪器10 m左右的墙上高处一点A,如图5-17所示。

(2)固定照准部,下转望远镜到大致水平位置,在墙上定出十字丝交点的位置a_1点。

(3)纵转望远镜,成盘右位置,再照准高处A点,固定照准部,下转望远镜到大致水平位置,若十字丝交点与a_1重合,即满足此项条件,如十字丝交点与a_1不重合,在墙上可标

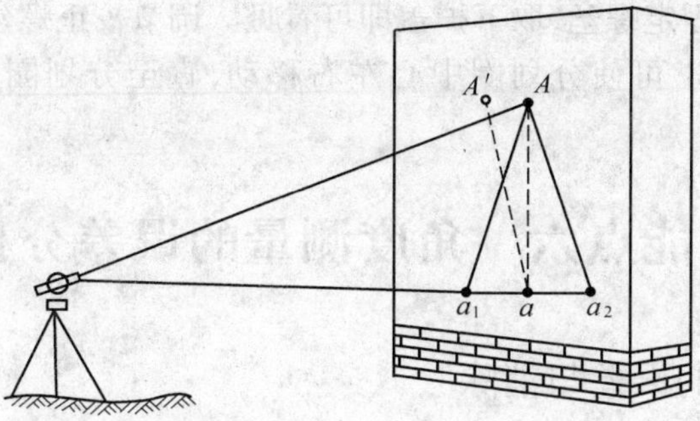

图 5-17

出 a_2 点，此时必须校正。

（二）校正

（1）取 a_1 与 a_2 的连线的中点 a，使十字丝交点照准 a 点。

（2）抬高望远镜照准高处点 A，此时十字丝交点已偏离 A 到 A' 处。

（3）抬高或降低经纬仪横轴的一端，使 A' 与 A 重合。

（4）此项校正一般需送仪器修理部门或仪器制造工厂进行。

五、竖直度盘的指标差应接近于零

（一）检验

（1）整平仪器，用盘左与盘右照准同一目标，旋紧竖直度盘水准管微动螺旋，使气泡居中，读出盘左与盘右的读数。

（2）按本单元技能点四所讲的式（5-11）计算指标差，若指标差 x 大于 1′，则进行校正。

（二）校正

（1）以盘右位置照准原目标，旋转竖直度盘水准管微动螺旋，使指标对准正确读数，此时气泡不居中。

（2）用校正针改正竖直度盘水准管的校正螺丝使气泡居中，此项须反复进行，直至指标差不大于 1′。

六、光学对中器的检验与校正

（一）检验

（1）整平仪器，将光学对中器的刻划圈中心在地面上标定出来。

（2）旋转照准部 180°，若地面点的影像仍与刻划圈中心重合，表明条件满足；否则，需校正。

（二）校正

光学对中器上的校正螺丝随仪器的型号而异，有些是校正转向棱镜座，有些是校正分划板。

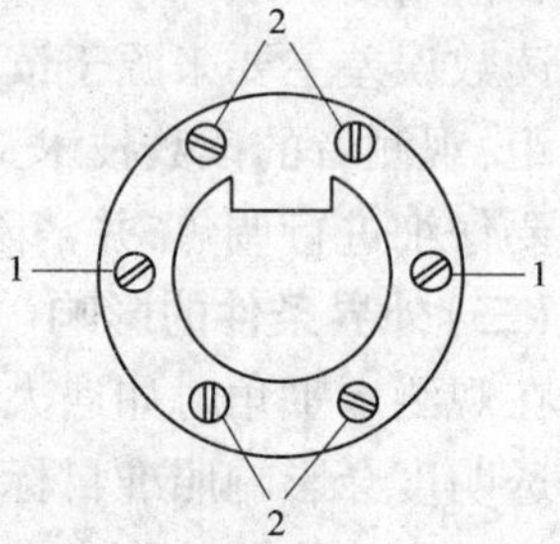

图 5-18

图 5-18 是位于照准部支架间的圆形护盖下的校正螺

丝,松开护盖上的两颗固定螺丝,取下护盖即可看见。调节校正螺丝2可使分划圈中心前后移动,调节校正螺丝1可使分划圈中心左右移动,直至分划圈中心与地面点的影像重合。

技能点六　角度测量的误差分析

一、水平角观测的误差与消除

(一)仪器误差

仪器误差一方面来自生产厂家在制造仪器时的度盘偏心差、度盘刻划不均匀误差、水平度盘与竖轴的不完全垂直误差等;另一方面来自在使用仪器之前的检验与校正的不完善,遗留下来的残余误差。

为此,在观测时可采用盘左和盘右两盘位观测,取其平均值作为最后结果,这不但能相互检核,还可消除或减弱度盘偏心差、横轴与竖轴不完全垂直误差、$2c$ 照准误差、竖盘指标差等。在一个测站上可增加测回数,变换起始方向的读数,取各测回的平均值来消除或减弱度盘刻划不均匀的误差,提高观测精度。

(二)观测误差

1. 对中误差和目标偏心差

安置仪器时,竖轴的铅垂线和地面角顶的标志不重合造成了对中误差,所观测目标的铅垂线和目标地面标志不重合造成了目标偏心误差。为消除这两项误差,在安置仪器时一定要精确地对中和整平。照准目标距离较近时,直接照准标志点,或立铅笔、钉子来代替标杆。距离较远时,标杆一定要立垂直,尽量照准目标的根部,可减弱这两项误差的影响。

2. 整平误差

整平误差会引起竖轴倾斜,盘左、盘右观测时影响相同,因此不能消除。应严格整平仪器,观测时竖直角越大,影响也越大。所以,在建筑施工中由底层向高层投测轴线时,一定要严格调平水准管气泡。

3. 照准误差和读数误差

照准误差的来源主要是望远镜的放大倍率、目标形状、人眼的判断能力、目标影像的亮度和清晰度。

读数误差主要来源于读数设备,如果读数设备中的照明情况不佳,显微镜的目镜未调好焦距,观测者的读数技术又不熟练,估读的极限误差则可能大大增加。因此,在观测时一定要仔细进行调焦,并消除视差,读数时估读要尽量准确。

(三)外界条件的影响

在观测水平角时如遇大风,仪器则不稳定。地面的辐射热也会导致大气的不稳定,大气的透明度会影响照准目标的精确度,气温的骤冷骤热会影响仪器的正常状态,地面的坚实程度又影响仪器的稳定性等,这些外界因素都会影响观测的精度。然而,这些不利因素又不可能完全避免,所以在工作中尽量选择有利的外界条件,避开不利因素,消减这些不利因素的影响。

二、竖直角观测的误差

（一）竖直度盘分划误差、指标差和偏心差

竖直度盘分划误差、指标差和偏心差均为仪器误差，其中度盘的分划误差无法消除，但其本身极小，可忽略不计。指标差采用盘左、盘右两个盘位观测，计算竖直角的平均值，可以消除。偏心差影响甚大，偏心差是竖直度盘的旋转中心和分划中心不一致造成的，可采用对向观测竖直角的方法来消减此项误差。

（二）竖直度盘指标水准管气泡居中误差

竖直度盘的指标位置正确与否是靠指标水准管气泡居中与否来判断的，因此每次读取竖直度盘读数时必须使指标水准管气泡居中。

（三）照准误差和读数误差

照准误差和读数误差与水平角的影响大致相同。

技能点七　电子经纬仪的认识与使用

电子经纬仪是利用光电转换原理和微处理器自动测量度盘的读数，并将测量结果输出到仪器显示窗显示的，如将其与电子手簿连接，可以自动储存测量结果。

南方测绘公司生产的电子经纬仪有 ET 与 DT 两个系列，其中 ET 为光栅度盘，DT 为绝对编码度盘，图 5-19 为 ET－02 电子经纬仪，各部件的名称见图中注记。ET－02 一测回方向观测中误差为 ±2″，最小显示角度为 1″，竖盘指标自动归零补偿采用液体电子传感补偿器。仪器可与南方测绘、拓普康、徕卡、索佳、常州大地等公司生产的光电测距仪及电子手簿连接，组成速测全站仪，完成野外数据的自动采集。

仪器使用 NiMH 高能可充电电池供电，一块充满电的电池可供仪器连续使用 8 ~ 10 h；设有双面操作面板，每个操作面板都有完全相同的一个显示窗和 7 个功能键，便于正、倒镜观测；望远镜的十字丝分划板和显示窗均有照明光源，以便于在黑暗环境中作业。

一、键盘功能

仪器面板见图 5-20，右上角的 PWR 键为电源开关键。当仪器处于关机状态时，按下 PWR 键 2 s 后可打开仪器电源；当仪器处于开机状态时，按下 PWR 键 2 s 后可关闭仪器电源。在测站安置好仪器，打开仪器电源，显示窗字符“HR”的右边显示的为当前视线方向的水平度盘读数；显示窗字符“V”的右边将显示“OSET”字符，它提示用户应指示竖盘指示归零，如图 5-21（a）所示。向上或向下转动望远镜，当视准轴通过水平视线位置时，显示窗字符“V”右边的字符“OSET”将变成当前视准轴方向的竖盘读数值，即可开始角度测量。

除电源开关键 PWR 外，其余 6 个键都具有两种功能，一般情况下，仪器执行按键上方注记文字的第一功能（测角操作）；如先按 MODE 键，再按其余各键，为执行按键下方注记文字的第二功能（测距操作）。下面只介绍第一功能键的操作。

R/L 键：显示右旋/左旋水平角切换键。按 R/L 键，可使仪器在右旋和左旋之间切

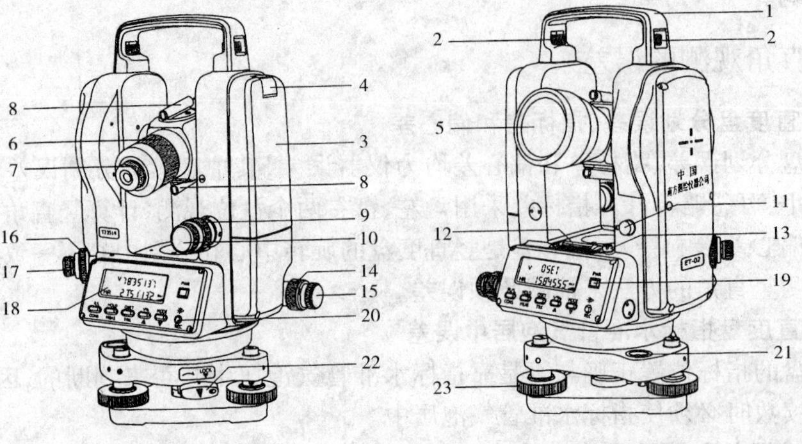

1—手柄；2—手柄固定螺钉；3—电池盒；4—电池盒按钮；5—物镜；6—物镜调焦螺旋；7—目镜调焦螺旋；8—光学粗瞄器；9—望远镜制动螺旋；10—望远镜微动螺旋；11—光电测距仪数据接口；12—管水准器；13—管水准器校正螺钉；14—水平制动螺旋；15—水平微动螺旋；16—光学对中器物镜调焦螺旋；17—光学对中器目镜调焦螺旋；18—显示窗；19—电源开关键；20—显示窗照明开关键；21—圆水准器；22—轴套锁定钮；23—脚螺旋

图 5-19

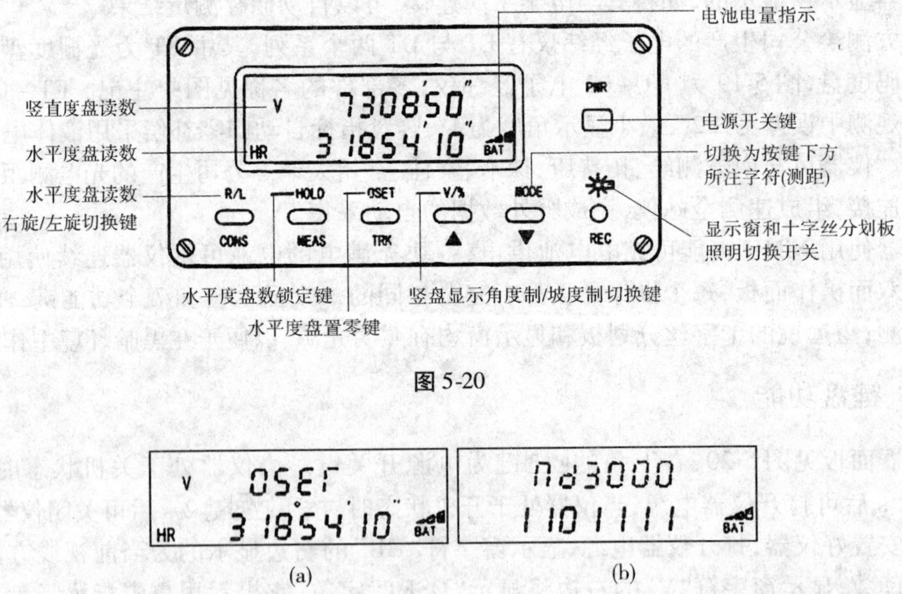

图 5-20

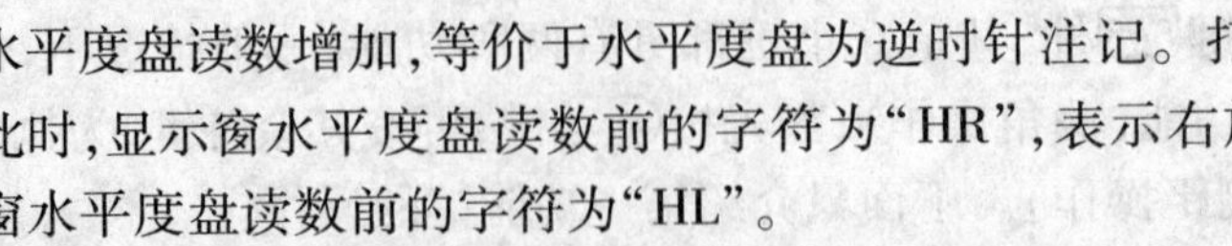

(a)　　　　　　(b)

图 5-21

换。右旋是仪器向右旋转时，水平度盘读数增加，等价于水平度盘为顺时针注记；左旋是仪器向左旋转时，水平度盘读数增加，等价于水平度盘为逆时针注记。打开电源，仪器自动处于右旋状态，此时，显示窗水平度盘读数前的字符为“HR”，表示右旋；按(R/L)键，仪器处于左旋，显示窗水平度盘读数前的字符为“HL”。

(HOLD)键：水平度盘读数锁定键。连续按(HOLD)键两次，当前的水平度盘读数被锁定，此时转动照准部,水平度盘读数值保持不变,再按一次(HOLD)键为解除锁定。该功能可将所照准目标方向的水平度盘读数配置为已知角度值,操作方法是:转动照准部,当水平度盘读数接近已知角度值时旋紧水平制动螺旋,转动水平微动螺旋,使水平度盘读数精确地等于已知角度值;连续按(HOLD)键两次,锁定水平度盘读数;精确照准目标后,按(HOLD)键解除锁定即完成水平度盘配置操作。

(OSET)键:水平度盘置零键。连续按(OSET)键两次,当前视线方向的水平度盘读数被置为0°00′00″。

(V/%)键:竖直角以角度制显示或以斜率百分比显示切换键。按(V/%)键,可使显示窗"V"字符后的竖直角以角度制显示或以斜率百分比显示。例如,当竖盘读数以角度制显示,盘左位置的竖盘读数为87°48′25″时,按(V/%)键后的竖盘读数应为3.83%,转换公式为 $\tan\alpha = \tan(90° - 87°48'25'') = 3.83\%$。

(✻)键:显示窗和十字丝分划板照明切换开关。照明灯关闭时,按(✻)键,打开照明灯;再按一次(✻)键,关闭照明灯。打开照明灯后10 s内如没有进行任何按键操作,仪器自动关闭照明灯,以节省电源。

二、仪器设置

ET－02电子经纬仪可设置的内容如下:

(1)角度测量单位:360°,400 gon,640mil(出厂设置为360°)。

(2)竖直角零方向的位置:天顶为零方向或水平为零方向(出厂设置是天顶为零方向)。

(3)自动关机时间:30 min或10 min(出厂设置为30 min)。

(4)角度最小显示单位:1″或5″(出厂设置为1″)。

(5)竖盘指标零点补偿:自动补偿或不补偿(出厂设置为自动补偿)。

(6)水平度盘读数经过0°、90°、180°、270°时蜂鸣或不蜂鸣(出厂设置为蜂鸣)。

(7)选择连接不同类型的测距仪(出厂设置为与南方测绘公司的ND3000红外测距仪连接)。

若用户要修改上述仪器设置内容,可在关机状态,按住(CONS)键不放,再按住[PWR]键2 s时间打开电源开关,至三声蜂鸣后松开(CONS)键,仪器进入初始设置模式状态,显示窗显示内容见图5-21(b)。

按(MEAS)键或(TRK)键可使闪烁光标向左或向右移动到要更改的数字位,按▲键或▼键可使闪烁数字在0与1间变化,根据需要完成设置后,按(CONS)键确认,即可退出设置状态,返回正常测角状态。

三、角度测量

由于ET－02是采用光栅度盘测角系统,当转动仪器照准部时,即自动开始测角,所以观测员精确照准目标后,显示窗将自动显示当前视线方向的水平度盘和竖直度盘读数,不需要再按任何键。仪器操作非常简单。

思考与练习题

1. 什么是水平角？在同一竖直面内照准不同高度的目标点在水平度盘上的读数是否一样？为什么？

2. 什么是竖直角？在同一竖直面内照准不同高度的目标点在竖直度盘上的读数是否一样？为什么？

3. 经纬仪测角时为什么要对中与整平？如何进行？

4. 如图 5-22 所示，水平度盘与竖直度盘的读数各是多少？

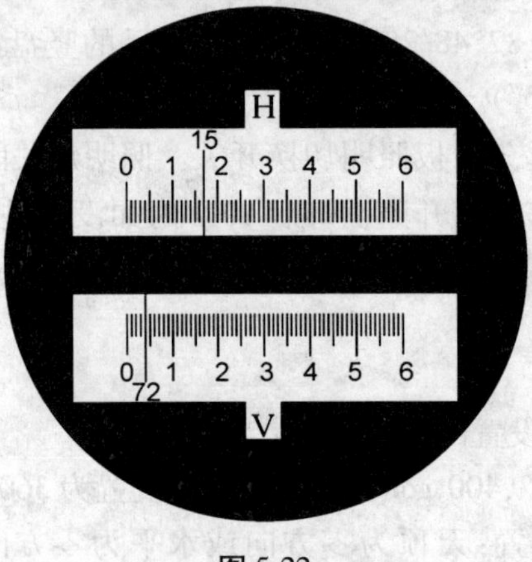

图 5-22

5. 测量水平角时应照准目标的什么部位？为什么？测量竖直角时应照准目标的什么部位？为什么？

6. 水平角测量时，为什么每测回盘左位置的起始方向要安置水平度盘读数？采用复测扳钮装置的经纬仪如何安置？

7. 整理表 5-3 中测回法观测水平角的记录手簿。

表 5-3　水平角观测记录手簿

测站	竖盘位置	目标	水平度盘读数 (° ′ ″)	半测回角值 (° ′ ″)	一测回角值 (° ′ ″)	各测回平均角值 (° ′ ″)	说明
O (第一测回)	左	1	0 00 06				
		2	78 48 54				
	右	1	180 00 36				
		2	258 49 06				
O (第二测回)	左	1	90 00 12				
		2	168 49 06				
	右	1	270 00 30				
		2	348 49 12				

8. 水平角与竖直角观测有哪些相同点与不同点？

9. 测量水平角时产生误差的主要原因有哪些？为提高测角精度，观测时应注意哪些事项？

10. 什么是竖直度盘指标差？如何进行检验校正？

11. 整理表 5-4 中竖直角观测手簿，并分析有无指标差存在。

表 5-4　竖直角观测记录手簿

测站	目标	竖盘位置	竖盘读数 (°　′　″)	半测回竖直角 (°　′　″)	指标差 (″)	一测回竖直角 (°　′　″)	说明
O	1	左	72　18　18				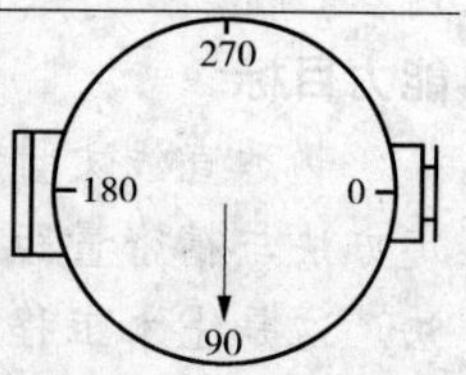
		右	287　42　00				
	2	左	96　32　48				
		右	263　27　30				竖盘顺时针注记

12. 盘左、盘右观测取平均值，可消除哪些仪器误差对测角的影响？能否消除仪器竖轴倾斜引起的测角误差？

13. 经纬仪有哪些主要轴线？各轴线间应满足什么条件？为什么？若不满足，如何进行检验与校正？

14. 检验视准轴垂直于横轴时，为什么选定的目标应尽量与仪器同高？而检验横轴垂直于竖轴时，为什么目标点要选得高些，而在墙上投点时又要把望远镜放平？

15. 电子经纬仪如何设置？

单元六　距离丈量与测距仪器

教学内容

本单元主要包括钢尺与距离测量、光电测距仪的认识及使用、视距测量的方法等内容。

能力目标

熟悉直线丈量的常用工具，掌握直线定线的方法、一般直线丈量的方法，熟悉钢尺检定方法与精密量距方法，熟悉光电测距仪的基本原理及使用，了解视距测量的原理与方法。这是土木工程施工测量岗位的基本技能之一。

技能点一　一般直线丈量

确定地面点的位置，除需要测量地面上两点间的高差及相交直线的水平角和竖直角外，还经常要测量两点间的水平距离及确定某直线的方向。水平距离是指地面上两点垂直投影到水平面上的直线距离，如图 6-1 所示。所以，当地面上直线的两端点高程不同，丈量其水平距离时，抬高高程较低一端的尺子，使尺身水平进行丈量，或直接丈量出其斜距，然后改正成水平距离。根据所用测量仪器与工具不同，距离测量分为钢尺直接丈量、光学视距测量及光电测距仪测量等。技能点一主要介绍钢尺与距离测量等。

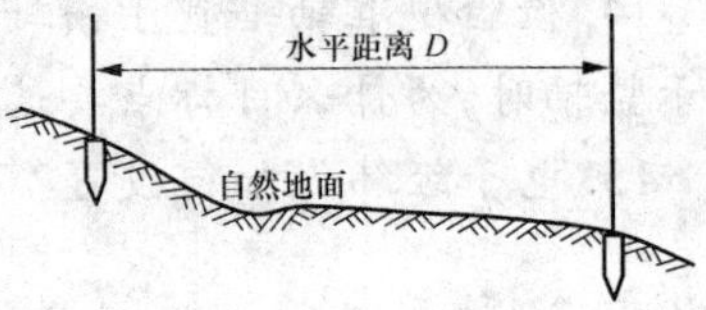

图 6-1

一、直线丈量的工具

在地面起伏不大，所量距离不太长时，常用尺子直接丈量两点间的距离。从表面上看，用尺子进行丈量很简单，其实不然，无论从使用范围还是精度要求方面看，它都是测量工作中最基本的环节，应予以足够的重视。

丈量所用的工具有如下几种：

(1)钢尺。一般由带状薄钢片制成，卷放在圆形盒内或金属架上，如图 6-2 所示。钢尺宽 15 ~ 20 mm；长度不等，常用的有 20 m、30 m、50 m 等几种。最小分划为毫米，有米、分米、厘米注记。

由于零的点位不同，有端点尺和刻线尺的区分。端点尺是以尺的最外端点作为尺的零点，如图 6-3(a)所示，当从建筑物墙边开始丈量时，较为方便。刻线尺是以尺身前端的一分划线作为尺的零点，如图 6-3(b)所示。在丈量之前，必须注意查看尺的零点、分划及注记，以防出现差错。

由于钢尺抗拉强度高，使用时不易伸缩，故量距精度较高，多用于导线测量、工程测设等。

(2)皮尺。多由麻布及细金属丝编织而成，亦成带状，卷放在圆盒内，一般长为 20 m、

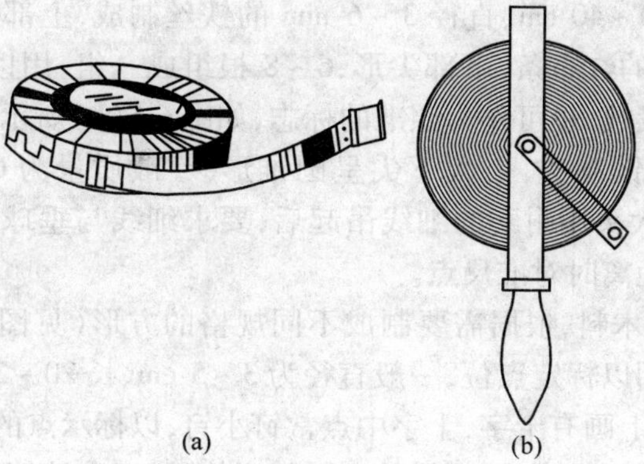

图 6-2

30 m、50 m 等几种，如图 6-4 所示。最小分划为厘米，有分米、米注记，两面涂有防腐油漆。由于皮尺受潮易伸缩，受拉易伸长，尺长变化较大，所以常用于精度较低的量距中，如大比例尺地形测图、概略量距等。

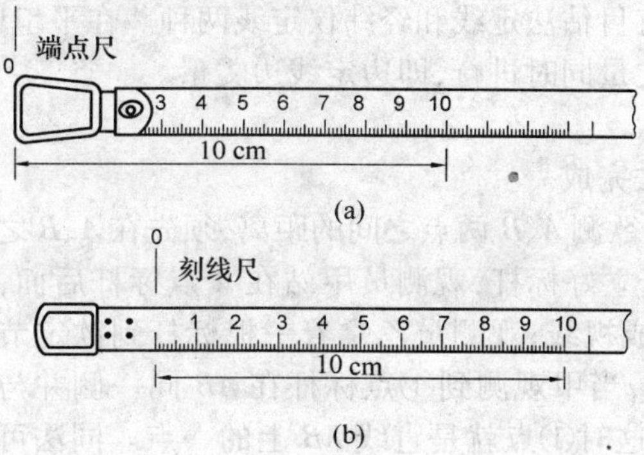

图 6-3

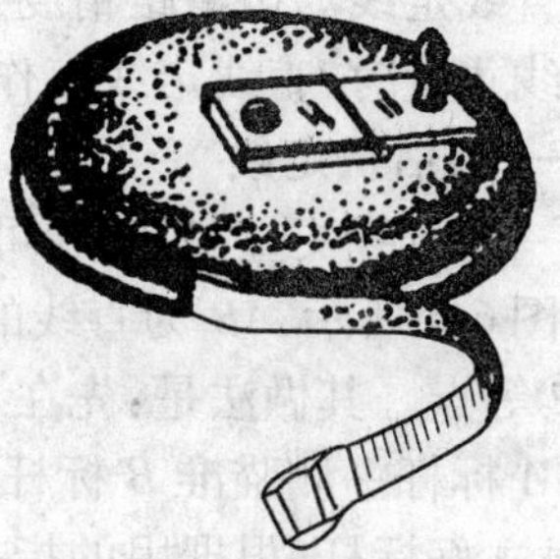

图 6-4

(3)标杆。多由直径约 3 cm 的木杆制成，一般长为 2 ~ 4 m，杆身涂有红白相间的 20 cm 色段，下端装有铁脚，以便插在地面上或对准点位，用以标定直线点位或作为照准标志，如图 6-5(a)所示。

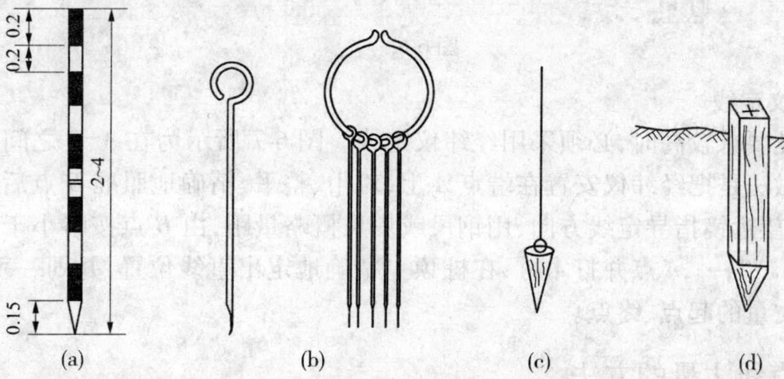

图 6-5 （单位：m）

(4)测钎。用长 30 ~ 40 cm、直径 3 ~ 6 mm 的铁丝制成，上部弯一个小圈，可套入环内，在小圈上系一醒目的红布条，下部尖形，6 ~ 8 根组成一组，用以标定尺点的位置和便于统计所丈量的整尺段数，也可作为照准的标志，如图 6-5(b)所示。

(5)垂球。用钢或铁制成，上大下尖呈圆锥形，一般质量为 0.05 ~ 0.5 kg 不等，如图 6-5(c)所示。垂球大头用耐磨的细线吊起后，要求细线与垂球尖在一条垂线上，多用于在斜坡上丈量水平距离时对准尺点。

(6)木桩。用坚硬木料，根据需要制成不同规格的方形(见图 6-5(d))或圆形木棒，下部尖形，顶面平整，用以标定点位，一般直径为 3 ~ 5 cm、长 20 ~ 25 cm。打入地面后，留有 1 ~ 2 cm 余量，桩顶上画有十字，十字中点常钉小钉，以标示点的精确位置。

另外，应准备如铁钉、细直线、红铅笔、手锤、弹簧秤、温度计等辅助工具。

二、直线定线

当地面上两点间的距离超过尺子的全长时，量距前必须在通过直线两端点面的竖直面内定出若干中间点(节点)，并竖立标杆或测钎标明直线的位置，以便分段丈量，这种工作称为直线定线。按量距精度要求不同，有目估法定线和经纬仪定线两种。在平坦地区，一般直线丈量时，直线定线工作常与距离丈量同时进行，即边定线边丈量。

(一)目估法定线

在一般直线丈量时，定线可采用目估法完成。

如图 6-6 所示，*AB* 为直线的两个端点，欲测 *A*、*B* 两点之间的距离，须先在 *A*、*B* 之间设立①、②等点。其做法是：先在 *A*、*B* 两点竖立好标杆，观测员甲站在 *A* 点标杆后面，用单眼通过 *A* 标杆一侧瞄准 *B* 标杆同一侧，形成视线；观测员乙拿着一根标杆到欲定节点①处，侧身立好标杆，根据甲的指挥左右移动，当甲观测到①点标杆在 *AB* 同一侧并与视线相切时，喊"好"，乙立即在①点做好标志，这时①点就是直线 *AB* 上的一点。同法可定出②点等位置。

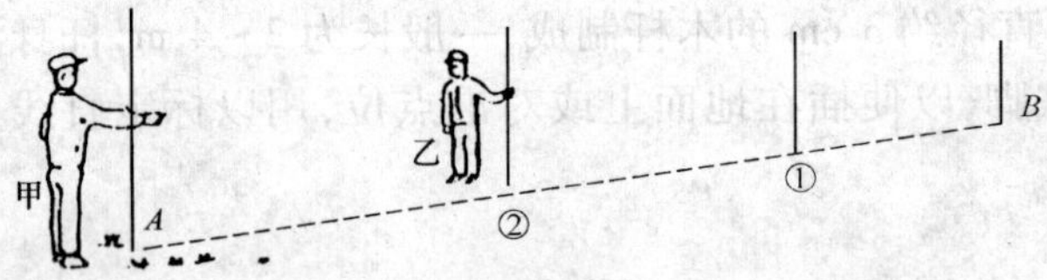

图 6-6

(二)经纬仪定线

当量距精度要求较高时，必须采用经纬仪定线。图 6-7 所示为在 *A*、*B* 之间定出该直线的位置。其做法是把经纬仪安置在端点 *A* 上，对中、整平、精确地照准 *B* 点后制动照准部。上、下俯仰望远镜指导定线方向，用钢尺或皮尺概略量距，由 *B* 点按略小于一整尺的间距，依次定出 1，2，…，*n* 点并打木桩，在桩顶上精确地定出直线位置，并划一垂线，其交点作为各尺段丈量的起点、终点。

三、一般直线丈量的方法

当量距精度为 1/3 000 ~ 1/1 000 时，可用钢尺按一般直线丈量的方法进行。

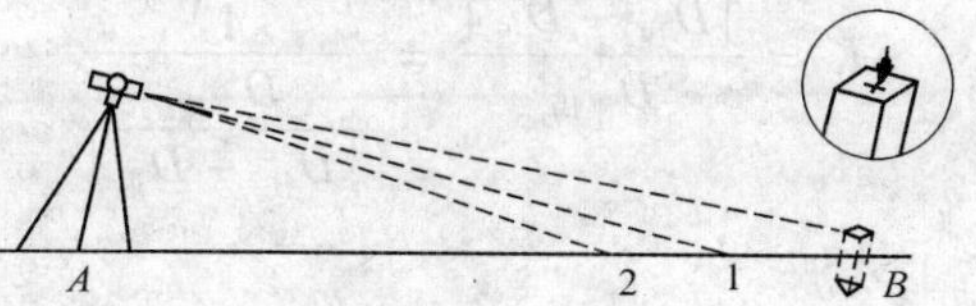

图 6-7

（一）平坦地段直线丈量

当丈量地面上 A、B 两点间的水平距离时，先在 A、B 点上打入木桩，桩顶钉一小钉表示点位，清除直线上的障碍物，并在直线端点 A、B 的外侧各立一标杆，以标定直线的方向。

丈量工作一般由三人协同作业，一人为后尺员，一人为前尺员，另一人为记录员。后尺员拿钢尺的零端放在 A 处，前尺员持钢尺的末端，携带标杆和测钎沿丈量方向前进，行到一整尺处停下，侧身立好标杆，听从后尺员指挥，左右移动，直到标杆位于 AB 直线上。然后两人用均匀的力拉直钢尺，前尺员喊"预备"，此时，两人同时用标准拉力沿 AB 直线拉紧钢尺（一般 30 m 钢尺拉力为 100 N，50 m 钢尺拉力为 150 N），并使之平稳，后尺员把钢尺的零点分划线对准 A 点时喊"好"，这时前尺员用测钎对准钢尺的末端分划垂直地插入地下，定出点 1，即量得第一尺段。

接着，前、后尺员将尺举起前进，以相同的方法量取其余整尺段。直到 B 点前不足一整尺的余尺段，前尺员喊"预备"，用标准拉力拉紧钢尺，后尺员把零点分划对准最后一个测钎时喊"好"，此时前尺员读取 B 点在钢尺上的读数。记录员记下整尺段数及 B 点读数。以上为往量，如图 6-8 所示。

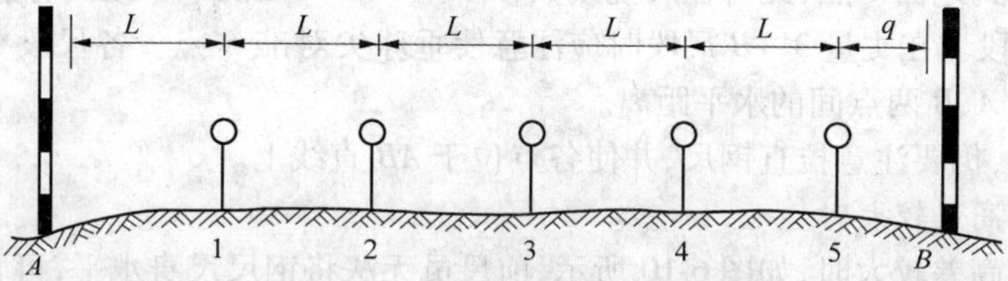

图 6-8

A、B 间的水平距离 D_{AB} 可按式(6-1)计算

$$D_{AB} = nL + q \tag{6-1}$$

式中 n——整尺段数；

L——钢尺长度，m；

q——不足一整尺的余长，m。

为了防止丈量错误和检核量距精度，一般要往、返各量一次。返量时要重新定线丈量，取往、返量距离的平均值作为量距结果。量距精度通常用相对误差 K 来衡量。为了便于比较，通常 K 的表示式化为分子为 1 的分数形式，分母数越大，说明精度越高。

$$K = \frac{|D_{往} - D_{返}|}{D_{平均}} = \frac{1}{\frac{D_{平均}}{|D_{往} - D_{返}|}} \tag{6-2}$$

式中，$D_{平均} = \frac{1}{2}|D_{往} + D_{返}|$。

在平坦地区，钢尺量距的相对误差一般应不高于1/3 000，在量距困难地区，其相对误差也应不高于1/1 000。适用于工程要求的量距精度见有关规范。距离测量记录手簿见表6-1。

表6-1　距离测量记录手簿　（单位：m）

工程名称：× - ×　　日期：年　月　日　　量距者：×××，×××

钢尺型号：5号（30 m）　　天气：晴　　记录者：×××

测线		整尺段	零尺段	总计	较差	精度	平均值	说明
AB	往	6×30	6.430	186.430	0.040	$\frac{1}{4\,700}$	186.410	
	返	6×30	6.390	186.390				

在丈量时，也可采用单程双对用两把钢尺同时丈量。

（二）倾斜地段直线丈量

1. 两点间高差不大时

当两点间高差不大时，可抬高钢尺的一端，使尺身水平进行丈量，如图6-9所示。欲丈量A、B两点间的水平距离，先将钢尺零点分划对准A点，拉平钢尺，然后用垂球将钢尺上某分划线投到地面1点，此时在尺上读数，即得A—1尺段的水平距离，同法丈量1—2、2—3、3—B尺段。在丈量3—B尺段时应注意使垂球尖对准B点。各尺段丈量结果的总和就是欲测的A、B两点间的水平距离。

在丈量时，仍要注意拉直钢尺，并使各点位于AB直线上。

2. 两点间高差较大时

当两点间高差较大时，如图6-10所示，前尺员无法将钢尺尺身水平，可直接丈量A、B间的斜距L，测出地面的倾斜角α或A、B两点的高差h，按下式计算出A、B两点间的水平距离。

$$D_{AB} = L\cos\alpha \tag{6-3}$$

或

$$D_{AB} = \sqrt{L^2 - h^2} \tag{6-4}$$

（三）钢尺丈量的注意事项

钢尺丈量的注意事项有以下几点：

（1）丈量前，应将钢尺交有关部门进行检定。

（2）丈量时，定线要直，尺子要平，拉力要匀，投点要稳，对点要准。

（3）注意零点位置，防止“6”与“9”误读，“10”与“4”听错。计算时，不要丢掉整尺段数。

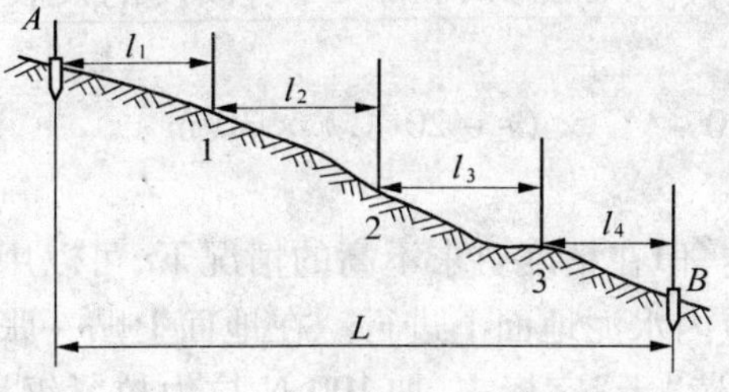

图 6-9

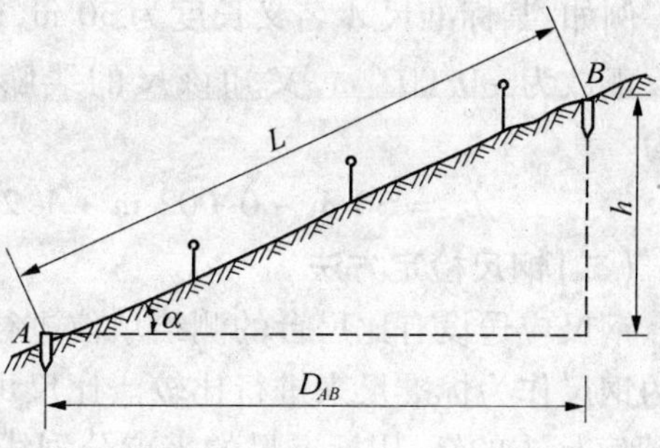

图 6-10

(4)爱护钢尺。钢尺性脆易折,丈量时,不许在地上拖拉,不许行人践踏,不许车辆碾压,不许打卷硬拉。钢尺易锈,用后应擦净泥沙,涂上机油存放。

(5)不准用垂球尖凿地,敲打山石,不准把标杆当"标枪"、测钎当"飞镖"投掷。

(6)测量完工时,要点清所有工具,以防丢失。

技能点二　精密钢尺距离丈量

一、钢尺检定

由于钢尺的长度在制造时不可避免地存在着分划误差,在使用期间随着温度及拉力的变化而改变,致使钢尺的名义长度(即尺上注明的长度)不等于该尺的实际长度。若使用这样的钢尺丈量距离,其结果一定会有由于尺长不准确而引起的误差。在进行精度要求较高的量距时,必须对所使用的钢尺进行检验,以求得该尺在一定拉力、温度条件下的实际长度,此项工作称为钢尺检定。

(一)尺长方程式

为了满足量距的精度,保证工程质量,测量规范规定每年应对钢尺进行检定,求出它在标准拉力和标准温度下的实际长度,以便对丈量结果加以改正。钢尺检定后,给出尺长随温度而变化的函数式,通常称为尺长方程式,其一般形式为

$$L_t = L_0 + \Delta L + \alpha L_0 (t - t_0) \tag{6-5}$$

或

$$L_t = L_0 + \Delta L + \alpha L_0 (t - 20) \tag{6-6}$$

式中　L_t——钢尺在温度 t 时的长度,m;

L_0——钢尺名义长度,m;

ΔL——钢尺在温度 t_0 时的改正数,等于实际长度与名义长度之差,m;

α——钢尺的线膨胀系数,即温度每变化 1 ℃时钢尺单位长度的变化值(一般取 1.25×10^{-5}/℃);

t_0——钢尺检定时的温度(或标准温度 20 ℃),℃;

t——钢尺量距时的温度,℃。

例如：某标准尺 A 名义长度为 30 m，标准拉力（100 N）下，当温度 t_0 为 20 ℃时，其尺长改正数为 −0.002 m，又知该尺的线膨胀系数为 $1.25 \times 10^{-5}/℃$，则该尺的尺长方程式为

$$L_t = 30\ \text{m} - 0.002\ \text{m} + 1.25 \times 10^{-5}/℃ \times (t - 20\ ℃) \times 30\ \text{m}$$

（二）钢尺检定方法

钢尺应送设有比尺台的测绘单位进行检定，但在精度要求不高的情况下，可以用检定过的钢尺作为标准尺来进行比较。比尺可在室内水泥地面上进行。在地面上贴一张画有“十”字标志的纸，用标准尺的零点分划线对准读“十”字标志，加 100 N 拉力拉紧钢尺，在末端分划处贴另一“十”字标志，使其间距为标准尺的一整尺，记录下此时的温度；然后将被检定的钢尺加 100 N 拉力，多次丈量两标志间的距离，取平均值作为被检钢尺的实际长度，这样就可求得被检尺在此温度下的改正数。

【例 6-1】 设 5 号钢尺为已检定过的标准尺，尺长方程式为

$$L_{t5} = 30\ \text{m} + 0.004\ \text{m} + 1.25 \times 10^{-5}/℃ \times (t - 20\ ℃) \times 30\ \text{m}$$

被检定的 6 号钢尺长为 30 m，丈量两“十”字标志的结果为 30.007 m，即 6 号钢尺比 5 号钢尺短 0.007 m，设比尺时温度为 24 ℃，写出 6 号钢尺的尺长方程式。

解 由于比尺时拉力、温度条件相同，即可以写出

$$\begin{aligned} L_6 &= L_{t5} - 0.007 \\ &= 30\ \text{m} + 0.004\ \text{m} + 1.25 \times 10^{-5}/℃ \times (24\ ℃ - 20\ ℃) \times 30\ \text{m} - 0.007\ \text{m} \\ &= 30\ \text{m} - 0.002\ \text{m} \end{aligned}$$

故 6 号钢尺在 24 ℃时的尺长方程式为

$$L_{t6} = 30\ \text{m} - 0.002\ \text{m} + 1.25 \times 10^{-5}/℃ \times (t - 24\ ℃) \times 30\ \text{m}$$

在例 6-1 中，若将 6 号钢尺尺长方程式改为标准温度 20 ℃，则应进行下列换算

$$\begin{aligned} L'_6 &= 30\ \text{m} - 0.002\ \text{m} + 1.25 \times 10^{-5}/℃ \times (20\ ℃ - 24\ ℃) \times 30\ \text{m} \\ &= 30\ \text{m} - 0.003\ \text{m} \end{aligned}$$

故在标准温度 20 ℃时，6 号钢尺的尺长方程式为

$$L_{t6} = 30\ \text{m} - 0.003\ \text{m} + 1.25 \times 10^{-5}/℃ \times (t - 20\ ℃) \times 30\ \text{m}$$

二、精密直线丈量的方法

一般直线丈量的方法，其量距精度不超过 $\frac{1}{5\,000}$，当量距精度要求较高（如建筑基线、方格网等测设）时，应采用精密直线丈量的方法。由于对某些误差影响作了适当的处理，其精度可达 $\frac{1}{40\,000} \sim \frac{1}{10\,000}$。精密直线丈量应选用线膨胀系数小，经过检定过的钢尺。其具体做法如下所述。

（一）定线

如图 6-11 所示，直线 AB 为待精密丈量的水平距离，清除直线上的障碍物后，即可用经纬仪按本单元技能点三中的方法进行定线。即定线时在 A 点安置经纬仪，瞄准 B 点上的标志，随即在经纬仪视线上用钢尺概量出略短于每一整尺长的位置 1、2…，各点位均用

木桩标定，桩顶要高出地面 3 ~5 cm，并在桩顶钉一白铁皮，在白铁皮上划一条与视线 *AB* 相重合的短线，再划一条与该短线相垂直的线，形成“十”字，以“十”字中心为丈量标志。

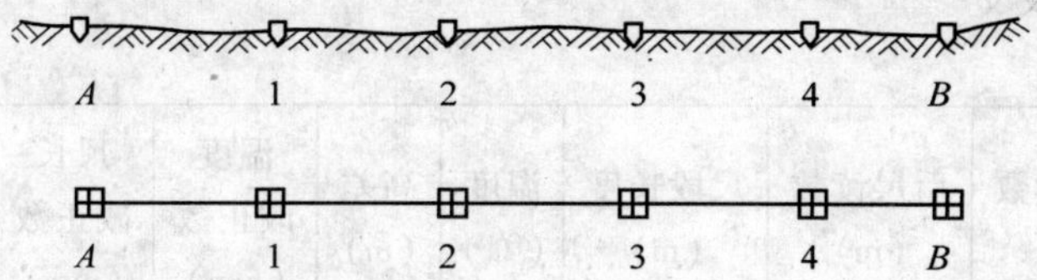

图 6-11

（二）量距

量距小组一般由五人组成，两人拉尺，两人读数，一人记录、测温度兼指挥。具体操作步骤如下：

（1）先量 *A*、1 两桩间的距离，后尺员将弹簧秤挂在尺的零端。前尺员持尺的末端，并使尺的同一侧贴近两端桩顶的标志。

（2）前、后尺员同时用力拉尺，拉力采用标准拉力（一般 30 m 钢尺加拉力 100 N，50 m 钢尺加拉力 150 N）。前尺员以尺上某一分划对准“十”字线交点时发出读数口令“预备”，后尺员看弹簧秤在刻划 100 N 时回答“好”。在喊“好”的同一瞬间，两端的读尺员同时根据钢尺与“十”字交点相切的分划值，先读毫米，估读到 0. 5 mm，然后读厘米、分米、米读数。

（3）每一尺段按上述方法丈量 3 次，每次均应移动钢尺的位置，3 次所得距离的差值范围不得超过 ±3 mm，否则要重量。如在限差之内，则取 3 次结果的平均值，作为此尺段的丈量结果。每量一尺段都要读记温度一次。

（4）用同样方法丈量其他尺段，直至终点。由起点丈量到终点称往测，往测完成后，应调转尺的方向，立即进行返测。

以上读数，记录员立即复诵并将读数记入手簿（见表 6-2）。两端读数相减，即为该尺段的长度（此表为往测数据）。

（三）测量桩顶间高差

上述所测量的距离是桩顶间的倾斜距离，为了改算为水平距离，要用水准测量的方法，往、返观测相邻两尺段桩顶的高差。30 m 尺段高差往、返测的较差不应超过 3 mm，50 m 的尺段不应超过 4 mm，在限差内，取平均值作为最后成果。

（四）成果整理

1. 三项改正数计算公式

每尺段的实测距离要加入尺长改正数、温度改正数和倾斜改正数，求出该段改正后的水平距离。

（1）尺长改正数。尺长改正数按下式计算

$$\Delta L_d = \frac{L' - L_0}{L_0} L = \frac{\Delta L}{L_0} L \tag{6-7}$$

表 6-2　精密量距记录计算手簿

钢尺号码:8 号　　　尺长方程式:$L_t = 30\ \text{m} + 0.003\ \text{m} + 1.25 \times 10^{-5}/℃ \times (t - 20\ ℃) \times 30\ \text{m}$

读数者:×××,×××

记录计算者:×××　　　　　　　　　　日期:年　月　日

尺段编号	实测次数	前尺读数（m）	后尺读数（m）	尺段长度（m）	温度（℃）	高差（m）	温度改正数（mm）	尺长改正数（mm）	倾斜改正数（mm）	改正后尺段长（m）
	1	29.930	0.076	29.854						
	2	29.920	0.065	29.855						
A—1					24.0	+0.372	+1.5	+3.0	−2.3	29.857 2
	3	29.940	0.084	29.856						
	平均			29.855						
	1	29.920	0.015	29.905						
	2	29.930	0.025	29.905						
1—2	3	29.940	0.033	29.907	26.5	+0.174	+2.4	+3.0	−0.5	29.910 6
	平均			29.905 7						
⋮				⋮			⋮			⋮
	1	18.975	0.075 0	18.900 0						
4—B	2	18.954	0.054 5	18.899 5	26.0	−0.095	+1.4	+1.9	−0.2	18.902 6
	3	18.980	0.081 0	18.899 0						
	平均			18.899 5						
总和										278.388 6

式中　L——测量的距离(3 次尺段长度的平均距离),m;

L'——钢尺实际长度,m;

L_0——钢尺名义长度,m;

ΔL——整尺尺长改正数,m。

钢尺实际长度大于名义长度时,尺长改正数为正;反之为负。

(2)温度改正数。温度改正数按式(6-8)计算

$$\Delta L_t = \alpha(t - t_0)L \tag{6-8}$$

式中　L——测量的距离(3 次尺段长度的平均距离),m;

α——钢尺的线膨胀系数,一般取 $1.25 \times 10^{-5}/℃$;

t——量距时的温度,℃;

t_0——钢尺检定时的温度(一般取 20 ℃),℃。

(3)倾斜改正数。沿桩顶丈量出 L 为斜距,用水准仪测得桩顶间高差为 h,如图 6-12 所示。由图可知

$$\Delta L_h = D - L = (L^2 - h^2)^{\frac{1}{2}} - L = L\left[\left(1 - \frac{h^2}{L^2}\right)^{\frac{1}{2}} - 1\right]$$

按级数展开

$$\Delta L_h = L\left[\left(1 - \frac{h^2}{2L^2} - \frac{1}{8}\frac{h^4}{L^4} - \cdots\right) - 1\right] = -\frac{h^2}{2L} - \frac{1}{8}\frac{h^4}{L^3} - \cdots$$

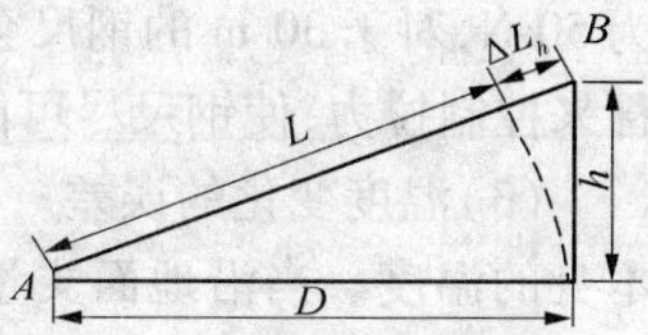

图 6-12

当高差不大时，取第一项，则

$$\Delta L_h = -\frac{h^2}{2L} \tag{6-9}$$

式中　h——一尺段两端点的高差，m；

L——测量的距离（3 次尺段长度的平均距离），m；

ΔL_h——倾斜改正数（倾斜改正数永为负值），m。

考虑上述三项改正，若实际量得的距离为 L，经过改正后的水平距离为 D，则

$$D = L + \Delta L_d + \Delta L_t + \Delta L_h \tag{6-10}$$

【例 6-2】　用 8 号钢尺丈量 A—1 尺段长度，该尺名义长度 $L_0 = 30$ m，实际长度 $L' = 30.003$ m，检定时的温度 $t_0 = 20$ ℃，丈量结果见表 6-2，$L = 29.855$ m，丈量时温度 $t = 24$ ℃，高差 $h = 0.372$ m，求该尺段的水平距离 D_{A-1}。

解　计算尺长改正数 ΔL_d，由式(6-7)得

$$\Delta L_d = \frac{30.003 - 30}{30} \times 29.855 = +0.003(\text{m})$$

计算温度改正数 ΔL_t，由式(6-8)得

$$\Delta L_t = 1.25 \times 10^{-5} \times (24 - 20) \times 29.855 = +0.0015(\text{m})$$

计算倾斜改正数 ΔL_h，由式(6-9)得

$$\Delta L_h = -\frac{0.372^2}{2 \times 29.855} = -0.0023(\text{m})$$

计算 A—1 尺段的水平距离 D_{A-1}，由式(6-10)得

$$D_{A-1} = 29.855 + 0.003 + 0.0015 - 0.0023 = 29.8572(\text{m})$$

同法可计算其他各尺段。

2. 全长的计算

将改正后的各尺段距离相加，便得往测的 A、B 两点间的水平距离，同样算出返测的距离，最后算出往、返测的平均水平距离及相对误差。如果相对误差在限差之内，则取其平均值作为最后观测成果；若相对误差超限，应重新丈量或检查计算过程是否有误。

三、直线丈量的误差分析

用钢尺进行直线丈量时，误差主要来自以下几个方面：

(1)尺长误差。丈量所使用的钢尺虽然已经过检定，并在丈量结果中进行了尺长改正，但由于钢尺检定时的精度一般为 1/100 000，因此丈量结果中仍有微小的误差。若使用未检定过的钢尺丈量，则尺长误差更大，并随着距离增长而变大。

(2)拉力误差。拉力的大小会使钢尺的长度产生变化。根据力学定律，若拉力误差

为 50 N,对于 30 m 的钢尺会产生 1. 7 mm 的误差。所以,在精密丈量距离时,应使用弹簧秤来控制拉力,使钢尺尽可能与检定时所受拉力相同,以消除拉力对丈量的影响。

(3)温度变化的误差。在大多数情况下丈量时所测的温度是空气温度,并不是钢尺本身的温度。当沿地面丈量时,尺身的温度与空气温度相差较大。例如相差 4 ℃时,对 30 m 的钢尺来说,由此产生的误差可达 1. 5 mm,为尺长的 1/20 000。因此,对于精度要求较高的丈量,应采用点温度计测出钢尺本身的温度。

(4)尺身不水平的误差。在丈量时,若尺身不水平将会使所量的水平距离增大。对于 30 m 的钢尺,若目估尺身水平的误差为 0. 3 m,由此而产生的丈量误差可达 1. 5 mm。当丈量斜距时,由于测量高差不准确而引起的水平距离误差与高差成正比,与所量尺段长成反比。

(5)定线误差。定线不准确将会使所丈量的直线变成折线,使得丈量结果变大。这种情况与钢尺不水平相似,只是钢尺不水平是在竖直面内倾斜,而定线不准确是在水平面内偏斜。若尺段偏离直线方向 0. 3 m,也将产生 1. 5 mm 的定线误差。

(6)钢尺垂曲误差。当悬空丈量时,钢尺因自重而产生下垂,从而使所量距离出现误差。所以,在钢尺检定时应分悬穿与平放两种情况进行,得出各自的尺长改正数,计算时若按实际作业情况采用相应的尺长改正数,则可不考虑该项误差。

(7)丈量本身的误差。主要包括钢尺的刻划误差、对点不准确、读数误差以及外界条件影响等。一般而言,这些误差在丈量结果中可以抵消一部分,但不能完全消除,这也是丈量工作中的一项重要的误差来源。

由于建筑工程项目较多,对距离丈量的精度要求往往相差很大,因此丈量距离时应根据不同工程的精度要求采取相应的措施。

技能点三　光电测距仪的认识及使用

一、概述

电磁波测距也称光电测距,它是用电磁波(光波、微波)作为载波的测距仪器来测量两点间距离的一种方法,其具有测距精度高、速度快、不受地形条件影响等优点,已逐渐代替常规距离测量。

电磁波测距仪按其所采用的载波可分为微波测距仪、激光测距仪、红外测距仪,按测程可分为短程(测距在 3 km 以内)测距仪、中程(测距在 3 ~ 15 km)测距仪、远程(测距在 15 km 以上)测距仪,按光波在测段内传播的时间测定可分为脉冲法测距仪和相位法测距仪。

微波测距仪和激光测距仪多用于远程测距,红外测距仪用于中短程测距。在工程测量和地形测量中,大多采用相位法短程红外测距仪。

二、测距仪的基本结构

电磁波测距仪主要包括测距仪和反射棱镜两部分。测距仪上有望远镜、控制面板、液晶显示窗、可充电电池等部件;反射棱镜有单棱镜和三棱镜两种,用来反射来自测距仪发射的红外光。

三、测距仪的使用

(1)在待测距离的一端(测站点)安置经纬仪和测距仪,经纬仪对中、整平,打开测距仪的开关,检查仪器是否正常。

(2)在待测距离的另一端安置反射棱镜,反射棱镜对中、整平后,使棱镜反射面朝向测距仪方向。

(3)在测站点上用经纬仪望远镜瞄准目标棱镜中心,按下测距仪操作面板上的测量功能键进行测量距离,显示屏即可显示测量结果。

四、测距仪使用的注意事项

(1)在阳光或雨天作业,一定要撑伞。

(2)测线两侧或镜站反面应避开发热物体和反射物体。

(3)若能见度低或大气湍流强烈,为提高接收系统的信噪比,可增多反射镜块数,以增加回光信号强度,提高测距精度。

(4)电池要注意及时充电,不用时电池要充电后存放。

技能点四　视距测量的方法

视距测量是利用望远镜内视距丝装置,根据几何光学原理,同时测得水平距离和高差。这种方法具有操作方便、快捷,不受地形条件限制等优点,虽精度较低,但能满足一般碎部点的精度要求,因此被广泛地应用于碎部测量中。

一、视距测量的基本公式

(一)视线水平时的距离与高差公式

在光学仪器的望远镜内部装有视距丝装置,如图6-13所示。在望远镜十字丝平面上,刻有与十字丝横丝平行的上、下两条短横丝 n 和 m,这两条短横丝就称为视距丝。因为上、下视距丝在物镜上的间隔和物镜的焦点构成一固定角,因此从这两根视距丝引出去的视线在竖直面内所夹的角度 φ 也是固定角。该角的两边在尺上截得一段距离 $MN=l$,如图6-14所示。由图6-14看出,在等腰三角形中,已知顶角 φ 和三角形的底边长 l 就可以算出三角形的高 D,即 A、B 两点的水平距离。因为顶角 φ 保持不变,所以距离 D 与视距尺上间隔 l 成正比,其关系式为

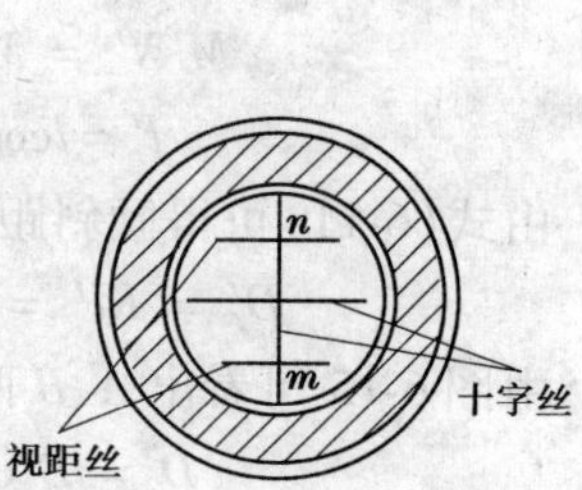

图6-13

$$D = Kl \tag{6-11}$$

式中　K——视距乘常数,其值为100,它是由仪器在设计、制造时保证的。

由图6-14可写出 A、B 两点间的高差 Δh,即

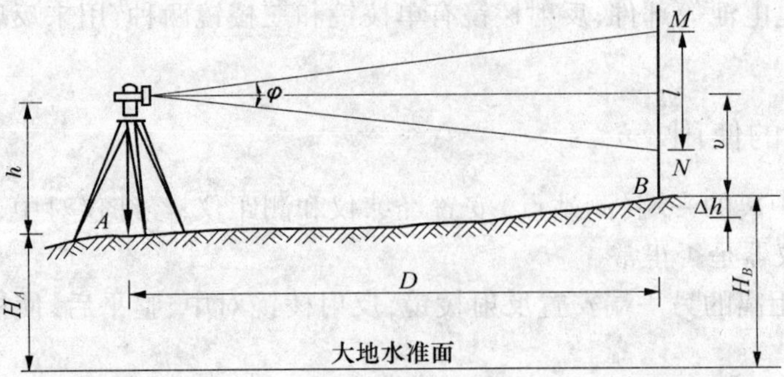

图 6-14

$$\Delta h = h - v \tag{6-12}$$

式中 h——仪器高,m;

v——中丝读数,称为照准高。

如果 A 点高程 H_A 为已知,则可求得 B 点的高程 H_B 为

$$H_B = H_A + h - v \tag{6-13}$$

或

$$H_B = H_i - v$$

式中,$H_i = H_A + h$。

(二)视线倾斜时水平距离和高差的计算公式

式(6-11)和式(6-12)适用于视线水平,且视线垂直于视距尺的情况。当地面起伏较大(见图 6-15)时,必须使视线倾斜才能读取尺间隔 l。由于视线不垂直于视距尺,因而不能应用上面的公式。若能把视线倾斜时在视距尺上读取的尺间隔 $MN(l)$ 换算成视线与视距尺相垂直的尺间隔 $M'N'(l')$,就可利用式(6-11)计算倾斜距离 D',再根据 D' 和竖直角 α,即可按三角函数关系计算出水平距离 D 和高差 Δh。

由于 φ 角很小,约为 34′,所以可把 $\angle MM'E$ 和 $\angle NN'E$ 近似地看成直角。而 $\angle MEM'$、$\angle NEN'$ 均等于竖直角 α,因此

$$M'N' = M'E + EN' = ME\cos\alpha + EN\cos\alpha = MN\cos\alpha$$

或

$$l' = l\cos\alpha$$

由式(6-11)可得倾斜距离

$$D' = Kl' = Kl\cos\alpha \tag{6-14}$$

由图 6-15 可看出 A、B 两点间的水平距离为

$$D = D'\cos\alpha$$

把式(6-14)代入上式得

$$D = Kl\cos^2\alpha \tag{6-15}$$

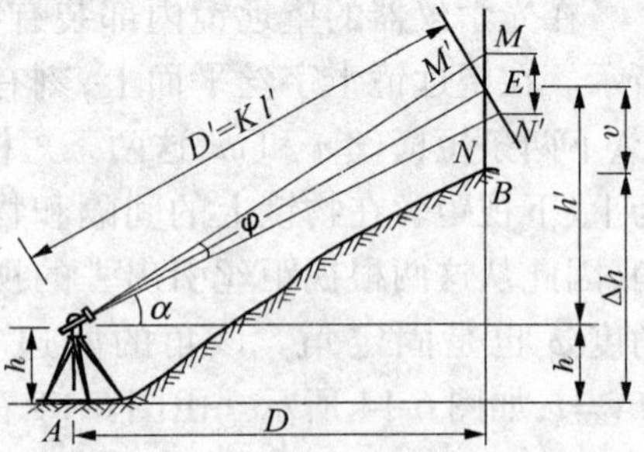

图 6-15

A、B 两点的高差为

$$\Delta h = h' + h - v$$

式中 h'——初算高差。

$$h' = D'\sin\alpha = Kl\cos\alpha\sin\alpha = \frac{1}{2}Kl\sin 2\alpha \tag{6-16}$$

或 $$h' = D'\tan\alpha$$

所以 $$\Delta h = \frac{1}{2}Kl\sin 2\alpha + h - v \tag{6-17}$$

式(6-15)、式(6-17)是视距测量的基本公式。

二、视距测量的一测站操作

视距测量的一测站操作按以下顺序进行：

(1)在测站点上安置经纬仪，对中、整平。

(2)量取仪器横轴中心到测站点的铅垂距离 h，即为仪器高。

(3)照准测站上所立的视距尺(水准尺)，制动照准部，转动望远镜，使十字丝横丝位于尺上拟定读数(根据具体情况可选择不同的读数)附近，制动望远镜，调节微动螺旋使视距丝上丝卡在一整分米处，读取上下丝截得的尺间隔数 l。

(4)调节望远镜微动螺旋，使横丝严格卡在拟定读数 v 上，调节竖直度盘指标水准管气泡，读取竖直角 α。

(5)由式(6-15)和式(6-17)就可计算出测站点与碎部点之间的水平距离 D 和高差 Δh。

三、视距测量的计算方法

因碎部测量需要测绘大量地物、地貌特征点，所以视距测量的计算量很大。传统的计算方法是查视距计算表，求得水平距离和高差。由于计算器的普及，实际测量中，可采用电子计算器，根据式(6-15)和式(6-16)按照下列操作顺序进行，计算水平距离和高差、高程。

[DEG]状态：Kl [×] α [MIN] [COS] [x^2] [×] 显示 D，

[RM] tan [+] h [−] v [=] 显示 Δh，

[+] H_A [=] 显示 H_S(碎部点高程)。

【例 6-3】 $Kl = 115.30$ m，竖直角 $\alpha = -4°52'$，$h = 1.35$ m，$v = 1.78$ m，测站点高程 $H_A = 300.62$ m，求水平距离 D、高差 Δh 及碎部点高程 H_S。

解 计算过程如表 6-3 所示。

表 6-3 碎部点高程计算

输入数据	按键顺序	显示
Kl(115.30)	[×]	Kl(115.30)
α(−4°52′)	[MIN]	α(−4.866 666 6)
	[COS]	$\cos\alpha$(0.997 079 5)
	[x^2]	$\cos^2\alpha$(0.994 167 5)
	[×]	D(114.628)

续表 6-3

输入数据	按键顺序	显示
	RM	α(-4.866 666 6)
	tan	tanα(-0.076 594 7)
	+	-8.779 895 4
h(1.35)	−	-7.429 895 4
v(1.78)	+	Δh(-9.209 895 4)
H_A(300.62)	=	H_S(291.41)

四、视距测量的误差及注意事项

(一)视距测量的误差来源

1. *用视距丝读取尺间隔的误差*

用视距丝在视距尺上读数的误差与尺子最小分划的宽度、距离的远近、望远镜的放大倍率及成像清晰情况有关。因此,读数误差的大小应视具体使用的仪器及作业条件而定。

2. *视距尺倾斜误差*

视距尺倾斜,使所测距离产生系统误差,其影响随地面倾斜度的增加而增加。此外,扶尺不稳也影响所测距离的精度。

3. *外界影响*

外界影响主要是垂直折光影响。由于通过上、下丝的光线经过不同密度的空气时,产生竖直折光差,越接近地面,折光差越大,这种误差与距离的平方成正比。其次是空气对流使视距尺影像不稳定,尤其是在视线接近地面、水汽蒸发以及烈日暴晒下更为严重。

4. *视距乘常数 K 的误差*

由于气温的变化,改变了物镜的焦距和视距丝的间隔,因此视距乘常数 K 不严格为 100,当 K 值在 100 ±0.1 时,便可当做 100,否则应测定 K 值。

另外,竖直角观测的误差也将影响视距测量的精度。

综合上述误差对视距测量的影响,从试验资料分析,在比较良好的观测条件下,视距测量的精度一般为距离的$\frac{1}{300}\sim\frac{1}{200}$;当观测条件较差或立尺不垂直时,只有$\frac{1}{100}$甚至更低。

(二)视距测量的注意事项

视距测量的注意事项有以下几个方面:

(1)观测前,应对仪器进行检验和校正,测定视距乘常数 K 和竖直度盘指标差 x。

(2)应使视线离开地面约 1.5 m,并避免在烈日下作业。

(3)观测时,应仔细调焦,使成像清晰,消除视差。读数时尽量不变动眼睛位置。

(4)视距尺上应装置水准器,以保证视距尺立成垂直状态。

思考与练习题

1. 什么是直线定线？丈量时为什么要进行直线定线？如何进行直线定线？

2. 简述直线丈量的一般方法和精密方法。

3. 某钢尺名义长为 30 m，在 5 ℃时加标准拉力丈量的实长为 29.992 m，问此时该钢尺的尺长方程式如何表达？在标准温度 20 ℃时，其尺长方程式又如何表达？（设其膨胀系数 $\alpha = 0.000\,012\,0/℃$）

4. 试述光电测距的基本原理。光电测距仪如何实现测距？

5. 试述视距测量的基本原理及视距测量的误差来源和削减方法。

6. 根据表 6-4 视距测量的记录手簿，计算水平距离和高差。（说明：盘左望远镜视线水平时，竖盘读数为 90°，望远镜向上仰，读数减小）

表 6-4　碎部测量记录手簿

测站：A　　后视点：B　　仪器高 $h = 1.50$ m　　测站高程 $H_A = 138.62$ m

点号	尺间隔数（m）	中丝读数（m）	竖盘读数（°　′）	竖直角（°　′）	初算高差（m）	高差（m）	水平角（°　′）	水平距离（m）	测点高程（m）
1	0.423	1.50	86　23				23　36		
2	0.392	1.50	83　41				97　45		
3	0.765	1.36	92　56				236　57		
4	0.623	1.74	95　32				300　13		
⋮									

单元七　全站仪的认识与使用

教学内容

本单元主要包括全站仪的基本原理、全站仪的认识、全站仪的使用方法、全站仪的应用测量以及全站仪的检验与校正和使用的注意事项等内容。

能力目标

熟悉全站仪测量的基本原理，熟练掌握全站仪的使用方法及全站仪的应用测量，了解全站仪的检验与校正，熟悉全站仪的注意事项。这是全面提高测量工作水平的必备技能。

技能点一　全站仪的测量原理

电子全站仪，即全站型电子速测仪(Electronic Total Station)，它是集自动测角、测距、测高于一体，实现对测量数据进行自动获取、显示、存储、传输、识别、处理计算的三维坐标测量系统。全站仪现已广泛应用于控制测量、工程放样、安装测量、形变监测、地形测绘和地籍测量等领域，成为实现测量工程内外业一体化、自动化、智能化的关键硬件系统。

一、全站仪的结构原理

电子全站仪由光电测距仪、电子经纬仪、微处理器、电源装置和反射棱镜等组成。其按结构一般分为分体式和整体式两种。分体式全站仪的测距部分和电子经纬仪不是一个整体，测量时，将光电测距仪安装在电子经纬仪上进行，作业结束后卸下来分开装箱。整体式全站仪则将测距仪与电子经纬仪结合在一起，形成一个整体，使用更为方便。按数据存储方式分，全站仪可分为内存型和电脑型两种。内存型全站仪所有程序固化在存储器中，不能添加，也不能改写，因此无法对全站仪的功能进行扩充，只能使用全站仪本身提供的功能。而电脑型全站仪则内置微软 DOS 等操作系统，所有程序均运行于其上，根据测量工作的需要以及测量技术的发展，操作者可进行软件的开发，并通过添加程序来扩充全站仪的功能。目前，有的全站仪在 WINDOWS 系统支持下，实现了全站仪功能的大突破，使全站仪实现了电脑化、自动化、信息化、网络化。

全站仪的结构原理如图 7-1 所示。键盘是测量过程中的控制系统，测量人员通过按键调用所需要的测量工作过程和测量数据处理。图 7-1 中左半部分包含有测量的四大光电系统：水平角系统、竖直角系统、水平补偿系统和测距系统。以上各系统通过 I/O 接口接入总线与数字计算机系统连接。

微处理器是全站仪的核心部件，仪器瞄准目标棱镜后，按操作键，在微处理器的指令控制下启动仪器进行测量工作，可自动完成水平角测量、竖直角测量、距离测量等测量工作，还可以将其运算处理成指定的平距、高差、方位角、点的坐标和高程等结果，并进行测量过程的检核、数据传输、数据处理、显示、存储等工作。输入、输出单元是与外部设备连接的装置(接口),它可以将测量数据传输给计算机。为便于测量人员设计软件系统,处理某种目的的测量工作,在全站仪的数字计算机中还提供有程序存储器。

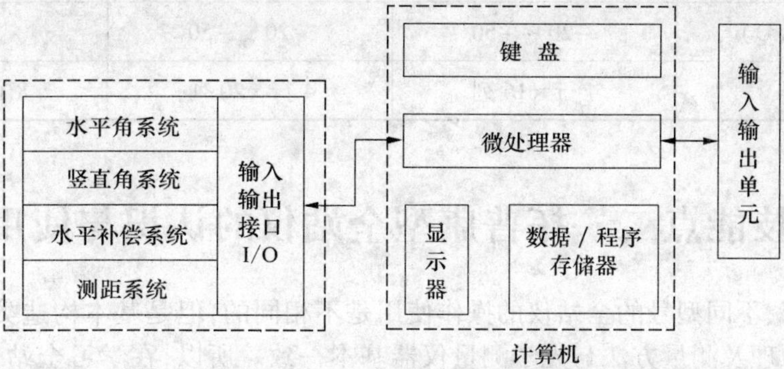

图 7-1

目前,市场上全站仪的产品主要有日本拓普康(Topcon)公司的 GTS 系列、索佳(Sokkia)公司的 SET 系列及 PowerSET 系列、宾得(Pentax)公司的 PTS 系列、尼康(Nikon)公司的 DTM 系列、瑞士徕卡(Leica)公司的 WildTC 系列、中国南方测绘公司的 NTS 系列等。

无论哪个品牌的全站仪,其主要外部构件均由望远镜、电池、显示器及键盘、水准器、制动和微动螺旋、基座、手柄等组成。

二、全站仪的主要性能指标

衡量一台全站仪的性能指标有精度(测角及测距)、测程、测距时间、程序功能、补偿范围等。表 7-1 中列出了一些常见全站仪的主要性能指标供参考。

表 7-1 常见全站仪的主要性能指标

仪器指标项目		徕卡 TC1610	拓普康 GTS-311	索佳 PowerSET2000
分类		内存型	内存型	电脑型
放大倍率		30×	30×	30×
最短视距(m)		1.7	1.3	1.3
角度最小显示		1″	1″	0.5″
角度标准差		±1.5″	±2″	±2″
双轴自动补偿范围		±3′	±3′	±3′
最大测距(km)	单棱镜	2.5	2.7	2.7
	三棱镜	3.5	3.6	3.5
测距精度		$\pm(2\ mm+2\times10^{-6}\times D)$	$\pm(3\ mm+2\times10^{-6}\times D)$	$\pm(2\ mm+2\times10^{-6}\times D)$
测距时间(精测)(s)		4	3	2
水准器分划值	水准管	30″/2 mm	30″/2 mm	20″/2 mm
	圆水准器	8′/2 mm	10′/2 mm	10′/2 mm

续表 7-1

仪器指标项目	徕卡 TC1610	拓普康 GTS－311	索佳 PowerSET2000
使用温度(℃)	－20～＋50	－20～＋50	－20～＋50
显示屏	4 行×16 列	4 行×20 列	8 行×20 列

技能点二　拓普康型全站仪的认识与使用

不同厂家、不同型号的全站仪的操作使用是不相同的，但是基本构造类似，且全站仪测量的基本原理及测量方法与光学测量仪器基本一致。所以，在学习全站仪的操作与使用时，主要是掌握全站仪基本的操作步骤。下面以拓普康的普及型全站仪 GTS－311 型为例说明全站仪的操作与使用。

一、GTS－311 全站仪的构造及功能说明

(一) GTS－311 全站仪的构造

GTS－311 全站仪的构造见图 7-2。

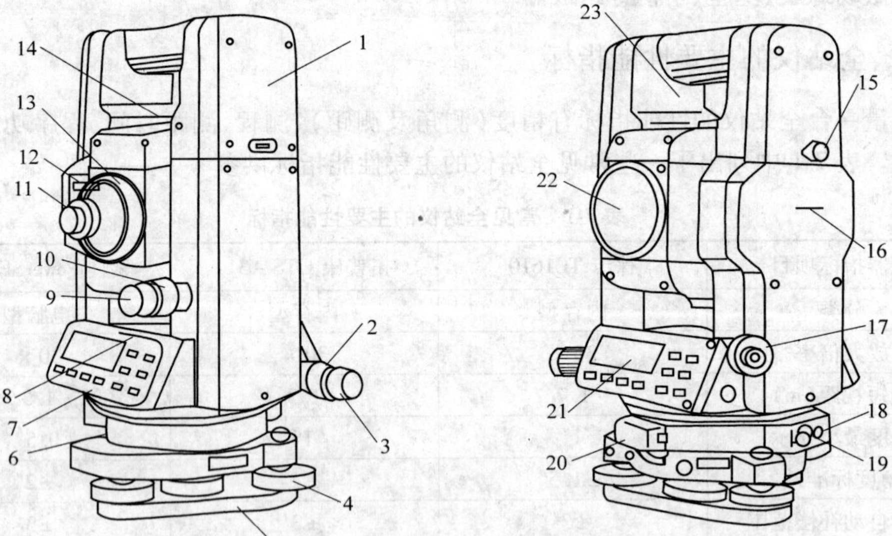

1—电池；2—水平制动螺旋；3—水平微动螺旋；4—脚螺旋；5—基座底板；6—圆水准器；
7—操作键；8—水准管；9—望远镜微动螺旋；10—望远镜制动螺旋；11—望远镜目镜；
12—望远镜把手；13—望远镜调焦螺旋；14—瞄准器；15—电池锁定螺钉；16—仪器中心标志；
17—光学对中器望远镜；18—外部电源接口；19—串行信号接口；20—度盘变换螺旋护盖；
21—显示屏；22—物镜；23—BT－24QW 型提把电池

图 7-2

(二)GTS－311 全站仪的操作面板及操作键功能

(1)GTS－311 全站仪采用 4 行 ×20 列的液晶显示,操作面板如图 7-3 所示。

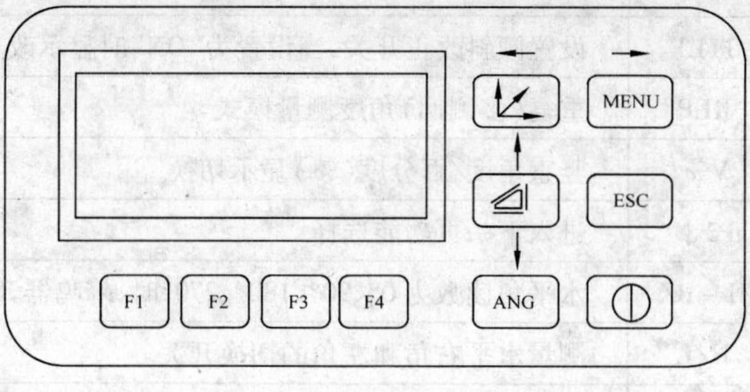

图 7-3

(2)GTS－311 全站仪的操作键功能说明如表 7-2 所示。

表 7-2　GTS－311 全站仪的操作键功能说明

操作键	名称	功能
	坐标测量键	进入坐标测量模式
MENU	菜单键	在菜单模式和正常测量模式之间切换
	距离测量键	进入距离测量模式,可进行水平距离测量、倾斜距离测量
ESC	退出键	返回上一层测量模式,用于中断正在进行的操作,返回到上一级模式中
ANG	角度测量键	进入角度测量模式,可进行水平角测量、竖直角测量等
	电源开关键	电源接通或断开
Fn	功能键	相应屏幕上相应位置设定功能,执行屏幕上相应位置显示的命令定义,输入数字及字母等

(3)F1 ~ F4 键功能说明如表 7-3 所示。

表 7-3　F1 ~ F4 键功能说明

功能页	功能键	屏幕显示	功能说明
			角度测量模式
1	F1	0SET	设置水平角为 0°00′00″
	F2	HOLD	锁定水平角读数
	F3	HSET	设置当前水平角数值
	F4	P1↓	进入下一页功能选择

续表 7-3

功能页	功能键	屏幕显示	功能说明
2	F1	T1LT	设置倾斜改正开关,当设置为“ON”时显示改正值
	F2	REP	重复(多测回)角度测量模式
	F3	V%	竖直角度/百分度(%)显示切换
	F4	P2↓	进入下一页功能选择
3	F1	H-BZ	水平角读数为0°、90°、180°、270°时,蜂鸣器开关
	F2	H/L	测量水平右角和左角的切换开关
	F3	CMPS	竖直角显示模式(高度角/天顶距)切换开关
	F4	P3↓	进入下一页功能选择
距离测量模式			
1	F1	MEAS	开始进行距离测量
	F2	MODE	设置测距模式(精测 Fine/粗测 Coarse/跟踪 Tracking)
	F3	S/A	设置接收反射信号的音响模式,修改 PSM 与 PPM 值
	F4	P1↓	进入下一页功能选择
2	F1	OFSET	进入偏心测量模式
	F2	S. O	进入距离放样模式
	F3	m/f/i	距离显示单位(m/ft/in)切换
	F4	P2↓	进入下一页功能选择
坐标测量模式			
1	F1	MEAS	开始坐标测量
	F2	MODE	坐标测量模式(精测 Fine/粗测 Coarse/跟踪 Tracking)
	F3	S/A	设置接收反射信号的音响模式,修改 PSM 与 PPM 值
	F4	P1↓	进入下一页功能选择
2	F1	R. HT	设置反射棱镜高
	F2	INS. HT	设置仪器高
	F3	OCC	输入仪器点坐标
	F4	P2↓	进入下一页功能选择
3	F1	OFSET	偏心测量模式
	F2	m/f/i	距离显示单位(m/ft/in)
	F3	P3↓	进入下一页功能选择

二、观测前的准备工作

(1)电池充电。在进行测量作业前首先应将充电电池充好电。拓普康 GTS－311 全站仪有两种供电方式:一种是通过 BT－24QW 型提把电池直接与全站仪连接供电,安装时应注意用电池锁定螺旋旋紧固定;另一种是通过外部 9 V 的直流电源接口供电,可采用汽车点烟器口提供的电源。

(2)安置仪器。全站仪的安置与经纬仪一样,也包括对中、整平两项工作,其方法与普通经纬仪相同。一般全站仪的对中仍然通过光学对中器进行,也有一些较先进的仪器具有激光对中装置,使对中更加快捷。

(3)打开电源,准备观测。①按下电源开关,打开电源。屏幕上首先显示仪器型号,大约 3 s 后,显示垂直置零指令(VOSET TURN)、当前的棱镜常数(PSM)及大气改正值(PPM),应注意二者是否正确。按 F4 键进行确认,屏幕显示内容如图 7-4 所示。②第一行“VOSET TURN”表示此时需要竖直旋转望远镜。这是因为,为了设置垂直角 0°位置,垂直度盘上设置了一个电子零基准,此时旋转望远镜使传感器激活零基准,才能进行竖直角测量。同样,如果前一次观测时设置了水平角读数 0°位置,那么还需要旋转照准部以激活水平度盘 0°位置。旋转望远镜后,全站仪进入角度测量模式,此时屏幕显示如图 7-5 所示。

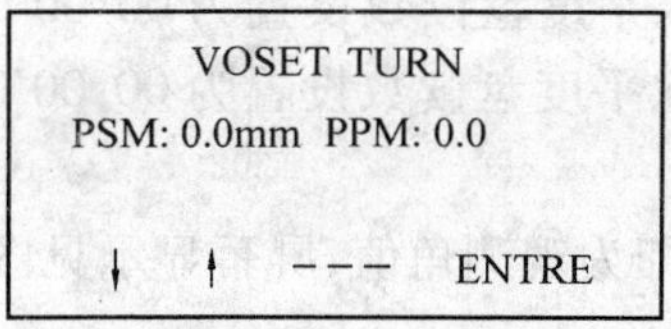

图 7-4

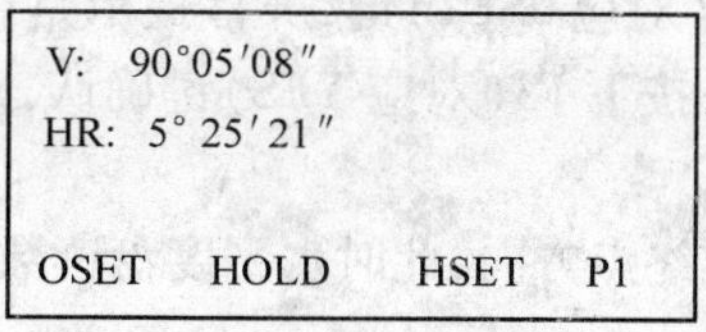

图 7-5

(4)GTS－311 全站仪字母与数字输入方法。GTS－311 全站仪没有设置字母与数字键,需要输入时,使用 F1 ~ F4 功能键对应屏幕输入。如在坐标测量模式下,输入测站点的坐标。①在测站点坐标输入界面,屏幕显示如图 7-6(a)所示,按下 F1 键(INPUT 功能),则进入数字输入界面如图 7-6(b)所示。②如图 7-6(b)中,1、2、3、4 数字由 F1 键控制,5、6、7、8 由 F2 键控制,9、0、小数点、负号由 F3 键控制,F4 键为输入后确认键。例如,要输入数字 3,则按下 F1 键,屏幕显示如图 7-7(a)所示,按下 F3 键,则可输入数字 3,屏幕又回到数字输入界面(见图 7-7(b))。

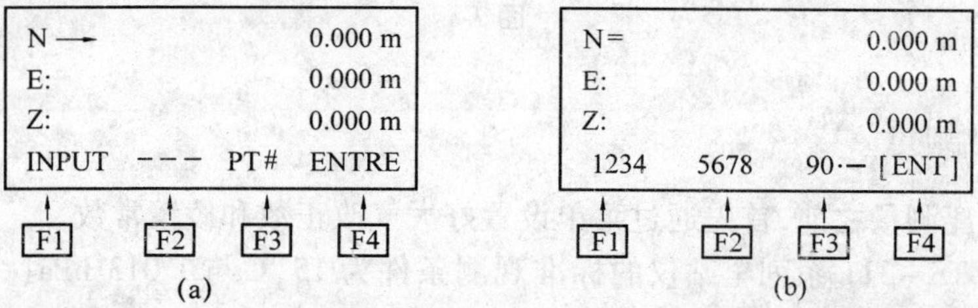

图 7-6

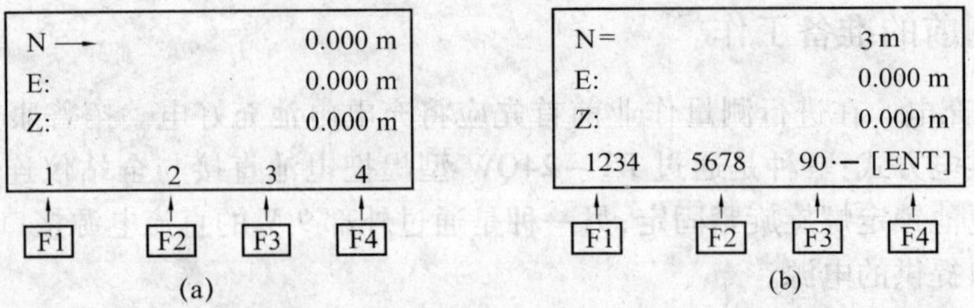

图 7-7

字母输入法与数字输入法类似。

技能点三　全站仪的应用测量

这里主要以 GTS－311 系列全站仪为例介绍角度测量、距离测量和坐标测量的方法。

一、角度测量

下面以水平角观测为例说明角度测量的方法。

(1)全站仪进入测角模式。在测角模式下，仪器瞄准起始目标，显示器显示见图 7-8(a)；按下 F1(对应 0SET)键，屏幕提示是否将水平度盘读数设置为 00°00′00″，屏幕显示见图 7-8(b)；按下 F3(对应 YES)键确认，即将水平度盘读数设置为 00°00′00″，屏幕显示见图 7-8(c)。

(2)瞄准终点方向，此时水平度盘读数 HR 即为观测角值，屏幕显示见图 7-8(d)。

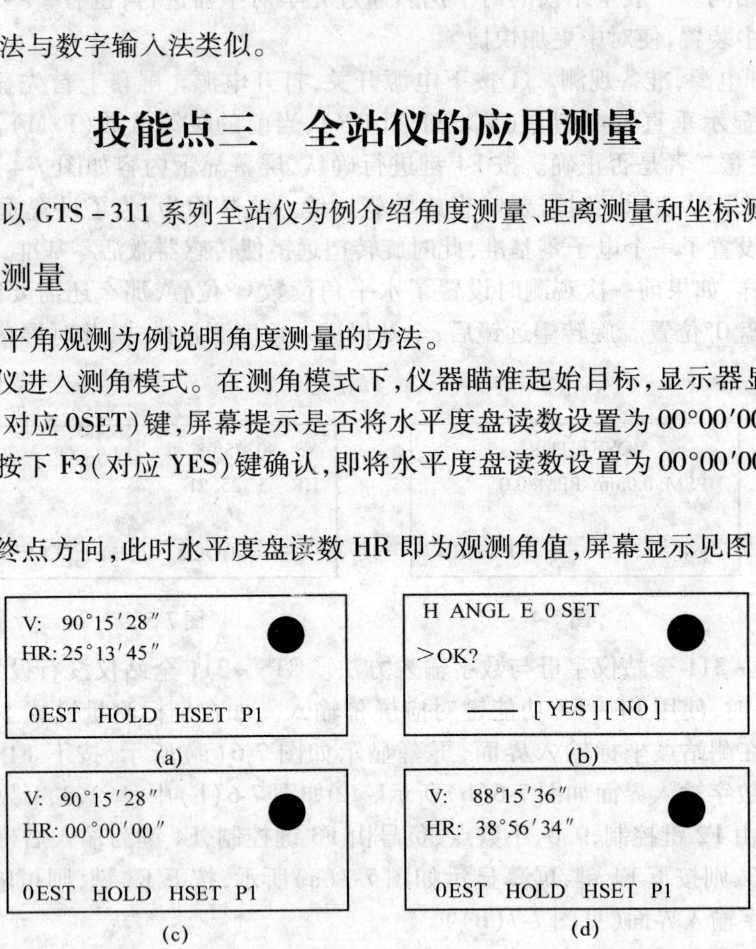

图 7-8

二、距离测量

(1)在距离测量之前，首先通过菜单设置好大气改正数和棱镜常数。

拓普康 GTS－311 系列全站仪的标准观测条件为 15 ℃与 1 013 hPa(一个大气压或 760 mmHg)，若观测条件不同，则可用式(7-1)计算大气改正数

$$k_a = \left(279.66 - \frac{106.033P}{273.15 + t}\right) \times 10^{-6} \tag{7-1}$$

式中　k_a——大气改正数；

P——大气压，mmHg；

t——外界温度，℃。

(2)距离测量。仪器照准点反射棱镜中心，检查输入的大气改正数或棱镜常数是否正确。按下距离测量键，全站仪自动进行距离测量，显示器屏幕显示如图 7-9(a)所示。大约 3 s 后测量完毕，屏幕自动显示测量结果，如图 7-9(b)所示。

HR: 110° 30′ 36″
HD*[r]　<<m
VD: 3.256 mm
MEAS　MODE　S/A　P1↓

(a)

HR: 110° 30′ 36″
HD*[r]　78.6998 m
VD: 3.256 mm
MEAS　MODE　S/A　P1↓

(b)

图 7-9

三、坐标测量

使用全站仪可以直接测设点的三维坐标，即 $N(x)$、$E(y)$和 $Z(H)$坐标。坐标测量前仍然需要设置正确的大气改正数与棱镜常数，方法同距离测量模式。

(一)测量步骤

(1)在已知控制点上安置仪器，在目标点上架设棱镜，仪器首先照准后视点，在角度测量模式下，将水平度盘读数设置为后视方向的坐标方位角值。

(2)照准目标点，按下坐标测量模式键进入坐标测量模式，如图 7-10(a)所示。此时，全站仪自动开始坐标测量，直接按 F4 键进入第二功能页，如图 7-10(b)所示，在此页设置仪器高、棱镜高及测站台坐标等值。棱镜高界面见图 7-11(a)。

(3)全站仪自动测量目标点坐标，测量结果显示在屏幕上，如图 7-11(b)所示。

N*[r]	<<m
E:	m
Z:	m
MEAS MODE S/A P1↓	

(a)

N:	45.421 m
E:	24.965 m
Z:	35.698 m
R.HT　INSHT　OCC	P2↓

(b)

图 7-10

PEFLECTOR HEIGHT	
INPUT	
R.HT:	0.000 m
INPUT	[ENT]

(a)

N:	45.421 m
E:	24.965 m
Z:	35.698 m
MEAS MODE S/A P1	

(b)

图 7-11

（二）坐标测量相关说明

(1)若未输入测站点坐标,系统则以(0,0,0)为默认坐标值。

(2)关机后,仪器高与棱镜高会被删除,但测站点坐标仍可保留。

(3)仪器在一个测站点上进行连续测量时,可将棱镜高固定,每次观测,只需重复照准目标按下测量键(MEAS)即可。

技能点四　全站仪使用的注意事项

全站仪是一种价格昂贵、结构复杂、制造精密的光电仪器。使用全站仪时,必须严格遵循一定的操作规程,正确熟练地使用。同时,要加强全站仪的正常维护和保养。

全站仪使用注意事项与保养有以下几点:

(1)使用仪器前应认真阅读使用说明书,熟悉仪器的性能和操作方法。

(2)新购置的仪器在首次使用前应先将电池按规定的时间充好电。仪器较长时间不用时应将电池卸下。电池充电时,应尽量在常温下充电,避免在过冷、过热和潮湿的环境下充电。

(3)未安装滤光片时,不能将物镜直接对准阳光,否则高温会毁坏仪器内部元件。

(4)当仪器环境温度发生变化时,需要将仪器露天放置一段时间才能使用,否则会造成仪器与棱镜测程的降低。

(5)观测时要避开高压线、发电机、电动机等干扰,视线方向上不能有玻璃镜等反光物体。

(6)在阳光和阴雨天作业时,应打伞遮阳和避雨。在潮湿环境下使用完毕后应用软布擦干仪器表面水珠后才可装箱。

(7)仪器在搬站时,应将仪器装箱搬运,切忌连在脚架上直接搬运。

(8)仪器在保养及运输过程中应注意防潮、防高温、防尘及防震。

(9)使用仪器作业时,操作者不可离开仪器,以免发生意外。

思考与练习题

1. 试述全站仪的特点,它由哪几部分组成?

2. 全站仪的基本功能有哪些?对应的功能怎样操作和使用全站仪?

3. 全站仪在使用时应注意些什么?

单元八　GPS 测量系统简介

教学内容

本单元主要包括 GPS 系统简介、GLONASS 系统简介、北斗系统简介以及 Leica 1200 系列 GPS 接收机的使用等内容。

能力目标

了解 GPS 的基本概念与定位原理，掌握 Leica 1200 系列接收机的使用方法，熟悉 GLONASS 系统、北斗系统的基本概念。这是掌握先进测量技术的基本知识。

技能点一　GPS 系统简介

一、GPS 的基本概念

全球定位系统（Global Positioning System，简称 GPS）是美国 1973 年开始研制的全球性卫星定位和导航系统，历经 20 年，于 1993 年全部建成。它具有全球性、全天候性、连续实时性的三维定位、测速、导航和授时功能，具有良好的抗干扰和保密能力。由于这个系统定位的高度自动化和精确化，已广泛应用于大地测量、控制测量、工程测量、地籍测量、精密工程测量，以及车辆、船舶和飞机的导航方面。这项技术的应用标志着测量专业开始了一场意义深远的变革。

GPS 全球定位系统包括三大部分：①空间部分——GPS 卫星星座；②地面控制部分——地面监控系统；③用户设备部分——GPS 信号接收机（见图 8-1）。

（一）GPS 卫星星座

GPS 卫星星座由 21 颗工作卫星和 3 颗备用卫星（共 24 颗）组成，均匀分布在 6 个不同的近似于圆形的轨道平面内，轨道倾角为 55°，轨道间的夹角为 60°，轨道平均高度为 20 200 km（见图 8-2）。当地球相对恒星来说自转一周时，GPS 卫星绕地球运行两周，即绕地球一周的时间为 12 恒星时，每颗卫星每天约有 5 h 在地平线上，同时位于地平线以上的卫星数目随着时间和地点的不同而不同，最少可见到 4 颗，最多可见到 11 颗。在用 GPS 信号导航定位时，为了解算测站的三维坐标，必须同时观测 4 颗 GPS 卫星。

在 GPS 系统中，GPS 卫星的作用主要有以下几点：

（1）用 L 波段的两个无线载波（波长分别约为 19 cm 和 24 cm）向广大用户连续不断地发送导航定位信号（如卫星轨道参数、系统时钟等信息）。借助导航电文可以知道该卫星当前的位置和卫星的工作情况。

（2）当卫星飞越注入站上空时，接收由地面注入站用 S 波段（波长约 10 cm）发送卫星的导航电文和其他有关信息，并通过 GPS 信号电路适时地发送给广大用户。

（3）接收地面主控站通过注入站发送到卫星的调度命令，适时地改正运行偏差或启

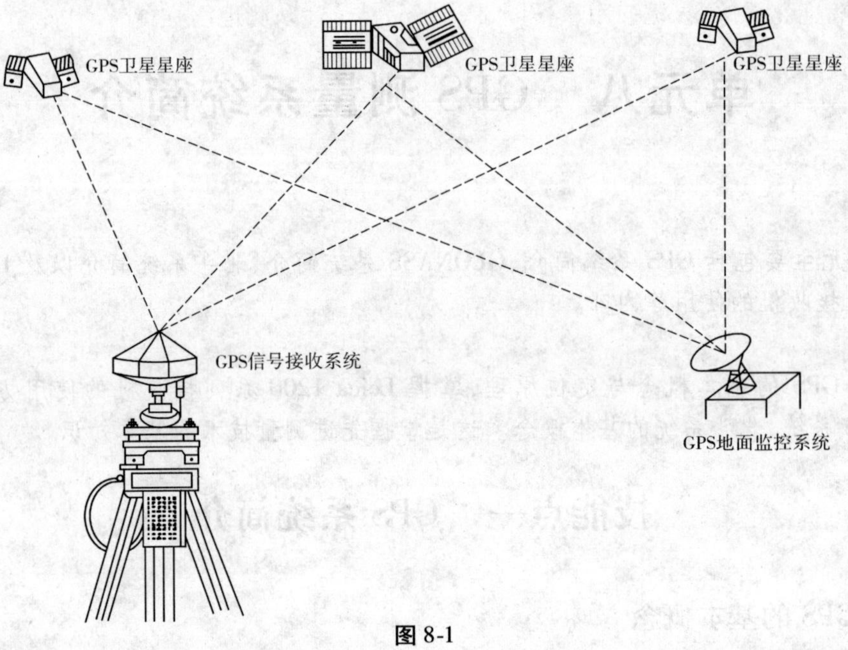

图 8-1

用备用时钟等。

（二）地面监控系统

地面监控系统是对卫星上的各种设备是否正常工作，以及卫星是否一直沿着预定轨道运行进行监测和控制。地面监控系统的另一重要作用是保持各颗卫星处于同一标准时间——GPS 时间系统。

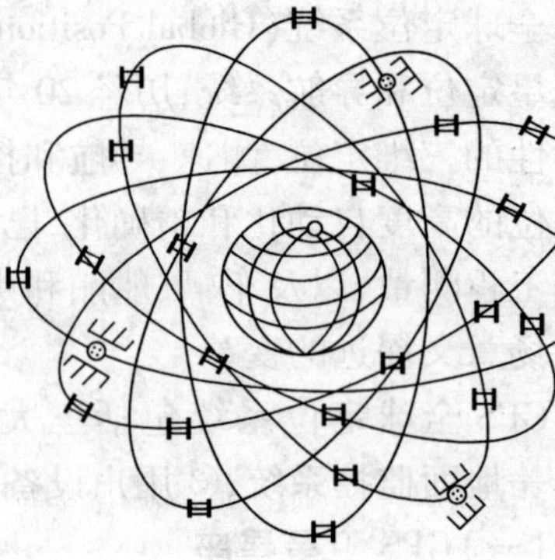

图 8-2

GPS 工作卫星的地面监控系统包括一个主控站、三个注入站和五个监测站。

主控站的任务是收集、处理本站和监测站收到的全部资料，编算出每颗卫星的星历和 GPS 时间系统，将预测的卫星星历、钟差、状态数据以及大气传播改正编制成导航电文传送到注入站，另外还负责纠正卫星的轨道偏离，必要时调度卫星，让备用卫星取代失效的工作卫星及监测整个地面监测系统的工作，检验注入给卫星的导航电文，监测卫星是否将导航电文发送给了用户。

三个注入站的任务是将主控站发来的导航电文注入到相应卫星的存储器。每天注入三次，每次注入 14 d 的星历。此外，注入站能定时自动向主控站报告自己的工作状态。

五个监测站的主要任务是为主控站提供卫星的观测数据。

（三）GPS 信号接收机

GPS 信号接收机的任务是：能够捕获到按一定卫星高度截止角所选择的待测卫星信号，并跟踪这些卫星的运行，对所接收到的 GPS 信号进行变换、放大和处理，以便测量出 GPS 信号从卫星到接收机天线的传播时间，解译出 GPS 卫星所发送的导航电文，实时地计算出测站的三维位置，甚至三维速度和时间。

GPS 卫星信号接收机按用途不同,一般分为导航型、测地型和授时型等。

二、GPS 的应用特点

GPS 主要有以下特点:

(1)定位精度高。应用实践已经证明,GPS 相对定位精度在 50 km 以内可达 10^{-6},100 ~ 500 km 可达 10^{-7},1 000 km 以上可达 10^{-9}。在 300 ~ 1 500 km 里程精密定位中,1 h 以上观测的平面位置误差小于 1 mm,其边长较差最大为 0.5 mm,较差中误差为 0.3 mm。

(2)观测时间短。20 km 以内相对静态定位,仅需 15 ~ 20 min;快速静态相对定位时,当每个流动站与基准站相距在 15 km 以内时,流动站观测时间只需 1 ~ 2 min;动态相对定位测量时,流动站出发时观测 1 ~ 2 min 后可随时定位,每站观测仅需几秒钟。

(3)测站间无须通视。GPS 测量不要求测站之间互相通视,只需测站上空开阔即可,因此可节省大量的造标费用和减少测量工作量。

(4)可提供三维坐标。GPS 测量可同时精确测定测站点的三维坐标。

(5)操作简便。随着 GPS 信号接收机的进一步改进,其自动化程度越来越高,体积越来越小,重量越来越轻,可极大地减轻测量工作者的工作紧张程度和劳动强度。

(6)全天候作业。GPS 测量可在一天 24 h 内的任何时间进行,不受阴天、黑夜、起雾、刮风、下雨、下雪等气候的影响。

(7)功能多,应用广。GPS 系统不仅可用于测量、导航,还可用于测速、测时。

三、GPS 卫星定位原理

GPS 卫星定位的基本原理是:用户用 GPS 接收机在某一时刻同时接收三颗以上的 GPS 卫星信号,测量出测站点 P(接收机天线中心)至三颗以上 GPS 卫星的距离(见图 8-3),并解算出该时刻 GPS 卫星的空间坐标,据以利用距离交会法解算出测站 P 的位置。

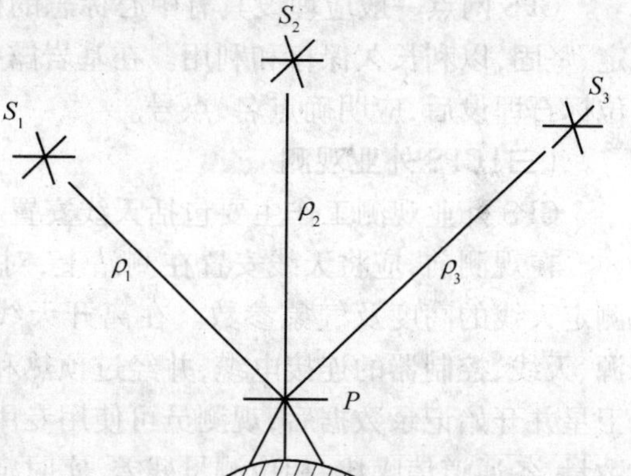

图 8-3

如图 8-3 所示,设在某时刻在测站点 P 用 GPS 接收机同时测得 P 点至三颗 GPS 卫星 S_1、S_2、S_3 的距离 ρ_1、ρ_2、ρ_3,通过 GPS 电文解译出该时刻三颗 GPS 卫星的三维坐标分别为 (X_j, Y_j, Z_j) $(j=1,2,3)$,用距离交会法求解 P 点三维坐标 (X, Y, Z) 的观测方程为

$$\left.\begin{aligned} \rho_1^2 &= (X - X_1)^2 + (Y - Y_1)^2 + (Z - Z_1)^2 \\ \rho_2^2 &= (X - X_2)^2 + (Y - Y_2)^2 + (Z - Z_2)^2 \\ \rho_3^2 &= (X - X_3)^2 + (Y - Y_3)^2 + (Z - Z_3)^2 \end{aligned}\right\} \tag{8-1}$$

根据测距原理,其定位原理与方法主要有伪距法定位、载波相位测量定位以及差分 GPS 定位等。对于待定点来说,根据其运动的状态可以将 GPS 定位分为静态定位和动态

定位。静态定位指的是将 GPS 接收机安置于固定不动的待定点上，通过观测卫星以确定该点的三维坐标，又叫绝对定位。若将两台 GPS 接收机分别置于两个待定点上，通过观测卫星以确定两个待定点间的相对位置，称为相对定位。动态定位中则至少有一台 GPS 接收机处于运动状态，测定的是各观测时刻运动中的接收机的点位。

四、GPS 测量的实施

GPS 测量也分为外业和内业两大部分。其外业工作主要包括选点、建立测量标志、野外观测、成果质量检核等内容，内业工作则主要包括测量的技术设计、测后数据处理及技术总结等内容。

（一）GPS 测量的技术设计

GPS 测量的技术设计是进行 GPS 定位的最基本工作，要依据国家有关规范、规程及 GPS 网的用途、用户的要求，对测量工作的图形、精度及基准等进行具体设计。在技术设计前，要尽可能收集测区各种比例尺地形图、各类控制点成果及测区有关地质、气象、交通、通信、行政区划等方面的资料，必要时需进行踏勘、调查。

（二）GPS 测量的选点与埋石

由于 GPS 测量不要求测站之间相互通视，而且网的图形结构也比较灵活，所以选点工作比常规控制测量的选点要简便。但是，良好的点位对于保证观测工作的顺利进行和测量结果的可靠性亦有着重要意义。选点应按照有关规范、规程所提出的工作原则进行。

GPS 网点一般应埋设具有中心标志的标石，以精确标志点位，点位标石和标志必须稳定、坚固，以利长久保存和利用。在基岩露头地区，也可直接在基岩上嵌入金属标志。点位标石埋设后，应明确点名、点号。

（三）GPS 外业观测

GPS 外业观测工作主要包括天线安置、开机观测、观测记录等内容。

在观测前，应将天线安置在测站上，对中、整平并保证天线定向误差不超过 3°～5°，测定天线的高度及气象参数。在离开天线适当位置安放 GPS 接收机，接通接收机与电源、天线、控制器的连接电缆，并经过预热和静置后可启动接收机进行观测。接收机锁定卫星并开始记录数据后，观测员可使用专用功能键和选择菜单查看有关信息，如接收卫星数量、各通道信噪比、相位测量残差、实时定位的结果及其变化、存储介质记录等情况。观测记录形式主要有测量记录及测量手簿两种。测量记录由 GPS 接收机自动进行，均记录在存储介质（如硬盘、硬卡或记忆卡等）上；测量手簿是在接收机启动前及观测过程中，由观测者按规程规定的记录格式进行记录。

每当观测任务结束时，必须对观测数据的质量进行分析并作出评价，以确保观测成果和定位结果预期精度。

（四）GPS 测量数据处理

GPS 接收机采集记录的是信号接收机天线至卫星的伪距、载波相位和卫星星历等数据。GPS 测量数据处理要从原始的观测值出发得到最终的测量定位成果，其数据处理过程大致包括 GPS 测量数据的基线向量解算、GPS 基线向量网平差、GPS 网平差或与地面网联合平差等几个阶段。

技能点二　GLONASS 系统简介

GLONASS 是 Global Navigation Satellite System（全球导航卫星系统）的字头缩写，是苏联从 20 世纪 80 年代初开始建设的与美国 GPS 系统相类似的卫星定位系统，也由卫星星座、地面监测控制站和用户设备三部分组成。现在由俄罗斯空间局管理。

GLONASS 系统的卫星星座由 24 颗卫星组成，均匀分布在 3 个近圆形的轨道平面上，每个轨道面 8 颗卫星，轨道高度 19 100 km，运行周期 11 h 15 min，轨道倾角 64.8°。

与美国的 GPS 系统不同的是，GLONASS 系统采用频分多址（FDMA）方式，根据载波频率来区分不同卫星（GPS 是码分多址（CDMA），根据调制码来区分卫星）。每颗 GLONASS卫星发播的两种载波的频率分别为 $L_1 = 1\ 602 + 0.562\ 5k$（MHz）和 $L_2 = 1\ 246 + 0.437\ 5k$（MHz），其中 $k = 1 \sim 24$，为每颗卫星的频率编号。所有 GPS 卫星的载波频率是相同的，均为 $L_1 = 1\ 575.42$ MHz 和 $L_2 = 1\ 227.6$ MHz。

GLONASS 卫星的载波上也调制了两种伪随机噪声码：S 码和 P 码。俄罗斯对 GLONASS系统采用了军民合用、不加密的开放政策。

GLONASS 系统单点定位精度水平方向为 16 m，垂直方向为 25 m。

GLONASS 卫星由质子号运载火箭一箭三星发射入轨，卫星采用三轴稳定体制，整体质量 1 400 kg，设计轨道寿命 5 年。所有 GLONASS 卫星均使用精密铯钟作为其频率基准。第一颗 GLONASS 卫星于 1982 年 10 月 12 日发射升空。到目前为止，共发射了 80 余颗 GLONASS 卫星，最近一次是 2000 年 10 月 13 日发射了三颗卫星。截至 2001 年 1 月 10 日，尚有 10 颗 GLONASS 卫星正在运行。

为进一步提高 GLONASS 系统的定位能力，开拓广大的民用市场，俄罗斯政府计划用 4 年时间将其更新为 GLONASS－M 系统。内容有：改进一些地面测控站设施，延长卫星的在轨寿命到 8 年，实现系统高的定位精度（位置精度提高到 10～15 m，定时精度提高到 20～30 ns，速度精度达到 0.01 m/s）。

另外，俄罗斯计划将系统发播频率改为 GPS 的频率，并得到美罗克威尔公司的技术支援。GLONASS 系统的主要用途是导航定位，当然与 GPS 系统一样，也可以广泛应用于各种等级和种类的测量应用、GIS 应用和时频应用等。

技能点三　北斗卫星导航系统简介

一、概述

北斗卫星导航系统（BeiDou（COMPASS）Navigation Satellite System）是中国正在实施的自主发展、独立运行的全球卫星导航系统。系统建设目标是：建成独立自主、开放兼容、技术先进、稳定可靠的覆盖全球的北斗卫星导航系统，促进卫星导航产业链形成，形成完善的国家卫星导航应用产业支撑、推广和保障体系，推动卫星导航在国民经济社会各行业的广泛应用。

中国北斗卫星导航系统是我国重要的空间基础设施，建立卫星自主导航系统将改变我国在全球定位领域受制于人的局面，对于加速我国国防和国民经济建设，保障国家安全、和平发展，提升我国的国际地位具有重大意义。

中国北斗卫星导航系统作为国家重大专业项目，对于维护和拓展我国空间轨道和频率资源，推动国家科学技术和国家战略性新兴产业发展及航天科技工业转型升级，提高国际竞争力具有重大意义。

北斗卫星导航系统由空间段、地面段和用户段三部分组成，空间段包括5颗静止轨道卫星和30颗非静止轨道卫星，地面段包括主控站、上行注入站和监测站，用户段包括北斗用户终端以及与其他卫星导航系统兼容的终端。

北斗卫星导航系统是主动式双向测距二维导航。由地面中心控制系统解算，提供用户三维定位数据。GPS是被动式伪码单向测距三维导航。由用户设备独立解算自己的三维定位数据。

“北斗一号”是利用地球同步卫星为用户提供快速定位、简短数字报文通信和授时服务的一种全天候、区域性的卫星定位系统。系统由两颗地球静止卫星、一颗在轨备份卫星、中心控制系统、标校系统和各类用户机等部分组成。

北斗卫星导航定位系统又称为“北斗二号”。

二、发展历程

早在20世纪60年代末，我国就开展了卫星导航系统的研制工作，但由于诸多原因而夭折。自20世纪70年代后期以来，国内开展了探讨适合国情的卫星导航系统的体制研究，先后提出过单星、双星、三星和3~5星的区域性系统方案，以及多星的全球系统的设想，并考虑到导航定位与通信等综合运用问题，但是，由于种种原因，这些方案和设想都没能得以实现。在20世纪80~90年代，我国就结合国情，科学、合理地提出并制定自主研制实施北斗卫星导航系统建设的“三步走”规划：第一步是试验阶段，即用少量卫星利用地球同步静止轨道来完成试验任务，为北斗卫星导航系统建设积累技术经验、培养人才，研制一些地面应用基础设施设备等；第二步是到2012年，计划发射10多颗卫星，建成覆盖亚太区域的北斗卫星导航定位系统（即“北斗二号”区域系统）；第三步是到2020年，建成由5颗静止轨道和30颗非静止轨道卫星组网而成的全球卫星导航系统。

卫星导航系统是重要的空间信息基础设施。中国高度重视卫星导航系统的建设，一直在努力探索和发展拥有自主知识产权的卫星导航系统。2000年，首先建成北斗导航试验系统，使我国成为继美国、俄罗斯之后的世界上第三个拥有自主卫星导航系统的国家。该系统已成功应用于测绘、电信、水利、渔业、交通运输、森林防火、减灾救灾和公共安全等诸多领域，产生了显著的经济效益和社会效益。特别是在2008年北京奥运会、汶川抗震救灾中发挥了重要作用。为更好地服务于国家建设与发展，满足全球应用需求，我国启动实施了北斗卫星导航系统建设。

三、发展计划

目前，我国正在实施北斗卫星导航系统建设，已成功发射两颗北斗导航卫星。根据系统建设总体规划，2012 年左右，系统将首先具备覆盖亚太地区的定位、导航和授时以及短消息通信服务能力；2020 年左右，建成覆盖全球的北斗卫星导航系统。

四、服务对象

北斗卫星导航系统致力于向全球用户提供高质量的定位、导航和授时服务，包括开放服务和授权服务两种方式。开放服务是向全球免费提供定位、测速和授时服务，定位精度 10 m，测速精度 0.2 m/s，授时精度 10 ns。授权服务是为有高精度、高可靠卫星导航需求的用户，提供定位、测速、授时和通信服务以及系统完好性信息。

为使北斗卫星导航系统更好地为全球服务，加强北斗卫星导航系统与其他卫星导航系统之间的兼容与互操作，促进卫星定位、导航、授时服务的全面应用，中国愿意与其他国家合作，共同发展卫星导航事业。

技能点四　Leica 1200 系列 GPS 接收机的使用

一、Leica 1200 系列接收机简介及其组成

Leica 1200 系列是目前最新的 GPS 接收机之一，如图 8-4所示，它具备全新的界面和最强的使用功能。GPS1200 与 TPS1200 联合作业，实现了 GPS 和全站仪之间的无缝连接。GPS 与 TPS 采用相同的数据库、相同的软件，并具有相同的操作界面。Leica 1200 作为一个产品系列，分为：1210 - 单频 GPS、1220 - 双频 GPS、1230 - 双频 RTKGPS。

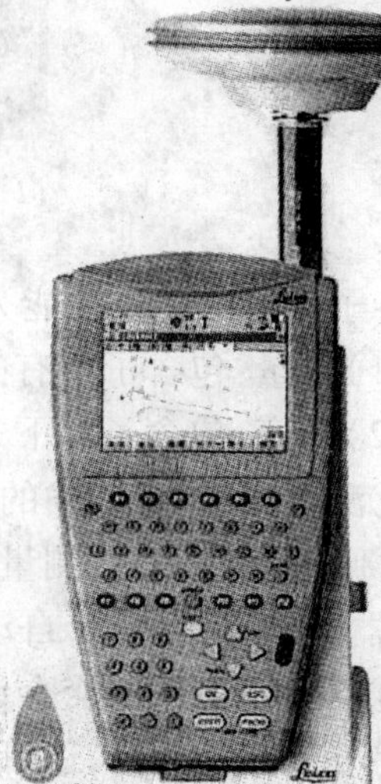

图 8-4　Leica 1200 GPS 接收机

Leica 1200 系列接收机主要由 GPS 天线、主机、天线电缆以及配套的数据链组成。

(1) GPS 天线型号为 AX1202 天线，在使用中由于天线架设方式不同，接收机内的参数设置随之不同，主要有以下两种：①天线安置在三脚架上，参数设置为 AX1202 三脚架（测量天线高时，用专用的量高尺）；②天线安置在对中杆上，设置为 AT1202 对中杆。另外说明，AX1201 为单频天线，AX1202 为双频天线。

(2) GPS 接收机：GX1210 为单频静态接收机，GX1220 为双频静态接收机（有 DGPS），GX1230 为双频 RTK 接收机。

(3) 天线电缆：有 2.8 m、1.2 m 和 1.6 m 加长电缆，用于连接 GPS 天线和接收机。

(4) 参考站数据链：包括电台、鞭状天线连接器与鞭状天线、数据传输电缆（数据从接

收机到电台）等设备。其中，数据传输电缆的一端为8针，连接接收机1号口，另一端为5针，连接电台的Y形电缆，Y形电缆的两端分别连接电瓶和电台。电台为35 W PDL电台。鞭状天线连接器与鞭状天线为电台发射信号使用，参考站的数据通过电缆输出到电台，然后由鞭状天线发射出去。

（5）流动站数据链：电台为0 W PDL电台。鞭状天线连接器与鞭状天线为电台接收信号使用，接收参考站电台发射的数据，然后通过1号口输入到流动站接收机内进行实时解算。

二、测量操作简介

（一）Leica 1230接收机手簿界面介绍

手簿的主界面显示的子菜单（见图8-5）有1测量、2程序、3管理、4转换、5配置、6工具。

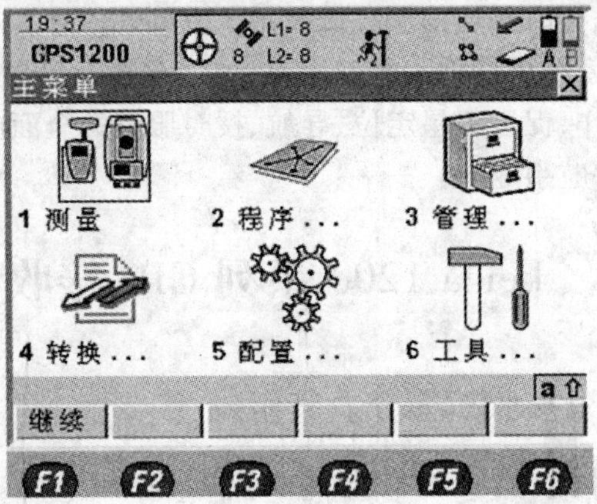

图8-5

各子菜单的主要功能为：

（1）测量：包含了所有的测量工作，静态、参考站、流动站的测量。

（2）程序：包含了如下几个应用程序：

①测量：和主菜单中的测量是相同的。

②唤醒：在做静态测量或做参考站时，可以设置仪器自动开机测量，在测量一段时间后，仪器自动存储数据，自动关机。

③COGO：是一个交会计算的程序，可以计算两点之间的距离，由点以及方位可以计算出另外一点的坐标，还可以通过两个点坐标交会计算。

④确定坐标系统：是进行坐标转换（计算转换参数）的程序。

⑤参考线放样：是针对石油物探部门的一个沿线放样程序。

⑥道路放样：是针对道路放样的专用程序。

（3）管理：包含了对仪器内所有的数据信息的管理。

①作业：对仪器内的所有作业项目进行新建、编辑、删除。

②数据：对其中激活的作业项目中的点进行新建、编辑、删除。

③编码：对仪器里的编码进行新建、编辑、删除。

④坐标系统：对仪器里的坐标系统进行新建、编辑、删除。

⑤配置集:对仪器里的配置集进行新建、编辑、删除。

⑥天线:对天线进行新建、编辑、删除,可以导入各种厂家的天线。

(4)转换:仪器内数据的转换。

①从作业中输出数据:将作业中的数据输出到 CF 卡中。

②输入 ASCII/GSI 数据到作业:将 CF 卡中的数据输出到作业中。

(5)配置:仪器里一些常用参数的设置。

(6)工具:仪器的一些应用管理工具。

(二)测量操作

Leica 1230 接收机测量操作的基本流程为:根据需要的测量形式,编辑静态或动态(RTK 基准站或流动站)测量配置集(即测量参数设置)→新建作业→测量。

本单元主要介绍静态测量和 RTK 动态测量操作。

1. 静态测量

从主界面进入管理子菜单,选择配置管理子菜单,将光标放在 PP Static(5 sec)一行,选择增加,添加新的配置集,如图 8-6 所示。

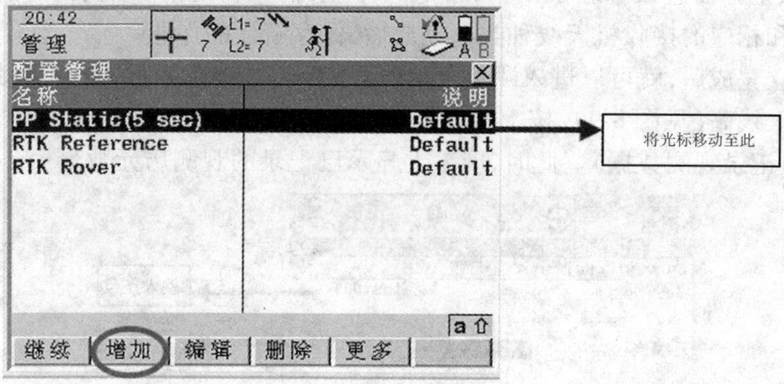

图 8-6

输入新的配置集名称后,选择保存。保存后,选择列表,对配置集中的各种选项进行编辑,如图 8-7 所示。

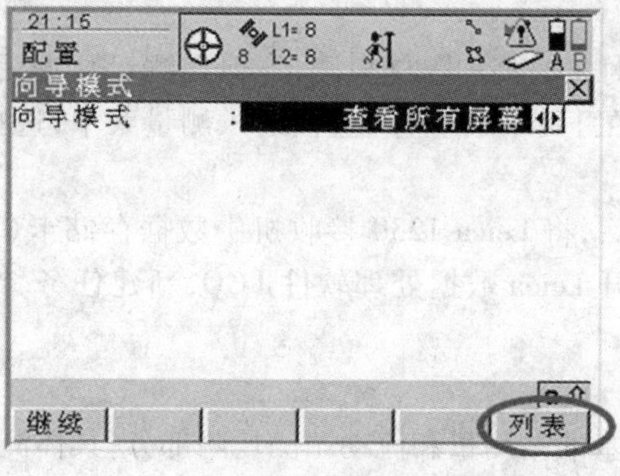

图 8-7

对其中的原始数据上载选项进行修改(主要修改数据存储的采样率)。继续修改点位控制设置选项,改动点位设置,如图 8-8 所示。

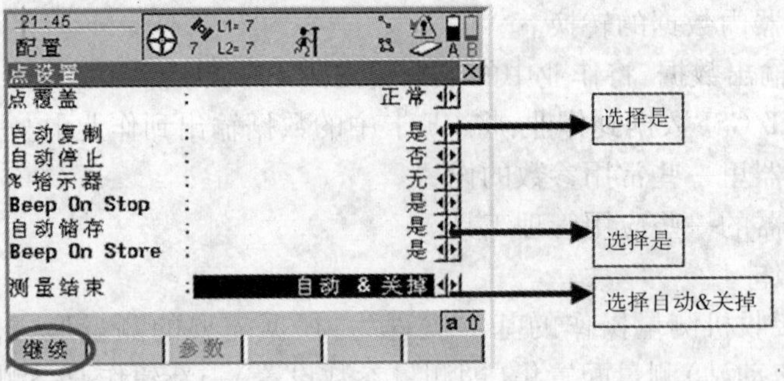

图 8-8

最后设置 ID 模板,并保存所改动的设置,回到主界面,新的静态测量配置集已完成。

接下来,建立一个新的作业(一个工程项目可以只建立一个作业,也可以每天建立一个作业)。从主界面进入管理子菜单,再进入作业,输入新建的作业名称,选入已建立的测量配置集和相应的接收机天线种类。完成后,保存新建的作业。

作业建立完成后,就可以进入测量菜单,选择新建的作业名称,选择继续(F1 按键),输入点号和天线高(见图 8-9),按上站键(此时假定接收机的天线已经对中、整平等安置完毕,接收机记录观测数据)。此时,屏幕上显示已记录的观测历元数量。

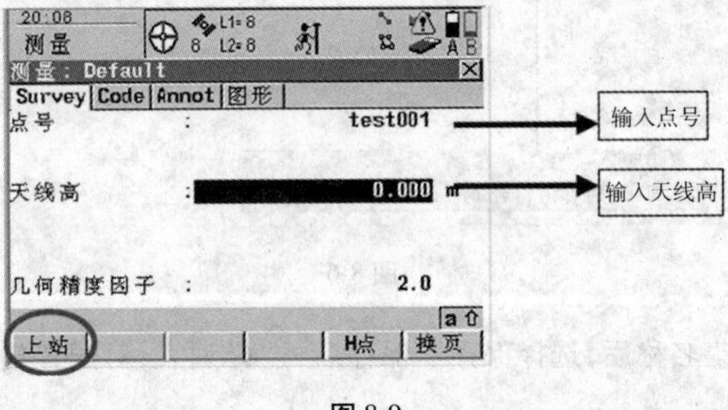

图 8-9

当观测数据已足够时,选择停止,结束测量,保存测量数据后,选择退出后即可关机,迁到下一站进行测量。在下一站测量中,直接进入测量菜单,选择相应的作业名称,直接进行测量。

在整个测量结束以后,将 Leica 1230 接收机中数据存储卡(CF 卡)取出,用 CF 卡读卡器与计算机连接。打开 Leica 数据处理软件 LGO,新建任务,读入原始数据,然后转换为 Rinex 数据格式输出。

2. RTK 动态测量

RTK 动态测量包括基准站测量和流动站测量两部分,具体测量操作过程如下。

1)RTK 基准站测量

从主界面中进入管理子菜单,接着进入配置管理子菜单,选择 RTK Reference,按增加键，增加新的 RTK 基准站的配置集。

在新配置集输入名称并保存，进入向导模式界面，选择列表，对其中的主要选项进行配置。选择实时模式，按编辑键，接着按装置键，选择数据链，操作过程如图 8-10 所示。

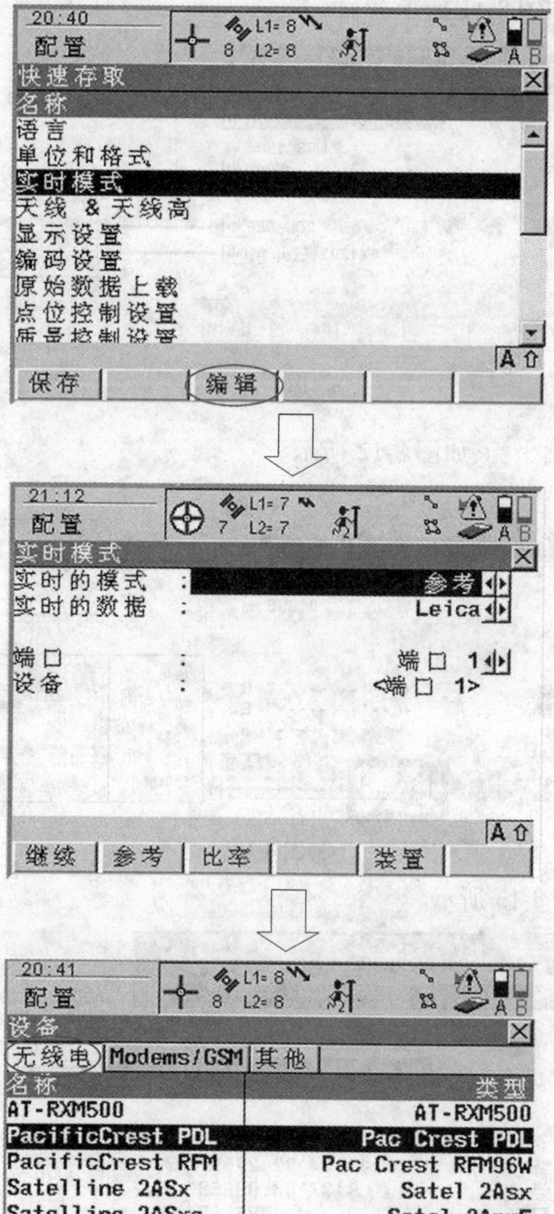

图 8-10

数据链选择完毕后，按继续键返回配置集菜单，选择保存，新的配置集建立完毕。建立新的作业(同静态测量)。

接下来，开始 RTK 基准站的测量工作：首先从主界面中进入测量菜单，测量前必须检查相应的参数设置，如图 8-11 所示。

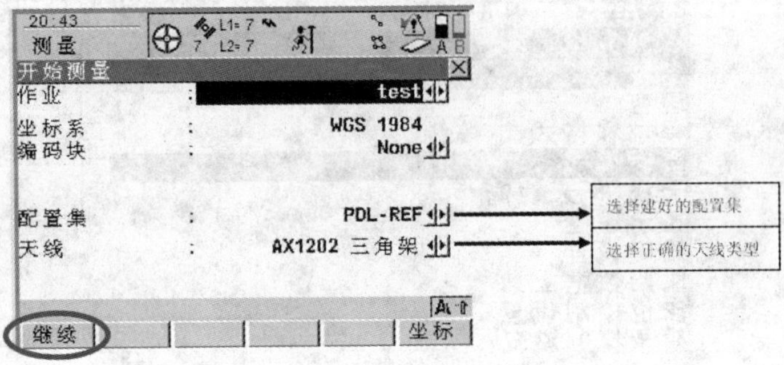

图 8-11

然后，决定参考站坐标，如图 8-12 所示。

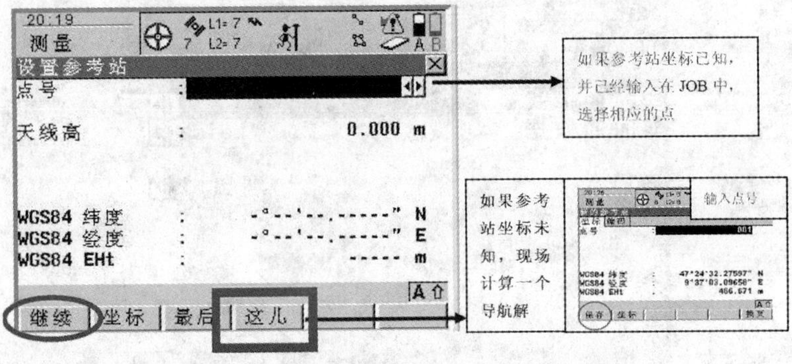

图 8-12

输入天线高如图 8-13 所示。

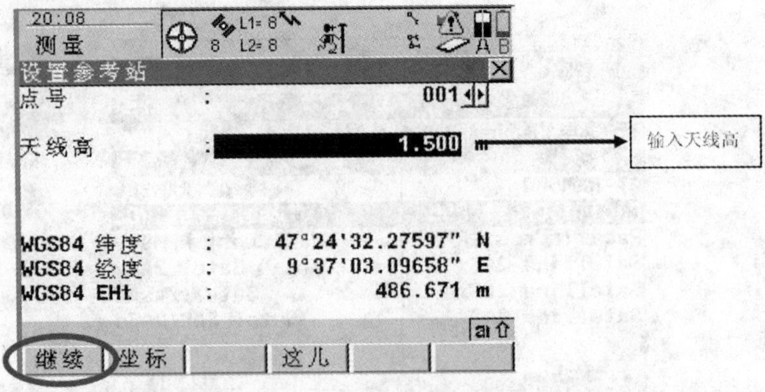

图 8-13

正常工作界面如图 8-14 所示。

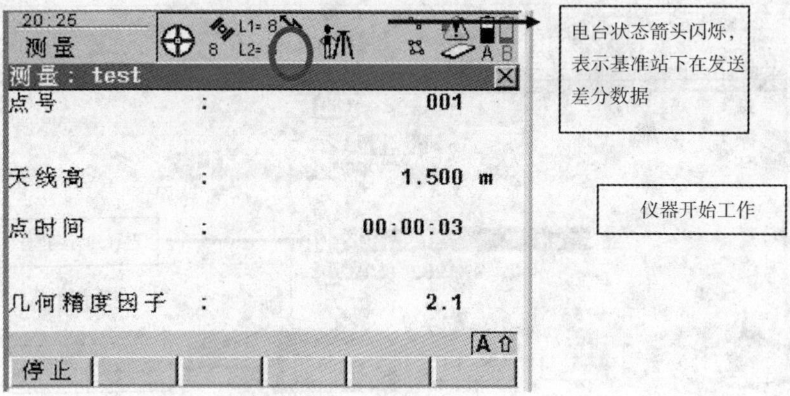

图 8-14

2）RTK 流动站测量

首先要建立 RTK 流动站的配置集，过程和 RTK 基准站相同，其中的实时模式不是参考，而是选择 Rover 或者漫游，相应的通信参数设置必须与对应的基准站相同。

流动站的工作流程如下：

第一步：进入主菜单，如图 8-15 所示。

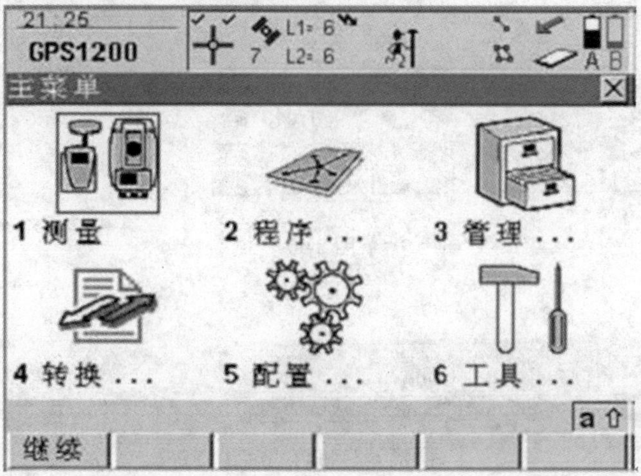

图 8-15

第二步：测量前必要的参数检查界面（见图 8-16）。

第三步：开始测量（见图 8-17）。

第四步：结束测量（见图 8-18）。

第五步：存储测量的坐标（见图 8-19）。

第六步：测量过程全部结束，可以进行下一个点的测量。

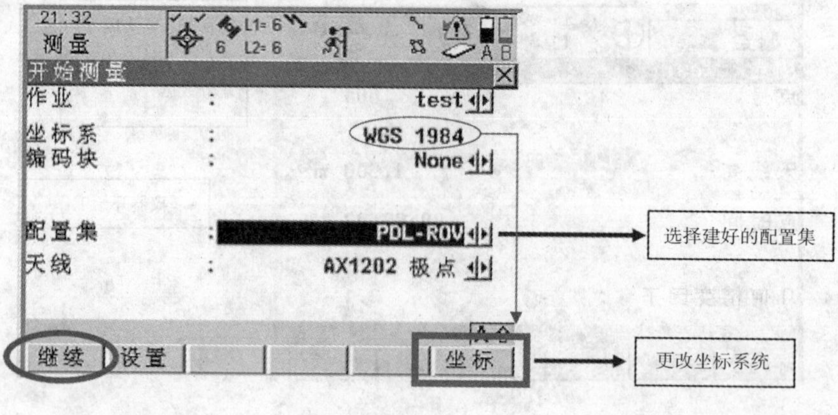

图 8-16

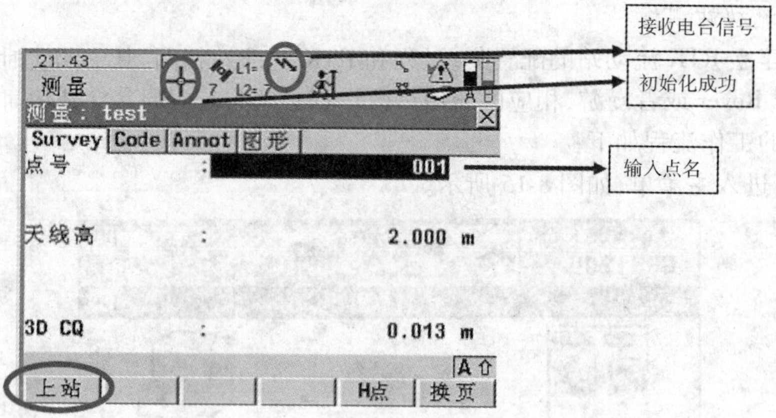

图 8-17

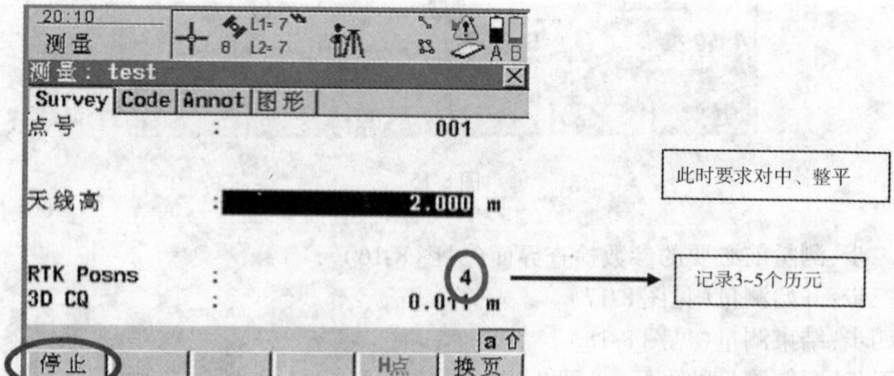

图 8-18

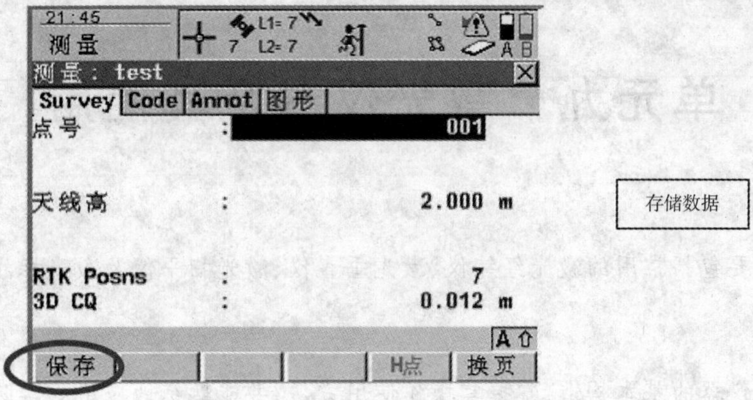

图 8-19

思考与练习题

1. GPS 全球定位系统由哪几部分组成？应用时有哪些特点？
2. GPS 系统的定位原理是什么？
3. GPS 系统、GLONASS 系统及北斗卫星导航系统的异同点有哪些？
4. Leica 1200 系列接收机的动态测量的步骤有哪些？

单元九　激光仪器及其使用

教学内容

本单元主要包括常用的激光经纬仪、激光垂直仪、激光扫平仪及激光标线仪的认识等内容。

能力目标

了解激光仪器的基本构造，掌握其操作使用方法，并能熟练地应用于实际工程中。

随着国民经济的不断发展，建筑规模日益扩大，施工的技术水平、精度要求以及施工的机械化、自动化程度越来越高。因此，对测量工作提出了新的要求，传统的光学仪器已不能完全满足施工的需要。由于激光技术的不断发展，已研制出多种激光定位仪器，广泛地使用在各种施工测量中，并取得了良好的效果。

激光是基于物质受激辐射原理所产生的一种新型光源，由于它是具有方向性强、亮度高、单色性及相干性好等特殊性质的可见光线，应用在施工测量中具有可减轻劳动强度、保证工程质量、加快工程进度等优点，同时还为作业机具的自动化创造了条件。

本单元介绍三种建筑工程测量中常用的激光定位仪器。

技能点一　激光经纬仪的认识与使用

一、激光经纬仪的认识

在望远镜上装有激光发射器的经纬仪就组成了激光经纬仪。图 9-1 所示为北京博飞仪器股份有限公司生产的 DJJ2－2 型激光经纬仪。

DJJ2－2 型激光经纬仪是以 DJ2 型光学经纬仪为基础加上激光装置等部件组成的，激光装置与望远镜固定在一起，可随望远镜同时转动。激光装置由氦氖激光器与棱镜导光系统组成，激光器的功率小于 1.0 MW，可发射激光波长为：635 nm 的橙红色单色光，视准轴与激光轴不同轴误差小于 5″，激光照准中误差范围为 ±0.3″。2 节 5 号碱性电池供电，照准有效射程白天是 120 m，夜间为 500 m，光斑最大 ϕ 6 mm，工作温度 −20～+50 ℃。

图 9-1

二、激光经纬仪的使用

首先在测站点上安置经纬仪，对中、整平并照准目标。然后打开激光装置开关，激光器发出的激光导入经纬仪的望远镜筒内，并与视准轴重合，沿视准轴方向射出一束可见的红色激光，以代替视准轴。根据激光斑点，再借助仪器的水平度盘与竖直度盘可在测站的任意方向进行定线、定位，已知角度和坡度的测设，以及大型构件、机械设备、船体放样等工作。在读数显微镜目镜上装配弯管目镜后，按竖直度盘读数，可对天顶任意角度进行测设。若将望远镜视准轴调到铅垂方向，配合光电接收靶，可以代替垂准仪进行烟囱、竖井和高层建筑施工中的竖向投测。

观测完成后，关上激光装置开关。

技能点二　激光垂直仪的认识与使用

激光垂直仪是一种专用的垂直定位仪器，适用于高层建筑、电梯安装、竖井水塔、烟筒及大型机械安装、飞机制造、造船等行业的定位测量，也可用于工程监理及变形观测。

一、激光垂直仪的认识

图 9-2 所示为北京博飞仪器股份有限公司开发的 DZJ3－L1 型激光垂准仪。它利用半导体激光管向上、向下产生一条与望远镜视准轴重合的红色激光光束，在遇到靶标或物体时，有一可见的红色小光斑，方便观测。

图 9-2

该仪器参数：激光源 635 nm 可见光，向上投测范围及精度 100 m ± 10″；向下投测范围及精度 50 m ± 30″。光斑最大直径 6 mm，工作温度 −20 ~ +50 ℃。电源 DC 4.8 ~ 6 V，连续工作时间约 12 h（2 节 5 号电池），质量 2.8 kg。

该仪器设有向上、向下观测的两个目镜，当无电源或外界干扰较大、光线较强时，可采用光学方法投测。其配有水平度盘，使观测、校正更为方便。该仪器具有半导体激光器激光管寿命长、结构紧凑、设计稳定、操作简单、使用方便、密封防尘等特点。

二、仪器的使用

（1）安置。将三脚架安置在测站点上，高度适中，架头水平，把仪器安装在基座强制对中孔内，锁紧基础制动手轮，放在架头上，拧紧中心连接螺旋，调节脚螺旋，使圆气泡居中。

（2）整平。与经纬仪整平方法相同，调平水准管的气泡，以最大偏移值不超过 1/4 格值为准。

（3）对中。打开向下投测激光开关，利用地面上的光斑对准测站点。采用光学对点时，先调节对点器目镜，使分划板清晰，再旋转对点器调焦手轮，使测站点清晰，在架头上滑动仪器，使测站点居于分划板的十字丝中央，将仪器照准部转动 180°，再检查对中情况，然后拧紧中心连接螺旋，也可采用激光对点。

（4）投点。打开向上投测激光开关，物镜调焦，使光斑最小且清晰，在 0°、90°、180°、270°四个方向上投点，不重合时取对角线交点。

采用光学投测时，分别调节望远镜目镜、物镜，使分划板十字丝与接收靶标分划板清晰，并消除视差。整平后，视准线可以作为垂准线，只需一次观测精度就足够了。但为了进一步提高垂准精度，可将照准部旋转180°，获得第二个观测值，取其中数（中点）就是正确的垂准位置。

三、仪器的检校

由于长期使用中的搬运、振动等原因，将导致仪器的轴线间几何关系不满足要求，因此需要定期地对仪器进行检校，以保证投点精度。

（1）水准管气泡检校。检校方法与经纬仪照准部水准管气泡检校方法相同。

（2）视准轴检校。如图9-3所示，检校时在适当高度的楼顶上选择一点 a，在两个垂直方向上，用经纬仪正倒镜把该点投影到地面上得一点 b。在 b 点上安置好仪器，对中、整平、照准。若能照准 a 点，说明视线轴是垂直的；若不能照准 a 点，调节视准轴校正螺丝，使其瞄准 a 点，反复进行，直到照准部转动任何方向时都始终瞄准 a 点。

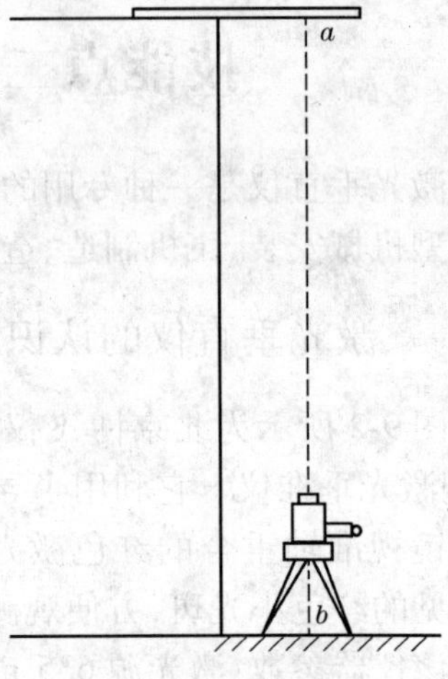

图9-3

激光束与视准轴同轴的调整需要送往厂家或专业检修部门进行。

四、激光接收靶标

利用激光仪器进行定位，当精度要求不高时，一般采用白色有机玻璃制作的简单目估接收靶标，如图9-4所示，上面绘有坐标方格网或若干同心圆，可直接标出光斑中心偏离靶心的位置。

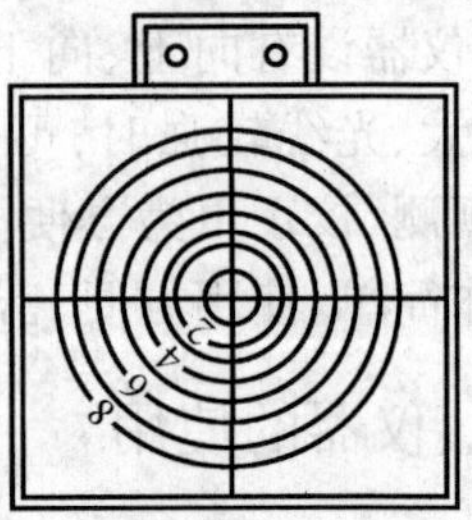

图9-4

五、实际应用

（一）高层建筑轴线投测

近年来，由于用地日趋紧张，施工场地狭小，广泛采用在建筑物内部安置激光垂准仪进行轴线投测，其方法参见单元十六中相关内容。

（二）钢柱构件校正

钢柱安装通常是将下端点支到已建成的钢架上，然后通过调节钢绳的松紧进行垂直调整，使 a、b 值相等。采用激光垂准仪进行竖直检查，如图9-5所示。

（三）护坡桩、挡土墙倾斜度检查

如图9-6所示，对大、深型基坑的护坡桩和松软地基的挡土墙，采用激光垂直仪进行倾斜度连续检查和测量，以确保施工期间的安全。

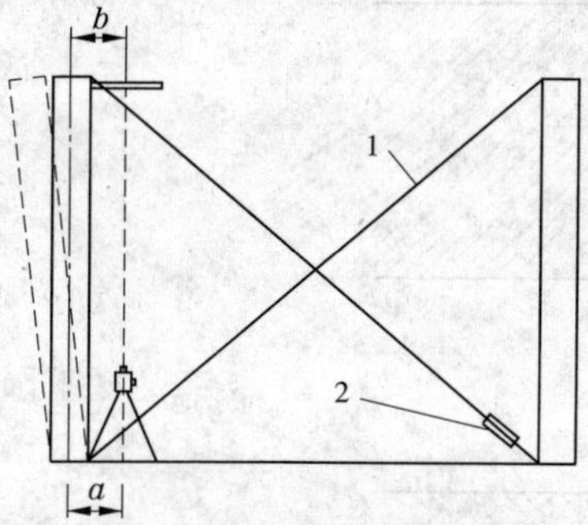

1—调整钢绳;2—旋转式锁紧口

图 9-5

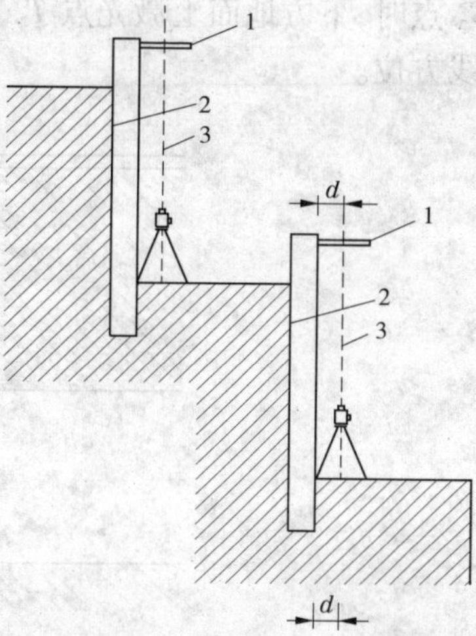

1—目标靶;2—薄板桩基;3—激光垂线

图 9-6

(四)塔吊倾斜度检查

采用激光垂直仪在塔吊载重与卸载时检查和测量 a 与 b 的数值,计算出塔吊的倾斜度,以确保塔吊操作安全,如图 9-7 所示。

(五)大坝变形测量

如图 9-8 所示,在大坝内部基准点 B 上安置激光垂直仪,其正上方坝顶设一固定目标 T,观测最大蓄水与最小蓄水时目标的偏移量,通过比较可以定出大坝的变形。

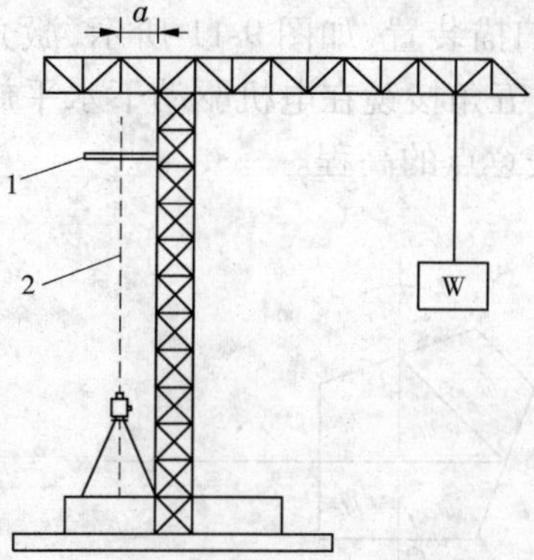

1—目标靶;2—激光垂线

图 9-7

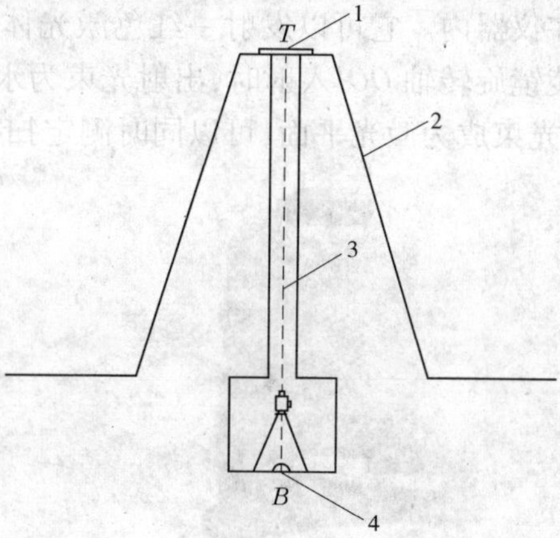

1—目标靶;2—大坝面;3—激光垂线;4—坝底基准点

图 9-8

(六)隧道竖井定向

隧道施工时,需要把地面已知方位的中线,通过竖井传递到地下隧道中。采用激光垂直仪进行竖井定向,方便而精确。

如图 9-9 所示,在地面已知直线 G_1、G_2 点上各安置一激光靶标,在竖井下正对着 G_1、G_2 点安置激光垂直仪,调平仪器,打开上、下激光投测开关,平移仪器,当上方光斑分别对

准 G_1、G_2 点时，下方地面上激光点 T_1、T_2 即为 G_1、G_2 点在隧道内的垂直投射点，亦为隧道内的路线方位。

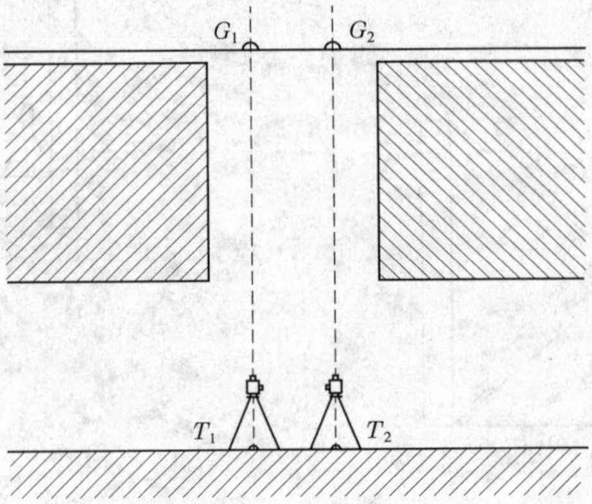

图 9-9

技能点三　激光扫平仪的认识与使用

一、激光扫平仪的认识

激光扫平仪主要由激光准直器、转镜扫描装置、安平机构和电源等部件组成。

图 9-10 为北京博飞仪器股份有限公司开发的 SJ4 型激光扫平仪。激光准直器竖直地安置在仪器内。它可以发射一红色激光体当做转镜扫描装置，如图 9-11 所示，激光束沿五角棱镜旋转轴 OO' 入射时，出射光束为水平光束；当五角棱镜在电机驱动下水平旋转后，出射光束成为激光平面，可以同时测定扫描范围内任意点的高程。

图 9-10

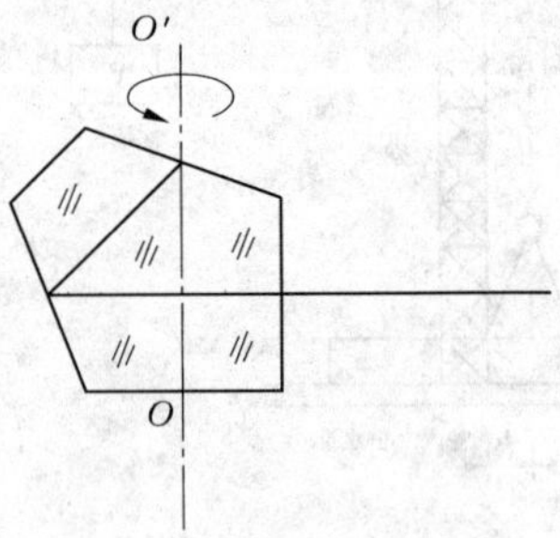

图 9-11

SJ4 型激光扫平仪是一种新型的光机电一体化仪器，利用激光束在水平面内旋转，扫描形成激光水平面，确定施工基准或进行测量。水平精度 ±1′，工作半径20 m，激光波长 635 nm，激光器的功率小于 1.0 MW。水准器精度：水平 3′/2 mm，竖直30′/2 mm。工作电压4.5 V，连续工作时间 12 h，工作温度 −10 ~ +40 ℃。可旋转输出 360°封闭水平或垂直激光标线。可定点投射指示激光点，旋转速度可无级调速。

二、仪器的使用

(1)将仪器连同支架安置于三脚架上。

(2)调节脚螺旋,使两个水平长水准器气泡严格居中。

(3)顺时针旋转电源开关手轮,即可见红色激光束从激光发射孔射出。

(4)继续旋转电源开关手轮,仪器旋转体转动,激光束在空间扫描成水平面。

通过调节电源开关手轮,可改变激光束旋转速度后停止。用手转动仪器旋转体,可使光斑到达所需部位。

三、实际应用

在大面积的施工场地上,在激光平面仪扫描范围内,任何工种的施工人员都可以把它们作为掌握标高的基准,从而控制各工序的施工误差,提高平整度和平直度,并能加快作业进度。在建筑施工中无论是控制大理石地板或水磨石地板安装的总体平整度(见图 9-12),还是在大型公共建筑装修中为天花板龙骨起拱定基准面(见图 9-13)以及检查混凝土楼板的模板标高(见图 9-14)等方面都有着广泛的应用。

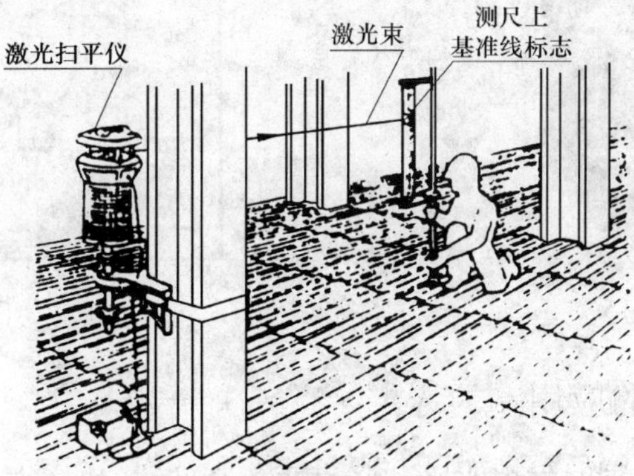

图 9-12

1—激光扫平仪;2—激光束;3—龙骨

图 9-13

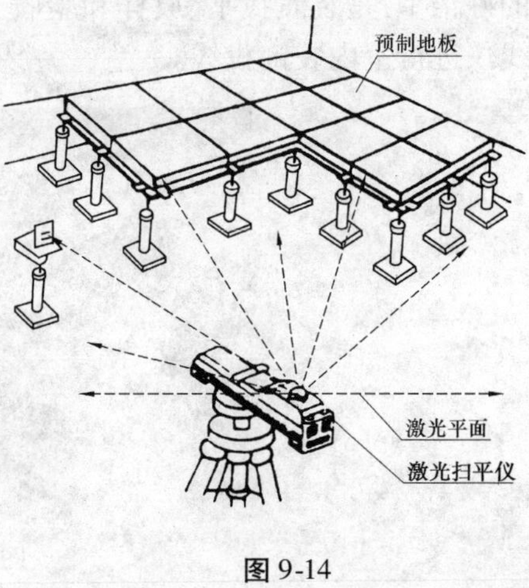

图 9-14

技能点四　激光标线仪的认识与使用

一、激光标线仪的认识

图 9-15 所示为国产莱赛 LS603Ⅲ激光标线仪。

激光标线仪可同时输出一个正面十字激光线和一条呈 90°直角的垂直线，如图 9-16 所示。

激光标线仪配有带刻度的附墙支架，可方便挂在墙上或架在三脚架上，很方便操作的旋转开关底座可在解脱或锁紧补偿系统的同时，打开或关闭电源，LS603Ⅲ为室内外兼用，可选择连续激光或脉冲激光。其技术规格：激光波长为 635 nm，激光等级 Class Ⅱ，精度 ±1.5 mm/5 m，安平范围 ±3.5°，电源为 3 节 5 号碱性电池，尺寸为 135 mm×90 mm×90 mm，质量为 0.73 kg。

图 9-15

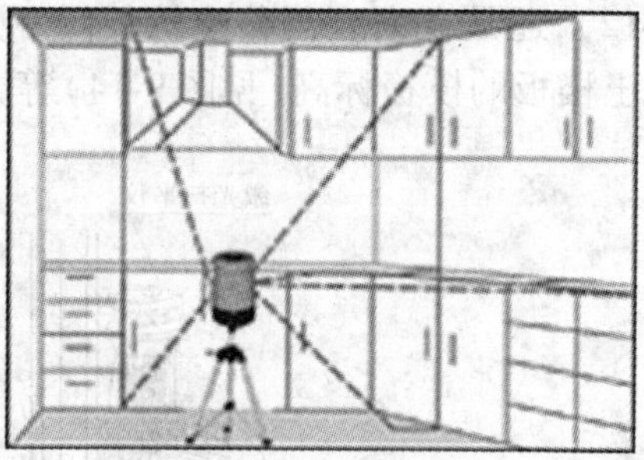

图 9-16

二、激光标线仪的应用

由于激光标线仪可同时发射水平和竖直两条基准线，快捷方便，广泛应用于室内外装饰工程、钢结构工程及墙体的放线及验收。激光标线仪是建筑装饰、设备或门窗安装、土木施工的好帮手，是装潢找平、放样和验收工程的新工具。图 9-17 为技术人员正在使用激光标线仪进行室内装饰投线。

图 9-17

三、应用激光定位仪器的注意事项

应用激光定位仪器的注意事项有以下几点。

(1)仪器操作人员在使用仪器之前,应先熟悉仪器的性能及操作方法,并对仪器各主要部件进行仔细检查和检验校正,然后方能使用。

(2)使用激光定位仪器时,应在其工作环境和限度内;否则,不能使用该仪器。

(3)调整光束使其处于人眼视线以上或以下,避免激光束指向人的眼睛。

(4)使用时轻拿轻放,应避免强烈撞击、振动仪器。搬运时应装箱。

(5)激光亮度明显变暗时应立即更换电池,更换时注意电池的正负极。长期不用仪器时,应取出电池,以防电池漏液,损坏仪器。应每月通电一次,使激光器点亮半小时,关闭电源,收存仪器。

(6)仪器若有损坏,应送厂家或专业的仪器检修部门维修,不得擅自拆卸修理。

思考与练习题

1. 常用的激光定位仪器有哪些? 在建筑施工测量中各有哪些用处?

2. 简述激光经纬仪的使用方法与步骤。

3. 在高层建筑、高烟筒施工中,如何应用激光经纬仪或激光垂直仪进行准直定位?

4. 激光定位仪器为什么在施工放样中得到广泛应用? 应用激光定位仪器应注意哪些事项?

模块三　大比例尺地形图的测绘及其应用

本模块主要包括小面积控制测量、大比例尺地形图的测绘及地形图的应用三个单元。通过该模块的学习,使学生通过理论知识和熟练的仪器操作技能,掌握导线测量和高程测量的方法与要求,熟悉地形图的测绘及其应用。为学生建立工程测量职业岗位的知识体系和能力结构打下基础。

单元十　小面积控制测量

教学内容

本单元主要包括控制测量的基本知识、导线测量及高程控制测量等内容。

能力目标

了解控制测量的基本知识,掌握导线测量的外业工作与内业计算,熟悉高程控制测量的方法和要求。这是进行地形图测绘与工程测量的必备技能。

技能点一　控制测量的基本知识

一、控制测量的作用和概念

在地形图的测绘和各种工程的放样中,必须用各种测量方法确定地面点的坐标和高程。任何测量均不可避免地带有某种程度的误差,为了防止误差的积累、保证测图和放样的精度,就必须遵守"从整体到局部,先控制后碎部"的原则。首先建立控制网,进行控制测量,然后根据控制网点进行碎部测量和测设。控制测量就是在测区内选择若干有控制意义的点(称为控制点),构成一定的几何图形(称为控制网),用精密的仪器工具和精确的方法观测并计算出各控制点的坐标和高程。控制测量分为平面控制测量和高程控制测量两种,平面控制测量就是求得各控制点的平面坐标(x,y),高程控制测量是求得各控制点的高程(H)。

二、控制测量的分类

(1)按控制形式分:平面控制测量(包括三角测量和导线测量)、高程控制测量(包括水准测量和三角观测测量)和 GPS 控制测量。

(2)按测量精度分:国家级分为一等、二等、三等和四等,等外级分为一级、二级和三级。

(3)按测量方法分:天文测量、常规测量(有三角测量、导线测量、三边测量、水准测量和三角高程测量等)和GPS定位测量。

(4)按区域分:国家控制测量、城市控制测量、小区域控制测量和施工场地控制测量。

三、国家控制网

对于全国性的平面控制测量,由于我国国土幅员广阔,必须采取分等级布置的办法,才能既符合精度要求又合乎经济的原则。国家平面控制网按精度分为一、二、三、四等,精度由高级到低级逐步建立。国家平面控制网是以一等三角锁(网)为骨干,加密二等三角网,依次再加密三等、四等三角网,如图10-1所示。建立国家平面控制网,主要采用三角测量的方法和GPS定位测量。

国家高程控制网也分为一、二、三、四等。一等水准网是国家高程控制网的骨干;二等水准网布设于一等水准网内,是国家高程控制网的全面基础;三、四等水准网是国家高程控制网的进一步加密,如图10-2所示。国家一、二等高程控制网的建立是采用精密水准测量的方法。

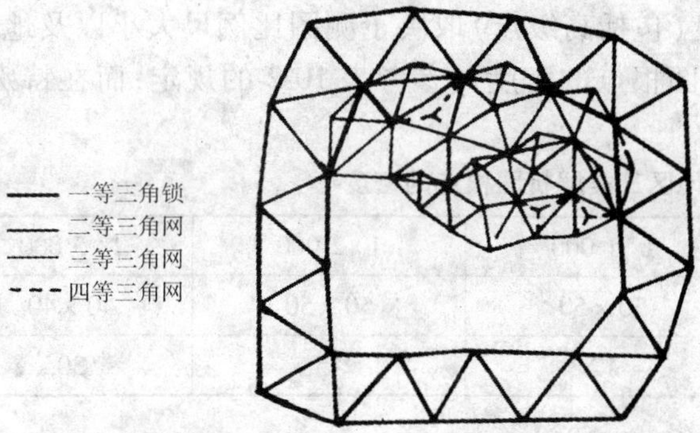

图10-1

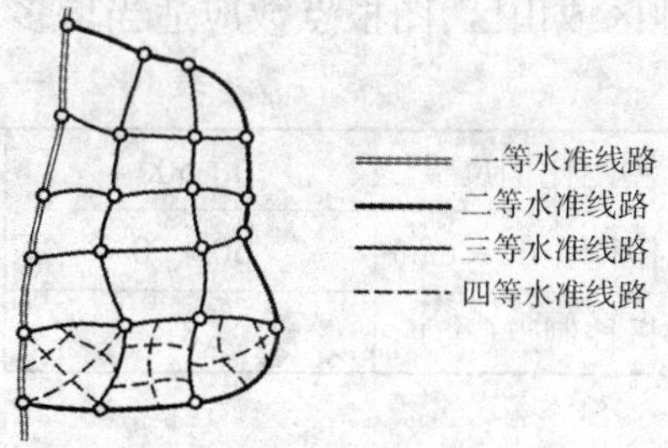

图10-2

国家的平面与高程控制网是研究地球形状与大小的依据,也是测绘各种地形图和国民经济建设的依据。在城市和厂矿地区,应在国家控制网的基础上,根据测区大小和施工测量的要求,布设不同等级的平面与高程控制网,以供测图和施工放样使用。

四、城市控制网

为了满足城市规划、施工及管理的需要和测绘大比例尺地形图、市政工程和建筑工程放样的需要,在国家控制网的控制下而建立的控制网,称为城市控制网。

城市平面控制网一般根据街道布设为导线网。首级控制的精度应取决于城市或厂矿的规模。

城市高程控制网一般按二、三、四等水准测量要求布设。它是城市进行大比例尺测图及工程测量的高程控制网。

大多数城市根据其地理位置及海拔,建立起城市独立的平面坐标及高程控制系统,方便实际使用。

五、小地区控制网的布设

在小地区（面积在 15 km^2 以下）为满足测图和施工放样所进行的平面及高程控制测量称为小地区控制测量。它主要包括导线测量、小三角测量以及三、四等水准测量和三角高程测量等。

《工程测量规范》（GB 50026—2007）规定，小地区平面控制测量根据测区面积的大小应分级建立测区的首级控制和图根控制，其关系如表 10-1 所示。

表 10-1　首级控制和图根控制的关系

测区面积（km^2）	首级控制	图根控制
2～15	一级小三角或一级导线	两级图根
0.5～2	二级小三角或二级导线	两级图根
0.5 以下	图根控制	—

直接供测绘地形图使用的控制点称为图根控制点，简称图根点。测量图根点位置的工作称为图根控制测量。图根点的密度（包括高级点）取决于测图比例尺大小以及地物、地貌的复杂程度。在平坦开阔的地区，图根点的密度可参考表 10-2 的规定；而在特殊困难地区或山区，图根点数应适当增多。

表 10-2　一般地区三类解析图根点的密度

测图比例尺	1∶500	1∶1 000	1∶2 000	1∶5 000
图幅面积（cm×cm）	50×50	50×50	50×50	40×40
解析控制点（个）	8	12	15	30

小地区高程控制网也应根据测区面积大小和工程要求采用分级的方法建立。一般在国家（或城市）级水准控制点的基础上，在测区建立三、四等水准控制网（点），再以此测量图根点的高程。

技能点二　导线测量的外业工作

一、导线测量概述

在测区内选择若干个点，将各点用直线连接而构成的折线称为导线，这些点就称为导线点。顺次观测各转折角和各边长度，依据起始点坐标和起始边方位角推算各边的方位角，从而求得各导线点的坐标，称为导线测量。如果用钢尺量距，经纬仪观测转折角称为经纬仪导线。若用光电测距仪测量边长，经纬仪观测转折角，则称为光电测距导线。

导线测量作为平面控制的一种方法，适用于地形复杂、建筑物较多、隐蔽的狭长地区。导线根据测区地形特点和已有控制点的情况，布设成闭合导线、附合导线和支导线三种形式。

(1)闭合导线。从一个已知点和已知方向起,经过各导线点,再闭合到原来的起始点和起始方向,称为闭合导线。如图10-3所示,已知方向为AB,已知点为B,经1、2、3、4点,再闭合到B点和AB方向。

(2)附合导线。从一个已知方向和一个已知点起,经过各导线点,附合到另一个已知方向和一个已知点,称为附合导线。如图10-4所示,已知起始方向为AB,已知点为B,经过1、2、3点,附合到另一已知方向CD和已知点C。

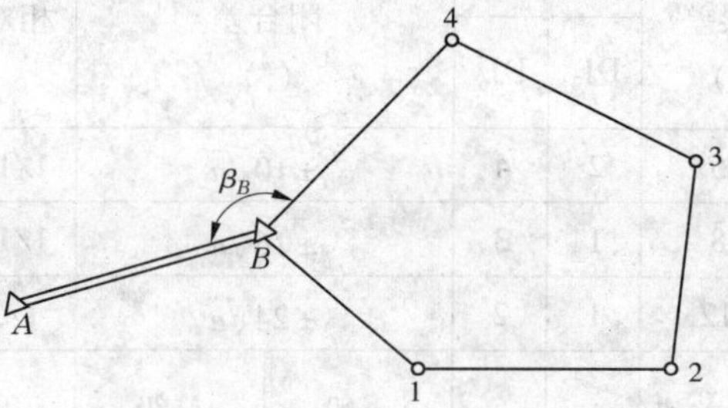

图10-3

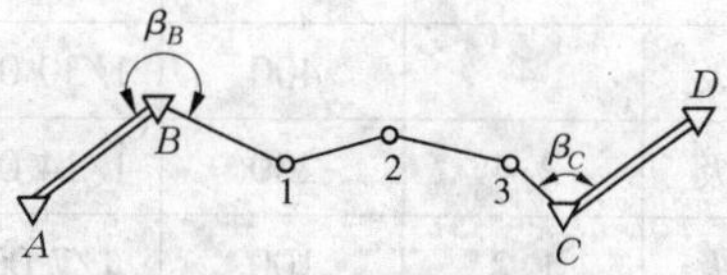

图10-4

(3)支导线。从一个已知方向和一个已知点起,经过几个导线点,导线既不闭合在起始点和起始方向,又不附合到另一个已知方向和已知点上,称为支导线。如图10-5所示,已知方向为AB,已知点为B,导线点只有1、2两点。

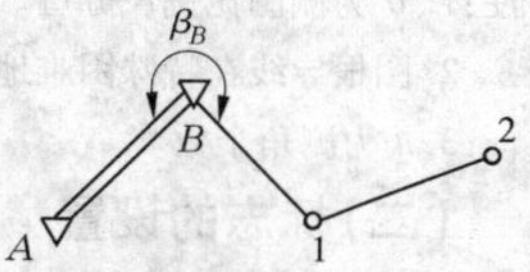

图10-5

从图10-3～图10-5可以看出,闭合导线起始方向和起始点与终止方向和终止点同为一个,如果起始方位角和坐标值有错,通过导线本身是无法检查出来的,所以对闭合导线的起始数据须反复检核无误后,才能确保导线点的计算坐标正确可靠。附合导线起讫方向和已知点分别都是两个,外业观测及计算有误能通过导线本身检查,同时还能校核起始数据是否正确。支导线无论观测错误还是起始数据的错误均不能校核。

综合上述,在选择导线形式时尽量采取附合导线,没有十分必要时,不选取闭合导线,在万不得已的情况下才可选用支导线,但在观测时要采取一定的措施,保证观测的正确,导线不应过长,导线点一般不超过两个。

二、导线测量的外业工作

(一)踏勘选点

首先应收集测区及相邻测区已有的测量资料,包括各种控制点的位置、数量、坐标和高程以及已有的各种比例尺地形图。然后根据总体设计和方案及测图与施工的要求,在图上制订导线初步方案,最后到实地依据现场具体情况选定点位。导线分为一级、二级、三级和图根导线几种,根据《工程测量规范》(GB 50026—2007)的规定,各级导线技术要求见表10-3。导线选点时应注意以下几点:

(1)相邻点间通视应良好,地势应平坦,便于测角和量距。

(2)点位应选在土质坚实、便于安置仪器观测且能长期保存的地方。

(3)点位周围地势开阔,便于施测碎部或进行施工放样。

(4)导线长度及平均边长度应符合表 10-3 的规定,各边长应大致相等,除闭合导线外,导线应尽量布设成直伸形。

(5)导线点的密度合理,应满足测图或施工测量的需要。

表 10-3 导线测量的主要技术要求

<table>
<tr><th rowspan="2">等级</th><th rowspan="2">附合导线长度(km)</th><th rowspan="2">平均边长(m)</th><th rowspan="2">往返丈量较差相对误差</th><th rowspan="2" colspan="2">测角中误差(″)</th><th colspan="2">测回数</th><th rowspan="2" colspan="2">方位角闭合差(″)</th><th rowspan="2">导线全长相对闭合差</th></tr>
<tr><th>DJ_2</th><th>DJ_6</th></tr>
<tr><td>一级</td><td>4</td><td>400</td><td>1/30 000</td><td colspan="2">±5</td><td>2</td><td>4</td><td colspan="2">$\pm10\sqrt{n}$</td><td>1/15 000</td></tr>
<tr><td>二级</td><td>2. 4</td><td>200</td><td>1/14 000</td><td colspan="2">±8</td><td>1</td><td>3</td><td colspan="2">$\pm16\sqrt{n}$</td><td>1/10 000</td></tr>
<tr><td>三级</td><td>1. 2</td><td>100</td><td>1/7 000</td><td colspan="2">±12</td><td>1</td><td>2</td><td colspan="2">$\pm24\sqrt{n}$</td><td>1/3 000</td></tr>
<tr><td>图根</td><td>1. 0M</td><td>不大于测图视距的1.5倍</td><td>1/3 000</td><td>一般
±30</td><td>首级
±20</td><td></td><td>1</td><td>一般
$\pm60\sqrt{n}$</td><td>首级
$\pm40\sqrt{n}$</td><td>1/2 000</td></tr>
</table>

注:1. M 为测图比例尺分母。

2. 图根导线在特殊困难地区全长相对闭合差不大于 1/1 000。

3. n 为测角个数。

(二)标志的设置

导线点选定后,根据性质及用途埋设临时性标志和永久性标志。

图根点一般只做临时性标志,可在地面钉一木桩,木桩周围浇上混凝土,顶上钉一铁钉(见图 10-6);也可在水泥地面上用红油漆画一圆圈,圆圈内钉一水泥钉或点一小点。

对于需要长期保存的导线点可以埋设混凝土桩或石桩,桩顶埋设金属标志(见图 10-7)或刻一“+”字做标记,也可以将标志嵌入石中或直接刻在岩石上,作为永久性标志。

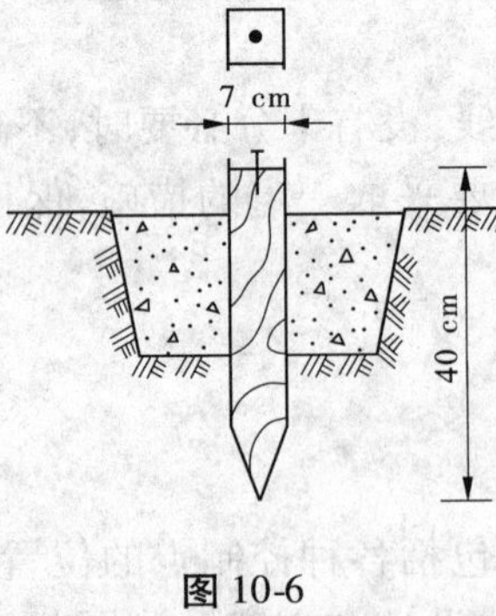

图 10-6

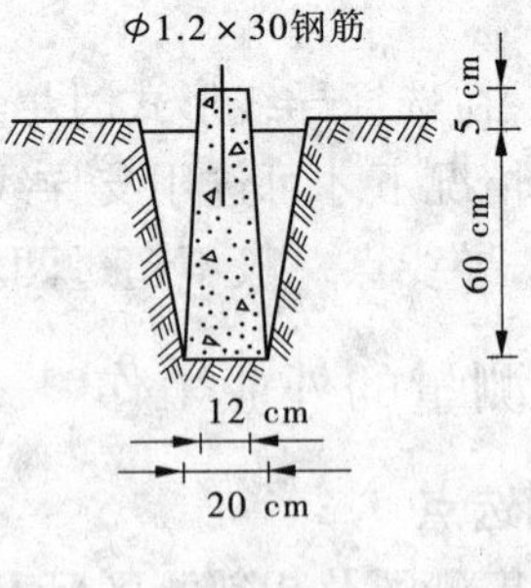

图 10-7

为便于寻找,应建立“点之记”,即导线点应根据等级及顺序编号,将导线点至附近明显地物的距离、方向标明在图上,如图 10-8 所示。

(三)距离测量

对于图根导线的边长应采用合格的钢尺直接丈量。往返各丈量一次,相对精度应不低

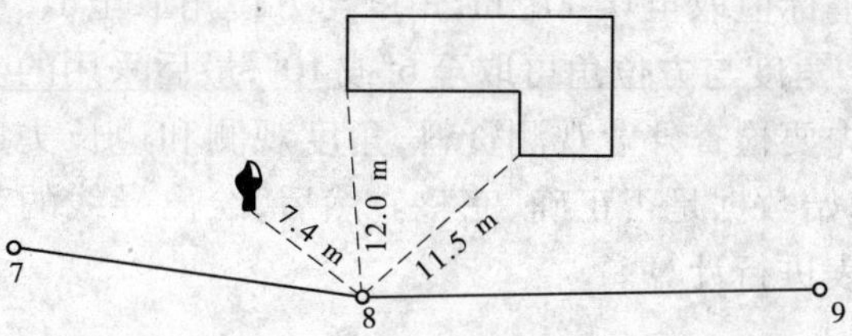

图 10-8

于表 10-3 中的规定(特殊困难地区允许为 1/1 000,若丈量的是斜距,还应改为水平距离)。

对于等级导线应采用光电仪器测量边长,技术要求应满足表 10-4 的规定。

表 10-4　电磁波测距技术要求

等级	仪器等级	观测次数		总测回数	一测回较差(mm)	单程测回间较差(mm)	往返较差
		往	返				
一级	Ⅱ	1		2	10	15	10
	Ⅲ			4	20	30	
二、三级	Ⅱ	1		1 ~ 2	10	15	15
	Ⅲ			2	20	30	

注:1. 测回的含义是照准目标(反光镜)一次,读数 2 ~ 4 次(可根据读数的离散程度确定)。

2. 根据具体情况,测边可采取不同时间段观测代替往返观测。

(四)角度观测

用经纬仪在导线点上观测每个转折角。闭合导线观测内角,附合导线观测左角,支导线左角和右角都必须观测,以便校核。为了使闭合导线内角也是左角,闭合导线点应按逆时针方向编号。

(五)连接测量

导线起始边、终讫边与已知边的夹角称为连接角(见图 10-3 ~ 图 10-5 中的 β_B、β_C),观测连接角的工作称为连接测量。

如果已知控制点在测区附近,且相距不太远,应进行导线的联测。如图 10-9 所示,观测 β_B、β_1,量取 D_{B1} 的长度,可将控制点坐标传递至 1 点上,将已知方位角传递至边 1—5 上。

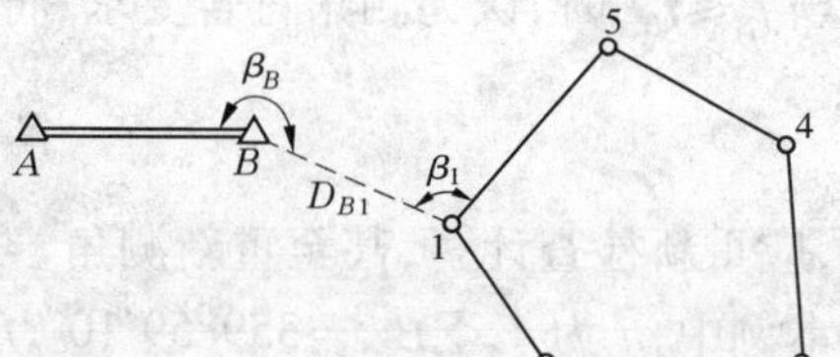

图 10-9

在测区内或附近如果没有已知的控制点,可用罗盘测定导线起始边的磁方位角,并假定起始点的坐标作为导线的起始数据。

技能点三　导线测量的内业计算

导线内业计算的最终目的就是根据起始点坐标、起始边的坐标方位角和外业观测各转折角、边长,求得各导线点的坐标值。

在计算中，边长与坐标值取至0.001 m，角度与方位角取至1″。图根导线在计算中边长与坐标取至0.001 m，角度与方位角可取至6″或10″，最后采用的坐标值可取至0.01 m。

内业计算之前，首先要检查外业观测资料，角度观测和边长丈量是否正确、是否符合精度要求、有无遗漏，起始数据是否正确、完整。然后，绘出导线的观测略图，对应地注上所测角度与边长，再列表进行计算。

一、闭合导线计算

图10-10所示为一图根闭合导线的观测略图，已将外业观测数据注在图中的相应位置。已知起始边方位角 $\alpha_{41}=215°53'17''$，1点的坐标 $x_1=500.000$ m，$y_1=500.000$ m。现用表10-5的形式进行计算，先将已知数据、观测数据填入表10-5相应的栏中。

(一)角度闭合差的计算及调整

图10-10所示闭合导线是一多边形，多边形内角之和理论上应为 $180°\times(n-2)$，n 为多边形的边数，故

$$\sum\beta_{理} = 180° \times (n-2) \tag{10-1}$$

由于观测的角度含有误差，所以观测的各内角之和与理论值不相等。观测的内角之和与内角和的理论值之差值即为角度闭合差 f_β，即

$$f_\beta = \sum\beta_{测} - 180° \times (n-2) \tag{10-2}$$

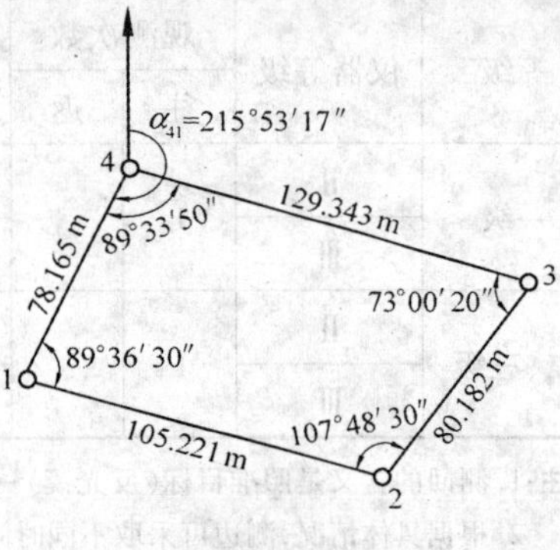

图10-10

不同精度等级的导线有不同的角度闭合差容许值。本例为图根导线，故角度闭合差的容许值为

$$f_{\beta容} = \pm 60''\sqrt{n} \tag{10-3}$$

式中　n —— 测角的个数。

当 $f_\beta \leqslant f_{\beta容}$ 时，认为测角符合要求，将闭合差反号平均分配在各观测角上，即

$$\beta = \beta_{测} - \frac{f_\beta}{n} \tag{10-4}$$

否则，应重新检查计算，甚至重新测角。

本例中，n 为4，$\Sigma\beta_{测}=359°59'10''$，$f_{\beta容}=\pm120''$，$f_\beta=-50''<f_{\beta容}$，说明测角精度合格。将角度改正数 $-\frac{f_\beta}{n}$ 填入表10-5的第(3)栏中，求各角度改正后的角度值 β 填入第(4)栏中，并校核 $\Sigma\beta_{测}=180°\times(n-2)=360°00'00''$，说明计算无误。

(二)各边方位角的计算

利用改正后的角度值 β，根据起始边的方位角，采用单元三中式(3-5)计算导线各条边的方位角，填入表中的第(5)栏。如：

$\alpha_{12} = \alpha_{41} + 180° + \beta_1 = 215°53'17'' + 180° + 89°36'43'' = 125°30'00''$

$\alpha_{23} = \alpha_{12} + 180° + \beta_2 = 125°30'00'' + 180° + 107°48'42'' = 53°18'42''$

$\alpha_{34} = \alpha_{23} + 180° + \beta_3 = 53°18'42'' + 180° + 73°00'32'' = 306°19'14''$

为了校核，还必须再求出起始方位角，与原来数值一致时，即

$\alpha_{41} = \alpha_{34} + 180° + \beta_4 = 306°19'14'' + 180° + 89°34'03'' = 215°53'17''$

说明计算正确无误。

(三)坐标增量闭合差的计算及调整

1.坐标增量计算

用函数计算器坐标正算的固定程序进行计算,将结果填入表10-5中的第(7)栏和第(8)栏。如无固定程序,可用式(3-7)进行计算。不论用何种方法计算,计算器都会直接显示 Δx 和 Δy 的符号。

2. 坐标增量闭合差的计算及调整

闭合导线为一多边形,它的起点与终点是同一个点位,由平面几何知识可知

$$\left.\begin{aligned}\sum \Delta x &= 0\\ \sum \Delta y &= 0\end{aligned}\right\} \tag{10-5}$$

由于测量不可避免地存在误差,闭合差为观测值与理论值的差值,因理论值为零,故纵、横坐标增量的闭合差 f_x 和 f_y 为

$$\left.\begin{aligned}f_x &= \sum \Delta x_{测}\\ f_y &= \sum \Delta y_{测}\end{aligned}\right\} \tag{10-6}$$

表10-5的第(7)栏的和、第(8)栏的和即为闭合差,$f_x = +0.088$ m,$f_y = -0.075$ m。

用 f_x、f_y 可求得导线全长闭合差 f,即

$$f = \pm \sqrt{f_x^2 + f_y^2} \tag{10-7}$$

在本例中

$$f = \pm \sqrt{(0.088)^2 + (-0.075)^2} = \pm 0.116(\mathrm{m})$$

通过 f 及导线总长 $\sum D$,可求得导线全长相对闭合差 K,K 为分子是1的一个分数,即

$$K = \frac{f}{\sum D} = \frac{1}{\sum D/f} \tag{10-8}$$

在本例中

$$K = \frac{0.116}{392.911} = \frac{1}{3\ 390}$$

因为是图根导线,$K_{容} = \frac{1}{2\ 000}$,显然 $K < K_{容}$,导线精度合格。

导线全长相对闭合差合格后,将坐标增量闭合差反号,按与边长成正比的原则分配在各坐标增量上,即

$$\left.\begin{aligned}v_{x_i} &= -\frac{f_x}{\sum D}D_i\\ v_{y_i} &= -\frac{f_y}{\sum D}D_i\end{aligned}\right\} \tag{10-9}$$

式中 v_{x_i}、v_{y_i}—— 第 i 边的纵、横坐标增量改正数,m;

D_i—— 第 i 边的边长,m;

表 10-5 闭合导线坐标计算

点号	观测角（左角）(° ′ ″)	改正数 (″)	改正后角值 (° ′ ″)	坐标方位角 (° ′ ″)	边长 D (m)	坐标增量 Δx (m)	坐标增量 Δy (m)	改正后坐标增量 Δx (m)	改正后坐标增量 Δy (m)	坐标 x (m)	坐标 y (m)	点号
(1)	(2)	(3)	(4) = (2) + (3)	(5)	(6)	(7)	(8)	(9)	(10)	(11)	(12)	(13)
4												4
				215 53 17								
1	89 36 30	+13	89 36 43							500.000	500.000	1
				125 30 00	105.221	−0.024 −61.102	+0.020 +85.662	−61.126	+85.682			
2	107 48 30	+12	107 48 42							438.874	585.682	2
				53 18 42	80.182	−0.018 +47.906	+0.015 +64.298	+47.888	+64.313			
3	73 00 20	+12	73 00 32							486.762	649.995	3
				306 19 14	129.343	−0.029 +76.610	+0.025 −104.214	+76.581	−104.189			
4	89 33 50	+13	89 34 03							563.343	545.806	4
				215 53 17	78.165	−0.017 −63.326	+0.015 −45.821	−63.343	−45.806			
1										500.000	500.000	1
Σ	359 59 10	+50	360 00 00		392.911	(−0.088) +0.088	(+0.075) −0.075	0.000	0.000			

校核计算

$\sum \beta_{测} = 359°59'10''$

$-) \sum \beta_{理} = 360°$

$f_\beta = -50''$

$f_{\beta容} = \pm 60''\sqrt{4} = \pm 120''$

$f_x = \sum \Delta x = +0.088 \quad f_y = \sum \Delta y = -0.075$

导线全长闭合差 $f = \pm \sqrt{f_x^2 + f_y^2} = \pm 0.116$(m)

相对闭合差 $K = \dfrac{f}{\sum D} = \dfrac{1}{3\ 390}$

容许相对闭合差 $K_{容} = \dfrac{1}{2\ 000}$

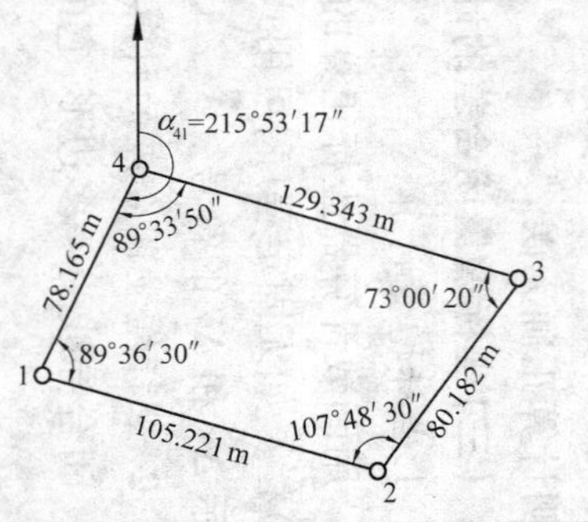

$\sum D$—— 边长总和，m。

将各段坐标增量改正数写在表 10-5 中第(7)、第(8)栏内相应坐标增量的上方，再将改正后的坐标增量 Δx 和 Δy 写在表 10-5 中第(9)、第(10)栏内。填好以后还要求得 $\sum \Delta x$ 与 $\sum \Delta y$ 值，看其是否为零，进行校核。因为改正数是在精度合格的情况下将闭合差用数学的方法人为地"分配"掉，使坐标增量的总和满足理论要求，所以改正数的总和应与闭合差绝对值相等而符号相反，即

$$\left.\begin{aligned}\sum v_{x_i} &= -f_x\\ \sum v_{y_i} &= -f_y\end{aligned}\right\} \tag{10-10}$$

利用式(10-10)可以校核改正数计算是否正确。

(四)导线点坐标计算

依据已知点坐标值及改正后的坐标增量，用公式

$$\left.\begin{aligned}x_i &= x_{i-1} + \Delta x_i\\ y_i &= y_{i-1} + \Delta y_i\end{aligned}\right\} \quad (i = 1, 2, 3, \cdots) \tag{10-11}$$

逐点计算导线点的坐标，填入表 10-5 的第(11)、第(12)栏内，最后再求至起始点的坐标，校核计算是否正确。

二、附合导线计算

图 10-11 为一级光电测距导线观测略图，A、B、C、D 为已知高级控制点，α_{AB} 和 α_{CD} 为已知方位角，B 点和 C 点为起点和终点，坐标已知，将已知数据及观测数据填入表 10-6 的相应栏内。

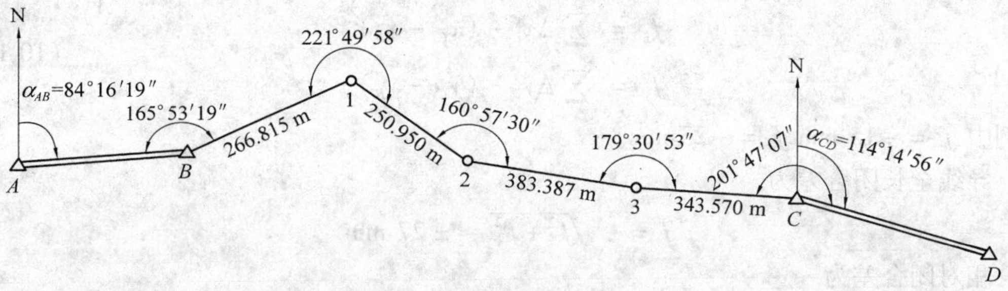

图 10-11

(一)方位角闭合差计算及调整

根据单元三中式(3-5)可知

$$\begin{aligned}\alpha_{B1} &= \alpha_{AB} \pm 180^\circ + \beta_B\\ \alpha_{12} &= \alpha_{B1} \pm 180^\circ + \beta_1\\ &= \alpha_{AB} + \beta_1 + \beta_B \pm 2 \times 180^\circ\end{aligned}$$

用此法一直求下去，即得到 CD 边的观测方位角

$$\alpha'_{CD} = \alpha_{AB} + \sum \beta_i \pm n \times 180^\circ$$

在本例中，观测角一共为 5 个，故 $n = 5$。而 α_{CD} 方位角为已知值，故闭合差 f_β 为

$$f_\beta = \alpha'_{CD} - \alpha_{CD} = \alpha_{AB} + \sum \beta_i \pm n \times 180^\circ - \alpha_{CD}$$

将上式整理即可得

$$f_\beta = \sum \beta_i \pm n \times 180^\circ - (\alpha_{CD} - \alpha_{AB}) \tag{10-12}$$

式(10-12)就是附合导线角度闭合差的计算公式。

由表10-6可知

$$\sum \beta_i = 929^\circ 58' 47''$$

$$\alpha_{CD} - \alpha_{AB} = 114^\circ 14' 56'' - 84^\circ 16' 19'' = 29^\circ 58' 37''$$

$$\begin{aligned} f_\beta &= \sum \beta_i \pm n \times 180^\circ - (\alpha_{CD} - \alpha_{AB}) \\ &= 929^\circ 58' 47'' \pm 5 \times 180^\circ - 29^\circ 58' 37'' \\ &= +10'' \end{aligned}$$

一级导线$f_{\beta容} = \pm 10''\sqrt{n} = \pm 22'' > f_\beta$，故精度合格。

按式(10-4)将闭合差反号平均分配在各观测角上，计算改正后角度值，分别填入表10-6中第(3)、第(4)栏内。

(二)计算各边方位角

利用起始边方位角α_{AB}和改正后角度β用式(3-5)计算各边方位角，填入表10-6中第(5)栏内，最后计算方位角α_{CD}是否与已知值相符，以便校核计算是否正确。

(三)坐标增量闭合差计算及调整

用函数计算器的固定程序或式(3-7)计算坐标增量，填入表10-6第(7)、第(8)栏内。

坐标增量闭合差为

$$\begin{aligned} f_x &= \sum \Delta x_i - (x_C - x_B) \\ f_y &= \sum \Delta y_i - (y_C - y_B) \end{aligned} \tag{10-13}$$

本例中，$f_x = +15$ mm，$f_y = -23$ mm。

导线全长闭合差为

$$f = \pm \sqrt{f_x^2 + f_y^2} \approx \pm 27 \text{ mm}$$

相对闭合差为

$$K = \frac{f}{\sum D} = \frac{0.027}{1\,244.722} = \frac{1}{46\,100}$$

一级导线$K_{容} = \frac{1}{15\,000} > K$，故精度合格。

将坐标增量闭合差反号按与边长成正比例分配在各纵、横坐标增量上，计算改正后的坐标增量(按式(10-9)、式(10-10)计算)，填入表10-6第(9)、第(10)栏内。改正数的总和与坐标增量闭合差绝对值相等而符号相反，用来校核改正数的计算正确与否。

(四)计算导线点坐标

用式(10-11)逐点由已知点坐标及改正后坐标增量计算导线各点坐标，填入表10-6第(11)、第(12)栏内。最后计算至终点(C点)的坐标应与已知值相等，以资校核。

表 10-6　附合导线坐标计算

点号	观测角（左角）（° ′ ″）	改正数（″）	改正后角值（° ′ ″）	坐标方位角（° ′ ″）	边长 D（m）	坐标增量 Δx（m）	坐标增量 Δy（m）	改正后坐标增量 Δx（m）	改正后坐标增量 Δy（m）	坐标 x（m）	坐标 y（m）	点号
(1)	(2)	(3)	(4)=(2)+(3)	(5)	(6)	(7)	(8)	(9)	(10)	(11)	(12)	(13)
A												A
				84 16 19								
B	165 53 19	−2	165 53 17							2 293.735	4 479.548	B
				70 09 36	266.815	−0.003 +90.556	+0.005 +250.978	+90.553	+250.983			
1	221 49 58	−2	221 49 56							2 384.288	4 730.531	1
				111 59 32	250.950	−0.003 −93.976	+0.005 232.690	−93.979	+232.695			
2	160 57 30	−2	160 57 28							2 290.309	4 963.226	2
				92 57 00	383.387	−0.005 −19.731	+0.007 +382.879	−19.736	+382.886			
3	179 30 53	−2	179 30 51							2 270.573	5 346.112	3
				92 27 51	343.570	−0.004 −14.772	+0.006 +343.252	−14.776	+343.258			
C	201 47 07	−2	201 47 05							2 225.797	5 689.370	C
				114 14 56								
D												D
Σ	929 58 47	−10	929 58 37		1 244.722	−37.923	+1 209.799	−37.938	+1 209.822			

校核计算

$\alpha_{AB} = 84°16'19''$

$+)\ \sum\beta_{测} = 929°58'47''$

$= 1\,014°15'06''$

$-)\ 5\times180° = 900°$

$\alpha'_{CD} = 114°15'06''$

$-)\ \alpha_{CD} = 114°14'56''$

$f_\beta = +10''$

$f_{\beta容} = \pm10''\sqrt{n} = \pm22''$

$\sum\Delta x = -37.923$

$-)\ x_C - x_B = -37.938$

$f_x = +0.015$

$\sum\Delta y = +1\,209.799$

$-)\ y_C - y_B = +1\,209.822$

$f_y = -0.023$

导线全长闭合差 $f = \pm\sqrt{f_x^2 + f_y^2} \approx \pm0.027(\mathrm{m})$

相对闭合差 $K = \dfrac{0.027}{1\,244.722} = \dfrac{1}{46\,100}$

容许相对闭合差 $K_{容} = \dfrac{1}{15\,000}$

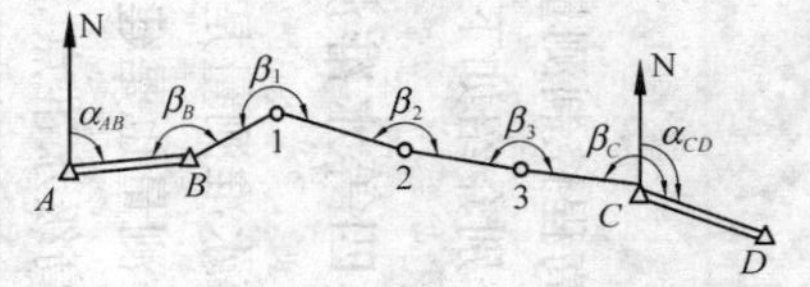

注：本例为一级导线。

技能点四　高程控制测量

小地区高程控制测量主要包括三、四等水准测量以及图根水准测量和三角高程测量等方法，现分别介绍如下。

一、三、四等水准测量

三、四等水准测量是对国家一、二等水准网的加密，可以作为小地区首级高程控制网。三、四等水准测量也是建筑施工测量中水准线路检测或引测水准点的主要方法。如果测区附近没有高级水准点，也可用三、四等水准测量构成闭合线路，作为测区独立系统的首级控制。

根据《国家三、四等水准测量规范》(GB 12898—1991)规定，三、四等水准测量的技术要求见表 10-7。

表 10-7　水准测量的主要技术要求

<table>
<tr><th rowspan="2">等级</th><th rowspan="2">水准仪</th><th rowspan="2">水准尺</th><th rowspan="2">附合线路长度(km)</th><th rowspan="2">视线长度(m)</th><th rowspan="2">视线离地面最低高度(m)</th><th rowspan="2">前后视距差(m)</th><th rowspan="2">前后视距累计差(m)</th><th rowspan="2">基本分划与辅助分划(墨红面)读数之差(mm)</th><th rowspan="2">一测站所测高差之差(mm)</th><th colspan="2">观测次数</th><th colspan="2">往返较差附合或环形闭合差</th></tr>
<tr><th>与已知点联测</th><th>附合或环形</th><th>平地(mm)</th><th>山地(mm)</th></tr>
<tr><td rowspan="2">三</td><td>DS_1</td><td>因瓦</td><td rowspan="2">50</td><td>100</td><td rowspan="2">0.3</td><td rowspan="2">3</td><td rowspan="2">6</td><td>1.0</td><td>1.5</td><td rowspan="2">往返各一次</td><td>往一次</td><td rowspan="2">$\pm 12\sqrt{L}$</td><td rowspan="2">$\pm 4\sqrt{n}$</td></tr>
<tr><td>DS_3</td><td>双面</td><td>75</td><td>2.0</td><td>3.0</td><td>往返各一次</td></tr>
<tr><td>四</td><td>DS_3</td><td>双面</td><td>16</td><td>100</td><td>0.2</td><td>5</td><td>10</td><td>3.0</td><td>5.0</td><td>往返各一次</td><td>往一次</td><td>$\pm 20\sqrt{L}$</td><td>$\pm 6\sqrt{n}$</td></tr>
<tr><td>图根</td><td>DS_3</td><td>单面</td><td>5</td><td>100</td><td></td><td></td><td></td><td></td><td></td><td>往返各一次</td><td>往一次</td><td>$\pm 40\sqrt{L}$</td><td>$\pm 12\sqrt{n}$</td></tr>
</table>

注：L 为线路长，以 km 为单位；n 为测点数。

三、四等水准测量采用双面尺法或两次仪器高法，在通视良好、成像清晰稳定的情况下进行观测。在此，主要介绍双面尺法。

(一) 一个测站的观测

一个测站的观测顺序如下：

(1)后视黑尺面，下、上、中丝读数为(1)、(2)、(3)。

(2)前视黑尺面，中、下、上丝读数为(4)、(5)、(6)。

(3)前视红尺面，中丝读数为(7)。

(4)后视红尺面，中丝读数为(8)。

以上观测顺序可称为“后—前—前—后”与“黑—黑—红—红”。这种观测顺序可以有效地抵消水准尺与水准仪下沉对测量结果所造成的影响。(1)~(8)为观测记录的顺序，记录手簿格式见表 10-8。四等水准测量也可以采用“后—后—前—前”与“黑—红—黑—红”的观测顺序。

表 10-8　三、四等水准测量记录手簿

测　自＿＿＿＿＿＿＿　天气：　　　　　　观测者：

　　至＿＿＿＿＿＿＿　成像：　　　　　　记录者：

　　年　　月　　日

　　始：　　时　　分

　　终：　　时　　分

测站编号	后尺 下丝 / 上丝；后距；视距差 d(m)	前尺 下丝 / 上丝；前距；$\sum d$(m)	方向及尺号	标尺读数(mm) 黑面	标尺读数(mm) 红面	K+黑－红(mm)	高差中数(m)	说明
	(1)	(5)	后	(3)	(8)	(10)		
	(2)	(6)	前	(4)	(7)	(9)		
	(15)	(16)	后－前	(11)	(12)	(13)	(14)	
	(17)	(18)						
1	1 571	739	后 12	1 384	6 171	0		
	1 197	363	前 13	0 551	5 239	－1		
	374	376	后－前	＋0. 833	＋0. 932	＋1	＋0. 832 5	
	－0. 2	－0. 2						
2	2 121	2 196	后 13	1 934	6 621	0		
	1 747	1 821	前 12	2 008	6 796	－1		
	374	375	后－前	－0. 074	－0. 175	＋1	－0. 074 5	
	－0. 1	－0. 3						
3	1 914	2 055	后 12	1 726	6 513	0		
	1 539	1 678	前 13	1 866	6 554	－1		
	375	377	后－前	－0. 140	－0. 041	＋1	－0. 140 5	
	－0. 2	－0. 5						
4	1 965	2 141	后 13	1 832	6 519	0		
	1 700	1 874	前 12	2 007	6 793	＋1		
	265	267	后－前	－0. 175	－0. 274	－1	－0. 174 5	
	－0. 2	－0. 7						
5	565	2 792	后 12	0 356	5 144	－1		
	127	2 356	前 13	2 574	7 261	0		
	438	436	后－前	－2. 218	－2. 117	－1	－2. 217 5	
	0. 2	－0. 5						

续表 10-8

测站编号	后尺 下丝 / 上丝 / 后距 / 视距差 d(m)	前尺 下丝 / 上丝 / 前距 / $\sum d$(m)	方向及尺号	标尺读数(mm) 黑面	红面	K+黑-红(mm)	高差中数(m)	说明
6	1 540	2 813	后 13	1 284	5 971	0		
	1 069	2 357	前 12	2 580	7 368	-1		
	471	456	后-前	-1. 296	-1. 397	+1	-1. 296 5	
	1. 5	-1. 0						
			后					
			前					
			后-前					

(二)测站上的计算与校核

1. 高差部分

高差部分的计算如下：

(11) = (3) - (4)

(12) = (8) - (7)

$$(14)=\frac{1}{2}[(11)+(12)\pm 0.100]$$

2. 视距部分

视距部分计算如下：

(15) = (1) - (2)

(16) = (5) - (6)

(17) = (15) - (16)

(18) = (17) + 上站(18)

3. 校核部分

校核部分计算如下：

(9) = (4) + K - (7)

(10) = (3) + K - (8)

(13) = (10) - (9) = (11) - (12) ±0. 100

$$(14)=(11)-\frac{1}{2}(13)=(12)+\frac{1}{2}(13)\pm 0.100=\frac{1}{2}[(11)+(12)\pm 0.100]$$

在上述的计算与校核公式中，K 为黑、红面零点的差值，K = 4. 687 m 或 K = 4. 787 m，(11)为黑面高差，(12)为红面高差，因两个 K 值相差 0. 100 m，故黑、红面高差总是相差 0. 100 m，(14)为高差中数，(15)为后视距离，(16)为前视距离，(17)为前后视距离差，(18)为前后视距离累计差。

(三)观测后的计算与校核

1. 高差部分

高差部分计算如下：

$\sum(3)-\sum(4)=\sum(11)=h_{黑}$

$\sum(8)-\sum(7)=\sum(12)=h_{红}$

$h_{中}=\frac{1}{2}(h_{黑}+h_{红}+0.100)$

$\sum(10)-\sum(9)=\sum(11)-\sum(12)=\sum(13)$

式中 $h_{黑}$、$h_{红}$——一测段里黑面、红面所得高差；

$h_{中}$——高差中数。

上述公式只有在一测段测站数为偶数时才能成立。

2. 视距部分

视距部分计算如下：

末站$(18)=\sum(15)-\sum(16)$

总视距$=\sum(15)+\sum(16)$

两次仪器高法是用单面水准尺安置两次仪器在一站观测，或用两台仪器同时观测。

三、四等水准测量每站观测只能在完成测站校核确认无误后才能迁至下一站观测，否则该站须重测。每完成一测段后要进行线路校核，确认符合规范要求后再继续进行下一测段，否则这一测段须重测。

水准测量闭合差计算及调整参看单元四有关内容。

二、图根水准测量

图根水准测量是为了测量图根点的高程，作为各种比例尺测图的高程控制，也可用于要求不太高的(如农田建设等)高程控制网。它的精度比三、四等水准测量要求低，故称为等外水准测量，其观测方法、记录、计算参见单元四，具体技术要求见表 10-7。

三、三角高程测量

用水准测量方法测量控制点高程，精度高但速度慢，在地形起伏较大的山区就比较困难，利用三角高程测量法则比较容易观测。

(一)三角高程测量的原理

三角高程测量是根据两点间的水平距离和竖直角，用三角原理计算出两点之间的高差的。如图 10-12 所示，A、B 为不同高度的两点，在 A 点安置经纬仪，仪器横轴到 A 点的垂直距离为 h，在 B 点竖一觇标，觇标顶

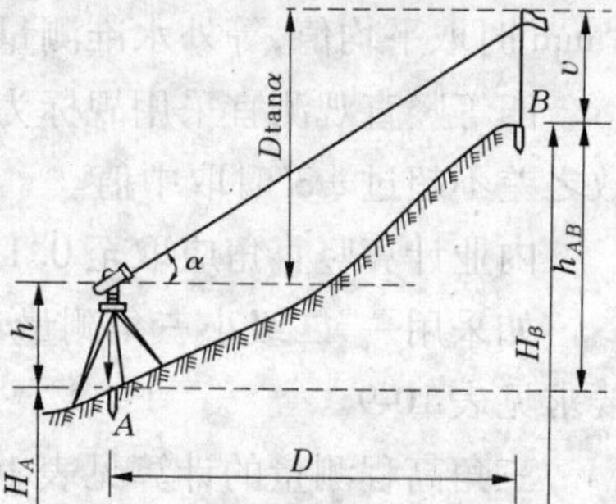

图 10-12

端到 B 点的垂直距离为 v,A、B 两点的水平距离为 D。用安置在 A 点经纬仪的中丝瞄准 B 点觇标顶端的竖直角为 α,根据三角原理可知 A、B 两点间的高差 h_{AB} 为

$$h_{AB} = D\tan\alpha + h - v \tag{10-14}$$

如果 A 的高程 H_A 为已知,则 B 点的高程 H_B 为

$$H_B = H_A + D\tan\alpha + h - v \tag{10-15}$$

A、B 两点间的距离 D 一般用视距法或其他方法间接测量,精度略低,所以三角高程测量主要用于精度较低的高程测量。目前,各种类型的中、短程光电测距仪广泛应用于施工测量中,两点的距离可用测距仪直接测出,精度又较高,适当提高测角精度,可以达到四等水准测量的精度要求。用中、短程光电测距仪测量距离,用经纬仪测竖直角进行三角高程测量,就是电磁波测距三角高程测量。《工程测量规范》(GB 50026—2007)规定其技术要求见表 10-9。

表 10-9　电磁波测距三角高程测量主要技术要求

等级	仪器	测回数		指标差较差(″)	竖直角较差(″)	对向观测高差较差(mm)	附合或环形闭合差(mm)
		三丝法	中丝法				
四等	DJ_2		3	7	7	$\pm 40\sqrt{D}$	$\pm 20\sqrt{[D]}$
等外	DJ_2	1	2	10	10	$\pm 60\sqrt{D}$	$\pm 30\sqrt{[D]}$

注:D 为电磁波测距边长度,以 km 为单位;$[D]$ 为线路上各边长之和,以 km 为单位。

(二)光电测距三角高程测量的实施

要达到四等水准测量精度的光电测距三角高程测量应进行对向观测,即由 A 向 B 观测(直觇),又由 B 向 A 观测(反觇)。对向观测可以抵消大气折光和地球曲率的影响。

距离测定应采用不低于Ⅱ级的测距仪,四等水准测量往返各一测回,等外水准测量一测回。

仪器高、棱镜高或觇标高应在观测前后用测杆量取,四等水准测量量至 1 mm,不超过 2 mm 时取平均值,等外水准测量量至 1 mm,不超过 4 mm 时取平均值。

四等竖直观测宜采用觇标为照准目标,以中丝法测三测回。每照准一次读数两次,读数之差不超过 ±3″时取中值。

内业计算竖直角应取至 0. 1″,高程取至 1 mm。

如采用一、二级小三角测量和三角高程测量(等外水准精度)作为测图控制时,技术要求见表 10-9。

三角高程测量的计算见表 10-10。

光电测距三角高程测量应从高级水准点起,构成闭合图形。如果闭合差符合要求,将闭合差反号按距离成正比分配在各测段上,最后求各点的高程。

表 10-10　电磁波三角高程测量计算

所求点	B	
起算点	A	
觇法	直	反
平距 D(m)	324.685	324.680
竖直角 α	8°12′10.1″	-8°10′23.5″
$D\tan\alpha$(m)	46.804	-46.632
仪器高(m)	1.148	1.502
觇标高(m)	-1.880	-1.245
两差改正(m)		
高差 h(m)	46.372	-46.375
平均高差(m)	46.374	
起算点高程(m)	78.508	
所求点高程(m)	124.882	

思考与练习题

1. 控制网的作用是什么？控制网有哪几种形式？

2. 什么是平面控制测量和高程控制测量？什么是小地区控制测量？

3. 什么是导线？它有哪几种形式？在选择导线的形式时为什么首先选用附合导线？

4. 导线测量的外业和内业工作都包含哪些主要内容？导线选点应注意什么问题？

5. 导线测量中内业计算角度闭合差和坐标闭合差按照什么原则进行调整？

6. 表 10-11 为图根导线，根据表中已知数据和观测数据求 2、3、4 点的坐标，并进行必要的校核计算（该题为闭合导线）。

7. 图 10-13 为一附合的图根导线，根据图中给定的已知数据和观测数据，列表计算 1、2、3 点的坐标，并进行必要的校核计算。

8. 四等水准测量每一测站的观测和计算程序如何进行？需进行哪些校核计算？限差是多少？

9. 在何种情况下应用三角高程测量？三角高程测量为什么要对向观测？如何进行光电测距三角高程测量的外业和内业计算？

10. 如图 10-14 所示，设已测得从经纬仪到建筑物的距离为 48.36 m，对建筑物顶部的仰角为 +22°51′，对建筑物底部的俯角为 -1°49′，试计算建筑物的高度。

表 10-11　图根闭合导线观测结果

点号	观测角(左)(° ′ ″)	方位角(° ′ ″)	距离(m)	坐标(m) x	坐标(m) y	点号
1				25 032.70	4 537.66	1
		97 58 08	100.29			
2	82 46 29					2
			78.96			
3	91 08 23					3
			137.22			
4	60 14 02					4
			78.67			
1	125 52 04					1
2						2
Σ						

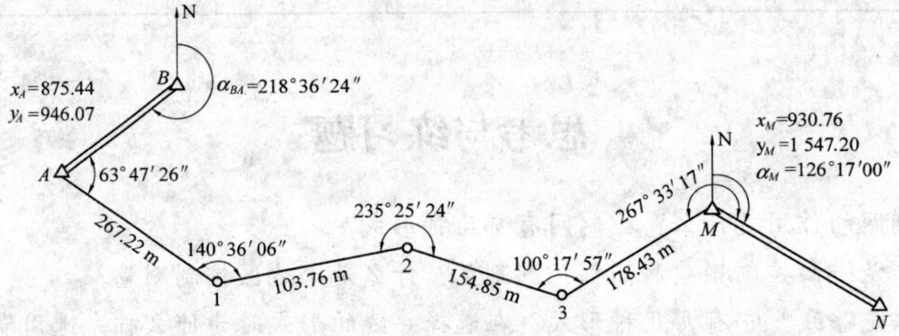

图 10-13

图 10-14

单元十一　大比例尺地形图的测绘

教学内容

本单元主要包括地形图的基本知识、地形图的测绘方法、数字测图的方法等内容。

能力目标

熟悉地形图的基本知识，掌握大比例尺地形图的测绘方法，了解数字测图的原理及过程。这是建筑测量职业岗位应具备的基本技能之一。

技能点一　地形图的基本知识

地球表面形状十分复杂，但总体上可分为地物和地貌两大类。地物是具有明显的轮廓、固定性的自然形成或人工构筑的各种物体，如江河、湖泊、房屋、道路等；地貌是地球表面自然起伏、变化各异的形态，如山地、丘陵、平原、洼地等，地形是地物和地貌的总称。拟建地区的地形资料是工程规划、设计和施工必不可少的基础资料。

当测区范围较小时，可以不考虑地球曲率的影响，将地面上的各种地物、地貌沿铅垂方向投影到水平面上，并按规定的符号和一定的比例尺缩绘成图，在图上仅表示地物平面位置的称为地物图；如果在图上除表示地物的平面位置外，还表示出地面的起伏状态，即地貌的情况，称为地形图。如果测区范围较大，顾及地球曲率的影响，采用专门的投影方法所编绘而成的图称为地图。

由于地形图（特别是大比例尺地形图）能客观地反映地面的实际情况，所以只有学习大比例尺地形图的基本知识，才能正确识读和使用地形图，并将有助于地形图的测绘。

一、地形图的比例尺

地形图上任意一线段的长度与地面上相应线段的实际水平长度之比，称为地形图的比例尺。

（一）比例尺的表示方法

比例尺可分为数字比例尺和图示比例尺。数字比例尺一般用分子为1的分数形式表示，设图上某一直线的长度为d，地面上相应线段的长度为D，则该图的比例尺为：

$$\frac{d}{D}=\frac{1}{\frac{D}{d}}=\frac{1}{M}$$

式中，M为比例尺分母，分母越大（分数值越小），则比例尺就越小。地形图的比例尺越大，图上表示的地物、地貌越详尽。通常称1∶100万、1∶50万、1∶20万为小比例尺地形图，1∶10万、1∶5万、1∶2.5万、1∶1万为中比例尺地形图，1∶5 000、1∶2 000、1∶1 000、1∶500为大比例尺地形图。按照地形图图式规定，比例尺书写在图幅下方正中处。

直线比例尺又称图示比例尺。为了直接而方便地进行图上与实地相应水平距离的换算并消除由于图纸伸缩引起的误差,常在地形图图廓的下方绘制一直线比例尺,用以直接量测图内直线的实际水平距离。图 11-1(a)、(b)分别表示 1:500、1:2 000 两种直线比例尺。它是在图纸上画两条间距为 2 mm 的平行直线,再以 2 cm 为基本单位,将直线等分为若干大格,然后把左端的一个基本单位分成 10 等份,以量取不足整数部分。在小格和大格的分界处注以 0,其他大格分划上注以 0 至该分划按该比例尺计算出的实地水平距离。

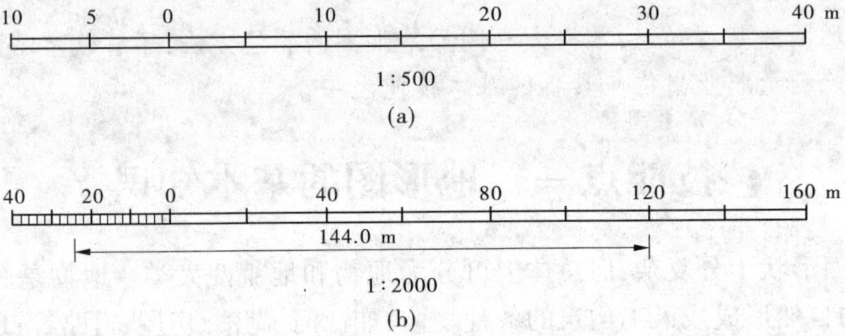

图 11-1

量测时,先用分规在地形图上量取某线段的长度,然后将分规的右针尖对准直线比例尺 0 右边的某整分划线,使左针尖处于 0 左边的毫米分划小格之内以便读数。如图 11-1(b)中,右针尖处于 120 m 分划处,左针尖落在 0 左边的 24.0 m 分划线上,则该线段所代表的实地水平距离为 120 + 24.0 = 144.0(m)。

大比例尺地形图传统的测绘手段是采用经纬仪和平板仪测绘成图,随着电子测量仪器与计算机绘图技术的日益普及,地形测图将实现从外业数据采集到计算与内业成图一整套自动化数字成图作业系统。中比例尺地形图目前均用航空摄影测量方法成图。小比例尺图则由其他比例尺图编绘而成。

在城市及工程规划、设计和施工的各个阶段,将要用到 1:1万 ~ 1:500 等不同比例尺的地形图,对一些特种工程(如地下建筑、大桥桥址等)有时还要测绘 1:200 的地形图,而 1:100 万 ~ 1:1万的中小比例尺地形图为国家的基本图。

(二)比例尺精度

在正常情况下,人们用肉眼能分辨出图上两点间的最小距离为 0.1 mm,因此一般在图上量度或在实地测图绘制时,就只能达到图上 0.1 mm 的精确性,因此把地形图上 0.1 mm 所代表的实地水平距离,称为比例尺精度,用 ε 表示,即

$$\varepsilon = 0.1 \text{ mm} \times M$$

式中 M——比例尺分母。

显然比例尺大小不同,则其比例尺精度的高低也不同,如表 11-1 所示。

表 11-1　不同比例尺的比例尺精度

比例尺	1:500	1:1 000	1:2 000	1:5 000	1:10 000
比例尺精度(m)	0.05	0.1	0.2	0.5	1.0

比例尺精度的概念对测图和设计用图都有重要的意义。例如，测绘 1∶2 000 比例尺的地形图时，测量碎部点距离的精度只需达到 0.1 mm × 2 000 = 0.2 m，因为量得再精细，图上也是表示不出来的。又如，某项工程设计，要求在图上能反映出地面上 0.05 m 的精度，则所选图的比例尺就不能小于 1∶500。

不同的测图比例尺有不同的比例尺精度。比例尺愈大，所反映的地形愈详细，精度也愈高，但测图的时间、费用消耗也将随之增加。因此，用图部门可依工程需要参照《城市测量规范》（GJJ 8—99）规定的各种比例尺地形图的适用范围（见表 11-2）选择测图比例尺，以免比例尺选择不当造成浪费。

表 11-2　测图比例尺的选用

比例尺	用途
1∶10 000	城市规划设计（城市总体规划、厂址选择、区域位置、方案比较）等
1∶5 000	
1∶2 000	城市详细规划和工程项目的初步设计等
1∶1 000	城市详细规划、管理、地下管线和地下普通建（构）筑工程的现状图、工程项目的施工图设计等
1∶500	

二、地形图的图名、图号和图廓

（一）地形图的图名和图号

1. 地形图的图名

图名即本幅图的名称，一般以本图幅中的主要地名命名（见图 11-2）。如果大比例尺地形图所代表的实地面积很小，往往以拟建工程名称命名或编号。

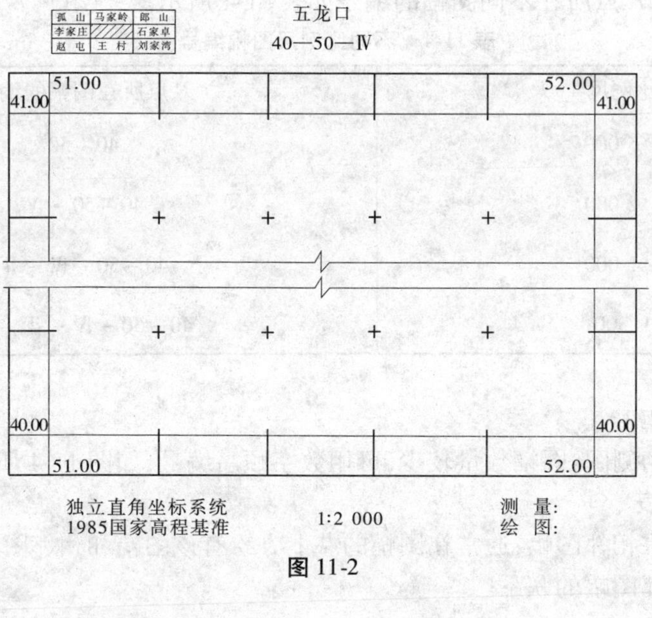

图 11-2

2. 地形图的图号

每幅地形图的大小是一定的,当测区范围较大时,为便于测绘和使用地形图,需将地形图按一定的规则进行分幅和编号。

1)正方形图幅的分幅和编号

工程建设中使用的大比例尺地形图一般用正方形分幅。它是以1:5 000地形图为基础按统一的直角坐标格网划分的。正方形图幅的大小及尺寸如表11-3所示。

表11-3　正方形图幅的大小及尺寸

比例尺	图幅大小(cm×cm)	实地面积(km^2)	一张1:5 000图幅所包括本图幅的数目
1:5 000	40×40	4	1
1:2 000	50×50	1	4
1:1 000	50×50	0.25	16
1:500	50×50	0.062 5	64

具体分幅的编号如图11-3所示。

例如:某幅1:5 000比例尺地形图西南角坐标值为:纵坐标 x = 40.0 km,横坐标 y = 50.0 km,则它的图号为40-50。

1:2 000、1:1 000、1:500比例尺地形图的编号,是在基础图号后面分别加罗马数字Ⅰ、Ⅱ、Ⅲ、Ⅳ组成的。一幅1:5 000的地形图可分成四幅1:2 000的地形图,其编号分别为40-50-Ⅰ、40-50-Ⅱ、40-50-Ⅲ、40-50-Ⅳ。同法,可继续对1:1 000和1:500的地形图进行编号。

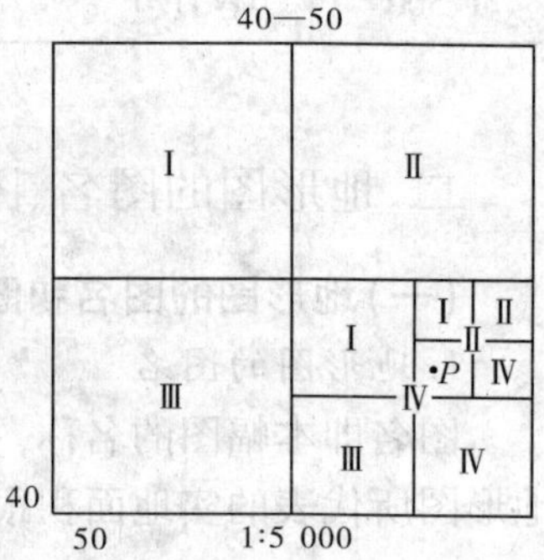

图11-3

如图11-3中,P 点所在不同图幅的编号如表11-4所示。

表11-4　不同比例尺图幅编号

比例尺	P 点所在图幅的编号
1:5 000	40-50
1:2 000	40-50-Ⅳ
1:1 000	40-50-Ⅳ-Ⅱ
1:500	40-50-Ⅳ-Ⅱ-Ⅲ

2)数字顺序编号法

在较小区域的测图,图幅数量较少,可用数字顺序编号,如图11-4所示。

(二)接合图表

为了便于查取相邻图幅,通常在图幅的左上方绘有该图幅和相邻图幅的接合图表,以表明本图幅与相邻图幅的联系。

(三)图廓

图廓是地形图的边界线,有内、外图廓之分。如图 11-2 所示,外图廓线以粗线描绘,内图廊线以细线描绘,它也是坐标格网线。内、外图廓相距 12 mm,在其四角标有以 km(或 100 m)为单位的坐标值。图廓内以“ + ”表示 10 cm × 10 cm 方格网的交点,以此可量测图上任何一点的坐标值。

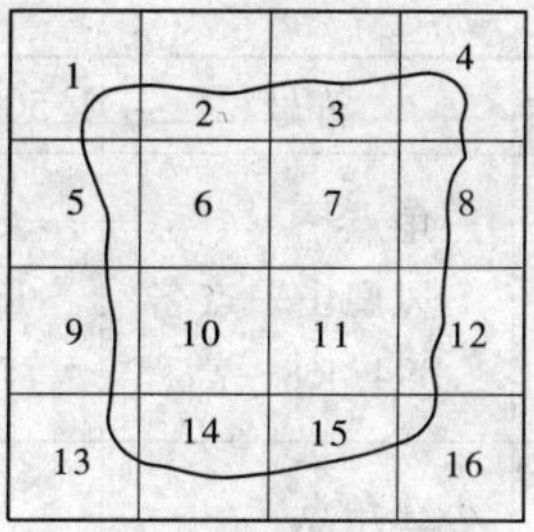

图 11-4

三、地形图的图式

地面上的地物和地貌在地形图上都用简单明了、准确、易于判断实物的符号来表示,这些符号总称为地形图图式。表 11-5 是《国家基本比例尺地形图图式　第 1 部分:1∶500　1∶1 000　1∶2 000 地形图图式》(GB/T 20257.1—2007)中规定的部分地物、地貌符号。

(一)地物符号

地物符号表示地物的形状、大小和位置,根据地物的形状大小和描绘方法的不同,地物符号有下列几种。

1. 比例符号

把地物的平面轮廓按测图比例尺缩绘在图上的相似图形,称为比例符号。它不但能反映地物的位置,也能反映其大小与形状,如房屋、河流、农田等(见表 11-5 中 5 ~ 26 项等)。

2. 线形符号

对于一些带状地物,如道路、围墙、管线等,其长度可按比例尺缩绘,但宽度不能按比例尺缩绘,这种符号称为线形符号(见表 11-5 中 56 ~ 64 项等)。线形符号的中心线就是地物的中心线。

3. 非比例符号

当地物较小,如控制点、电杆、水井等,很难按测图比例尺在图上画出来时,就要用规定的符号来表示,这种符号称非比例符号。它只表示地物的中心位置(见表 11-5 中 1 ~ 4 项和 50 ~ 53 项等)。

上述符号的使用界限不是固定不变的,这主要取决于地物本身的大小以及测图的比例尺大小,如道路、河流等,其宽度在大比例尺图上按比例缩绘,而在小比例尺图上则不能按比例缩绘。

4. 注记符号

注记符号是对地物符号的说明或补充,它包括以下几方面。

(1)文字注记:如村、镇名称等。

(2)数字注记:如河流的深度、房屋的层数等。

(3)符号注记:用来表示地面植被的种类,如庄稼类别、树种类等。

表 11-5　地形图图式(部分)

编号	符号	1:500	1:1 000	1:2 000	编号	符号	1:500	1:1 000	1:2 000
1	三角点 凤凰山—点名 394.468—高程	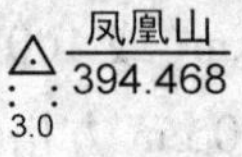			13	有地下室的楼房	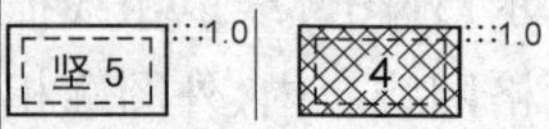		
2	小三角点 横山—点名 95.93—高程	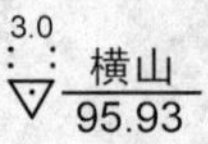			14	街道旁走廊	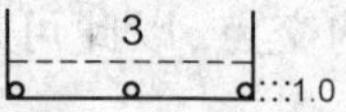		
3	图根点 1. 埋石的 N16—点号 84.46—高程 2. 不埋石的 25—点号 62.74—高程	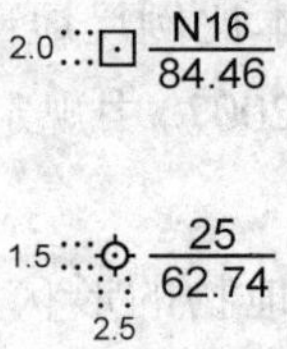			15	吊楼、架空楼房	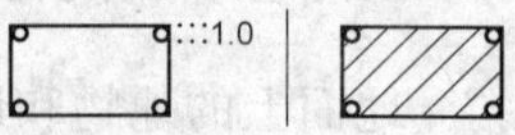		
4	水准点 Ⅱ京石5—点名 32.804—高程	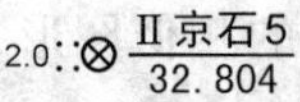			16	破坏房屋			
5	坚固房屋 4—房屋层数	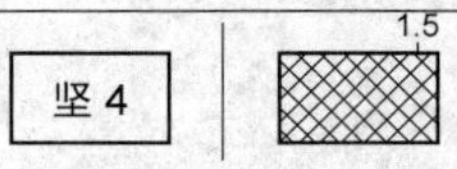			17	台阶	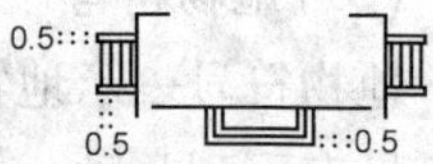		
6	普通房屋 2—房屋层数	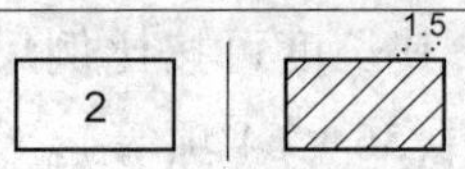			18	门廊	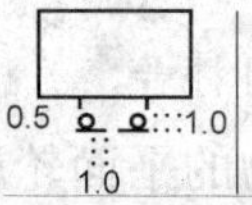		不表示
7	简单房屋	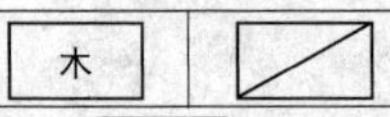			19	室外楼梯	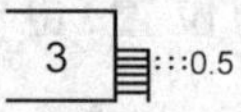		不表示
8	棚房	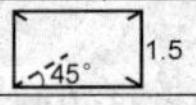			20	柱廊 1. 无墙壁的 2. 一边有墙壁的	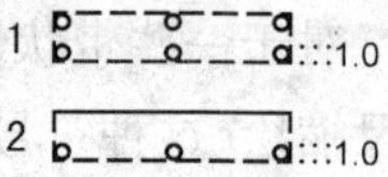		
9	窑洞 一、地面上的 1. 住人的 2. 不住人的 二、地面下的	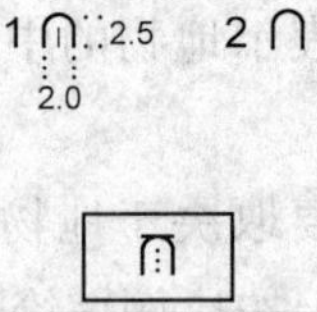			21	厕所			
10	蒙古包 (3～6月)— 驻扎月份	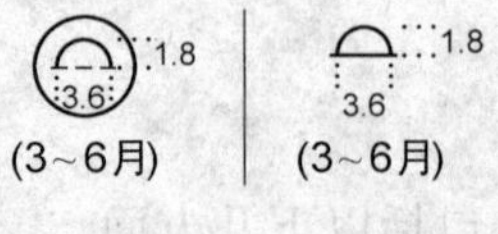			22	温室、菜窖、花房			
11	建筑物间的悬空建筑				23	打谷场、球场			
12	建筑物下的通道	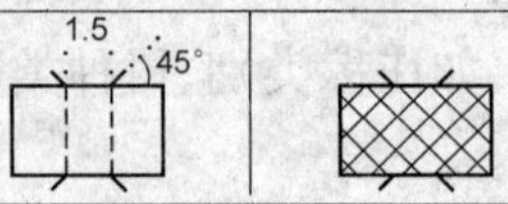			24	纪念像、纪念碑	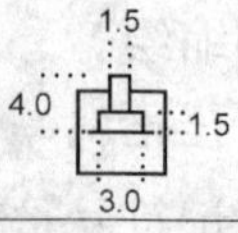		
					25	彩门、牌坊、牌楼	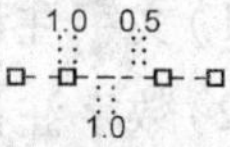		
					26	露天设备	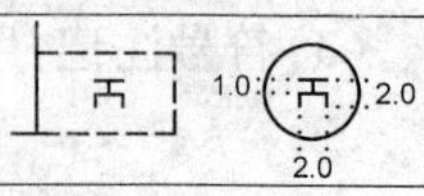		

续表 11-5

编号	符号	1:500	1:1 000	1:2 000
27	旗杆	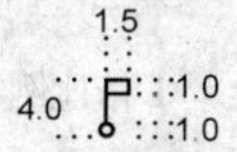		
28	宣传橱窗、语录牌	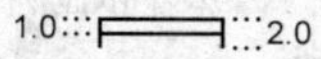		
29	钻孔			
30	浅探井	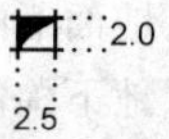		
31	独立坟	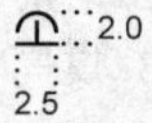		
32	坟地	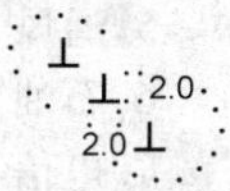		
33	亭	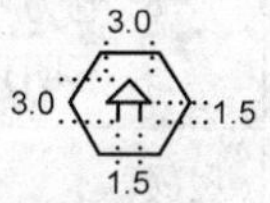		
34	岗亭、岗楼、塑像	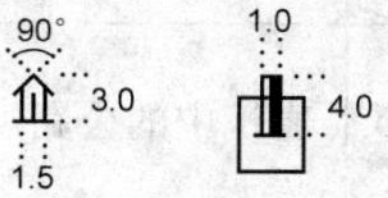		
35	宝塔、经塔	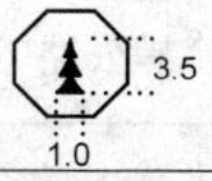		
36	露天舞台、领操台、检阅台			
37	水塔	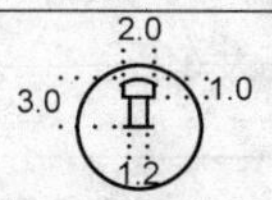		
38	烟囱			
39	水塔烟囱			
40	变电室(所) 1. 依比例尺的 2. 不依比例尺的	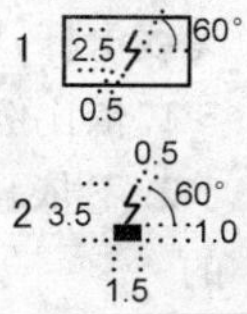		
41	燃料库 1. 依比例尺的 2. 不依比例尺的			
42	窖	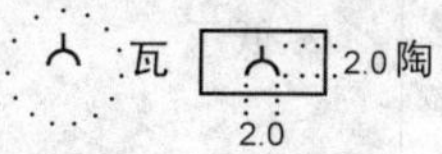		
43	气象站(台)	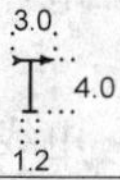		
44	加油站			
45	地下建筑物的地表入口 1. 依比例尺的 2. 不依比例尺的	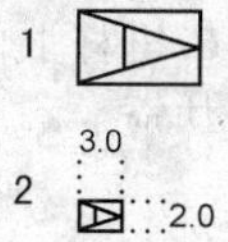		
46	乱掘地			
47	水地、喷水池、污水池	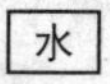		
48	地下建筑物的天窗			
49	污水箅子	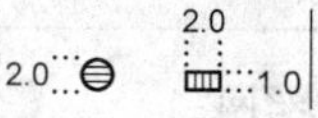		不表示
50	消火栓	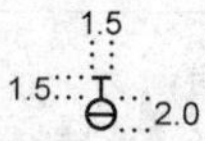		
51	阀门	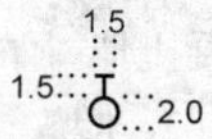		
52	路灯	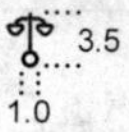		
53	水龙头	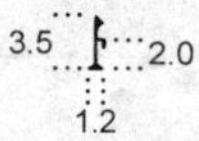		
54	架空索道 1. 依比例尺的 2. 不依比例尺的	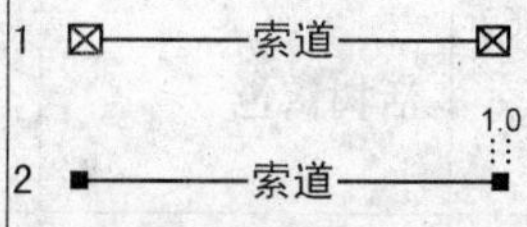		
55	粪池			

续表 11-5

编号	符号	1:500　1:1 000	1:2 000
56	电力线 1. 高压 2. 低压 3. 电杆 4. 电线架 5. 铁塔 6. 电杆上的变压器	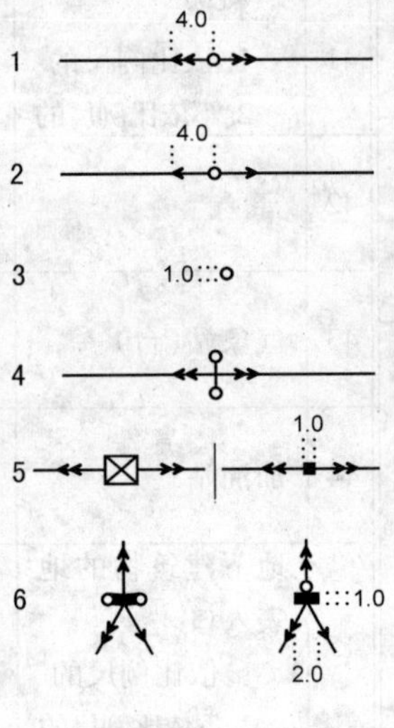	
57	通信线	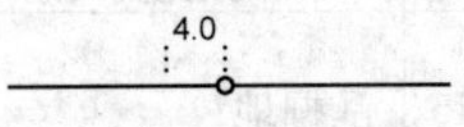	
58	地下电力线及电缆 1. 高压 2. 低压 3. 通信	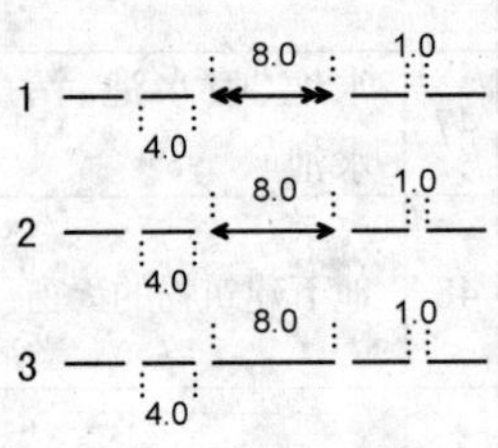	
59	铁丝网	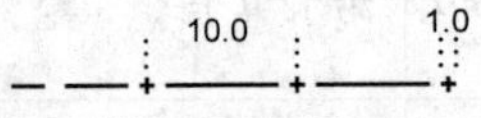	
60	围墙 1. 砖、石及混凝土墙 2. 土墙	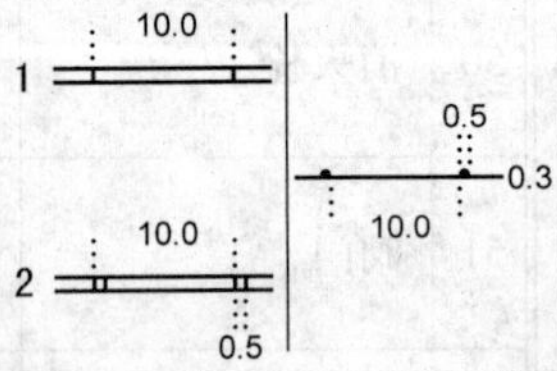	
61	栅栏、栏杆	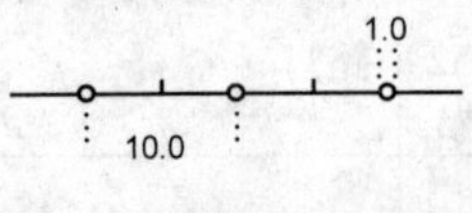	
62	篱笆 活树篱笆	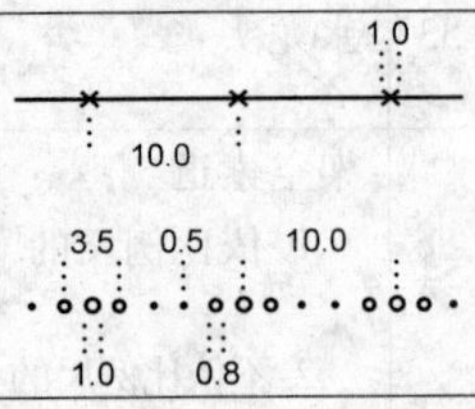	
63	小路	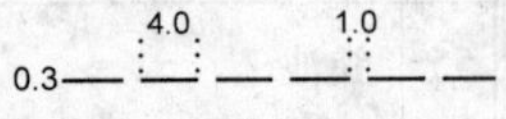	

编号	符号	1:500　1:1 000	1:2 000
64	一、管线、架空的 1. 依比例尺的 2. 不依比例尺的 二、地面上的 三、有管堤的 四、地面下的 五、地下检修井 1. 上水 2. 下水 3. 煤气 4. 暖气 5. 通风 6. 石油 7. 电信 8. 电力 9. 不明用途	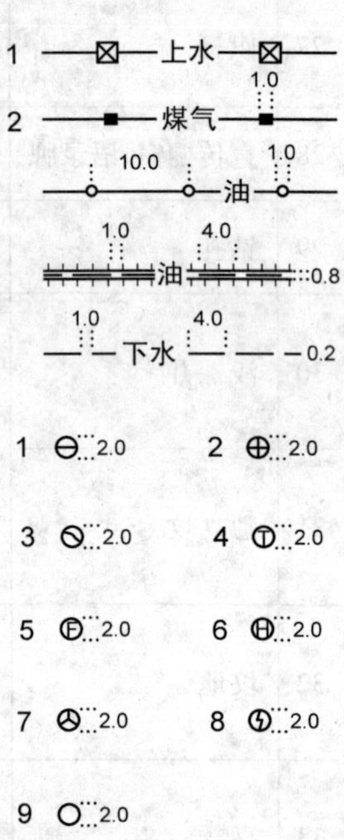	
65	公路		
66	建筑中的公路	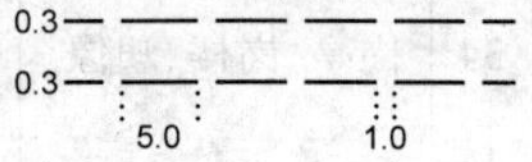	
67	简易公路	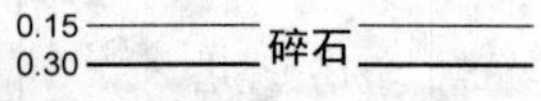	
68	建筑中的简易公路	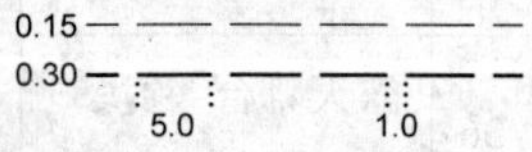	
69	大车路	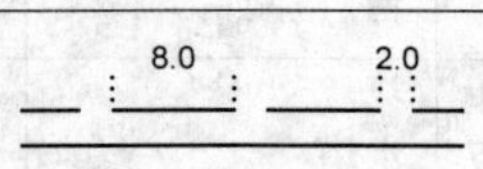	
70	路标、汽车站	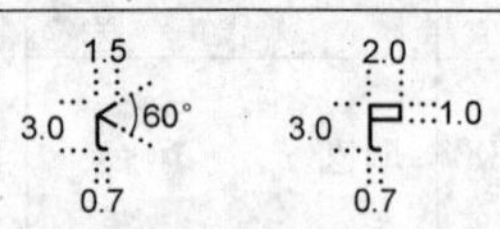	
71	乡村路	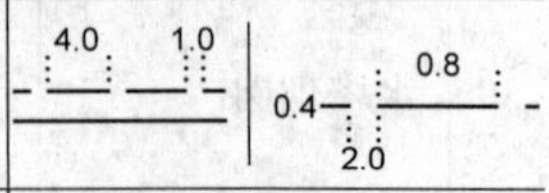	
72	无线电杆、塔 1. 依比例尺的 2. 不依比例尺的	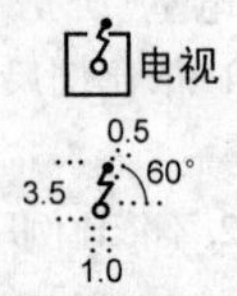	

续表 11-5

编号	符号	1:500 1:1 000	1:2 000
73	内部道路 阶梯路	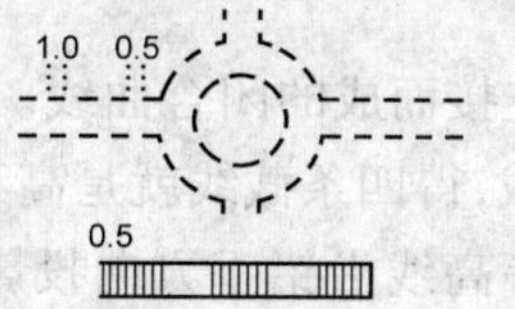	
74	沟渠 1. 一般的 2. 有堤岸的 3. 有沟堑的	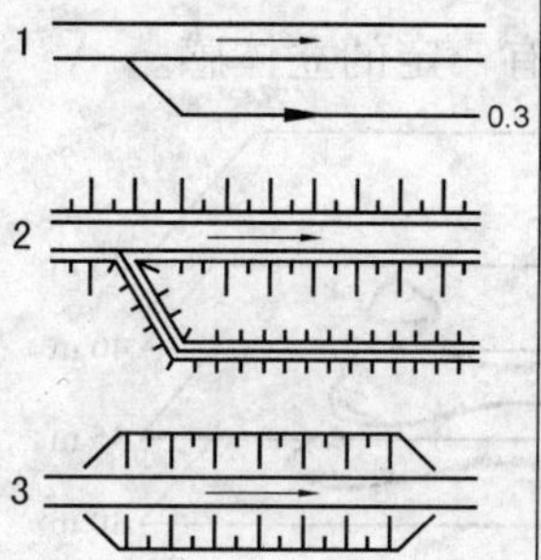	
75	干沟	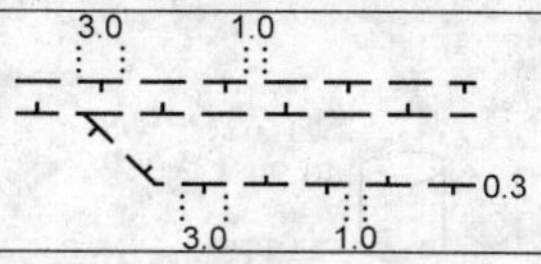	
76	散树、行树	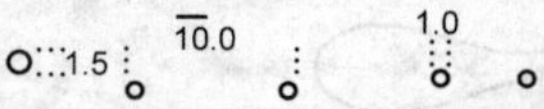	
77	泉、水井 79.39—泉 的水面高程		
78	斜坡、陡坎 一、斜坡 1. 未加固的 2. 加固的 二、陡坎 1. 未加固的 2. 加固的	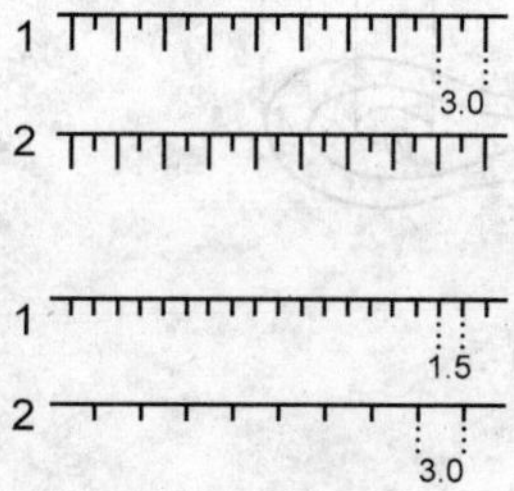	
79	土堤 1. 堤 2. 垄	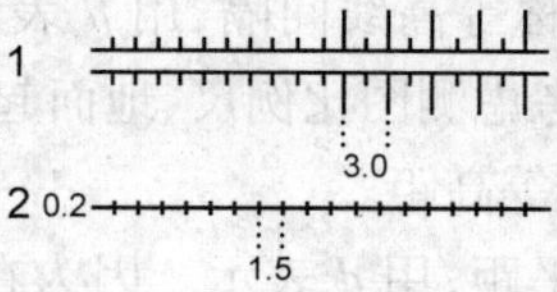	
80	石垄		
81	土堆 4.2—比高	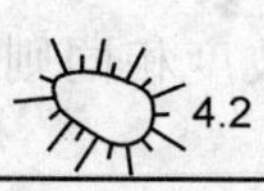	
82	等高线及其注记 1. 首曲线 2. 计曲线 3. 间曲线	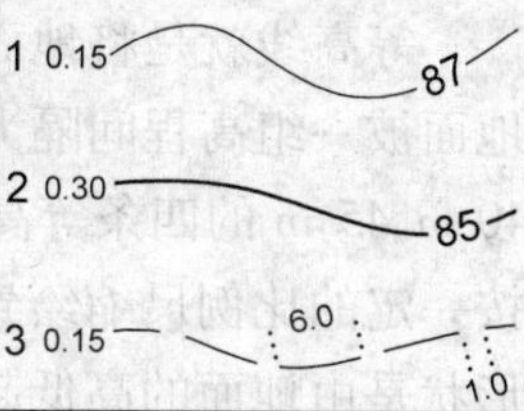	
83	示坡线		
84	高程点及其注记		
85	坑穴 2.8—深度	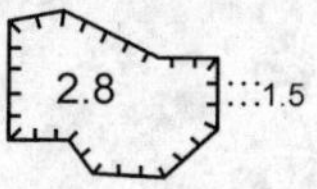	
86	菜地	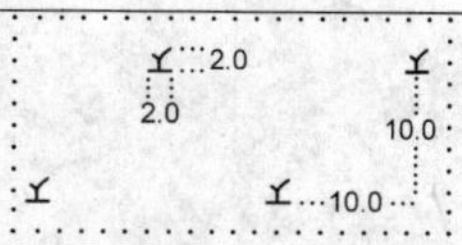	
87	草地	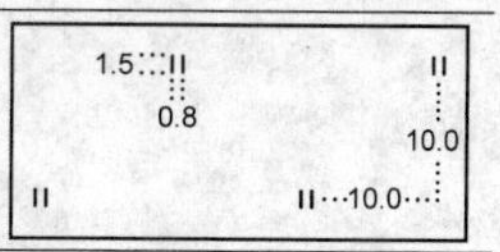	
88	花圃	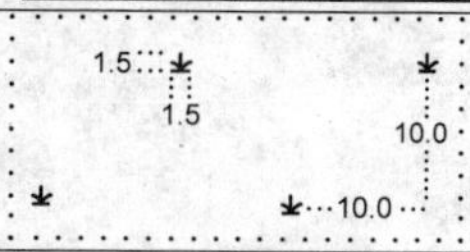	
89	地类界	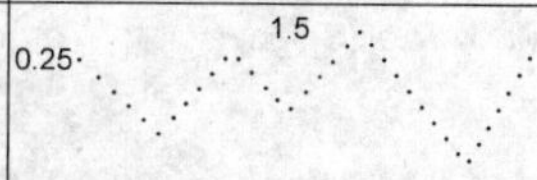	
90	独立树 1. 阔叶;2. 针叶;3. 果树;4. 椰子、棕榈、槟榔	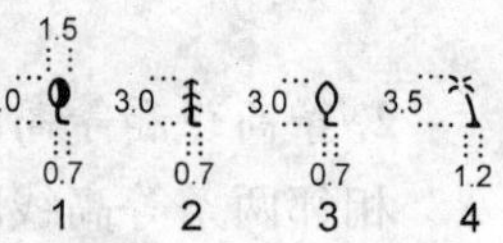	
91	耕地 1. 水稻田 2. 旱地	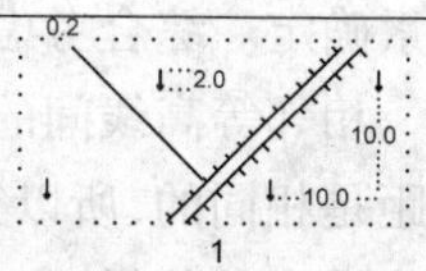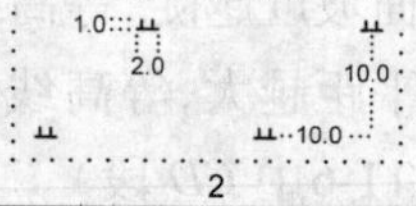	

(二)地貌符号——等高线

在大比例尺地形图上,用等高线和规定符号表示地貌。

1. 等高线

等高线就是将地面上高程相等的相邻点连接而成的闭合曲线。如图 11-5 所示,假设地面被一组高程间隔大小为 5 m 的水平面所截,得四条截线就是高程分别为 30 m、35 m、40 m、45 m 的四条等高线。将各水平面上的等高线沿铅垂方向投影到一个水平面上,并按一定的比例尺缩绘到图纸上,就得到用等高线表示的该地面的地貌图。这些等高线的形状是由地面的高低起伏状态决定的,并具有一定的立体感。

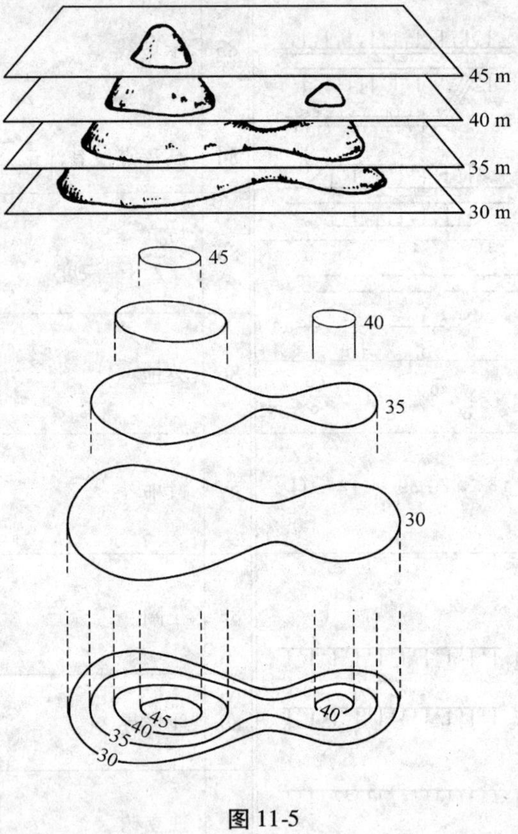

图 11-5

2. 等高距和等高线平距

相邻两条等高线的高差称为等高距,亦称等高线间隔,用 h 表示。在同一幅地形图内,等高距是相同的。等高距的大小应综合考虑测图比例尺、地面起伏情况和用图要求等因素确定。综合考虑确定的等高距亦称基本等高距。

相邻等高线间的水平距离,称为等高线平距,用 d 表示。因为在同一幅地形图中,等高距是相同的,所以等高线平距的大小是由地面坡度的陡缓所决定的。如图 11-6 所示,地面坡度越陡,等高线平距越小,等高线越密(见图 11-6 中 AB 段);地面坡度越缓,等高线平距越大,等高线越稀(见图 11-6 中 BC 段);坡度相同则平距相等,等高线均匀(见图 11-6中 CD 段)。

3. 等高线分类

1) 首曲线

在地形图上按基本等高距勾绘的等高线称为基本等高线，亦称首曲线。首曲线用细实线描绘，如图 11-7 中高程为 11 m、12 m、13 m、14 m 的等高线。

2) 计曲线

为了识图方便，每隔四条首曲线加粗描绘一条等高线，称为计曲线。计曲线上必须注有高程，如图 11-7 中的 10 m、15 m 等高线。

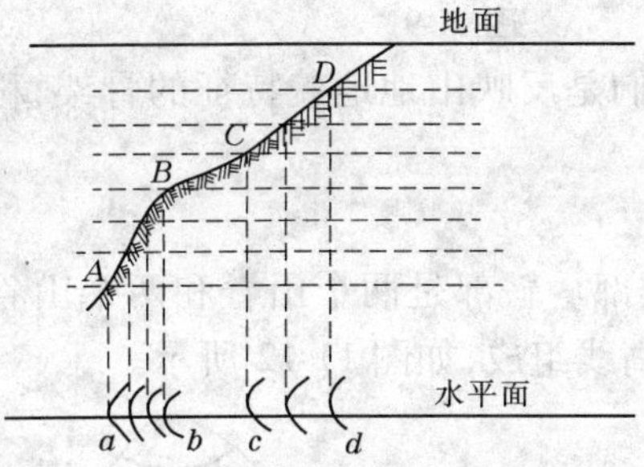

图 11-6

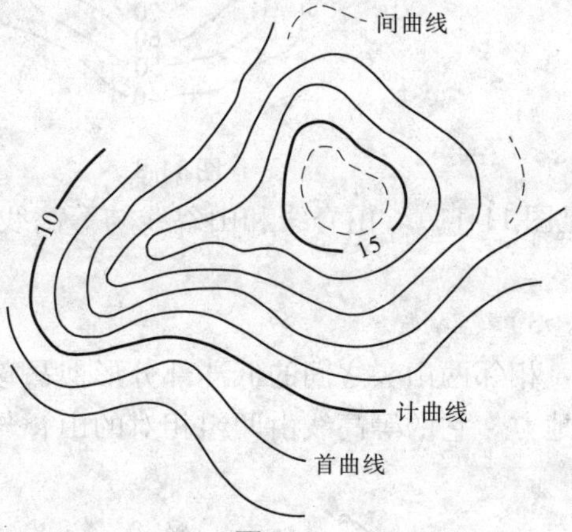

图 11-7

3) 间曲线、助曲线

当首曲线表示不出局部地貌形态时，则需按$\frac{1}{2}$等高距，甚至$\frac{1}{4}$等高距勾绘等高线。按$\frac{1}{2}$等高距勾绘的等高线，称为半距等高线，亦称间曲线，用长虚线表示。按$\frac{1}{4}$等高距测绘的等高线，称为辅助等高线，亦称助曲线，用短虚线表示。间曲线或助曲线表示局部地势的微小变化，所以在描绘时均可不闭合。如图 11-7 中的虚线所示。

4. 几种基本地貌的等高线

地貌形态各异，但不外乎是由山地、洼地、平原、山脊、山谷、鞍部等几种基本地貌所组成的。如果掌握了这些基本地貌等高线的特点，就能比较容易地根据地形图上的等高线辨别该地区的地面起伏状态或根据地形测绘地形图。

1) 山地和洼地(盆地)

图 11-8 为一山地的等高线，图 11-9 为一洼地的等高线。它们都是一组闭合曲线，但等高线的高程降低方向相反。山地外圈的高程低于内圈的高程，洼地则相反，内圈高程低于外圈高程。如果等高线上没有高程注记，区分这两种地形的办法是在某些等高线的高程下降方向垂直于等高线画一些短线来表示坡度方向，这些短线称为示坡线。

2) 山脊和山谷

沿着一个方向延伸的山脉地称为山脊。山脊最高点的连线称为山脊线或分水线。

两山脊间延伸的洼地称为山谷。山谷最低点的连线称为山谷线或集水线。

山脊和山谷的等高线均为一组凸形曲线，前者凸向低处(见图 11-10)，后者凸向高处

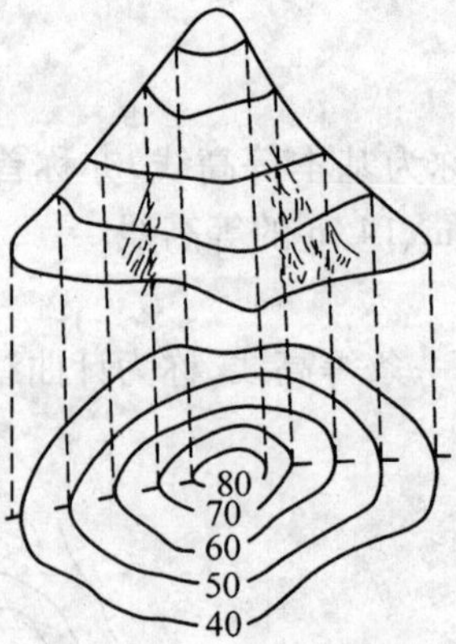

图 11-8

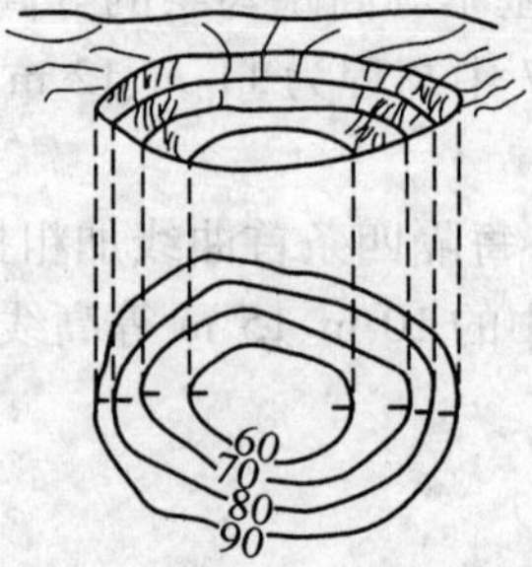

图 11-9

(见图 11-11)。山脊线和山谷线与等高线正交,它们是反映山地地貌特征的骨架,称为地性线。

3)鞍部

相邻两山头之间的低洼部分形似马鞍,俗称鞍部。鞍部是两个山脊和两个山谷会合的地方。它的等高线由两组相对的山脊与山谷等高线组成,如图 11-12 所示。

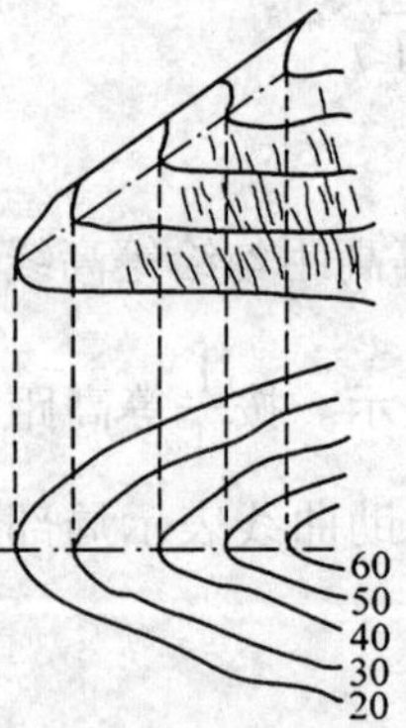

图 11-10

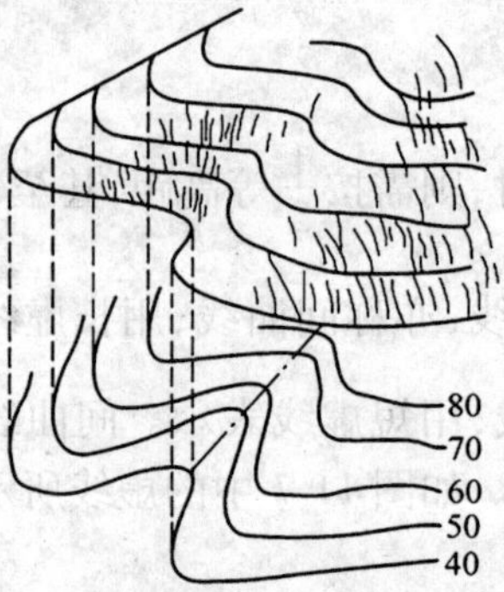

图 11-11

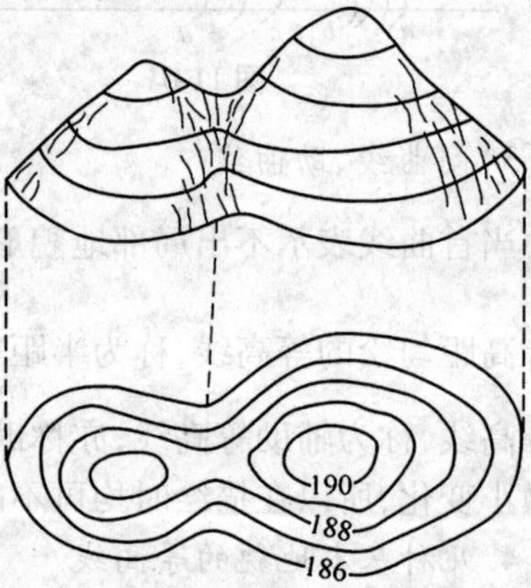

图 11-12

此外,一些坡度很陡的地貌,如绝壁、悬崖、冲沟、阶地等则按大比例尺地形图图式所规定的符号表示。图 11-13 为一综合性地貌及其等高线。

5. 等高线的特性

由上所述可知,等高线具有以下特征:

(1)同一条等高线上各点的高程必然相等。

(2)等高线是闭合曲线。如不在本图幅内闭合,则在相邻图幅内闭合。所以,勾绘等高线时,不能在图内中断。

(3)除遇绝壁、悬崖外,不同高程的等高线不能相交。

(4)在同幅图内,等高距相同,等高线平距的大小反映地面坡度变化的陡缓。地面坡度越陡,平距越小,等高线越密;坡度越缓,平距越大,等高线就越稀;地面坡度相同,平距

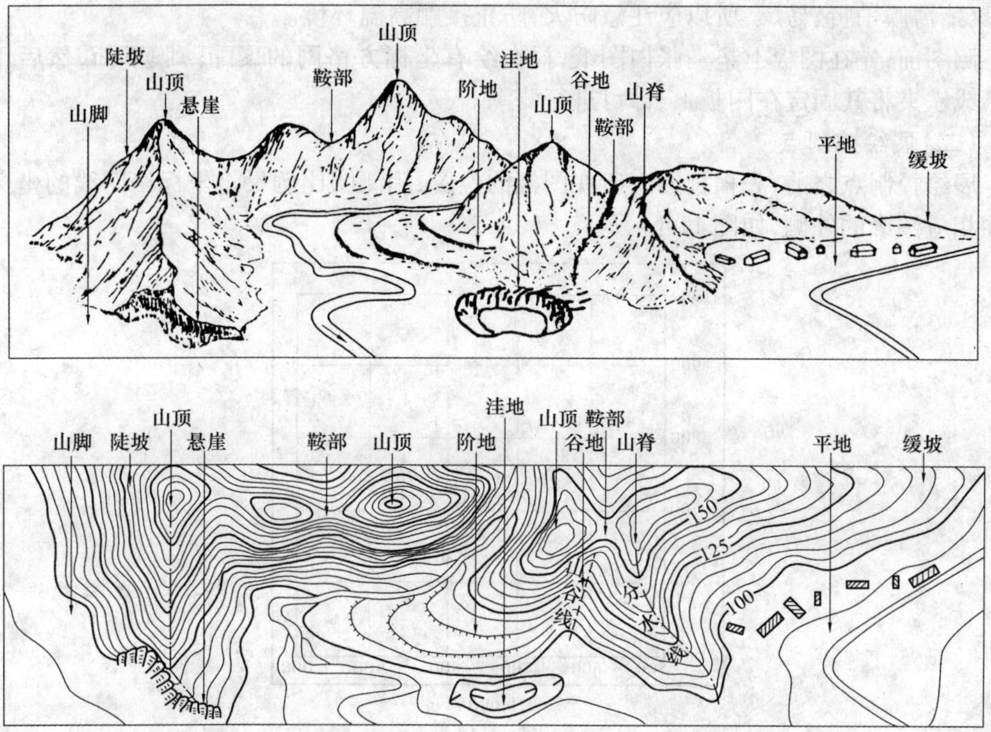

图 11-13

相等,等高线均匀。

(5)等高线过山脊、山谷时与山脊线、山谷线正交。

技能点二　地形图的测绘方法

在工程规划、设计和施工之前,都要施测该地区的地形图。地形图是在控制测量结束以后,以控制点为测站,测量周围地物、地貌特征点的平面位置和高程,依据测图比例尺缩绘在图纸上,按照《图家基本比例尺地形图图式　第 1 部分:1∶500　1∶1 000　1∶2 000》(GB/T 20257.1—2007)中规定的符号和方法绘制成的。

传统的大比例尺地形图测绘方法主要有小平板仪测图法、小平板仪配合经纬仪测图法、经纬仪测图法、水准仪测图法及大平板仪测图法等。下面主要介绍经纬仪测图法。

一、测图前的准备工作

在进行地形图测绘以前应做好各项准备工作,包括测图板的准备工作以及对测图所用仪器进行必要的检验与校正。测图板的准备工作包括图纸的准备、坐标方格网的绘制和展绘控制点。

(一)图纸的准备

目前,测绘单位广泛采用聚酯薄膜进行测图。这种经过打毛后的聚酯薄膜的优点是:伸缩性小,无色透明,牢固耐用,化学性能稳定,质量轻,不怕潮湿,便于携带和保存。但是，聚酯薄膜怕折、易燃，所以应注意防火，防止接触高温环境。

测图前，先在图板上垫一张白图纸，衬在绘有坐标方格网的聚酯薄膜下面，然后用胶带纸或铁夹将其固定在图板上，即可进行测图。

(二)展绘控制点

展绘控制点之前，先根据测区所在图幅的位置，用测图比例尺将坐标格网线的坐标值注在相应图廓的外侧，如图 11-14 所示。

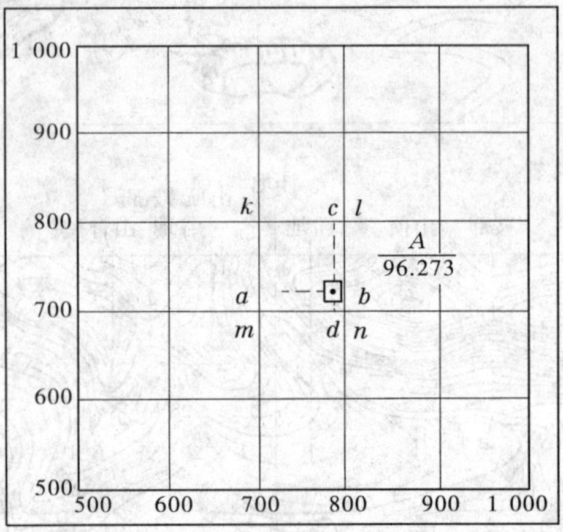

1:1 000

图 11-14

展绘时，先确定控制点所在的方格，如控制点 A 的坐标为 $x_A=723.64$ m、$y_A=789.53$ m、$H_A=96.273$ m。根据 A 点的坐标可知，A 在 $mnlk$ 方格内，然后从 m 点和 n 点分别向上量取 23.64 m 在图上的长度得 a、b 两点，再从 k、m 两点分别向右量取 89.53 m 在图上的长度得 c、d 两点，ab 和 cd 连线的交点即为 A 的位置。

同法可将其他各控制点展绘在坐标方格网内。因为展点的精度与成图质量有着密切的关系，各点展绘后应认真进行检查。其方法为：用比例尺量取各相邻控制点之间的距离和已知的边长相比较，其最大误差范围在图上不应超过 ±0.3 mm，否则应重新展绘。

当控制点的平面位置绘在图纸上后，应加上控制点的符号，并在其右侧画一横线，在横线上方注明点号，在横线下方注明高程。

二、碎部点的选择

地物、地貌特征点合称为碎部点，所以测绘地形图又可以称为碎部测量。碎部测量的目的是将待测碎部点（地物、地貌特征点）的平面位置及高程反映在图纸上。

碎部点的选择在测图中至关重要，如所选碎部点过多，会增大工作量，降低工作效率；如所选碎部点过少或位置不当，则不能详细地、正确地反映实地情况，所以作业时，应选择足够数量且准确的碎部点，这是保证成图质量和提高效率的关键。

(一)地物特征点的选择

在测绘地物时，凡是能依比例尺表示的地物，应将它们水平投影位置的几何形状相似地描绘在地形图上，如房屋、运动场等，或者将它们的边界位置表示在图上，边界内再均匀地填绘相应的地物符号，如树木、植被等。此时，碎部点应选择在决定地物形状的地物轮廓线上的转折点、交叉点、弯曲点上。当地物凸凹在图上小于 0.4 mm 时，可用直线连接；反之，应适当地选择凸凹点作为碎部点。由于测图比例尺的不同，图上 0.4 mm 所对应的实地距离也不同，如测绘 1:500 的地形图，地物轮廓线上离开直线部分 0.2 m 的凸凹就需测出，而测绘 1:2 000 的地形图时，0.8 m 的凸凹才需测出。

测绘时，对于不能依比例尺表示的地物，在地形图上以相应的地物符号表示在其中心位置上，如水塔、旗杆等。此时，碎部点应选择在独立地物的中心点或狭长地物的中心线上。

（二）地貌特征点的选择

地貌特征点应选择在山顶、鞍部、山脊、山谷的方向和地形变换处、山坡倾斜变换处以及山脚地形变换处。在平坦或地貌无明显变化的地区，为真实地反映实地情况，应根据视距的要求（见表 11-6）选择适当的碎部点。高差不大，不便勾绘等高线时，可用小圆点表示测点，称为地形点，并在点旁注明该点高程。

表 11-6　碎部点的最大间距和最大视距

测图比例尺	地貌点最大间距（m）	最大视距（m）			
		主要地物点		次要地物点和地貌点	
		一般地区	城市建筑区	一般地区	城市建筑区
1:500	15	60	50（量距）	100	70
1:1 000	30	100	80	150	120
1:2 000	50	180	120	250	200
1:5 000	100	300	—	350	—

如图 11-15 所示，1、2、3…为地物的特征点，立尺点为地貌的特征点。

图 11-15

三、经纬仪测图的方法

测图时经纬仪安置于测站点上，测出碎部点方向和已知方向的水平角，用视距法测出测站点到碎部点的距离和碎部点的高程。测图板安置于经纬仪旁边，根据测定的水平角和距离用量角器和比例尺按极坐标法将碎部点展绘于图纸上，并在点的右侧注记高程；然后根据各点对照实地情况，按照地形图图式规定的符号勾绘地形图。该方法操作简便，不受地形限制，速度和精度均能达到一定的要求，现场勾绘，图形逼真，是广泛采用的方法。每测站具体施测步骤如下。

（一）测站上的准备工作

（1）安置经纬仪。如图 11-16 所示，在测站点 A 安置经纬仪。量取仪器高 i，也可采用表 11-7 碎部测量手簿，并把仪器高记入手簿。

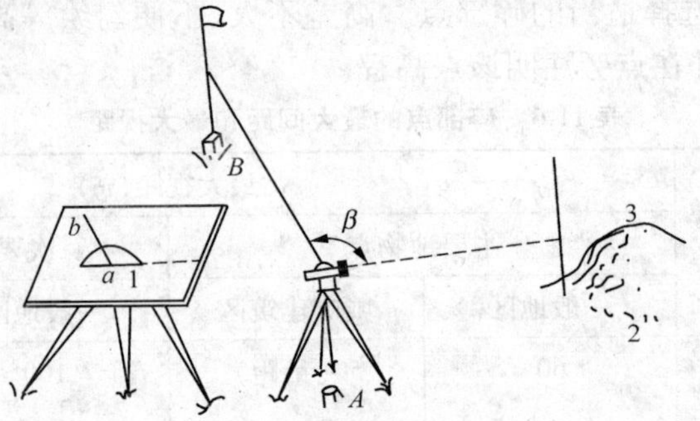

图 11-16

1、2、3——碎部点号

表 11-7　碎部点测量手簿

测站：A　　后视点：B　　仪器高 $i=1.45$ m　　指标差 $x=0$　　测站高程 $H_A=243.76$ m

点号	视距 Kl (m)	中丝读数 v (m)	竖盘读数 l (°　′)	竖直角 α (°　′)	初算高差 $\pm h'$ (m)	改正数 $i-v$ (m)	改正高差 $\pm h$ (m)	水平角 β (°　′)	水平距离 D (m)	高程 (m)	点号	说明
1	38.0	1.45	93 25	−3　28	−2.29	0	−2.29	175 30	37.9	241.47	1	山脚
2	37.5	1.45	93 00	−3　00	−1.96	0	−1.96	278 45	37.4	241.80	2	山脚
3	51.4	1.45	87 26	+2　34	+2.30	0	+2.30	236 20	51.3	246.06	3	山顶
4	102.8	2.45	91 45	−1　45	−3.14	−1.00	−4.14	297 15	102.7	239.62	4	

（2）经纬仪定向。置水平度盘读数为 0°00′，后视另一控制点 B，则 AB 称为起始方向，又称为后视方向，然后用另一控制点进行检查，检测的后视方向和另一控制点方向的水平夹角与控制测量时测得的角值之差不超过 1′，检测的另一控制点高程与该点在控制测量时测得的高程之差不应超过 1/5 基本等高距。

（3）测图板上的准备工作。连接图上相应控制点 a、b 并适当延长线段 ab，则 ab 为图上的起始方向线，然后用测针通过量角器圆心的小孔插进 a 点，使量角器固定在 a 点，并能绕 a 点转动，如图 11-17 所示。

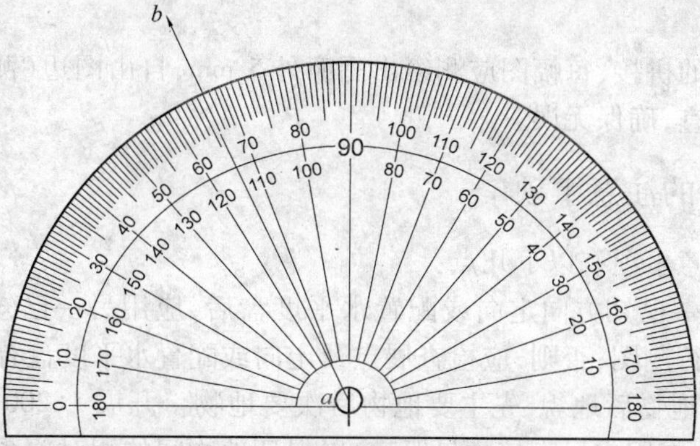

图 11-17

（二）立尺

立尺就是立尺员将视距尺依次立在地物、地貌的特征点上。在立尺之前，立尺员应弄清实测范围和实地情况，选定立尺点，并与观测员、绘图员共同商定跑尺路线。立尺员按商定路线有规律地立尺，对于复杂地区还应绘制立尺点的草图。立尺点要分布均匀，尽量一点多用，其间距及最大视距按表 11-6 中的规定选用。

（三）观测

盘左，从起始方向顺时针转动经纬仪照准部，照准 1 点上的视距尺，读视距 Kl，中丝读取 v，竖直度盘读数 α 和水平度盘读数 β，同法观测 2、3…各点。在观测的过程中，应随时检查后视方向是否为 0°00′，其差值范围应在 ±4′以内。否则，应重新定向，并检查已测的碎部点。

（四）记录

把各观测数据输入电子记录手簿中或记入表 11-7 记录手簿，对于重要碎部点，应在备注栏内加以说明。

（五）计算

采用碎部测量记录手簿时，用计算器计算出水平距离 D 和碎部点高程 H。（参见单元六中技能点四中相关内容。）

（六）展点

转动量角器，使其上等于 β 角值（碎部点 1 为 114°00′）的分划线对准起始方向线 ab（见图 11-17），此时量角器的零方向便是碎部点 1 的方向，然后用测图比例尺按测得的水平距离在该方向上定出点 1 的位置，并在点的右侧注明其高程。基本等高距为 0.5 m 时注至厘米，基本等高距大于 0.5 m 时注至分米。同法展绘其他各点。

（七）勾绘地形图

边展点边参照实地情况进行勾绘，所有地物、地貌都要按图式符号表示。勾绘时应严格遵守“看不清不绘”的原则。图上的地物、注记以及计曲线一般应在现场完成，要做到点点清、站站清、天天清。

为了检查测图质量，仪器搬到下一测站时，应先观测前站所测的某些明显碎部点，以检查由两站测得该点的平面位置和高程是否相等。若相差较大，则应查明原因，纠正错误后，再继续测绘。

为了相邻图幅的拼接，每幅图应测绘出图廓外 5 mm，自由图边（测区的边界线）在测绘过程中应加强检查，确保无误。

四、碎部测量的注意事项

碎部测量的注意事项有以下几点：

（1）测图前，用一已知方向定向或配置水平度盘后，应用另一已知方向检查，误差小于允许值后方可进行测图；否则，应检查展点及定向或配置水平度盘有无错误。

（2）测图时，先地物后地貌，先主要地物后次要地物。开展 1∶200、1∶500、1∶1 000 地形图的地物测量时，应用皮尺直接丈量距离，以保证地物间的相对关系。

（3）碎部测图时，立尺员立尺应有一定的规律，不要东立一个点，西立一个点，要尽可能测完一个地物后，再测另一个地物，绘图员应立即绘出地物轮廓线，以防止发生错误或出现遗漏。

（4）在测图过程中，每测一定数量的碎部点之后，应重新检查零方向，同时应及时检查图上碎部点之间的相对位置与实地有无矛盾，所绘地物与实地是否一致等。

五、地形图的绘制

在现场实测的碎部点展绘到图纸上后，即应对照实地随时描绘地物和勾绘等高线，如果测区范围较大，还应及时对各图幅衔接处进行拼接，经过检查与整饰，才能获得合乎要求的地形图。

（一）地物的描绘

地物应按《国家基本比例尺地形图图式　第 1 部分：1∶500　1∶1 000　1∶2 000 地形图图式》（GB/T 20257.1—2007）规定的符号及表示方法绘制，并与实地的情况核对及时描绘。如房屋按其轮廓用直线连接，河流、道路的弯曲部分则用圆滑曲线连接。对于不能按比例描绘的地物，应按相应的非比例符号表示。

（二）等高线的勾绘

地貌主要用等高线来表示，对于不能用等高线来表示的特殊地貌，如悬崖、峭壁、陡坎、冲沟、雨裂等，则应根据《国家基本比例尺地形图图式　第 1 部分：1∶500　1∶1 000　1∶2 000地形图图式》（GB/T 20257.1—2007）规定的符号绘出。

实测时，地貌点是按地形起伏来选点立尺的，这样地貌特征点的高程为任意值，而等高线的高程一般规定为从 0 m 起算，按基本等高距向上（下）叠加（减）而得，所以等高线的高程应为基本等高距的整数倍，因此地貌点就不一定在等高线上。实测中，地貌点选在坡度和方向变化的地方，这样可以认为两地貌点间的坡度是均匀的，故勾绘等高线时，首先要用比例内插法，在相邻两地貌点间确定等高线通过的点，再将相邻的同名高程点用光滑曲线连接。

目估法是实际勾绘等高线时常用的一种方法。它利用解析法的原理用目估确定相邻两地貌点间通过的等高线的位置。如图 11-18 所示，①点的高程为 97.5 m，②点的高程为 98.2 m，欲在①、②两点间插绘高程为 98.0 m 的等高线。由于①、②两点间的高差为 0.7 m，可将①、②连线目估分为7 等份；又因为97.5 m 的高程与98.0 m 的高差为 0.5 m，所以 98.0 m 的等高线必过图中距①点第 5 等分点。

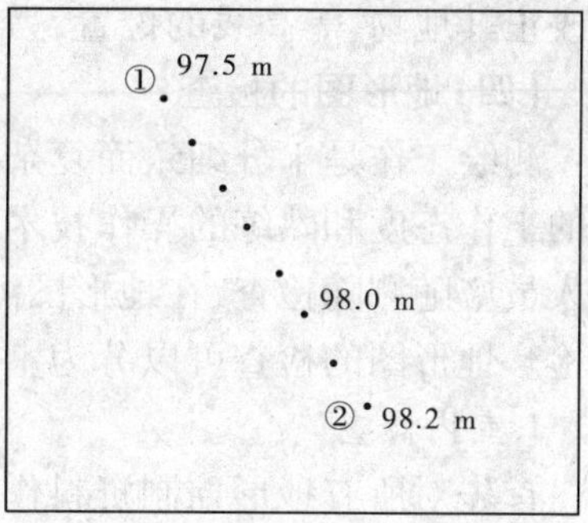

图 11-18

（三）地形图的拼接

当测区面积较大时，整个测区的地形图是分幅施测的。为保证相邻图幅的互相拼接，每一幅的四边均须测出图廓外 5 mm。

用白纸测图拼接时，将图边蒙绘于透明纸上，在上面绘出相应的图廓线及坐标格网线，并注出坐标数值，然后映绘图廓内外所有地物、地貌（图内绘出 1 ~ 1.5 cm，图外按图边规定的所测宽度）并注明相应图幅的编号、接图日期。为了区分不同图幅的地物、地貌，透绘时可用不同的颜色。由于测量误差的存在，使得地物、地貌在连接处不能完全吻合（见图 11-19），其差值称为接边差。当接边差小于表 11-8 和表 11-9 所规定的平面与高程中误差的 $2\sqrt{2}$ 倍时，取地物和等高线的平均位置加以改正。改正后的地物和地貌还应保持它们的合理走向，对于超限的部分，应通过外业检查解决。

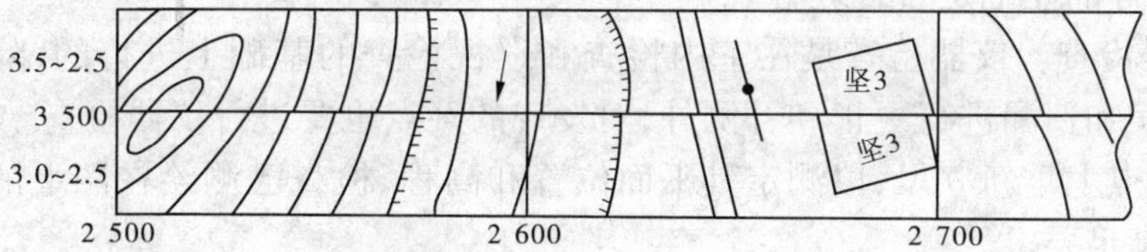

图 11-19

表 11-8　地物点位置和高程的中误差及地物点间距中误差

地区分类	点位中误差（图上 mm）	地物点间距中误差（图上 mm）	地区分类	高程中误差（m）
城市建筑区和平地丘陵地	0.5	0.4	城市建筑区和平坦地区铺装地面的高程注记点	0.07
旧街坊内部设站施测困难和山地、高山地	0.75	0.6	城市建筑区和平坦地区的一般高程注记点	0.15

表 11-9　等高线的高程中误差

地区类别	平地	丘陵地	山地	高山地
等高线高程中误差	$h/3$	$h/2$	$2h/3$	h

注：h 为等高距。

当采用聚酯薄膜测图时，不必再描绘图边，可直接利用其自身的透明性，让相邻两图幅的相应邻边叠合在一起，如接边差在表 11-8、表 11-9 允许误差范围内，则在其中一幅图上改正其地物、等高线的位置，另一幅根据改正后的图边进行改正。

(四)地形图的检查

测绘工作是十分细致而复杂的工作，为了保证成图的质量，测量人员必须具有严肃认真的工作态度和熟练的操作技术，同时还必须有合理的质量检查制度。在测图过程中，测量人员应随测随检查，在地形图测完以后，仍应对完成的成果成图资料进行严格的自检和互检。地形图的检查可以分为室内检查和室外检查两部分。

1.室内检查

首先对所有地形控制资料作全面详细的检查。其主要包括：图根控制点的密度是否符合要求，位置是否恰当；观测和计算手簿的记录是否齐全、清楚和正确；各项较差、闭合差是否在规定的范围内等。对图的检查主要包括：格网和控制点的展绘是否符合精度要求，地物、地貌是否清晰、易读，各种符号、注记是否正确，综合取舍是否合理，等高线与地貌点高程是否适应，图边是否接合等。

2.室外检查

室外检查是在室内检查的基础上进行的重点抽查，检查的方法可以分为巡视检查和仪器检查两种。

(1)巡视检查。巡视检查应根据室内检查的重点按所选的预定路线进行。检查时，将原图与实地对照，查看原图上的综合取舍是否合理，等高线的勾绘是否与实地相符，符号的运用、名称的注记是否合理等。

(2)仪器检查。仪器检查是在室内检查和巡视检查的基础上进行的，除对检查中发现的重点错误和遗漏进行更正和补测外，对发现的疑点也要进行仪器检查。检查时，在地物、地貌特征点上重新立尺，以测定其平面位置和高程，检查已测绘在图上的相应点的精度是否能够满足要求。

在检查中对所发现的错误、缺点和遗漏应尽可能予以纠正和增补，并对检查的结果及发现的问题进行记录，以便对地形图的质量进行验收。

(五)地形图的整饰

铅笔原图经过拼接和检查后，还应按《国家基本比例尺地形图图式　第1部分：1∶500　1∶0 000　1∶2 000地形图图式》(GB/T 20257.1—2007)的规定对地物、地貌进行清绘和整饰，以使图面更加合理、清晰、美观。地形图整饰的顺序是先图内后图外、先地物后地貌、先注记后符号。

技能点三　数字测图的方法

一、数字测图简介

(一)传统测图方法的缺点及数字测图的概念

传统的地形测图是将测得的观测值在野外用图解的方法转化为图形，原图的室内整饰也需在测区驻地完成，因此劳动强度大，人工解析图形信息的精度要比计算机低。另外，纸质图纸上的图形信息要进行变更，修改也极不方便，还会随着图纸变形而产生各种误差,很难适应当前信息剧增、经济建设突飞猛进的需要。

随着测绘仪器技术及计算机技术日新月异的发展,测绘行业也发生了根本性的技术变革,数字化技术是当前信息时代的平台,数字化是实现信息采集、存储、处理、传输和再现的关键,20 世纪 80 年代产生的电子速测仪、电子数据终端使野外数据采集摆脱了许多不利因素的影响,精度大大提高,并且向自动化方向发展。计算机技术的发展使内业机助制图成为可能,并且形成了一套从野外数据采集到内业制图全过程、一体化的测量制图系统,人们通常称该系统为数字测图或机助成图系统。

(二)数字测图的基本思想及系统简介

数字测图的基本思想是将地面上的地形和地理要素转换为数字量,然后由电子计算机对其进行处理,得到内容丰富的电子地图,需要时由图形输出设备输出地形图或各种专题图图形。

数字测图系统主要由数据输入、数据处理和数据输出三部分组成。

(三)数字测图的作业过程及作业模式

数字测图的作业过程包括数据采集、数据处理和图形输出三个基本阶段。

将模拟量转换为数字这一过程通常称为数据采集,数据采集主要有如下三种方法:

(1)野外测量数据采集。野外测量数据采集是使用测量仪器直接在野外进行数据采集。目前,野外数据采集的方法主要有全站仪数据采集和 GPS(RTK)接收机采集野外碎部点的信息数据。

(2)原图数字化采集。目前,我国主要采用扫描矢量化来数字化原图(已经测绘好的模拟图),然后再对原图进行修测,可较快地得到数字图。

(3)航片数字采集。

在大面积的测区,采用航空摄影测量方法,获得航测相片,然后进行航片数字处理。

(四)数字测图的特点及发展趋势

数字测图就是要实现丰富的地形信息和地理信息数字化、作业过程的自动化或半自动化。尽可能缩短野外测图时间,减轻野外劳动强度,而将大部分作业内容安排到室内去完成。同时,电子计算机控制下的机械操作代替了大量手工作业,这样既减轻了劳动强度,又提高了成图的精度。图形实现数字化后可方便地传输、处理和供多用户共享,图形内容的更新与修补十分方便,在图上可方便地提取各项测量数据,进行工程规划设计,图形的保存与管理也特别方便。数字测图能提供现势性强的地理基础信息,其成果经过一定的格式转换后可作为地理信息系统数据库的重要信息源。随着数字测图技术与设备的不断完善以及测绘工作者技术水平的不断提高,数字测图技术会逐渐地以其显而易见的优势代替传统的白纸测图。

二、数字测图方法

数字测图方法分为外业数据采集与内业软件成图两个过程。

(一)外业数据采集

1. 图根控制测量

实施数字测图之前必须先进行图根控制测量。图根控制测量分为图根平面控制测量及图根高程控制测量。图根平面控制测量主要使用图根导线测量，导线点坐标计算成果即可作为图根平面控制点成果。另外，还可以采用支导线法、极坐标法或交会法加密图根点。图根高程控制测量可采用图根水准测量或电磁波测距三角高程测量，水准点的高程计算成果即可作为图根高程控制点成果。

图根控制测量的作业方法及精度要求已在单元十（小面积控制测量）中作了介绍。数字化成图图根点（包括高级控制点）的密度应根据测图比例尺和地形条件而定，平坦开阔地区不宜小于表 11-10 中的规定。

表 11-10　数字化成图平坦开阔地区图根点密度

测图比例尺	1∶500	1∶1 000	1∶2 000
图根点数/km^2	64	16	4

地形复杂、隐蔽区及城市建筑区应以满足测图需要为原则，适当加大密度。

2. 地形特征点数据采集

采用全站仪进行地形特征点的数据采集一般需要 3 ~4 人一组进行，其中仪器观测员 1 名、绘草图领镜（尺）员 1 名、立镜（尺）员 1 ~2 名。

作业步骤如下：

（1）全站仪安置于图根控制点上，进入数据采集模式，输入测站点及后视点数据，建立测站，测量后视点坐标进行测站检核。开始采集测区范围内的地形特征点数据，将数据存储在建立好的测量数据文件中。

（2）数据采集的同时，草图员需及时绘制草图及记录对应点号。

完成了一个测站上全部数据采集工作后应再对后视点进行定向检查，检查无错误后即可搬到相邻测站进行数据采集。

全站仪数据采集的最大测距长度见表 11-11 的规定。

表 11-11　全站仪数据采集的最大测距长度

比例尺	最大测距长度（m）	
	地物点	地形点
1∶500	160	300
1∶1 000	300	500
1∶2 000	450	700
1∶5 000	700	1 000

应用全站仪进行数字测图时，测站点的坐标、后视点的坐标及碎部点的坐标都保存到同一个测量坐标数据文件中，这样建站时利用调用点号的方法更快、更方便些。同时，可在数据存储管理模式中查找任意一个碎部点的测量坐标数据。

草图员绘制草图时需及时与仪器观测者核对点号，将地物点点号标注在草图上，地貌点点号记录清楚，注意相邻测站地物、地貌的衔接，既不要重复测量太多，也不要漏测地物、地貌。

在建筑物稀少的非建成区,可采用 GPS(RTK)进行野外数据采集,一般需要基准站 1 人;每个 GPS 接收机 2 人,1 人观测,1 人画草图。

首先建立基准站,再进行 GPS 接收机校准,然后开始数据采集。

在建筑物稀少的非建成区,采用全站仪或 GPS 进行野外数据采集时,图根控制与数据采集同时进行。

(二)内业软件成图

1. 数据传输

进行数据传输的目的是将全站仪采集并存储的地物、地貌数据传输到计算机中,应用绘图软件进行坐标点的展绘。具体作业步骤为:

(1)用全站仪的数据传输线将全站仪与计算机连接好。

(2)应用全站仪数据通信模式中的发送数据将全站仪中的测量坐标数据发送到计算机中,并做好保存。

注意:首先应仔细检查数据线与全站仪及计算机相应端口的连接,全站仪中的数据通信参数的设置内容有协议、波特率、字符/校验、停止位。计算机中首先要选对仪器型号,保证联机状态,然后进行通信端口、波特率、校验、数据位、停止位的设置。以上各项设置正确后,全站仪中的测量坐标数据即可发送到计算机中,如数据格式与绘图软件要求的数据格式不符,可通过 Word 或 Excel 等进行格式转换。

2. 软件成图

内业软件成图是数字测图的最关键阶段,它是在数据采集以后到图形输出之前对采集的数据进行各种处理,绘制出数字地形图。其步骤为:

(1)设置绘图比例尺,展野外测点点号。

(2)参照外业草图绘制地物平面图。

(3)展野外测点高程。

(4)绘制等高线。

如地面高程起伏较大,需要绘制等高线,其步骤为:①应用观测点高程建立数字地面模型;②根据需要对数字地面模型进行修改;③根据等高距及拟合方式绘制等高线;④等高线的修饰(如线上高程注记、等高线遇地物断开等);⑤图形整饰。

按规定加注图框,标注图框外测图信息。若图幅面积较大,还需要分幅,并绘制图幅结合表。

目前,在测绘行业使用较多的成图软件有广州南方测绘公司的 CASS2008 数字化地形地籍成图软件、北京威远图公司的 CITOMAP 标准化测图软件等。

思考与练习题

1. 地形图与地物图有何不同?

2. 何谓地形图比例尺?比例尺有哪几种表示方法?各是如何使用的?

3. 何谓比例尺精度?它在测图工作中有何用途?

4. 试述 1∶5 000、1∶2 000、1∶1 000、1∶500 地形图正方形分幅时的图幅大小及其实地面积。

5. 比例符号、线形符号和非比例符号各在什么情况下使用？

6. 何谓等高线？等高线有哪些特性？等高距、等高线平距与地面坡度的关系如何？

7. 等高线一般分为几类？各在什么情况下使用？

8. 试用规定的符号标出图 11-20 中的山头、鞍部、山脊线、山谷线（山头△，鞍部○，山脊线—·—·—，山谷线－ － － －）。

图 11-20

9. 试述经纬仪测图的方法。

10. 怎样展绘控制点？检查方法又是怎样的？

11. 测图时，如何选择地物、地貌特征点？

12. 进行碎部测量时应注意哪些事项？

13. 说明绘制等高线的原理和方法。

14. 按图 11-21 所绘的地貌特征点的平面位置和高程，绘制等高距为 1 m 的等高线。

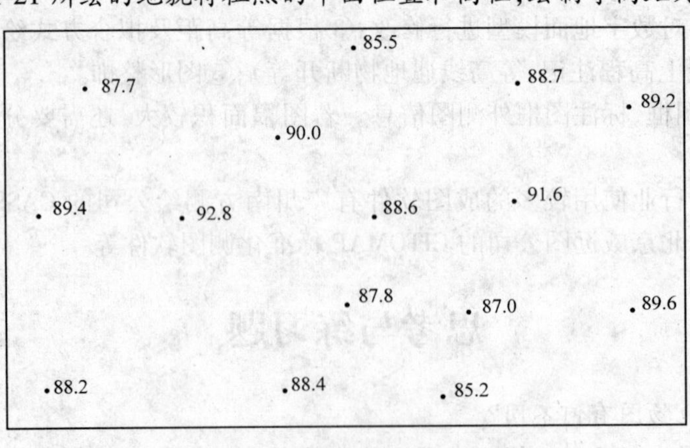

图 11-21

15. 怎样对地形图进行检查？地形图整饰的顺序是怎样的？

16. 应用绘图软件绘制地形图时的作业流程是什么？

17. 数字测图时为什么绘制草图？绘制草图员应如何与数据采集员进行很好的配合？有什么注意事项？

18. 应用绘图软件绘制等高线的步骤有哪些？如何进行等高线的整饰？

单元十二　地形图的应用

教学内容

本单元主要包括地形图的基本应用，地形图在工程设计中的应用等内容。

能力目标

能够正确阅读地形图，掌握地形图的基本应用及地形图在工程设计中的应用的各项内容及方法，具备在各项实际工程中能够准确灵活地应用地形图的能力。

技能点一　地形图的基本应用

地形图不仅反映了地面上地物的形状、大小、平面位置和地貌，还反映了地面上任意两点间的水平距离、高差及它们连线的方向。从地形图上就可以了解到地球表面的有关情况，获得所需要的地形信息，所以地形图便成了人们项目决策、规划设计、施工的依据。

一、地形图的阅读

地形图的阅读不仅局限于认识图上哪里是村庄，哪里是河流，哪里是山头等孤立现象，还要能分析地形图，把图上表示的各种符号和注记综合起来构成一个整体的立体模型展现在人们面前。因此，首先要了解图外一些注记内容，然后阅读图内的地物、地貌。下面以图 12-1 为例，说明阅读的过程和方法。

（一）图廓外注记

阅读时，从图廓外的注记了解这幅图的图名、图号、比例尺、所采用的坐标和高程系统、等高距以及图式版本、测图日期、测图人员等内容。在图的左上方标有相邻图幅接合图表，以便查取相邻的图幅。图的方向以纵坐标轴向上为正北方向。

（二）地物分布

在熟悉地物符号的基础上阅读地物。本幅图从北至南有王家院、橘园村两个居民地，中间以清溪河相隔，由人渡相连。河的北边有铁路和简易公路，二者在王家院东南部相交。路旁有路堑和路堤。河的南边有四条小溪汇流入清溪河。从橘园村往东、西、南三方向各有小路通往邻幅图。在橘园村的西北面有小桥、坟地、石碑，图的西南部有一庙宇及A51 号小三角点，其高程为 204.21 m，正南和东北部分别有 5 号、7 号埋石的图根点。在橘园村西北及东南方向、图的西部有 102 号、105 号、103 号图根点。图中 10 mm 长的十字线中心为坐标格网交点。

（三）地貌分布

图幅的西、南两方是逶迤起伏的山地，其中南面的狮子岭往北是一山脊，其两侧是谷地，西北角小溪的谷源附近有两处冲沟地段，西南部有一鞍部，名为凉风垭，东北角是起伏

白杨湾	金水桥	陈家村
草 坪	//////	砖 厂
新 站	茶 园	水泥厂

橘园村

21.0—10.0-Ⅲ

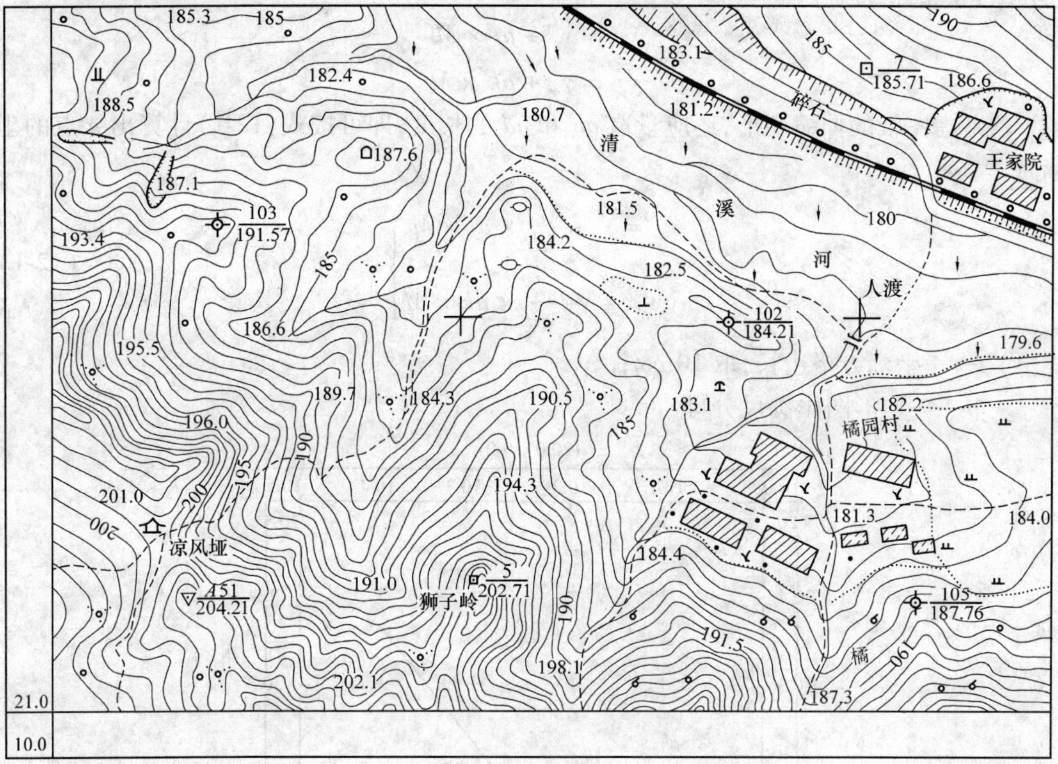

2008年10月全站仪法测图。
独立直角坐标系。
1985国家高程基准，等高距为1 m。
2007年版图式。

1∶2 000

测量员
检查员

图 12-1

不大的山丘，清溪河水由西北流向东南，其沿岸是平坦地带。在图幅内还均匀地注记了一些高程点。

（四）植被分布

图12-1的西、南方及东北角山丘上都是疏林和灌木丛，清溪河沿岸是稻田，橘园村东面是旱地，南面是果树林。王家院与橘园村周围都有零星散树和竹丛。

通过以上阅读，对本幅图中的地形情况有全面的了解。

二、地形图的基本应用内容

（一）确定地面点的平面坐标

点的平面坐标可以根据地形图上坐标格网的坐标值确定。

大比例尺地形图上10 cm×10 cm的坐标格网线交点均用十字标绘于图上，并在图廓上注有纵、横坐标值。

如图 12-2 所示，欲求 p 点的坐标，首先根据图廓坐标注记和 p 点的图上位置绘出坐标方格 $abcd$，然后过 p 点分别作平行于 x 轴和 y 轴的两条直线，量取 af 和 ak 的长度，即可计算出 p 点的坐标（x_p，y_p）

$$x_p = x_a + af \times M$$

$$y_p = y_a + ak \times M$$

若考虑图纸的伸缩变形，还应量取 ab 和 ad 的长度，即可按式（12-1）计算出 p 点的坐标为

$$\left.\begin{aligned} x_p &= x_a + \frac{l}{ab} \times af \times M \\ y_p &= y_a + \frac{l}{ad} \times ak \times M \end{aligned}\right\} \tag{12-1}$$

式中 l——坐标方格边长，取 10 cm；

M——地形图比例尺分母。

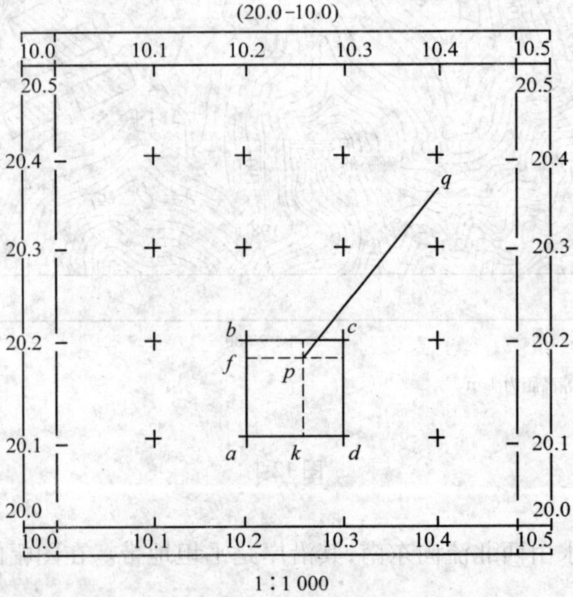

图 12-2

如果有电子版的地形图，则可用地形图绘图软件打开图形，直接用查询点坐标的方式可快速获取图上任意点的平面坐标，注意点位捕捉的正确性。

（二）确定两点间的距离

确定两点间的水平距离有以下几种方法。

1. 解析法

如图 12-2 所示，求 qp 的水平距离时，首先按式（12-1）求出 q、p 两点的坐标值（x_q、y_q）和（x_p、y_p），然后按式（12-2）计算 qp 的水平距离。

$$D_{qp} = \sqrt{(x_p - x_q)^2 + (y_p - y_q)^2} = \sqrt{(\Delta x_{qp})^2 + (\Delta y_{qp})^2} \tag{12-2}$$

2. 图解法

用卡规在图上直接卡出线段的长度，再与测图比例尺比量，即可得其水平距离。当精度要求不高时，也可用三棱尺直接在图上量取。

3. 查询法

如果有电子版的地形图，则可用地形图绘图软件打开图形，直接用查询两点距离的方式可快速获取图上任意两点间的水平距离，注意点位捕捉的正确性。

如果地面坡度较大，需要计算两点间的倾斜距离 D'，则可根据两点间的水平距离 D 和高差 h 求出，即 $D' = \sqrt{D^2 + h^2}$。

（三）确定两点间直线的坐标方位角

确定两点间直线的坐标方位角有以下几种方法。

1. 图解法

如图 12-3 所示，求直线 AB 的坐标方位角时，可先过 A、B 两点精确地作平行于坐标格网纵线的直线，然后用量角器量测 AB 的坐标方位角 α_{AB} 和 BA 的坐标方位角 α_{BA}。

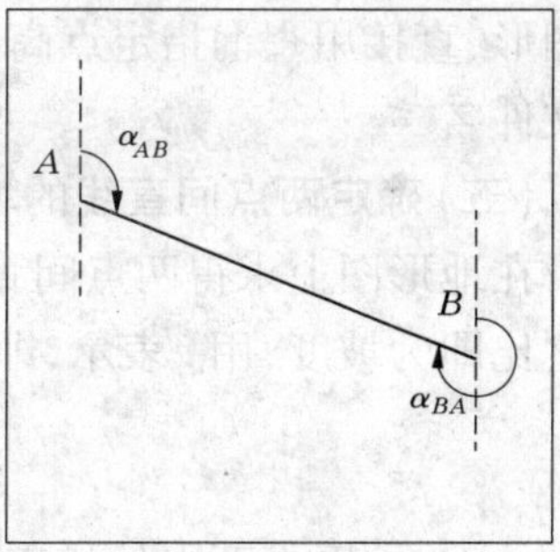

图 12-3

同一直线的正反坐标方位角之差应为 180°，但是由于量测中存在误差，一般将其误差之半按不同符号分别改正 α_{BA} 和 α_{AB}，或取其平均值。

$$\alpha_{AB} = \frac{1}{2}(\alpha_{AB} + \alpha_{BA} \pm 180^\circ) \qquad (12\text{-}3)$$

2. 解析法

先求出 A、B 两点的坐标，再按下式计算 AB 的方位角。

$$\tan\alpha_{AB} = \frac{y_B - y_A}{x_B - x_A} = \frac{\Delta y_{AB}}{\Delta x_{AB}}$$

$$\alpha_{AB} = \arctan\frac{\Delta y_{AB}}{\Delta x_{AB}} \qquad (12\text{-}4)$$

求出 α_{AB} 角后，要注意用 Δx_{AB} 和 Δy_{AB} 的符号来判定 AB 直线所在的象限，然后才能求算出方位角 α_{AB} 值。从图上量测某直线的距离和方位角时，图解法常用于直线两端点位于同幅图内时，解析法常用于两端点不位于同幅图内时。

3. 查询法

如果有电子版的地形图，则可用地形图绘图软件打开图形，直接用查询两点方位的方式可快速获取图上任意两点间的坐标方位角，注意点位捕捉的正确性及点位选择的顺序。

（四）确定地面点的高程

如果所求点恰好在等高线上，如图 12-4 中的 p 点，它的高程与所在等高线的高程相同，从图上看应为 $H_p = 27.0$ m。如果所求点不在等高线上，如图中的 k 点，这时，就要过 k 点作一条大致垂直于相邻等高线的线段 mn，量取 mn 的长度 d，再量 mk 的长度 d_1，k 点的高程 H_k 就可按比例内插法求得

$$H_k = H_m + \Delta h = H_m + \frac{d_1}{d}h \qquad (12\text{-}5)$$

式中　H_m——m 点的高程，m；

h——等高距（该图 h 等于 1 m），m。

假设 d 的长度为 14.5 mm，d_1 为 9.0 mm，则 k 点的高程为

$$H_k = 27.0 + \frac{9.0}{14.5} \times 1 \approx 27.6(\mathrm{m})$$

求图上某点的高程时，在精度要求不高时也可根据等高线的高程用目估法求取。

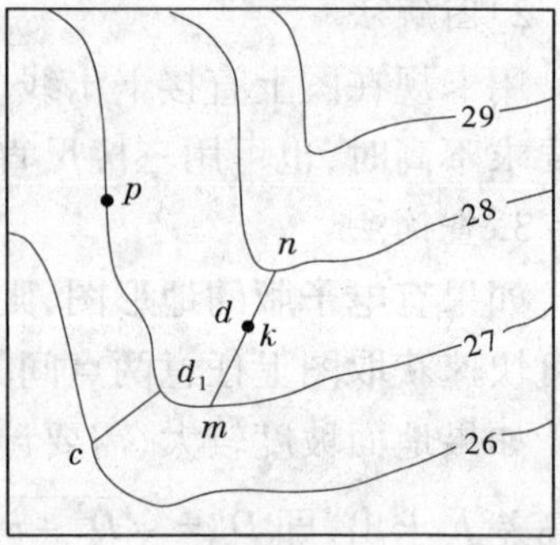

1:5 000

图 12-4

如果有电子版的地形图，则可用地形图绘图软件打开图形，直接用查询指定点高程的方式可快速获取图上任意点的高程，需要输入高程点数据文件名。

（五）确定两点间直线的坡度

在地形图上求得两点间直线的实地水平距离 D 及其两点间的高差 h，高差与水平距离之比即为坡度，用 i 表示，即

$$i = \frac{h}{D} = \frac{h}{d \times M} \qquad (12\text{-}6)$$

式中　d——图上两点的长度，m；

M——地形图比例尺的分母。

坡度 i 有正有负，“+”为上坡，“-”为下坡。坡度通常用千分率（‰）或百分率（%）的形式表示，如图 12-4 中，$cd = 0.01$ m，$h = +1$ m，$M = 5\,000$，则

$$i = \frac{h}{dM} = \frac{+1}{0.01 \times 5\,000} = +1/50 = +2\%$$

（六）量测图形面积

在规划设计和工程建设中，常需要知道某一范围地块的面积。例如：平整土地的填、挖面积，规划设计城市某一区域的面积，厂矿用地面积，渠道和道路工程中的填、挖断面的面积等。量测图形面积的方法很多，随着测绘仪器及计算机绘图技术的发展，图形面积的量测也变得快捷简便了许多。

应用全站仪的面积测量功能可进行土地面积测量工作，并能自动计算显示所测地块的面积，特别适用于小范围的土地面积测量。当仪器距离待测点位斜距小于 1 km 时，点位精度都可以达到三等界址点的精度（±0.15 m）要求。

如果在纸质地形图上量测某一图形的面积，则首先需解析出边界特征点坐标，应用 AutoCAD 等绘图软件展绘各个边界特征点，然后应用多义线按顺序（顺时针或逆时针）连接各点，组成闭合多边形，即可查询到图形面积、周长以及各边长等数据。

如果有电子版的地形图，则可用地形图绘图软件打开图形，直接用查询面积的方式可快速获取图上任意闭合多边形的面积，注意所选图形必须为一闭合实体，如采用逐点捕捉的方式应注意点位捕捉的正确性及点位顺序。

电子求积仪是采用集成电路制造的新型求积仪,可靠性高,操作简单方便。日本牛方商会生产的 X – PLAN 360d 型电子求积仪如图 12-5 所示。这种求积仪不仅可以测定面积而且可以同时测定线长,特别是在量测多边形时,不须描迹各边,只要依次描对各顶点,就可以正确地得到图形的面积或线长(周长)。

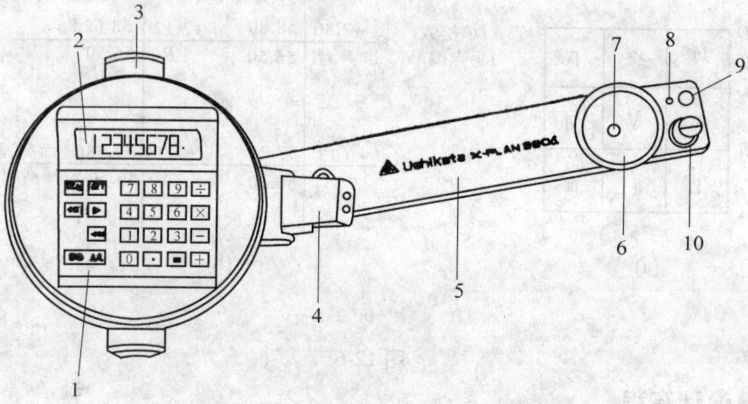

1—键盘;2—显示器;3—滚轮;4—描杆固定扳手;5—描杆;6—描迹放大镜;7—描点;8—LED 灯;9—测定方式变换开关;10—START/POINT 开关

图 12-5

技能点二　地形图在工程设计中的应用

一、地形图在场地平整中的应用

在各项工程建设中,往往要对拟建地区的原地形作必要的改造,以便适于布置和修建各类建筑物,排泄地面积水以及满足交通运输和敷设地下管线的要求,这种改造地形的工作称为场地平整。在场地平整之前,必须先在地形图上进行平整后的标高设计,以及计算施工中的填挖方量,尽量降低施工成本,提高经济效益。要想降低成本,只有减少填挖方量和运距,要做到这两点就必须遵守填挖方量平衡的原则,使工程量最小。在通常情况下,根据设计要求,建筑场地一般要求平整成水平面或倾斜面。场地平整的方法很多,下面介绍应用方格网法进行水平面的平整方法。

平整场地需先作场平设计,确定平整后的场地高程,并应作土方计算。其具体步骤如下。

(一)绘制方格网

在场地地形图上拟建范围内绘制方格网,方格大小根据地形复杂程度、地形图比例尺以及要求的精度而选定。方格的边长以 10 ~ 40 m 为宜(一般多用 20 m)。根据等高线计算各方格顶点的高程,称为地面高程,标注于各顶点的右上角(亦可用水准仪,以视线高法测出各顶点的高程)。方格网编号,横向按 1、2、3…编号,纵向按 *A*、*B*、*C*…编号,方格用Ⅰ、Ⅱ、Ⅲ…编号,如图 12-6(a)所示,各方格顶点编号即用纵横向编号来编定,标注在该点的左下角，如图 12-6(b)所示。

场地平整后的地面高程称为设计高程，标注于方格顶点的右下角。原地面标高与设计高程之差称为填挖数，规定挖方为"+"，填方为"-"，标注在方格顶点的左上角，如图 12-6(b)所示。

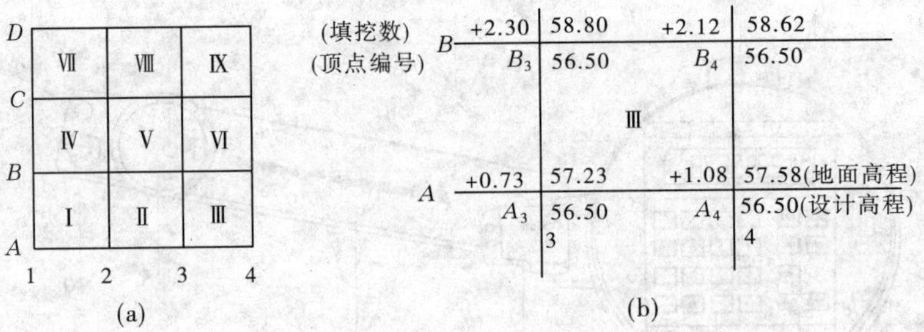

图 12-6

(二)计算设计高程

要使工程量最小，必须使填挖土方量平衡，即需要算出使填挖土方量平衡的设计高程。计算时，先将每一小方格顶点的高程加起来除以 4，就得到各方格的平均高程 H_i，再把每一方格的平均高程相加除以方格总数，就得到设计高程 $H_{设}$。

$$H_{设} = \frac{\sum H_i}{n} \quad (i = 1,2\cdots) \tag{12-7}$$

式中 H_i——每一方格的平均高程，m；

n——方格总数，个。

设计高程也可采用加权平均值法计算，所谓权就是权衡轻重的意思。如图 12-7 所示，方格网角点 A_1、A_5、C_5、D_1、D_3 等，它们的设计标高只控制(影响)一个方格的土方量，故它们的权均为 1；边上各点 A_2、A_3、A_4、B_1、C_4、D_2、C_1、B_5 等，它们的设计标高将控制(影响)两个方格的土方量，故它们的权均为 2；而中间点 B_2、B_3、B_4、C_2 等，它们的设计标高将控制(影响)四个方格的土方量，故它们的权均为 4。同理，C_3 点的权为 3。

各方格网点的加权平均高程，即设计高程可用式(12-8)计算

$$H_{设} = \frac{\sum (P_i \times H_{地i})}{\sum P_i} \quad (i = 1,2\cdots) \tag{12-8}$$

式中 P_i——各方格点的权；

$H_{地i}$——各方格点的地面高程，m。

【例 12-1】 一场地方格网边长为 20 m，各顶点地面高程如图 12-8 所示。现拟平整成一填挖方均衡的水平面，试计算其设计高程。

解 (1)用代数平均值计算。

各方格平均高程为

$$H_{\mathrm{I}} = \frac{64.81 + 63.82 + 62.71 + 63.67}{4} = 63.75(\mathrm{m})$$

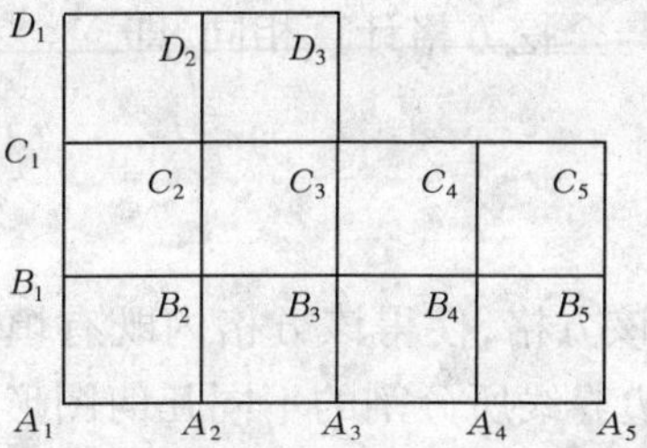

图 12-7

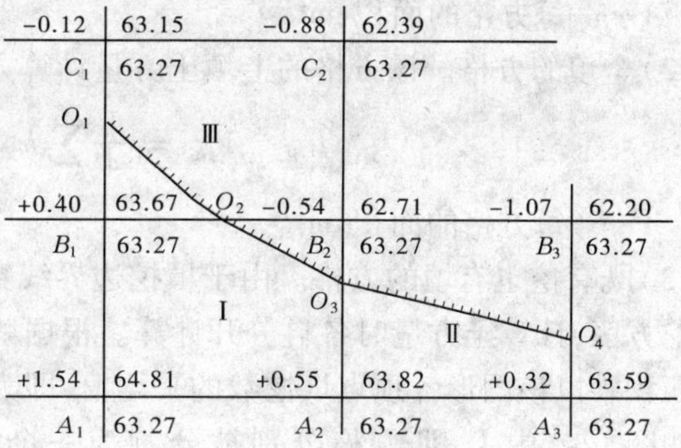

图 12-8

$$H_{\text{Ⅱ}}=\frac{63.82+63.59+62.20+62.71}{4}=63.08(\text{m})$$

$$H_{\text{Ⅲ}}=\frac{63.67+62.71+62.39+63.15}{4}=62.98(\text{m})$$

将 $H_{\text{Ⅰ}}$、$H_{\text{Ⅱ}}$、$H_{\text{Ⅲ}}$代入式(12-7)中得设计高程

$$H_{设}=\frac{H_{\text{Ⅰ}}+H_{\text{Ⅱ}}+H_{\text{Ⅲ}}}{3}=\frac{63.75+63.08+62.98}{3}=63.27(\text{m})$$

(2)用加权平均值计算。

把各方格点地面高程及权代入式(12-8)中得

$$H_{设}=\frac{1\times(64.81+63.59+62.20+62.39+63.15)+2\times(63.82+63.67)+3\times 62.71}{1\times 5+2\times 2+3\times 1}$$

$$=63.27(\text{m})$$

把设计高程注于各顶点的右下角。

(三)计算各方格点的填挖数

由各方格点的地面高程与设计高程可计算出各点的填挖数为

$$h_i=H_{地i}-H_{设}\quad(i=1,2,\cdots)\tag{12-9}$$

当 h_i 为"+"时表示下挖,为"-"时表示上填。

由式(12-9)计算出的填挖数 h_i 标注在各方格点的左上角,如图 12-8 所示。

(四)求出填挖边界线

用内插法在方格网上求出高程为 $H_{设}$ 的点,把各点相连即为填挖边界线,在该线上既不填也不挖即填挖数为零,该线也称为零线。在该线高程低的一侧画上小短线,以示填方区,另一侧则为挖方区,如图 12-8 所示的 O_1—O_2—O_3—O_4 线。

(五)计算土方量

由填挖边界线把方格网分割成以下三种形式。

(1)全挖的方格。该方格的下挖土方量为各方格点下挖数的平均值与方格面积的乘积,即

$$V_{挖i}=\frac{1}{4}\sum h_{挖i}\times A\tag{12-10}$$

式中　A——每方格的面积，m^2。

(2)全填的方格。该方格的上填土方量计算方法与全挖方格计算相同，即

$$V_{填i} = \frac{1}{4}\sum h_{填i} \times A \tag{12-11}$$

式中　A——每方格的面积，m^2。

(3)既有挖也有填的方格。由于填挖边界线穿过该方格，使得该方格内既有填方区，也有挖方区，计算土方量时各自分开计算。根据填挖边界线所分割的不同几何图形，计算出其面积乘以该图形各顶点填挖数的平均值，即为相应的填(挖)土方量。

如图 12-8 中Ⅰ、Ⅲ方格分别被分割为一个三角形和一个五边形，其土方量可按式(12-12)计算

$$V_{三角i} = \frac{1}{3}\sum h_i \times \frac{1}{2}(c_{直} \times d_{直}) \tag{12-12}$$

式中　$c_{直}$、$d_{直}$——三角形的两个直角边边长，m。

$$V_{五边i} = \frac{1}{5}\sum h_i \times \left[A - \frac{1}{2}(c_{直} \times d_{直})\right] \tag{12-13}$$

如图 12-8 中Ⅱ方格被分割为两个梯形，其土方量可分别按下式计算

$$V_{梯i} = \frac{1}{4}\sum h_i \times \frac{1}{2}(a_{底} + a_{顶}) \times b \tag{12-14}$$

式中　$a_{底}$——梯形底边长，m；

$a_{顶}$——梯形顶边长，m；

b——方格边长，m。

【例 12-2】　试计算图 12-8 中填挖的土方量。

解　(1)计算Ⅰ、Ⅲ方格中的三角形及五边形的填挖土方量。

在Ⅰ方格中的 B_1B_2 边，一端为填方，另一端为挖方，故中间必有一零点，如图 12-9 所示。该边零点为 O_2，设零点 O_2 至 B_1 的距离为 x，由相似三角形的对应边边长比例关系可得

$$x = \frac{b}{|h_1| + |h_2|} \times |h_1| \tag{12-15}$$

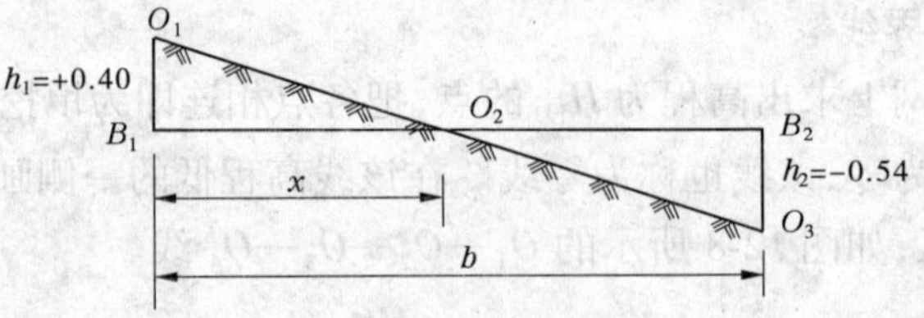

图 12-9　(单位：m)

把 h_1、h_2、b 代入式(12-15)得

$$x = \frac{20}{0.40 + 0.54} \times 0.40 \approx 8.51(m)$$

即 O_2B_1 长为 8.51 m，那么 O_2B_2 长为 20 m − 8.51 m = 11.49 m。

同理，按式(12-15)可计算出 O_1C_1 长为4.62 m，O_1B_1 长为15.38 m；O_3B_2 长为9.91 m，O_3A_2 长为10.09 m；O_4B_3 长为15.40 m，O_4A_3 长为4.60 m。

把上述有关数据及各点填挖数代入式(12-12)和式(12-13)中就可求出Ⅰ、Ⅲ格的三角形和五边形的填挖土方量。

$$V_{\text{Ⅰ三角填}} = \frac{1}{3} \times (0.54 + 0 + 0) \times \frac{1}{2} \times (11.49 \times 9.91) \approx 10.25(\text{m}^3)$$

$$V_{\text{Ⅰ五边挖}} = \frac{1}{5} \times (0.40 + 1.54 + 0.55 + 0 + 0) \times \left[400 - \frac{1}{2} \times (11.49 \times 9.91)\right] = 170.85(\text{m}^3)$$

同理

$$V_{\text{Ⅲ三角挖}} = \frac{1}{3} \times (0.40 + 0 + 0) \times \frac{1}{2} \times (15.38 \times 8.51) = 8.72(\text{m}^3)$$

$$V_{\text{Ⅲ五边填}} = \frac{1}{5} \times (0.12 + 0.88 + 0.54 + 0 + 0) \times \left[(400 - \frac{1}{2} \times (15.38 \times 8.51)\right] = 103.04(\text{m}^3)$$

(2)计算Ⅱ方格梯形填挖土方量。

把上述有关数据及各点填挖数，代入式(12-14)中就可求出Ⅱ方格的填挖土方量

$$V_{\text{Ⅱ梯挖}} = \frac{1}{4} \times (0.55 + 0.32 + 0 + 0) \times \frac{1}{2} \times (10.09 + 4.60) \times 20 = 31.95(\text{m}^3)$$

$$V_{\text{Ⅱ梯填}} = \frac{1}{4} \times (0.54 + 1.07 + 0 + 0) \times \frac{1}{2} \times (9.91 + 15.40) \times 20 = 101.87(\text{m}^3)$$

(3)计算填挖出土方量。

总的挖方量为

$$170.85 + 8.72 + 31.95 = 211.52(\text{m}^3)$$

总的填方量为

$$10.25 + 103.04 + 101.87 = 215.16(\text{m}^3)$$

两者相差3.64 m^3，约占总土方量的2%，在工程实际中是容许的，可认为填挖土方量基本上是平衡的。

二、地形图在建筑设计中的应用

(一)根据地形图确定建筑物的面积和形状

在城镇建筑设计之前，首先使用反映拟建场地及其周围地形的地形图，根据地形的有关情况及城市规划要求拟定建筑物的形状和面积，上报城市规划部门审批。

(二)根据地形来确定建筑物 ±0 的标高及其构造形式

(1)根据地形图上拟建地面标高及排污管道的标高来确定建筑物 ±0 的标高。

(2) ±0 标高确定以后，根据地形高差状况来确定 ±0 以下的构造形式。

拟建场地较平，当其标高不低于 ±0 标高时，按常规设计；当其标高低于 ±0 标高时，采取填高至 ±0 或建地下室，或采用支撑柱悬空，也可采用支撑柱悬空与地下室相结合。

具体选择哪种形式要根据具体情况，通过比较看哪种构造形式最经济、合理。

拟建场地为坡地时，根据 ±0 标高，采取整平、半悬空或悬空等几种形式，如图 12-10 所示。

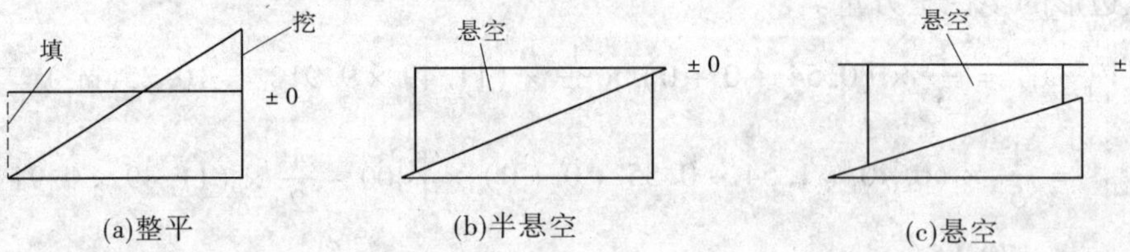

图 12-10

三、地形图在管线设计、施工中的应用

(一)绘制设计方向线的纵断面图

在各种管线工程设计中，为了进行填挖方量的概算，合理确定管线的坡度，都需要了解沿线方向的地面起伏情况，为此常利用地形图绘制指定方向的纵断面图。如图 12-11 所示，pq 的方向已定，要作出 pq 方向的断面图，可先将 pq 直线与图上等高线的交点以及山脊和山谷的方向变化点 b、e 标明，然后按该地形图的比例尺，把图上 p、a、b、c、d、e f、g、h、q 点转绘在一水平线上。过水平线上各点，作水平线的垂线，在各垂线上按比例尺截取出各点相应的高程，最后用平滑曲线连接这些顶点，便得到 pq 线的断面图。为了使断面图能明显地表示地面的起伏情况，常把高程的比例尺增大为距离比例尺的 10 倍或 20 倍来描绘。

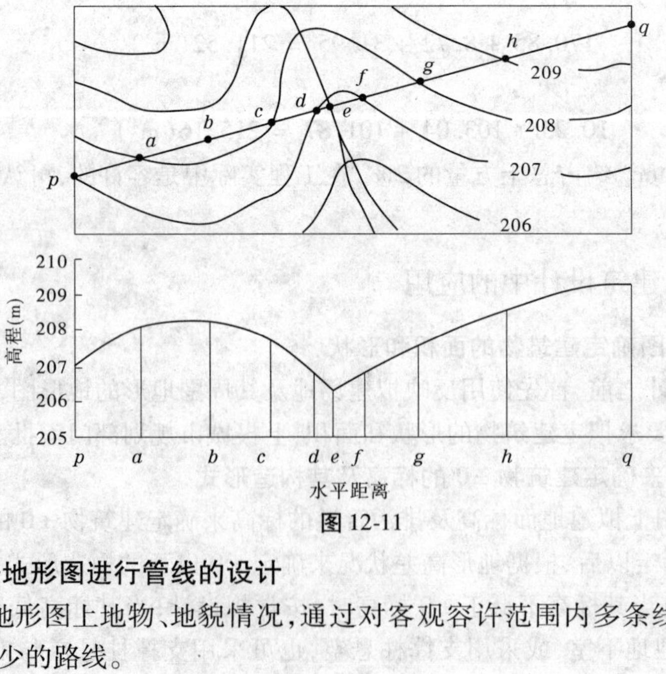

图 12-11

(二)根据地形图进行管线的设计

(1)根据地形图上地物、地貌情况，通过对客观容许范围内多条线路的比较，选择距离既短方量又少的路线。

(2)路线选定后进行设计时,在符合管线坡度要求的范围内,根据纵断面图选择最佳管线坡度,使土方量和架空工程量最少,亦即造价最低。

(三)地形图在管线施工中的应用

(1)应用地形图,根据管线的设计标高及挖宽计算土方工程量。

(2)在精度容许条件下,可用图解法在地形图上求出主点的测设数据。

四、地形图在道路规划、设计中的应用

(一)选线

根据地形图,在满足坡度要求的情况下选择最短且土方量最少的路线。

1. 按限制坡度选定最短路线

如图12-12所示,设从公路旁A点到山头B点先定一条路线,限制坡度为6%,地形图比例尺为1:2 000,等高距为1 m。为了满足限制坡度的要求,可根据式(12-6)求出该路线通过相邻两条等高线的最小等高平距(在地形图上的长度)

$$d = \frac{h}{iM} = \frac{1}{0.06 \times 2\,000} \approx 0.008\,3(\text{m}) = 8.3\ \text{mm}$$

然后,用卡规张开8.3 mm,先以A点为圆心作圆弧,交81 m等高线于1点;再以1点为圆心作圆弧,交82 m等高线于2点;依次类推,直至B点。连接相邻点,便得同坡度路线A—1—2—…—B。若所作圆弧不能与相邻等高线相交,则以最小等高线平距直接相连,这样该线段为坡度小于6%的最短路线,符合设计要求。在图上尚可沿另一方向定出第二条路线A—1′—2′—…—B,可以作为比较方案。在实际工作中,还需在野外考虑工程上其他因素,如少占或不占良田、避开不良地质、工程费用最少等进行修改,最后确定一条最佳路线。

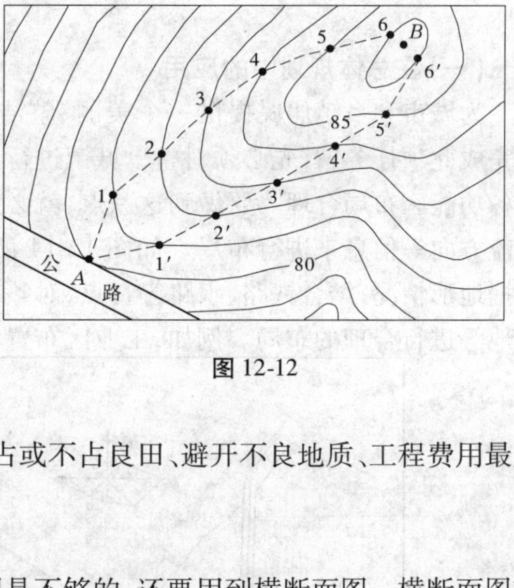

图12-12

2. 应用地形图绘制横断面图

在进行道路土方量计算时,只有纵断面图是不够的,还要用到横断面图。横断面图就是垂直于纵断面方向的剖面图,其画法与纵断面图完全一样。

3. 应用地形图作方案比较

当线路经过高差较大的山地时,在满足道路坡度要求的前提下,是绕山走还是劈山或打隧道,具体采用何种方案要通过对各种方案工程造价的比较才能确定。

(二)应用地形图确定汇水面积

在修筑道路经过山谷地段时,需建造一涵洞以排泄水流。设计时,涵洞孔径的大小应根据流经该地段的水量来决定,而这水量又与汇水面面积有关。如图12-13所示,由分水线BC、CD、DE、EF及道路MN所围成的面积即为汇水面积。各分水线处处都与等

高线垂直，且经过一系列的山头和鞍部，并与河谷的指定断面（图 12-13 中 A 处的直线）闭合。

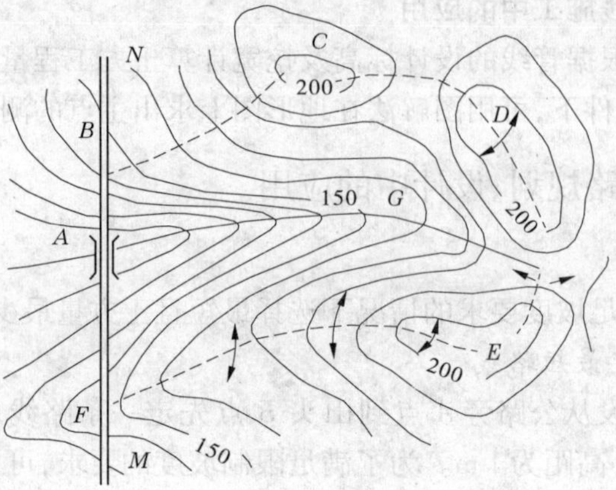

图 12-13

五、地形图在城镇规划中的应用

（一）在总体规划中的应用

为城市和乡镇居民提供一个美丽、整洁、舒适、卫生的环境是城镇建设的重要任务。要完成此项任务，首先必须对整个城镇进行合理的规划，使城镇的生活区、工业区、商贸区等各功能区布局合理。要做到这一点，就必须根据地形图所提供的地物状况、地貌状况、水流方向等信息来进行布局。如图 12-14 所示为某镇 2000～2020 年的总体规划图。它根据地形情况，结合铁路、水路等特点，对整个镇的工业区、生活居住区、公共建筑、仓库、绿地等进行合理的布局。例如，工业区布置在镇的边缘并且沿着铁路和河流布置，一来减

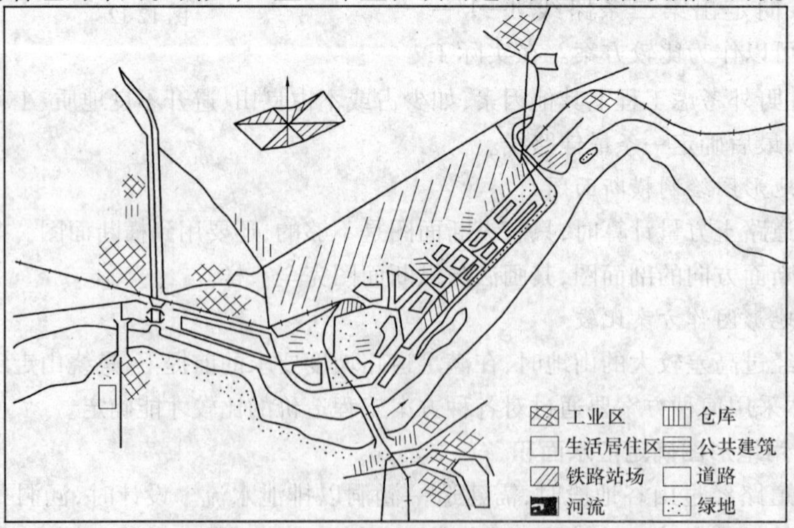

图 12-14

少污染,二来充分利用铁路、水路交通。

(二)在小区规划中的应用

建筑物布置要满足建筑日照、通风的要求,服务性建筑还要考虑服务半径及服务高差因素。在小区规划中,如何合理地利用地形,充分利用土地,减少土方工程量,是一门很讲究的艺术。

1. 建筑群的布置

在山地或丘陵地区进行建筑群体布置时,应适应地形变化,争取绝大部分的建筑有良好的朝向,并提高日照、通风的效果。如图 12-15 所示,图 12-15(a)是没有考虑地形和气候条件,布置成规划的行列式,造成间距不良、工程量较大、用地不经济等缺点;图 12-15(b)是结合地形灵活布置的自由式或点式,在建筑面积与图 12-15(a)相同的情况下,由于改进了平面布置,既减少了挖土方工程量,又增加了房屋间距,也提高了日照、通风等效果,从而改善了使用条件。可见,充分结合地形来确定建筑群体的布置方案是应用地形图进行规划设计的重要问题。

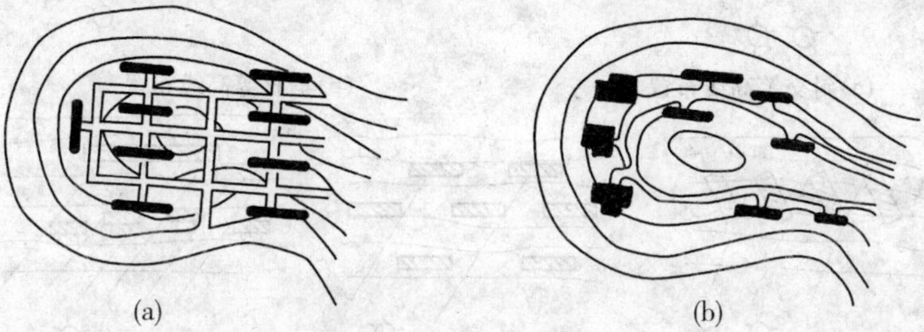

图 12-15

2. 建筑日照

利用地形图布置建筑物时,要根据地貌的坡度和坡向密切结合建筑布置形式和朝向,确定合理的建筑日照间距。

山地和丘陵地区,建筑日照的间距受其坡向的影响比较明显,如图 12-16(a)所示,在南向坡(向阳坡),当建筑物平行于等高线布置时,其地面坡度越大,日照间距 D 就越小,所以可以利用向阳坡日照间距小的条件,增加建筑密度或布置高层建筑,以充分利用建筑用地。但是,在北向坡(背阳坡)布置建筑时,如图 12-16(b)所示,其坡度越大,所需日照间距 D 也越大,用地很不经济。为了合理地利用地形,争取良好的日照,建筑物的布置常采用与等高线斜交或垂直的方式(见图 12-17 中(a)、(b)),或采取斜列、交错、长短结合、高低错落和点式平面等处理(见图 12-17 中(c)、(d)、(e)),也可以在用地分配上,利用背阳坡地规划为绿地、运动场、停车场等公共设施场地。

(三)在新厂规划设计中的应用

1. 厂址选择

在城市中新办厂厂址选择应根据地形图所反映的地形情况、水流方向、交通、排污等信息,结合风向、用地造价等因素,经济合理地选择厂址。如图 12-14 所示,有水源污染的厂应选择在河流的下游,有气体污染的厂最好选在下风口方向离镇中心较远的工业区。

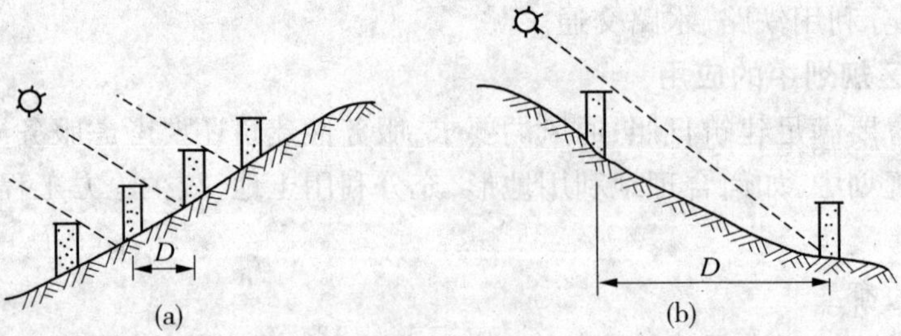

图 12-16

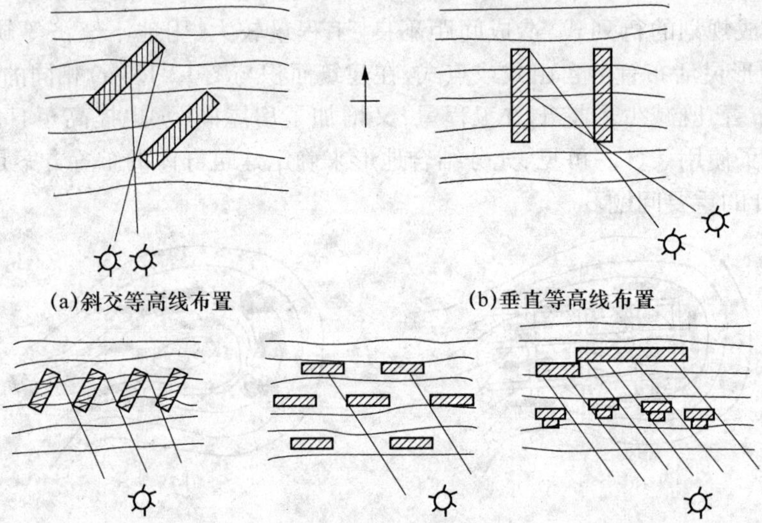

(a)斜交等高线布置　(b)垂直等高线布置

(c)斜列等高线布置　(d)交错等高线布置　(e)点式布置

图 12-17

2. 新厂设计标高的确定

为了尽量减少土方量，降低工程造价，在满足建筑要求的情况下，根据地形图上反映的高差情况，合理地确定设计标高的个数以及每个地块的设计标高是一项很重要的工作。

3. 新厂规划

厂址确定以后，根据地形状况以及风向，合理地布局好生产、生活、娱乐、服务等各个功能区，以及水、电、道路、园林绿化等。规划得好与坏直接影响到一个厂的生产和人民生活的质量，故必须认真做好规划工作。

思考与练习题

1. 利用图 12-18 完成如下作业。

(1) 用内插法求 p、q 两点的高程。

(2) 用图解法求 p、q 两点的坐标。

(3) 求 p、q 两点之间的水平距离。

(4) 求 p、q 两点连线的坐标方位角。

(5)求从 p 点至 m 点的平均坡度。

(6)从 p 点至 q 点选定一条坡度为 3.5% 的路线。

(7)绘制 pq 方向的纵断面图。

2. 根据土方平衡原则，将图 12-18 中 x 为 100～200 m、y 为 200～300 m 范围内的场地进行平整，试算出它的设计标高和填挖土方量(此图已缩小 3/10)。

3. 地形图在建筑设计中有何作用？如何结合地形来进行设计？

4. 地形图在管线设计施工中有何作用？

5. 在道路规划设计中怎样选线？

6. 地形图在城镇规划中有何应用？

7. 如图 12-19 所示为 1∶2 000 的地形图，欲做通过设计高程为 52 m 的 a、b 两点、向下设计坡度为 4% 的倾斜面，试绘出其填挖边界线。

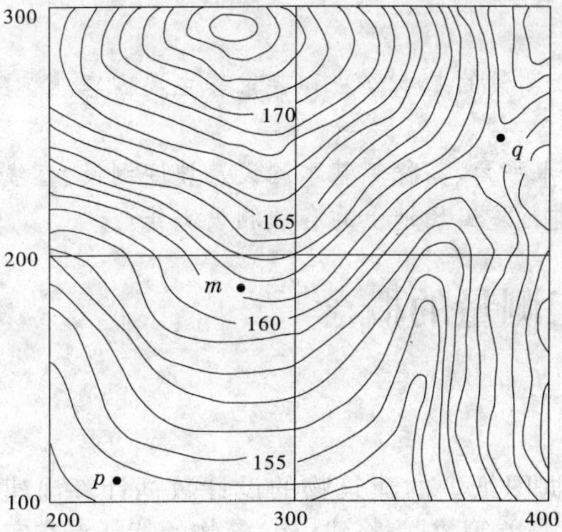

图 12-18

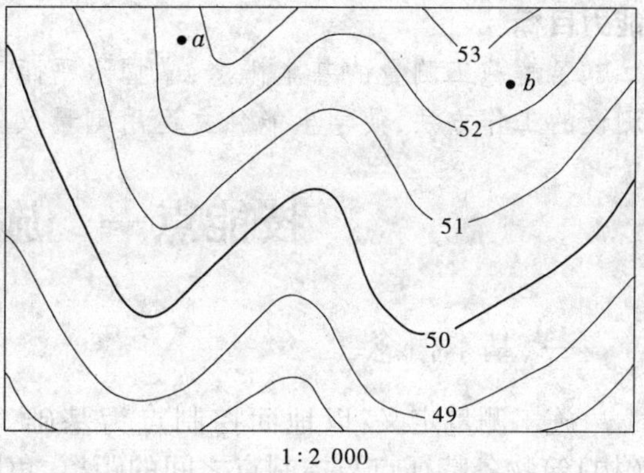

图 12-19

模块四　建筑施工测量

本模块主要包括测设的基本工作、民用建筑施工测量、工业建筑施工测量、高层建筑施工测量、特殊建(构)筑物施工测量及建筑物变形观测等内容,是建筑行业测量工作岗位的核心技能,是构建工程测量职业岗位知识体系与能力结构的重要组成部分。

单元十三　测设的基本工作

教学内容

本单元主要包括建筑施工测量的基本概念、测设的基本方法和要求等主要内容。

能力目标

了解施工测量的基本概念,掌握水平距离、水平角、高程等基本测设及坡度测设、直线测设的工作方法,使学生能独立运用测量仪器进行施工场地上的各项测设工作。

技能点一　施工测量的概念

一、基本概念

施工测量定义:以地面控制点为基础,根据图纸上的建筑物的设计数据计算出建(构)筑物各特征点与控制点之间的距离、角度、高差等数据,将建(构)筑物的特征点在实地标定出来,作为施工的依据,这项工作称为测设,又称施工放样。

施工测量的目的:与一般测图工作相反,它是按照设计和施工的要求将设计的建(构)筑物的平面位置和高程测设在地面上,作为施工的依据,并在施工过程中进行一系列的测量工作,以衔接和指导各工序之间的施工。

二、测设工作的基本内容

建筑物的测设或放样,实质上就是根据设计图纸上的建筑物的特征点(如外墙轴线交点或外墙皮角点)与测量控制点或原有建筑物的角度、距离、高差的相对关系,按设计要求用测量仪器把这些欲建建(构)筑物的平面位置及高程以一定的精度在地面上标定出来。因此,测设的基本工作就是测设已知水平角、水平距离及高程等。

技能点二　水平距离的测设

在施工放样中,经常要把建(构)筑物的轴线(或边线)设计长度在地面上标定出来,这个工作称为已知距离测设。

已知：一个起始点和方向，水平距离设计值。

要求以起始点沿给定方向量出设计的水平距离，定出终点。

一、用钢尺放样已知水平距离

（一）一般方法

如图 13-1 所示，设 A 为地面上已知点，D 为设计的水平距离，要在地面上 AB 方向测设出水平距离 D，以定出 B 点。具体方法是：将钢尺的零点对准 A 点，沿 AB 方向拉平、拉紧钢尺，在尺上读数为 D 处插测钎或吊垂球，定出一个点。为了检核，应往返丈量该段的距离，往返丈量结果的相对误差应在容许范围之内，则取其平均值 D' 与设计值 D 比较得 $\Delta D = D' - D$，由 ΔD 对所定点进行改正，求得 B 点的位置。

（二）精确方法

当放样精度要求较高时，可根据已知水平距离，用钢尺先测设出过渡点 B'，用钢尺量距量出直线 AB' 的水平距离 D'，则把过渡点 B' 调整到 B 点，距离调整值 $\Delta D = D - D'$。实地调整时，可由 B' 开始，在 AB' 方向上向远（$\Delta D > 0$）或向近（$\Delta D < 0$）测设 ΔD 值，便可标出直线的终点 B（见图 13-2）。

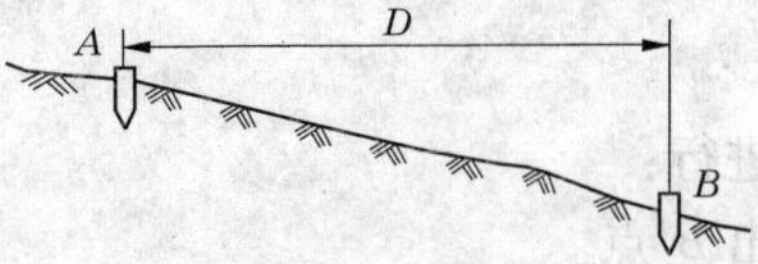

图 13-1

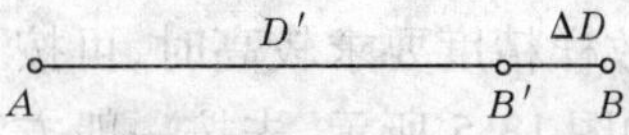

图 13-2

二、光电测距仪放样已知水平距离

用光电测距仪放样已知水平距离与用钢尺放样已知水平距离的方式一致，先用跟踪法放出终点的概略位置，再精确测定其长度，最后进行改正。

如图 13-3 所示，安置仪器于 A 点，瞄准并锁定已知方向，沿此方向移动反射棱镜，使仪器显示值为所放样水平距离，根据 $\Delta D = D' - D$ 的符号判断移动方向，在实地测设 C 点。为了检核，应将反光棱镜安置于 C 点，再实测 AC 的水平距离，其不符值应在限差之

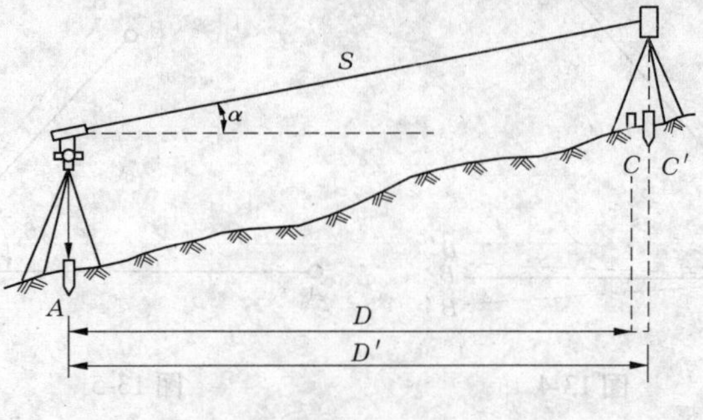

图 13-3

内，否则应再进行改正，直到符合限差。

技能点三　水平角的测设

测设已知水平角就是根据水平角的已知数据和一个已知方向，把该角的另一个方向测设在地面上。

如图 13-4 所示，已知地面上 OA 方向，水平角 β 值。要求从 OA 向右放样水平角 β 定出 OB 方向。

一、一般方法

操作步骤如下：

(1)在 O 点安置经纬仪，盘左位置瞄准 A 点，并使水平度盘读数为 $0°00'00''$(归零)。

(2)松开水平制动螺旋，旋转照准部，使水平度盘读数为 β 值，在此方向线上定出 B' 点。

(3)在盘右位置同法定出 B''点，取 B'、B''的中心点 B，则 $\angle AOB$ 就是要放样的已知水平角 β。该方法称为盘左盘右分中法。

二、精确方法

当对放样精度要求较高时，可按下述步骤进行：

(1)如图 13-5 所示，先按一般方法放样定出 B'点。

(2)反复观测水平角 $\angle AOB'$若干个测回，取其平均值 β_1，并计算出它与已知水平角的差值 $\Delta\beta = \beta_1 - \beta$。

(3)计算改正距离为

$$B'B = OB' \times \tan\Delta\beta = OB' \times \Delta\beta/\rho$$

式中　OB'——测站点 O 至放样点 B'的距离；

$\rho = 206\,265''$。

(4)从 B'点沿 OB'的垂直方向量出 BB'，定出 B 点，则 $\angle AOB$ 就是要放样的已知水平角。

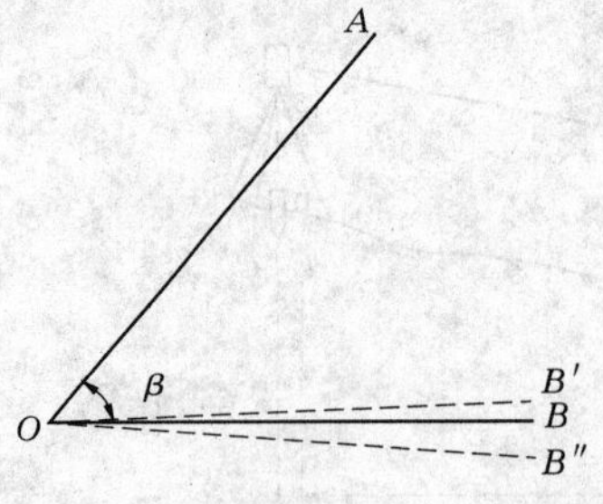

图 13-4

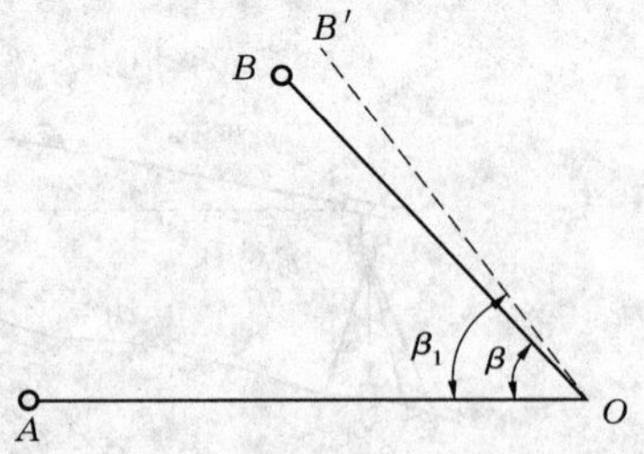

图 13-5

注意：如 $\Delta\beta$ 为正，则沿 OB'的垂直方向向外量取；反之，向内量取。

当前,随着科学技术的日新月异,全站仪的智能化水平越来越高,能同时放样已知水平角和水平距离。若用全站仪放样,可自动显示需要修正的距离和移动的方向。

三、简易方法

在施工现场,如果测设精度要求不高(如建筑物内部放样),可采用简易方法测设。其测设方法如下。

(一)测设直角

(1)用钢尺按3∶4∶5法测设直角。3∶4∶5法是根据几何学上的勾股弦定理:斜边的平方等于两个直角边的平方和。如图13-6所示,则

$$CD^2 = AD^2 + AC^2$$

$$CD = \sqrt{AD^2 + AC^2}$$

所以,当 $AC = 3$、$AD = 4$ 时,则 $CD = 5$。据此要在已知线段 AB 上的 A 点处测设直角,可用钢尺在 AB 线上量取3 m定出 C 点,再以 A 点为圆心、4 m为半径画弧,然后以 C 点为圆心、5 m为半径画弧,两弧相交于 D 点,则 $\angle DAB$ 为直角。若 AD 要求有较长的距离,各边可同时放大 n 倍,即 $3n∶4n∶5n$(但不应超过一整尺)来测设直角。

(2)等腰直角法。如图13-7所示,欲在 MN 直线的 D 点测设直角。首先用钢尺自 D 点在 MN 直线上分别量出相等的线段 DA、DB 得 A、B 两点。然后分别以这两点为圆心,大于 DA 之长为半径画弧,相交于 C 点。则 $\angle ADC$ 与 $\angle BDC$ 即为所求的直角。

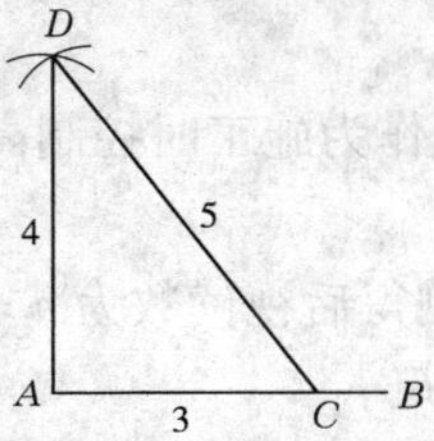

图13-6

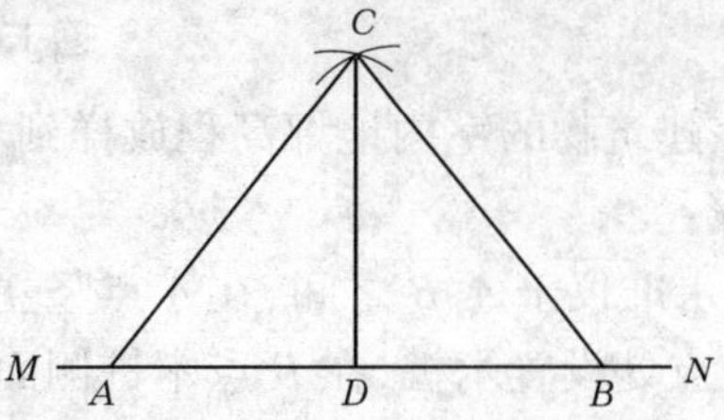

图13-7

(二)测设任意角

如图13-8所示,要在地面已知直线 AD 上测设 β 角。首先在 AD 直线上量取一段距离 AB(可取一整数),计算出垂线 $BC = AB \times \tan\beta$。然后过 B 点作 AB 的垂线,在垂线上量取 BC 值,连接 AC,则 $\angle CAB$ 即为所测设的 β 角。

当 $90° < \beta < 180°$ 时,如图13-9所示,则

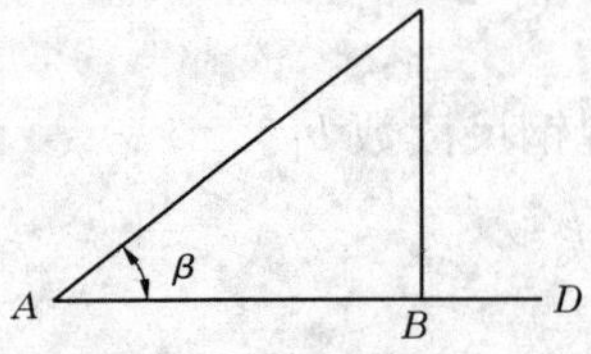

图13-8

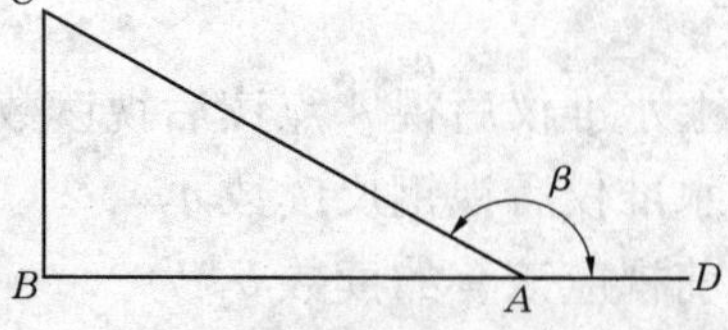

图13-9

$$BC = AB \times \tan(180° - \beta) \tag{13-1}$$

求出 BC 后，在 DA 的延长线上量取 AB，过 B 作 AB 的垂线，在垂线上量取 BC 值，连接 AC，则 $\angle CAD$ 即为所测设的 β 角。

技能点四　高程的测设与传递

根据已知水准点，在地面上标定出某设计高程的工作，称为已知高程测设。

如图 13-10 所示，已知：在某设计图纸上已确定建筑物的室内地坪高程为 $H_{设} = 21.500$ m，附近有一水准点 A，其高程为 $H_A = 20.950$ m。

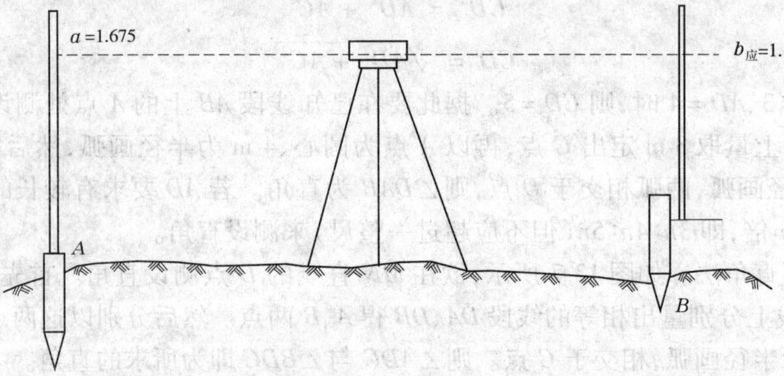

图 13-10

要求把该建筑物的室内地坪高程放样到木桩 B 上，作为施工时控制高程的依据。

操作步骤：

(1) 安置水准仪于 A、B 之间，在 A 点竖立水准尺，测得后视读数为 $a = 1.675$ m。

(2) 在 B 点处设置木桩，在 B 点木桩侧面竖立水准尺。

(3) 计算：视线高程　　$H_{视} = H_A + a = 20.950 + 1.675 = 22.625$ (m)

B 点水准尺应读数　　$b_{应} = H_{视} - H_{设} = 22.625 - 21.500 = 1.125$ (m)

(4) 上下移动 B 点的水准尺，直至水准仪视线在水准尺上截取的读数恰好等于 1.125 m 时，紧靠尺底在木桩侧面划一道横线，此线位置就是设计高程的位置。

在深基坑内或在较高的楼层面上测设高程时，水准尺的长度不够，这时，可在坑底或楼层面上先设置临时水准点，然后将地面高程点传递到临时水准点上，再放样所需高程。

如图 13-11(左)所示，欲根据地面水准点 A 测设坑内水准点 B 的高程，可在坑边架设吊杆，杆顶吊一根零点向下的钢尺，尺的下端挂上重锤，在地面和坑内各安置一台水准仪。放样步骤如下：

(1) 地面上水准仪后视 A 点读后视读数 a_1，前视钢尺读数 b_1。

(2) 坑内水准仪后视钢尺读数 a_2。

(3) 计算前视应该有的读数 b_2 为

$$b_2 = H_A - H_B + a_1 - b_1 + a_2$$

(4) 坑内水准仪照准前视尺，指挥调整水准尺高度，至读数为 b_2 时，尺子零端为放样的高程位置。

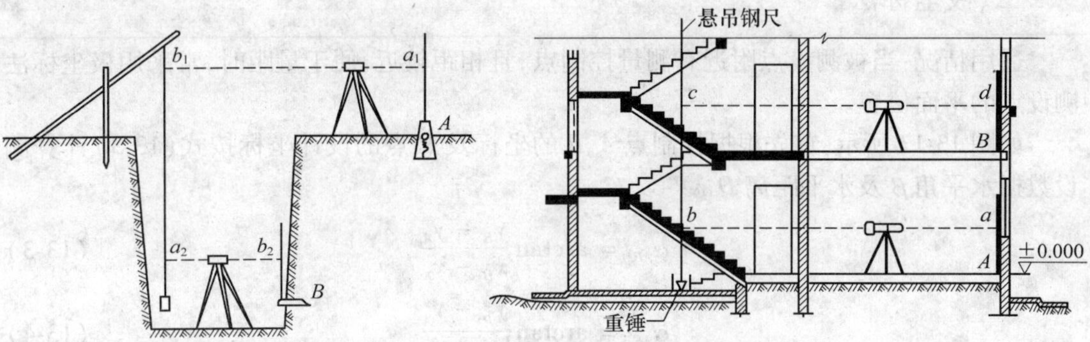

图 13-11

图 13-11(右)为由 ±0.000 标志向楼层上进行高程传递的示意图。同样,在楼梯间悬吊一零点向下的钢尺,下端挂一重锤。即可用水准仪逐层引测。楼层 B 点的高程为

$$H_B = \pm 0.000 + a + (c - b) - d \tag{13-2}$$

式中,a、b、c、d 为尺读数。

改变吊尺位置,再进行读数计算高程,以便检核。

在实际工作中,常测设比每层地面设计标高高出 0.5 m 的水平线来控制每层各部位的标高,该线称为" +50"线。

技能点五　点的平面位置测设

点的平面位置测设常用方法有直角坐标法、极坐标法、角度交会法、距离交会法。至于选用哪种方法,应根据控制网的形式、现场情况、所使用的仪器以及精度要求等因素进行选择。

一、直角坐标法

适用情况:当在施工现场有互相垂直的主轴线或方格网线时。

如图 13-12 所示,已知某厂房矩形控制网中 3 个角点 1、2、4 的坐标,设计总平面图中已确定某车间 4 个角点 P、Q、R、S 的设计坐标。现以根据点 1 测设点 P 为例,说明其测设步骤。

(1)先算出点 1 与点 P 的坐标差:$\Delta x = Pb = 40$ m,$\Delta y = 1\ b = 20$ m。

(2)在点 1 安置经纬仪,瞄准点 2,在此方向上用钢尺量 Δy 得点 b。

(3)在点 b 安置经纬仪,瞄准点 2,用盘左、盘右位置两次向左测设 90°角,在两次平均方向 bP 上从点 b 起用钢尺量 Δx,即得车间角点 P。再量 $x_S - x_P$ 即得点 S。

(4)同法,测设 Q、R 点。

检核:最后丈量 RS 和 PQ 是否等于 108 m 以作检核,若满足设计或规范要求,则测设为合格;否则应查明原因,重新测设。

特点:用该方法测设、计算都比较方便,精度亦高,是较常用的一种方法。

二、极坐标法

适用情况：当被测设点附近有测量控制点，且相距较近，便于量距时，常采用极坐标法测设点的平面位置。

如图 13-13 所示，首先根据控制点 A、B 的坐标及 P 点的设计坐标按式(13-3)计算测设数据水平角 β 及水平距离 D_{AP}

$$\alpha_{AB} = \arctan \frac{y_B - y_A}{x_B - x_A} \tag{13-3}$$

$$\alpha_{AP} = \arctan \frac{y_P - y_A}{x_P - x_A} \tag{13-4}$$

$$\beta = \alpha_{AP} - \alpha_{AB} \tag{13-5}$$

$$D_{AP} = \frac{y_P - y_A}{\sin\alpha_{AP}} = \frac{x_P - x_A}{\cos\alpha_{AP}} = \sqrt{(\Delta x_{AP})^2 + (\Delta y_{AP})^2} \tag{13-6}$$

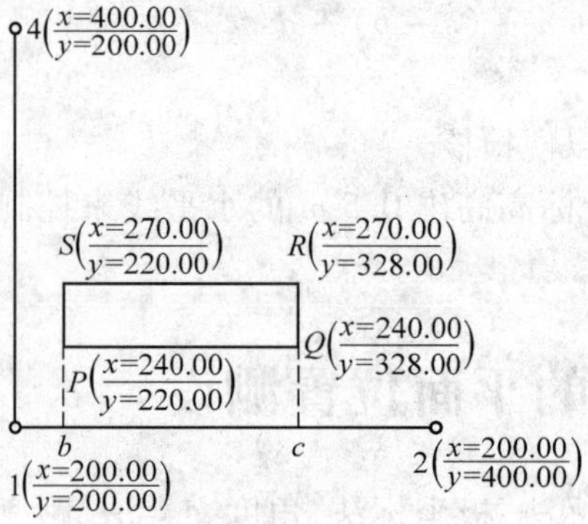

图 13-12

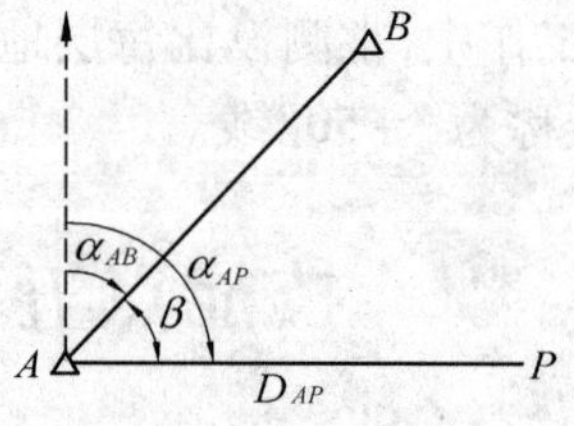

图 13-13

然后将经纬仪安置在 A 点，测设 β 角以定出 AP 方向，再沿该方向测设距离 D_{AP}，即可定出 P 点在地面上的位置。同法定出建筑物其余各点，并作必要的检核。

随着全站仪的普及，越来越多地采用该方法测设点位。

三、角度交会法

适用情况：本法是在量距困难地区用两个已知水平角测设点位的方法，但必须有第三个方向进行检核，以免错误。

如图 13-14 所示，A、B、C 为三个控制点，其坐标为已知，P 为待测设点，设计坐标亦为已知。先用坐标反算求出 α_{AP}、α_{BP} 和 α_{CP}，然后由相应坐标方位角之差求出测设数据 β_1、β_2、β_3，并按下述步骤测设。

用经纬仪先定出 P 点的概略位置，在概略位置处打一个顶面积约为 10 cm × 10 cm 的大木桩，然后在大木桩的顶面上精确测设。由观测者指挥，用铅笔在桩顶面分别在 AP、BP、CP 方向上各标定两点(见图 13-15)，将各方向上的两点连起来，就得三个方向线。三个方向线理应交于一点，但实际上由于测设误差存在，将形成一个误差三角形。一般规定，若误差三角形的最大边长不超过 3 ~ 4 cm，取误差三角形内切圆的圆心或误差三角形角平分线的交点作为 P 点的最后位置。

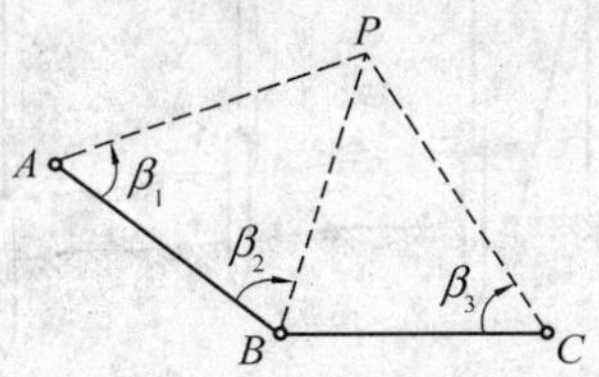

图 13-14

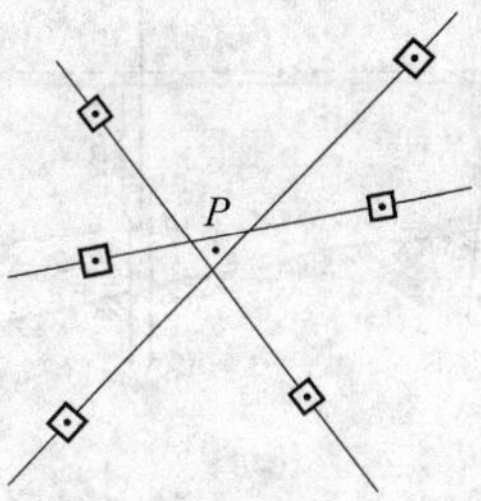

图 13-15

注意：应用此法测设时，宜使交会角为 30°～150°，最好使交会角接近 90°，以提高交会点的精度。

四、距离交会法

适用情况：在便于量距的地区，且边长较短时（如不超过一钢尺长），宜用本法。

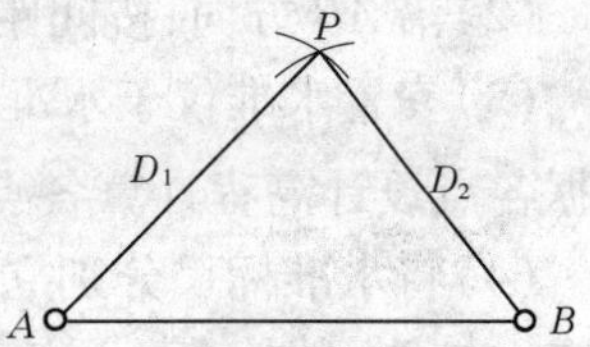

图 13-16

如图 13-16 所示，由已知控制点 A、B 测设房角点 P，根据控制点的已知坐标及 P 点的设计坐标，反算出放样数据 D_1 和 D_2。测设时分别用两把钢尺的零点对准 A、B 点，同时拉紧、拉平钢尺，以 D_1 和 D_2 为半径在地面上画弧，两弧的交点即为待测点的位置。

特点：该方法的优点是不需要仪器，但精度较低，施工测设细部点时常采用此法。

技能点六　已知水平线与坡度线的测设

在修筑道路、敷设排水管道等工程中，经常要测设设计的坡度线。已知坡度线测设是根据附近水准点的高程、设计坡度和坡度端点的设计高程，用高程测设的方法将坡度线上各点的设计高程标定在地面上。根据地形情况及设计坡度的大小，可采用以下几种测设方法。

一、水平视线法

如图 13-17 所示，A、B 为设计坡度的两个端点，A 点设计高程 H_A，为了施工方便，每隔距离 d 钉一木桩，要求在木桩上标定出坡度为 i 的坡度线。施测步骤如下。

（1）按公式

$$H_{设} = H_{起} + id \tag{13-7}$$

计算各桩点的设计高程。

第 1 点的高程　$H_1 = H_A + id$

第 2 点的高程　$H_2 = H_1 + id$

B 点的设计高程　$H_B = H_3 + id$

B 点的检核高程　$H_B = H_A + iD$

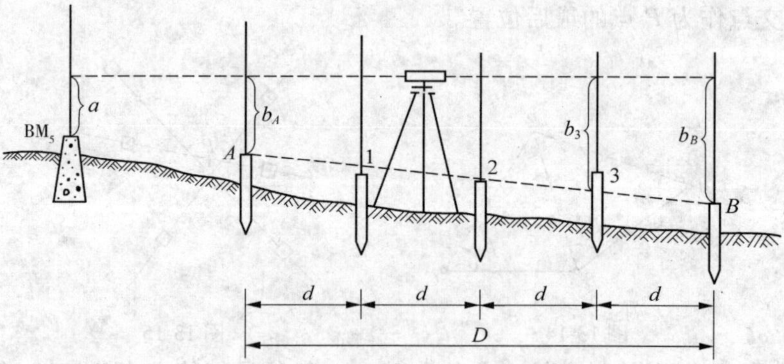

图 13-17

坡度 i 有正有负，计算设计高程时，坡度应连同其符号一并运算。

(2)沿 AB 方向，按间距 d 定出中间点 1、2、3 的位置。

(3)安置水准仪于水准点 BM_5 附近，后视读数 a，得仪器视线高 $H_{视}=H_{BM_5}+a$，然后根据各点设计高程计算各点的应读前视读数 $b_{i应}=H_{视}-H_{i设}$。

(4)将水准标尺分别立在各木桩的侧面，上下移动尺子，当水准仪读数为 $b_{i应}$ 时，沿尺底在木桩侧面划一横线，该线即在 AB 的坡度线上。

二、倾斜视线法

倾斜视线法是根据视线与设计坡度线平行时，其竖直距离处处相等的原理，以确定设计坡度线上各点高程的一种方法。它适用于地面坡度较大且设计坡度与地面自然坡度较一致的地段。

如图 13-18(a)所示，A、B 为设计坡度线的两端点，其水平距离为 D，设 A 点的高程为 H_A，设计坡度为 i，由此就可计算出 B 点高程 $H_B=H_A+iD$。

通过测设已知高程的方法，将 A、B 两点的高程测设到地面的木桩上。

在 A 点上安置水准仪，使基座上一个脚螺旋在 AB 方向线上，另外两个脚螺旋的边线与 AB 方向线垂直(见图 13-18(b))。量取仪器高 h，转动微倾螺旋及 AB 方向线上的脚螺旋，使十字丝横丝照准 B 点水准尺上 h 读数，此时视线就与坡度线平行。

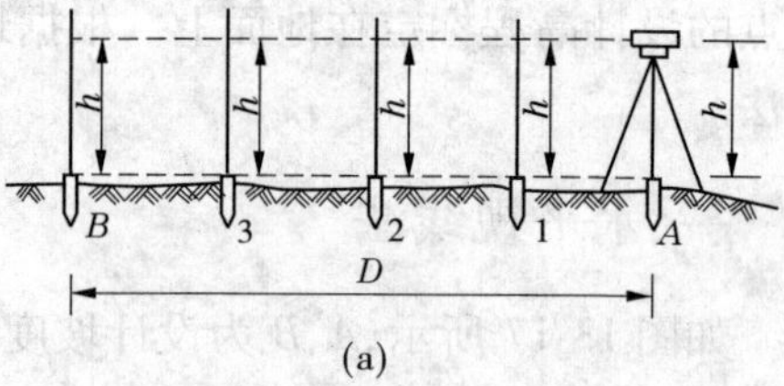

图 13-18

分别在 AB 方向的中间各木桩侧面立尺，并上下移动，当读数为 i 时，沿尺底在木桩侧面上画一横线，各木桩横线的边线就是设计坡度线。

若设计坡度较大，超过水准仪脚螺旋的调节范围，则可用经纬仪测设。

三、改正数法

当地面起伏较大，无法在木桩上划出坡度线时，可采用改正数法测设。

如图 13-19 所示，由 A 点高程、设计坡度 i 及间距 d 计算出各点的设计高程

$$H_{i设} = H_A + ind \quad (n = 1,2,3\cdots) \tag{13-8}$$

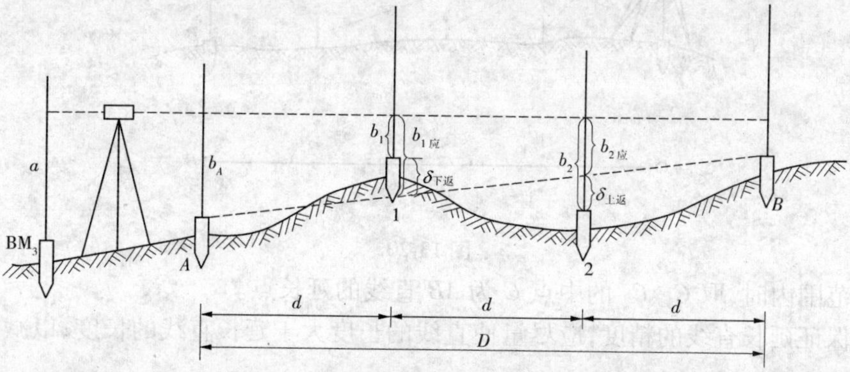

图 13-19

在水准点附近安置水准仪，读取水准点上水准尺读数 a，求得视线高程 $H_视$，再由各点设计高程计算出各点应读前视读数 $b_{i应}$。将水准标尺分别立在各木桩桩顶，读取各前视读数 b_i，求得各桩顶改正数 δ_i

$$\delta_i = b_i - b_{i应} \tag{13-9}$$

若 $\delta_i < 0$，自桩顶下返 δ_i；若 $\delta_i > 0$，自桩顶上返 δ_i，并用红油漆注明在各桩侧面。施工时由此就可找出设计的坡度线。

技能点七　已知直线的测设

在铁路、公路、输电线路及地下管线等线形工程中需要在地面上已有两点之间或延长线上测设一些点，使它们位于已有两点的直线上，该工作称为直线测设，也称定直线。它可分为两种情况：一是在两点之间定出其连线上的一些点位，称内插定线；二是在两点连线的延长线上定点，称外延定线。

一、在两点间测设直线

如图 13-20 所示，在 A、B 两点间测设直线，其测设过程如下：

(1) 在 A 点安置经纬仪，照准 B 点，固定照准部。

(2) 指挥持测钎者，左右移动测钎，直到恰好与望远镜的竖丝重合，该点即位于 AB 直线上，同法可定出其余各点。

若测设精度要求较高，可用木桩和小钉标定点位。

二、延长直线测设

(一) 正倒镜延长直线

如图 13-21 所示，将经纬仪安置在 B 点上，盘左照准 A 点，固定照准部。纵转望远镜，在视线上定出 C_1 点，再以盘右照准 A 点，同法在视线上定出 C_2 点。当 C_1、C_2 两点间的距

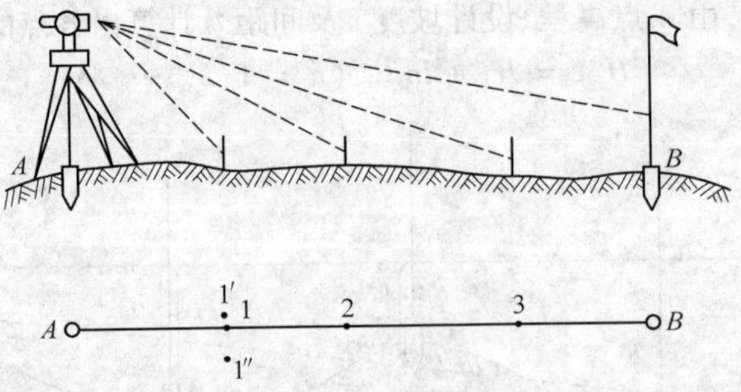

图 13-20

离在允许范围内时，取 C_1、C_2 的中点 C 为 AB 直线的延长点。

为了保证延长直线的精度，应尽量使直线的长度大于延长直线的长度，以减少照准误差的影响。

（二）过障碍物延长直线

当延长直线上有障碍物不能通视时，可根据实际情况，采用平行线法或等腰三角形法绕过障碍物以延长直线。

1. 平行线法

如图 13-22 所示，欲将 AB 直线延长到 MN。先在 A 和 B 点测设垂线 d，得 A_1 和 B_1 点；然后在 B_1 点安置经纬仪，用正倒镜延长直线法得 M_1 和 N_1 点。再分别在 M_1 和 N_1 点上作垂线 d，而得 M 和 N 点。此法占用场地小，且精度有保证。

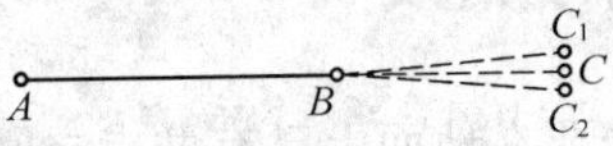

图 13-21

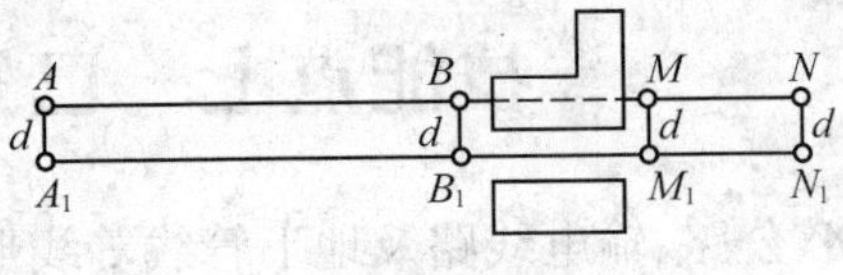

图 13-22

2. 等腰三角形法

如图 13-23 所示，欲将 AB 直线延长到 DE。其测设过程如下。

（1）在障碍物一侧选定 C 点，将经纬仪安置在 B 点，观测 $\angle ABC=\beta$，量取 B、C 两点的水平距离 l。

（2）将经纬仪安置于 C 点，照准 B 点，测设出角度 $2\beta-180°$，并在该方向上量出距离 l，定出 D 点。

（3）在 D 点安置经纬仪，照准 C 点，测设出角度 β，在该方向上定出 E 点，则 DE 即为 AB 直线的延长线。

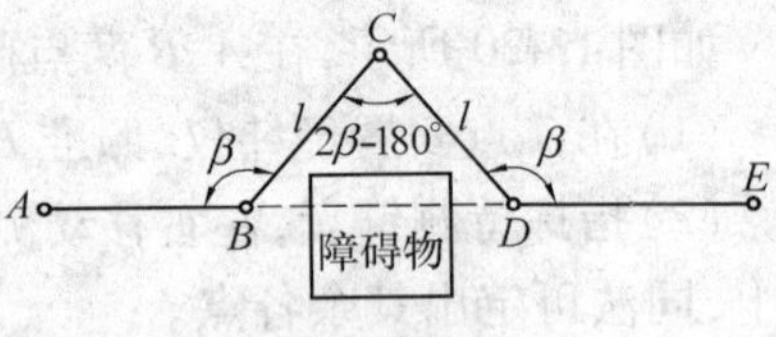

图 13-23

思考与练习题

1. 测设与测绘有何不同？

2. 测设的基本工作有哪些项目？试述各个项目的测设方法。

3. 测设点的平面位置有哪几种方法？各适用于什么场合？

4. 测设坡度线用的水平视线法和倾斜视线法各在什么条件下采用最为方便？为什么？

5. 在地面上要求测设一个直角，先用一般方法测设出$\angle AOB$，再测量该角若干测回，取平均值为$\angle AOB = 90°00'20''$，如图13-24所示。又知OB的长度为160 m，问在垂直于OB的方向上B点应该移动多少距离才能得到90°的角？

6. 利用高程为107.531 m的水准点测设高程为107.931 m的室内±0.000标高。设尺立在水准点上时，按水准仪的水平视线在尺上画一条线，问在同一根尺上应该在什么地方再画一条线，才能使视线照准此线时，尺子底部就是±0.000高程的位置？

7. 如图13-25所示，利用高程为125.545 m的水准点BM_A，欲测设出高程为120.000 m的基坑水平桩C。设B点为基坑边的转点，将水准仪安置在A、B两点之间，后视读数为1.205 m，前视读数为2.546 m；再将水准仪搬进坑内设站，用水准尺或钢尺在B点向坑内立倒尺（即尺的零点在B端），其后视读数为2.663 m，然后在C点处立尺。试问在坑内C点处前视尺上读数为多少时，尺底才是欲测的高程线？

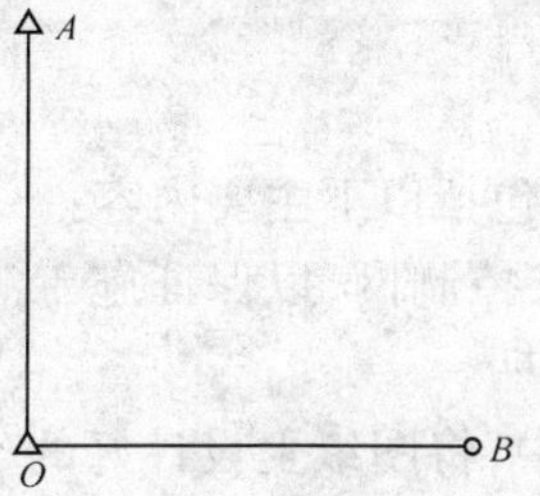

图13-24

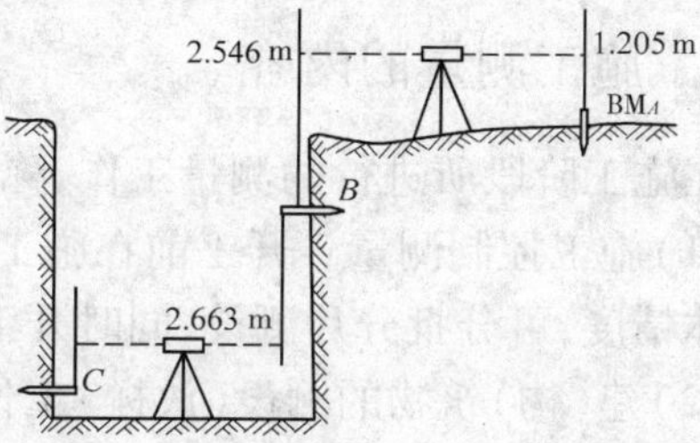

图13-25

8. 已知$\alpha_{MN} = 300°04'$，控制点M的坐标为$x_M = 14.22$ m，$y_M = 86.71$ m；若要测设坐标为$x_A = 42.34$ m、$y_A = 85.00$ m的A点，试计算仪器安置在M点用极坐标法测设A点所需的数据。

9. 已知水准点4的高程$H_4 = 240.050$ m，后视读数$a = 1.050$ m，设计坡度线起点A的高程$H_A = 240.00$ m，设计坡度$i = 0.01$。拟用水准仪按水平视线法测设点A、20 m及40 m桩点，使各桩顶在同一坡度线上，试计算测设时各桩顶的应读数$b_{应}$。

单元十四　民用建筑施工测量

教学内容

本单元主要包括施工测量概述、场地平整施工测量、施工控制测量、建筑物的定位、建筑物的放线、基础施工测量及主体结构施工测量、建筑施工测量方案的编制等内容。

能力目标

掌握施工场地平整的测量方法、施工控制测量的方法和要求以及建筑定位放线、各部位施工测量的内容和方法，能熟练地把各项技能应用到施工过程中。

技能点一　施工测量概述

一、施工测量的内容

在施工阶段所进行的测量工作，称为施工测量。它包括以下主要内容：

(1)施工控制测量。开工前在施工场地上建立施工控制网，以保证施工测设(放样)的整体精度，可分批分片测设，同时开工，可缩短建设工期。

(2)建(构)筑物的测设(放样)工作。在施工过程中，将图纸上设计好的建(构)筑物的平面位置、几何尺寸及标高测设到施工现场和不同的施工部位，设置明显的标志，作为施工定位的依据。

(3)质检测量。在每项工序施工完成后，需要通过测量的方法，检查工程各部位的实际位置、几何尺寸、标高是否符合施工规范要求。根据实测验收的记录、资料编绘竣工图，作为验收时鉴定工程质量的必要资料以及工程交付使用后运营管理、维修、扩建的重要依据之一。

(4)变形观测。在高层、大型建(构)筑物的施工中，随着施工的进度，测量施工部位在平面和标高方面产生的位移和沉降，收集整理各种变形资料，作为鉴定工程质量和验证工程设计、施工是否合理的重要资料。

二、施工测量的精度

为了确保建(构)筑物测设(放样)的正确性，满足设计要求，施工测量必须具有一定的精度要求。施工测量的精度要求可概括为以下三个方面：

(1)施工控制网的精度。施工控制网的精度是根据建(构)筑物的测设定位精度和控制范围的大小来决定的。若定位精度要求较高和施工现场较大，则需要施工控制网具有较高的精度。若由于某一部分建(构)筑物要求较高的定位精度，则在大的控制网内建立精度较高的局部独立控制网。

(2)建(构)筑物轴线测设的精度。建(构)筑物轴线测设的精度是指建(构)筑物定位轴线的位置相对控制网、周围建（构）筑物或建筑红线、马路中线的精度。这种精度除自动化和连续性生产车间的特殊要求外，一般要求精度适中，但不应压住建筑红线，更绝不允许超出建筑红线。

建筑红线是指由城市规划部门确定的建筑用地的边界线，在规划图上它是以红线标明的，故称建筑红线。

（3）建（构）筑物细部放样的精度。建（构）筑物细部放样的精度是指建筑物内部各轴线对定位轴线的精度，这种精度的高低取决于建（构）筑物的形式、规模、重要性、结构、材料及施工方法等因素。一般而言，高层建筑物的放样精度高于低层建筑物，工业建筑物放样精度高于一般民用建筑物，钢结构建筑物的放样精度高于钢筋混凝土结构建筑物，框架结构建筑物的放样精度高于砖混结构建筑物，装配式建筑物的放样精度高于非装配式建筑物。总之，应根据具体的精度要求进行放样。精度过高，将导致人力、物力及时间的浪费；精度过低，则会影响施工质量，甚至造成工程事故。

三、施工测量的特点

施工测量工作与工程质量及施工进度有着密切的关系。测量人员必须了解设计的内容、性质及其对测量工作的精度要求，熟悉设计图纸上尺寸和标高数据，了解施工的全过程及施工工艺、方法，并掌握施工现场的变动情况，使测量工作能够与施工密切配合。其特点表现如下。

（1）由于施工现场复杂，障碍物多，测设定位桩时，必须有足够的数量，了解现场布置，避开施工干扰。

（2）密切配合施工进度，及时准确地测设施工需要的轴线、标高线。若有差错，将延误工期，甚至造成质量事故。

（3）由于现场各工种交叉立体作业，不安全因素多，不但要注意高空坠物，也要防止脚下踩空，保证人身及仪器安全，防止发生意外事故。

（4）由于现场有大量的土方填挖，地面变动很大，交通频繁，动力机构震动等影响，各种定位标志必须埋设牢固，妥善保护，经常检查。如有损坏，及时恢复。

（5）必须明确按图测设，为施工服务，一切服从施工的安排，满足施工的需要。

四、施工测量的基本要求

（一）施工测量的基本准则

（1）遵守测量工作的基本原则。为了保证各种建（构）筑物、管线等之间相对位置能满足设计要求，以便于分期分批地进行测设（放样），施工测量也必须遵循“从整体到局部，先控制后碎部”的原则，即首先在施工场地上，以原勘测设计阶段所建立的测图控制网为基础，建立统一的施工控制网，然后根据施工控制网来测设建（构）筑物的轴线，再根据轴线测设建筑物各个细部（基础、墙、柱、门窗等）。施工控制网不单是施工放样的依据，同时也是变形观测、竣工测量以及将来建筑物扩建、改建的依据。

施工测量所提供的轴线、标高线等施工标志，只能正确，不能出错；否则，将会误导施工，造成不必要的损失。因此，施工测量也必须遵循"处处检核"的原则，不但要检核设计提供的定位条件及现场的控制点位或红线桩位，而且也要核对设计图纸的分尺寸与总尺寸的一致性，检查各张图纸标高的一致性等，发现问题应立即提出。测设（放样）之前检查测设数据的正确性，测设（放样）之后复查成果的可靠性。当查证内、外业都无差错时，方能将成果交付施工。

（2）选用科学、简捷、能满足精度要求的实测方法。

（3）一切定位放线工作要经过自检、互检合格后，方可申请主管部门验线。实测时要现场作好原始记录，测后要及时保护好测量标志。

（二）测量记录的基本要求

（1）测量记录应做到原始、正确、完整、工整。

（2）记录应采用规定的表格。

（3）记录中的简单计算应在现场及时进行，并作校核。草图、点之记等应当场绘制，其方向、有关数据和地名等均应标注清楚。

（4）测量记录多为保密资料，应妥善保管。

五、施工测量的准备工作

充分做好施工测量前的准备工作，不仅能使开工前的测量工作顺利进行，而且对整个施工过程中的测量工作都有重要的影响。准备工作的主要内容如下：

（1）检校仪器、检定钢尺。对经纬仪、水准仪各轴线几何关系进行检验校正，使其满足规范要求。对所用钢尺的实长应送到有关计量部门进行检定，尤其是在精度要求较高的工程中，如钢结构建筑施工中，若尺长没有检定，就根本无法保证精度要求。

（2）了解设计意图，学习与校核图纸。通过学习总平面图，以了解工程所在位置、周围环境及与原有建筑物的关系、现场地形及拆迁情况、红线桩位置及原有控制点、建筑物的布局、定位依据、±0 标高位置等。其中要特别注意的是定位依据、条件及建（构）筑物主要轴线的布局。另外，还需要校对图之间相应轴线尺寸、标高是否对应等，确保测设（放样）无误。

（3）校核红线桩（定位点）与水准点。为保证整个场地定位和标高的正确性，对原勘测图纸提供的控制点、红线桩及水准点均应进行严格的校核，以取得正确的测量起始数据与起始点位，这是做好整个施工测量的基础。

（4）制订施工测量方案。根据施工现场情况、原有控制点位置、建筑结构的形状以及设计给定的定位条件，制订切实可行的测设方法及方案，并健全测量组织。

技能点二　场地平整施工测量

由于施工场地的自然地貌常起伏不平，不能满足施工的需要，施工前必须要按照设计要求进行平整场地。

平整场地时，先作场平设计以确定平整后的场地高程，并作土方计算。场平设计常采用方格网法、等高线法、断面法等。

一、方格网法

此法常用于地面高低起伏不大、坡度变化均匀的施工场地。其施测步骤如下：测设（绘制）方格网→求各方格点地面高程→计算场地地面平均高程，确定设计高程→计算各方格点的填挖高度→确定填挖分界线位置→计算土石方量→实地测设填挖边界及各点填挖高度。

方格网法具体过程和实例参见单元十二的技能点二相关内容。

二、等高线法

此法常用于地面高低起伏较大、坡度变化不一致的施工场地。其施测步骤如下：

（1）在地形图上确定场地内各等高线包围的面积。

（2）计算相邻等高线间的土方量。

（3）求场地平均高程。求场地内所有相邻等高线间的土方量总和，即最低等高线的高程 H_0 以上的总土方量 V，则场地的平均高程 $H_{平}$ 为

$$H_{平} = H_0 + V/A$$

式中 H_0——场地内最低等高线（或最低点）的高程；

V——场地内总土方量；

A——场地总面积。

（4）确定出各方格点的设计高程、填挖数以及确定填挖边界线，计算总填、挖土方量等工作，方法与方格网法相同。

三、断面法

此法适用于狭长带状场地。由相邻断面面积及间距求出相邻断面积间的土方量，再将各断面间土方量求和，从而可计算出场地平均高程。其余步骤同方格网法。

四、场地平整后检测

当场地平整竣工后，应进行检验测量。检测时先恢复各方格点，测出各点的高程，与设计高程比较，其差值不超过 ±2 cm，合格。否则，应查明原因，进行修整，直到满足要求。

技能点三　施工控制测量

利用勘测时期所建立的测图控制网，可以进行建（构）筑物的测设（放样）。但是，由于测图时未考虑施工的要求，控制点的分布、密度和精度都难以满足施工测量的要求。另外，由于平整场地时控制点大多被破坏，因此在施工之前，在建筑场地上要重新建立专门的施工控制网。

一、施工控制网的特点

与测图控制网相比较，施工控制网具有以下特点：

(1)控制点的密度大,精度要求较高,使用频繁,受施工干扰多。这就要求控制点的位置应分布恰当和稳定,使用方便,并能在施工期间保持桩位不被破坏。因此,控制点的选择、测定及桩点的保护等项工作,应与施工方案、现场布置统一考虑确定。

(2)在施工控制测量中,局部控制网的精度要求往往比整体控制网的精度要求高。如有些重要厂房的矩形控制网,精度常高于工业场地建筑方格网或其他形状的控制网。在一些重要设备安装时,也往往要建立高精度的专门施工控制网。因此,大范围的控制网只是给局部控制网传递一个起始点的坐标及方位角,而局部控制网则布置成自由网的形式。

二、施工控制网的种类及选择

施工控制网分为平面控制网和高程控制网两种。平面控制网根据地形情况可以采用导线网、三角网、建筑基线或建筑方格网,高程控制网根据施工精度要求可采用三、四等水准或图根水准网。

选择平面控制网的形式,应根据建筑总平面图、建筑场地的大小和地形、施工方案等因素综合考虑。

在山区或丘陵地区,常采用三角网作为建筑场地的首级平面控制网。如图 14-1 中Ⅲ部分。三角网常布设成两级,一级为基本网,是以控制整个场地为主。按地形条件,基本网可采用单三锁或中心多边形,根据场地的大小和放样的精度要求,基本网可按城市一级或二级小三角的技术要求建立。组成基本网的控制点应埋设成永久标志。另一级是以测设建(构)筑物为主的放样网,它直接控制建(构)筑物的轴线及细部位置,它是在基本网的基础上用交会法加密而成的。当厂区面积较小时,可采用二级小三角网一次布设。

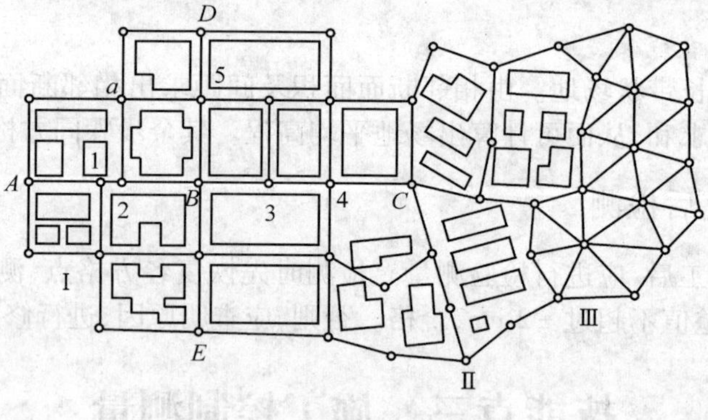

图 14-1

对于地形平坦但通视比较困难的地区,如扩建或改建的施工场地或建(构)筑物布置不很规则,则可采用导线网作为平面控制网(如图 14-1 中的Ⅱ部分)。它也常布设成两级。一级为首级控制,多布设成环形,往往按城市一级或二级导线的要求建立。另一级为加密导线,用以测设局部建筑物。根据测设精度要求,可以按城市二级或三级导线的技术要求建立。

对于地面平坦而有简单的小型建(构)筑物的场地,常布设一条或几条建筑基线,如图 14-2 所示,组成简单的图形作为施工测设(放样)的依据。而对于地势平坦、建(构)筑物众多且布置比较规则和密集的工业场地，一般采用建筑方格网(见图 14-1 中的Ⅰ部分)。

总之，施工控制网的形式应与设计总平面图布局相一致。

由于某些施工场地狭小、多变，无法采用上述各施工控制网，可采用全站仪随时测设控制点，满足施工测量的需要。

三、施工控制网的测设方法

以下主要介绍建筑基线和建筑方格网的测设方法。

(一)建筑基线

建筑基线是建筑场地施工控制基准线，如图 14-2 所示，即在建筑场地中央测设一条长轴线和若干条与其垂直的短轴线，在轴线上布设所需要的点位。由于各轴线之间不一定组成闭合图形，所以建筑基线是一种不甚严密的施工控制，它适用于总图布置比较简单的小型建筑场地。

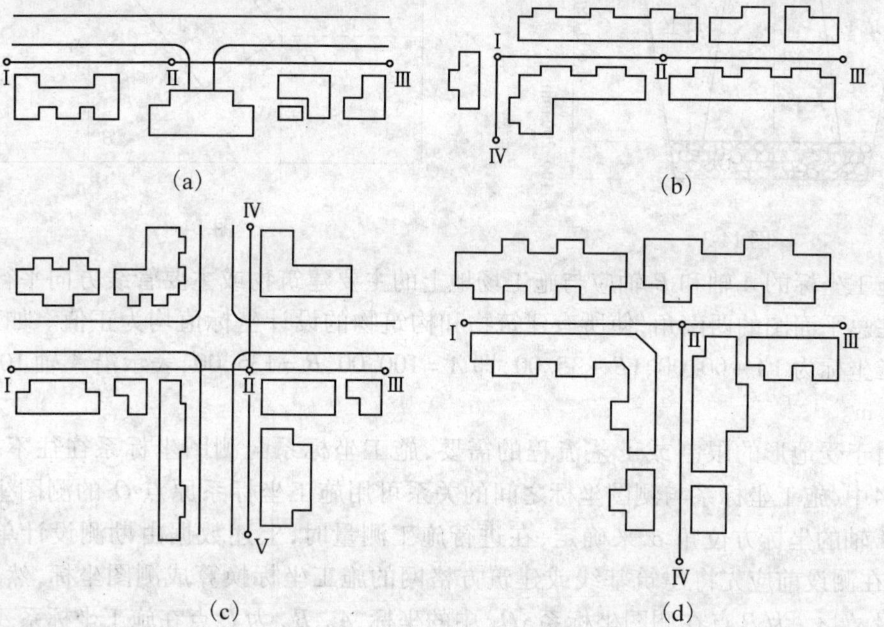

图 14-2

1. 建筑基线的设计

根据建筑设计总平面的施工坐标系及建筑物的布置情况，建筑基线可以设计成“一”字形、“直角”形、“十”字形及“丁”字形等形式，如图 14-2(a)、(b)、(c)、(d)所示。建筑基线的形式可以灵活多样，适用于各种地形条件。

基线设计时应注意以下几点：

(1)建筑基线应尽量位于厂区中心中央通道的边缘上，其方向应与主要建筑物轴线平行。基线的主点应不少于三个，以便检查点位有无变动。

(2)建筑基线主点间应相互通视，边长 100 ~ 400 m。

(3)主点在不受挖土损坏的条件下,应尽量靠近主要建筑物,为了能长期保存,要埋设永久性的混凝土桩,如图 14-3 所示。

(4)建筑基线的测设精度应满足施工放样的要求。

2. 建筑基线的测设

1)施工坐标系与测图坐标系的换算

为了便于建(构)筑物设计和施工测设(放样),设计总平面图上,建(构)筑物的平面位置常采用施工坐标系(又称建筑坐标系)的坐标来表示,如图 14-4 所示。施工坐标系的纵轴通常用 A 表示,横轴用 B 表示,施工坐标也称为 A、B 坐标。

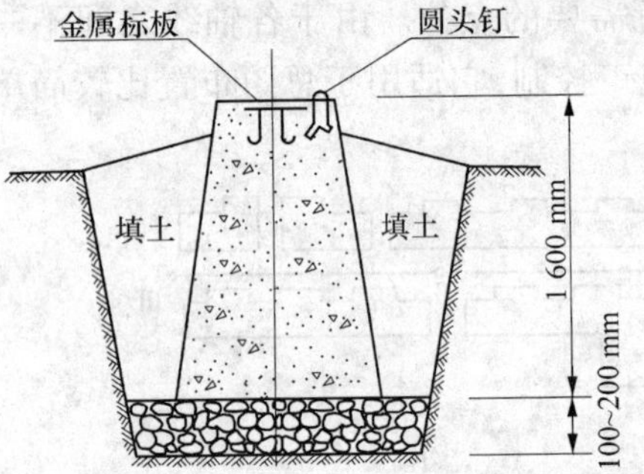

图 14-3

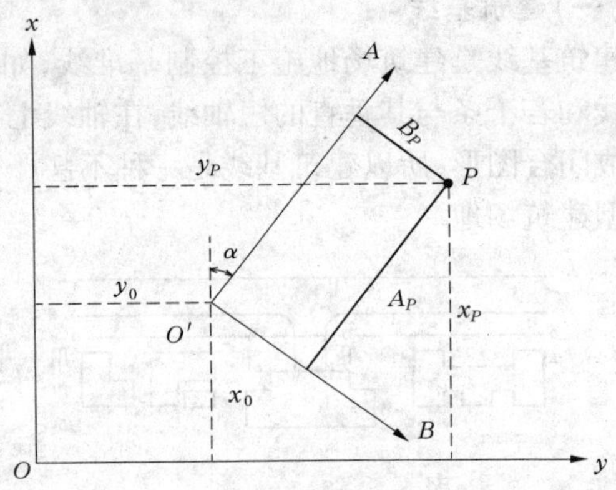

图 14-4

施工坐标的 A 轴和 B 轴应与施工场地上的主要建筑物或主要管线方向平行,坐标原点设在总平面图的西南角,使所有建筑物和构筑物的设计坐标值均为正值。如果点的设计施工坐标为 $1A+00.00$,$1B+35.00$,即 $A=100.00$,$B=135.00$,表示沿 A 轴 100 m,沿 B 轴 135 m。

由于受地形的限制或工艺流程的需要,施工坐标系与测图坐标系往往不一致。如图 14-4中,施工坐标系与测图坐标之间的关系可用施工坐标系原点 O' 的测图坐标 x_0、y_0 及 $O'A$ 轴的坐标方位角 α 来确定,在进行施工测量时,上述数据由勘测设计单位给出。因此,在测设前应先将建筑基线或建筑方格网的施工坐标换算成测图坐标,然后进行测设。设 x_P、y_P 为 P 点在测图坐标系 xOy 中的坐标,A_P、B_P 为 P 点在施工坐标系 $AO'B$ 中的坐标,若将 P 点的施工坐标 A_P、B_P 换算成相应的测图坐标,可采用下列公式计算

$$\left.\begin{aligned} x_P &= x_0 + A_P\cos\alpha - B_P\sin\alpha \\ y_P &= y_0 + A_P\sin\alpha + B_P\cos\alpha \end{aligned}\right\} \tag{14-1}$$

反之,已知 x_P、y_P,也可求 A_P、B_P

$$\left.\begin{aligned} A_P &= (x_P - x_0)\cos\alpha + (y_P - y_0)\sin\alpha \\ B_P &= -(x_P - x_0)\sin\alpha + (y_P - y_0)\cos\alpha \end{aligned}\right\} \tag{14-2}$$

2)建筑基线的测设

建筑基线的测设方法,根据建筑场地的情况不同,主要有以下两种:

(1)根据建筑红线测设(放样)。在建成区,建筑红线是由城市规划部门批准、测绘部

门测设的，可用做建筑基线放样的依据。如图 14-5 所示，AB、AC 是建筑红线，Ⅰ、Ⅱ、Ⅲ是建筑基线点，从 A 点沿 AB 方向量取 d_2 定Ⅰ′点，沿 AC 方向量取 d_1 定Ⅰ″点。通过 B、C 作红线的垂线，沿垂线量取 d_1、d_2 得Ⅱ、Ⅲ点，则ⅡⅠ″与ⅢⅠ′相交于Ⅰ点。Ⅰ、Ⅱ、Ⅲ点即为建筑基线点。将经纬仪安置在Ⅰ点处，精确观测∠ⅡⅠⅢ，其角值与90°之差不应超过±20″，距离相对误差不超过1/10 000。否则，应进行调整。如果建筑红线完全符合作为建筑基线的条件，可将其作为建筑基线用。

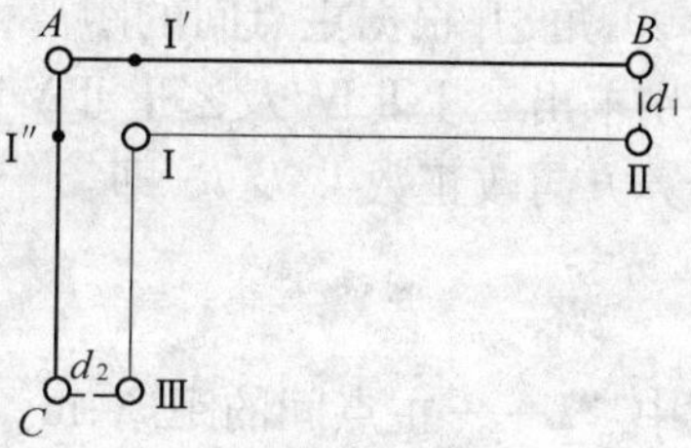

图 14-5

(2) 根据测量控制点测设(放样)。在新建区，建筑场地上没有建筑红线作依据时，可根据建筑基线点的设计坐标和附近已有控制点的关系，按极坐标法进行测设。如图 14-6 所示，A、B 为附近已有控制点，Ⅰ、Ⅱ、Ⅲ为选定的建筑基线点。首先根据已知控制点和待测点的坐标关系反算出所测数据 β_1、d_1、β_2、d_2、β_3、d_3，然后用经纬仪和钢尺(测距仪、全站仪)以极坐标法测设Ⅰ、Ⅱ、Ⅲ点。

由于存在测量误差，测设的基线点往往不在同一直线上(如图 14-7 中的Ⅰ′、Ⅱ′、Ⅲ′点)，故尚需在Ⅱ′点安置经纬仪，精确观测出∠Ⅰ′Ⅱ′Ⅲ′。沿与基线垂直的方向各移动相等的调整值 δ，其值按下式计算

$$\delta = \frac{ab}{a+b}\left(90° - \frac{\angle \text{Ⅰ}'\text{Ⅱ}'\text{Ⅲ}'}{2}\right)\frac{1}{\rho''} \tag{14-3}$$

式中 δ——各点调整值，m；

a、b——ⅠⅡ、ⅡⅢ的长度，m；

$\rho'' = 206\ 265''$。

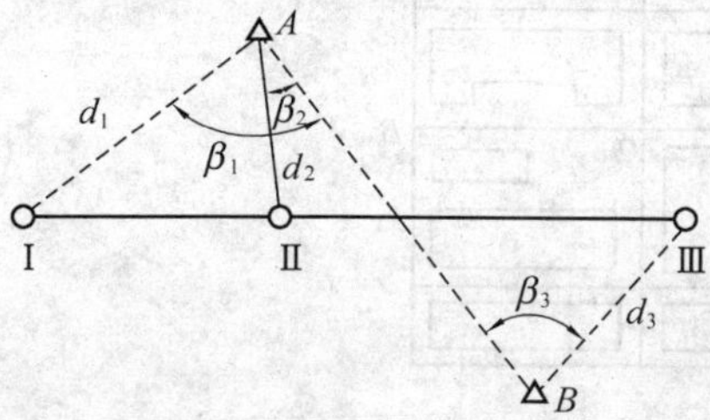

图 14-6

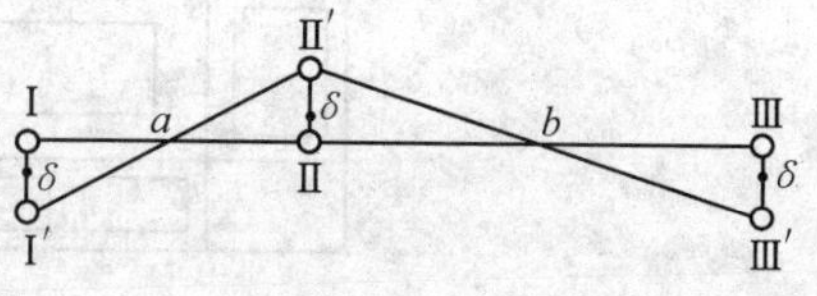

图 14-7

例如：图 14-7 中，$a = 150$ m，$b = 200$ m，∠Ⅰ′Ⅱ′Ⅲ′ = 180°00′50″，则

$$\delta = \frac{150\times 200}{150+200}\times\left(90° - \frac{180°00'50''}{2}\right)\times\frac{1}{206\ 265''} = -0.010(\text{m})$$

当∠Ⅰ′Ⅱ′Ⅲ′ < 180°时，δ 为正值，Ⅱ′点向下移动，Ⅰ′、Ⅲ′点向上移动；当∠Ⅰ′Ⅱ′Ⅲ′ > 180°时，δ 为负值，点位调整方向与上述相反。此项调整应反复进行，直至误差在允许范围之内。

除调整角度外，还应调整Ⅰ、Ⅱ、Ⅲ点之间的距离，若丈量长度与设计长度之差的相对误差大于 1/10 000，则以Ⅱ点为准，按设计长度调整Ⅰ、Ⅲ两点。

如图 14-8 所示，定出Ⅰ、Ⅱ、Ⅲ点之后，在Ⅱ点安置经纬仪，瞄准Ⅲ点，分别向左、右测

设 90°角，并根据主点间的距离，在实地测设出Ⅳ′点、Ⅴ′点。用全圆测回法观测各方向，分别求出∠ⅠⅡⅣ′及∠ⅠⅡⅤ′的角值与 90°之差值 ε_1、ε_2，若 ε_1、ε_2 超过 ±15″，则按下式计算方向改正数 l_1 及 l_2，即

$$l = L \times \frac{\varepsilon''}{\rho''} \tag{14-4}$$

式中　L——主点间的距离，m。

将Ⅳ′、Ⅴ′两点分别沿ⅡⅣ′及ⅡⅤ′的垂直方向移动 l_1 和 l_2，得Ⅳ、Ⅴ点，Ⅳ′、Ⅴ′的移动方向按观测角值的大小决定，若角值大于 90°则向左移动。最后检查∠ⅣⅡⅤ，其值与 180°之差应不超过 ±15″。

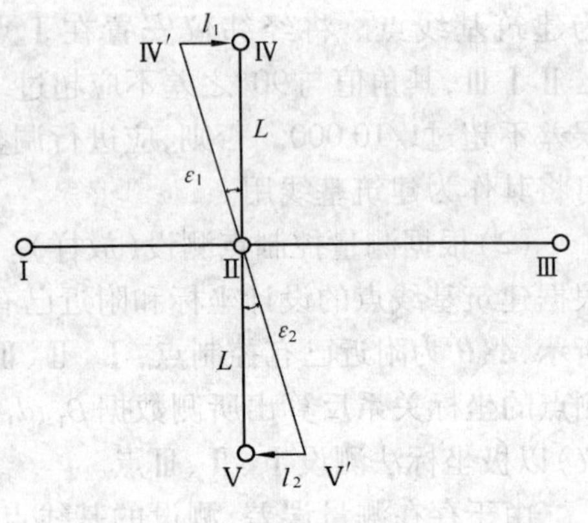

图 14-8

建筑基线的测设方法除上述两种方法外，还可以根据已有建筑物或道路中线进行测量，其方法与利用建筑红线测设方法相同。

（二）建筑方格网

1. 建筑方格网的布设

在一般工业建（构）筑物之间的关系要求比较严格或地上、地下管线比较密集的施工现场，常需要测设由正方形或矩形格网组成的施工控制网，称为建筑方格网，或称为矩形网。它是建筑场地中常用的控制网形式之一，也适用于按正方形或矩形布置的建筑群或大型、高层建筑的场地，如图 14-9 所示。

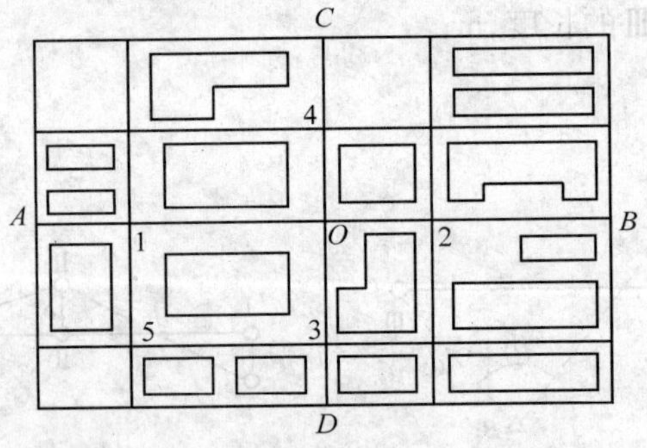

图 14-9

建筑方格网轴线与建（构）筑物轴线平行或垂直，因此可用直角坐标法进行建（构）筑物的定位，放样较为方便，且精度较高。

布设建筑方格网时，其位置或形式应根据建（构）筑物、道路、管线的分布，结合场地的地形等因素，先选定方格网主轴线（如图 14-9 中的 A、B、C、D、O 为主轴线点），再全面布设方格网。布设要求与建筑基线基本相同，且须考虑以下几点：

（1）主轴线点应接近精度要求较高的工程。

（2）方格网的轴线应彼此严格垂直。

（3）方格网点之间能长期保持通视。

（4）在满足使用要求的前提下，方格网点数应尽量少。正方形格网边长一般为 100 ~

200 m。矩形控制网边长应根据建筑物的大小和分布而定，一般为几十米或几百米的整数长度。为了能长期保存，各方格网点均应设置固定标志，如图 14-3 所示。考虑到调整点位误差的需要，桩顶一般须固定一块 15 cm × 15 cm × 0.5 cm 的钢板。

2. 建筑方格网的测设

1）主轴线测设

主轴线测设方法与“十”字形建筑基线测设方法相同，其测设精度应符合表 14-1 中的规定。

表 14-1　建筑方格网测设精度要求

规范名称	等级	边长（m）	测角中误差（″）	边长相对中误差
《工程测量规范》（GB 50026—1993）	一级	100 ~ 300	±5	1/30 000
《建筑施工测量技术规程》（DB11/T 446—2007）	一级	100 ~ 300	±5	1/40 000
	二级	100 ~ 300	±10	1/20 000

2）方格网的测设

主轴线确定后，进行分部方格网测设，然后在分部方格网内进行加密。

（1）分部方格网的测设。在主轴线点 A 和 C 上安置仪器，各自照准主轴线另一端 B 和 D，如图 14-10 所示。分别向左和向右测设 90°角，两方向的交点为 1 点位置，并进行交角的检测和调整。同法，可交会出方格网点 2、3、4。

（2）直线内分点法加密。在一条方格边上的中间点加密方格网时，如图 14-11 所示，在已知点 A 沿方向线 AO 丈量至中间点 M 即得设计距离 AM，由于定线偏差得 M' 点，安置经纬仪于 M' 点，精确测定 $\angle AM'O$ 的角值 β，按下式求得改正数

$$\delta = \frac{\Delta\beta''}{2\rho''}D \tag{14-5}$$

式中　D——AM' 的距离，m；

$\Delta\beta = 180° - \beta$。

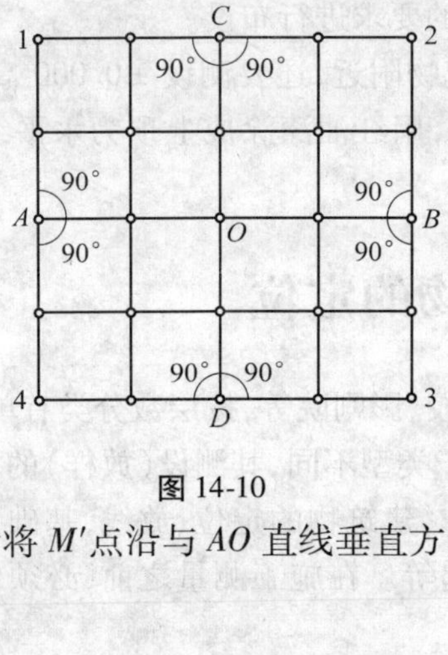

图 14-10

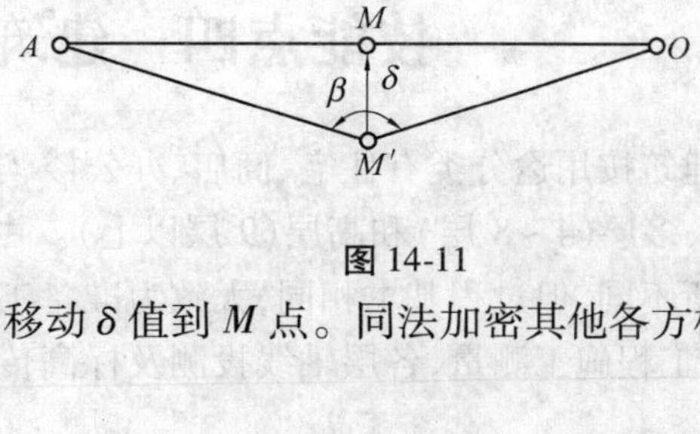

图 14-11

然后将 M' 点沿与 AO 直线垂直方向移动 δ 值到 M 点。同法加密其他各方格点位。

3. 方格网点的验测、调整

由于各种因素的影响，方格网点的几何关系肯定不会完全满足，为此应进行验测以符合表 14-1 中的要求。一般的方法是将测设的方格网点组成导线网，按导线测量的方法测量各网点的实际坐标，与设计值相比较，计算出各点的改正数

$$\left.\begin{aligned}\delta_x &= x_{设计} - x_{实际}\\ \delta_y &= y_{设计} - y_{实际}\end{aligned}\right\} \tag{14-6}$$

在毫米方格纸上，以实测点位为原点，以改正值 δ_x 和 δ_y 为坐标 1∶1地画出两点的相互关系，得到设计点位。带图纸到施工现场，逐个地把图上实测点位对准桩上标志，按方格网边定向后，把设计点位投在桩顶，作好标志，即得到正确的点位。为了防止使用中发生错误，桩顶上的原实测点位标志必须设法消除或与正确点位的标志严格区分。如图 14-12 所示，"•"为原实测点位，"+"为改正后设计点位。

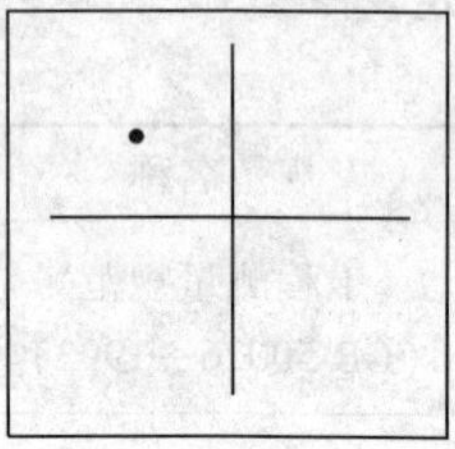

图 14-12

四、施工高程控制测量

施工高程控制测量的要求：一是水准点的密度尽可能满足在施工放样时一次安置仪器即可测设出所需的高程点的要求；二是在施工期间，高程控制点的位置应保持不变。

大型的施工场地高程控制网一般布设两级。首级为整个场地的高程基本控制，相应的水准点称为基本水准点，用来检核其他水准点是否稳定。它应布设在场地平整范围之外、土质坚实的地方，以免受震，并埋设成永久性标志，便于长期使用。个数一般不少于 3 个，组成闭合水准路线，尽量与国家水准点联测，可按四等水准测量要求进行施测。对于为连续性生产车间、地下管道放样所设立的基本水准点，按三等水准测量要求进行施测。另一级为加密网，相应的水准点称为施工水准点，用来直接测设建（构）筑物的高程。通常采用的建筑基线（方格网点）的标桩上加设圆头钉作为施工水准点（见图 14-3）。由基本水准点开始组成闭合或附合水准路线，按四等水准测量要求进行施测。

中小型的建筑场地，首级高程控制网可按四等水准测量要求进行布设，加密网根据不同的测设要求，可按四等水准测量或图根水准测量的要求进行布设。

为了施工放样的方便，在每幢较大的建（构）筑物附近，还要测设 ±0.000 高程标志，其位置大多选在较稳定的建（构）筑物墙、柱的侧面，用红油漆涂成上顶为水平线的"▽"形，旁边注明其标高值。

技能点四　建筑物的定位

民用建筑按用途分类有住宅、商店、办公楼、学校、影剧院等，按层数分类有单层、低层（2 ~ 3 层）、多层（4 ~ 8 层）和高层（9 层以上）。由于类型不同，其测设（放样）的方法及精度要求有所不同，但过程基本相同，大致为准备工作，建筑物的定位、放线，基础工程施工测量，墙体工程施工测量，各层轴线投测及标高传递等。在施工测量之前，必须做好本单

元技能点一提到的准备工作。

一、熟悉有关图纸,准备测设数据,绘制测设略图

设计图纸是施工及施工测量的主要依据。与测设有关的图纸主要有以下几项:

(1)建筑总平面图(见图14-13)。从该图中查出或计算设计建筑物与原有建筑物或测量控制点之间的平面尺寸和高差,作为测设建筑物总体位置的依据。

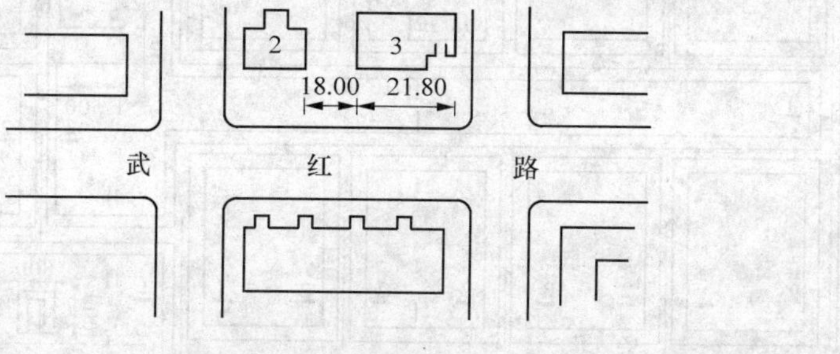

图14-13 (单位:m)

(2)建筑平面图(底层和标准层见图14-14)。从该图中查取建筑物总尺寸和内部各定位轴线之间的关系尺寸,它是施工放样的基本资料。

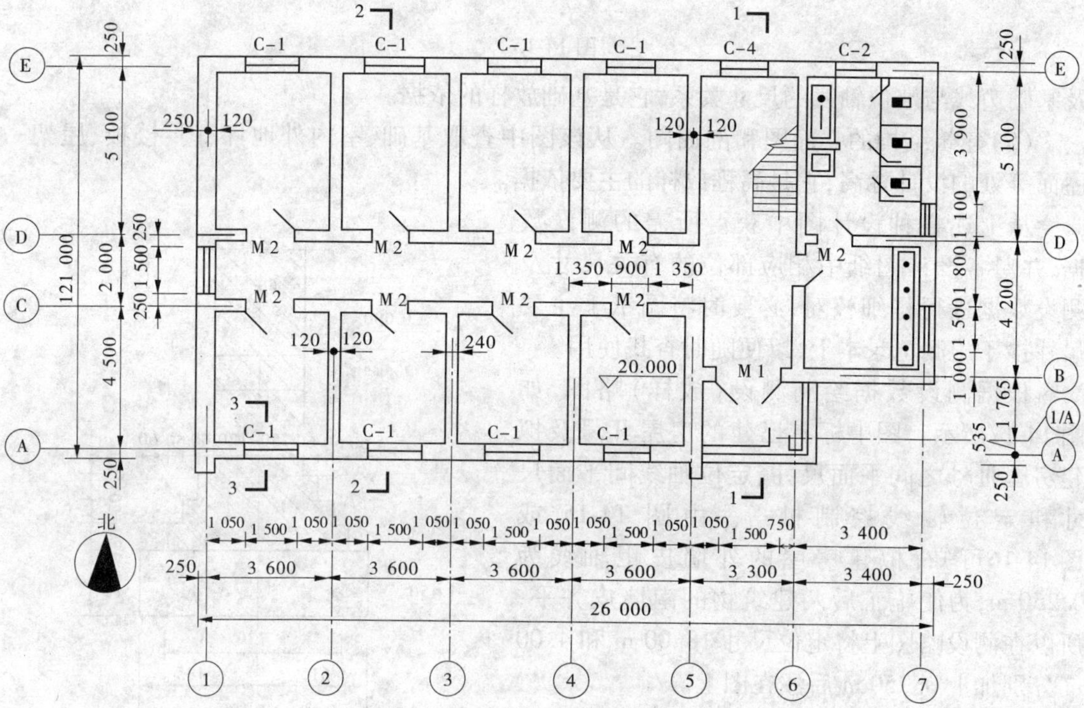

图14-14 (单位:mm)

(3)基础平面图(见图14-15)。从该图中查取基础边线与定位轴线的平面尺寸,以及基础布置与基础剖面位置关系。

(4)基础剖面图(见图14-16)。从该图中查取基础立面尺寸、设计标高、宽度变化以

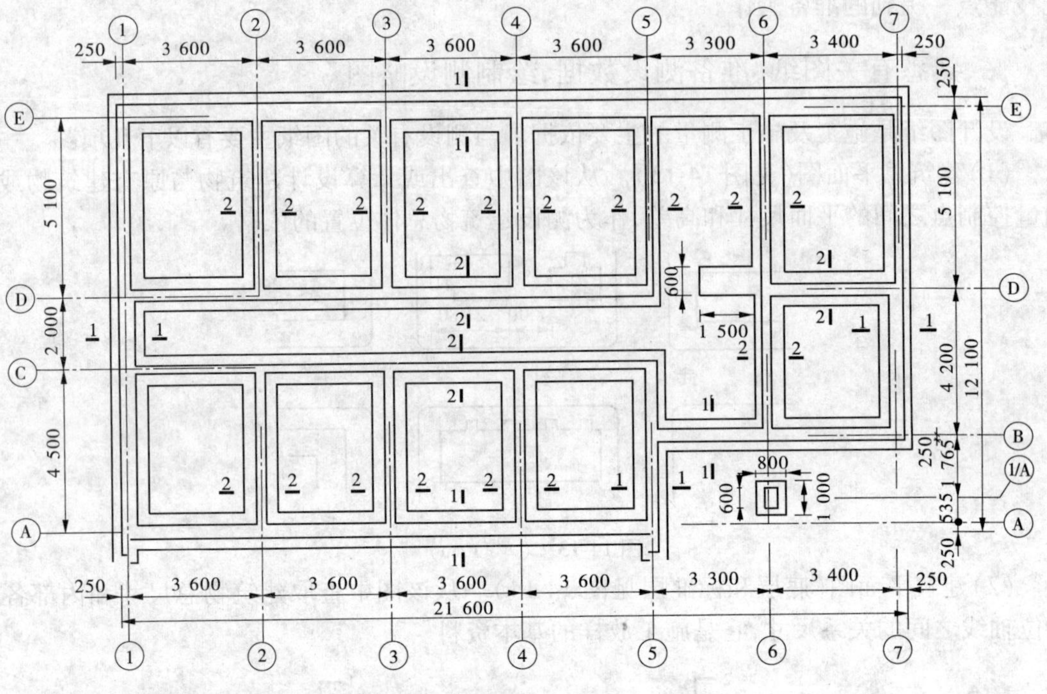

图 14-15

及基础边线与定位轴线的尺寸关系，它是基础放样的依据。

(5)建筑结构的立面图和剖面图。从该图中查取基础、室内外地坪、门、楼板、屋架、屋面等处的设计标高，它是高程放样的主要依据。

从上述各种设计图中获得所需的测设数据，并对各设计图纸中相应部位的有关尺寸及测设数据进行仔细核对，必要时将图纸上主要尺寸抄于施测记录本上，以便随时查找使用。

根据测设数据绘制测设(放样)略图，如图14-17所示。图中标有已建的房屋Ⅱ号及拟建房屋Ⅲ号之间平面尺寸、定位轴线间平面尺寸和定位轴线控制桩等。由图14-15或图14-16可知，拟建房屋的外墙皮距轴线为0.250 m，为使施工后两建筑物的南墙皮齐平，所以在测设略图上将定位尺寸18.00 m和4.00 m分别加上0.250 m后注在图上。

通过现场踏勘，全面了解现场情况，检校仪器工具，检查原有测量控制点，准备测设数据，绘测设(放样)略图，按照施工进度计划，制订测设方案，即可开始测设。

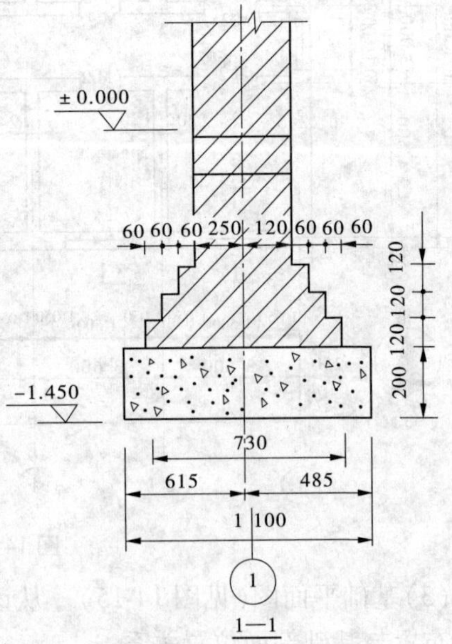

图 14-16

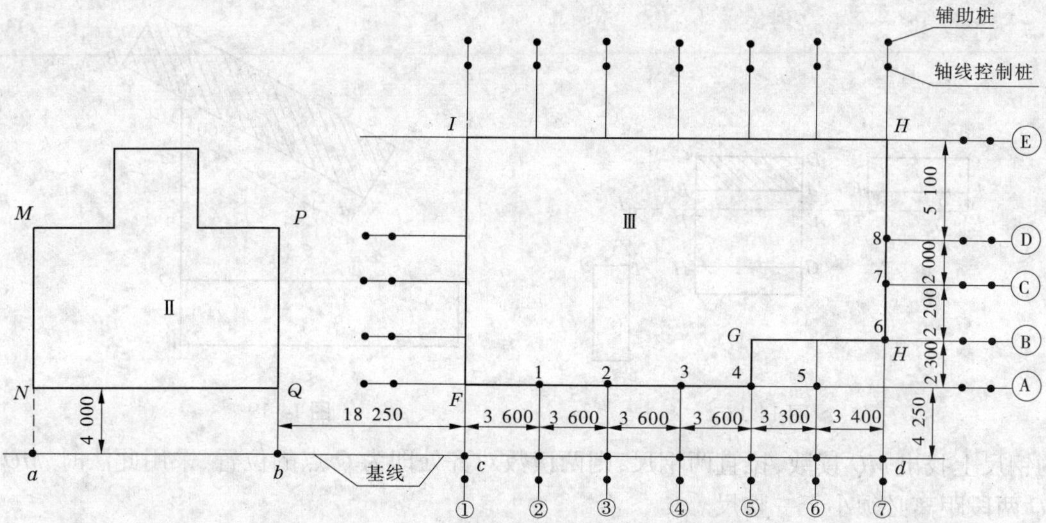

图 14-17

二、建筑物的定位

建筑物的定位就是根据设计中给定的定位条件、定位依据，将建筑物外廓各轴线的交点（或外墙皮角点）测设到地面上，作为基础和细部放线的依据。

由于定位条件不同，定位方法主要有以下四种。

（一）根据与原有建筑物的关系定位

一般民用建筑物的设计图上，通常给出的是拟建建筑物与附近原有建筑物的相对位置及尺寸，如图 14-17 所示。此时，就可根据原有建筑物测设出拟建建筑物。

如图 14-18 所示（有斜线的是原有建筑物），先从 A、B 两个点作平行线 $A'B'$。延长平行线 $A'B'$，可定出 E'、F'、I'等点，然后用直角坐标法就可测设出拟建建筑物的 EF、GH、IJ 等轴线（交）点。以此就可定出其余各轴线。

如果拟建建筑物与原有建筑物的主轴线成一任意角度，可以利用平行线的方法来测设。如图 14-19 所示（有斜线的是原有建筑物），距离 MB、MQ 以及 $\angle AMQ$ 是设计图纸给定的，在测设拟建建筑物 PQ 轴线前先作平行线 $A'B'$，其与 AB 的间隔为 d，为了确定 C 点在平行线 $A'B'$ 上的位置，需要确定出距离 CC'。由图 14-19 可知，$CC' = d \times \cot 60°$，由 B'点起量距离 $CB' = CC' + MB$，即可在平行线上定出 C 点的位置。而距离 $CQ = MQ - MC$，其中 $MC = \dfrac{d}{\sin 60°}$。在 C 点安置经纬仪，照准 A'逆时针方向转动照准部 60°，得 CQ 的方向，自 C 点起量距离 CQ 得 Q 点。在 Q 点上安置经纬仪，照准 C 点，逆时针方向转动照准部 90°，量取距离 QP，即定出 PQ 轴线。

Q 点也可由 MQ、AQ 两段距离交会来确定。因 AM、MQ 及 $\angle AMQ$ 为已知，则

$$AQ = \sqrt{\overline{AM}^2 + \overline{MQ}^2 - 2\,\overline{AM} \times \overline{MQ} \times \cos\angle AMQ} \qquad (14\text{-}7)$$

用两把钢尺将零点分别对准 A、M 两点，在对准 A 点的钢尺上找出 AQ 读数和在对准 M 点

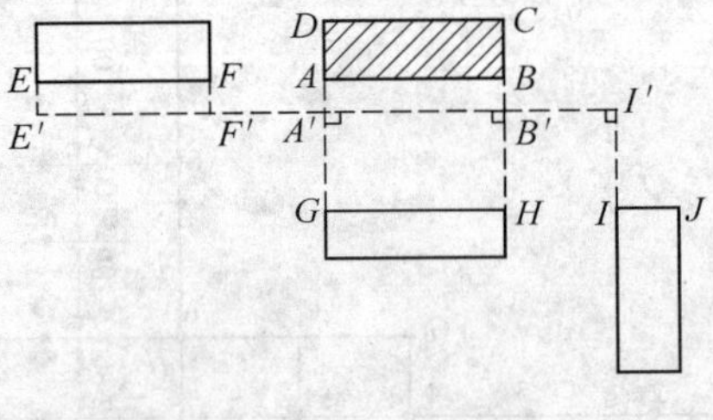

图 14-18

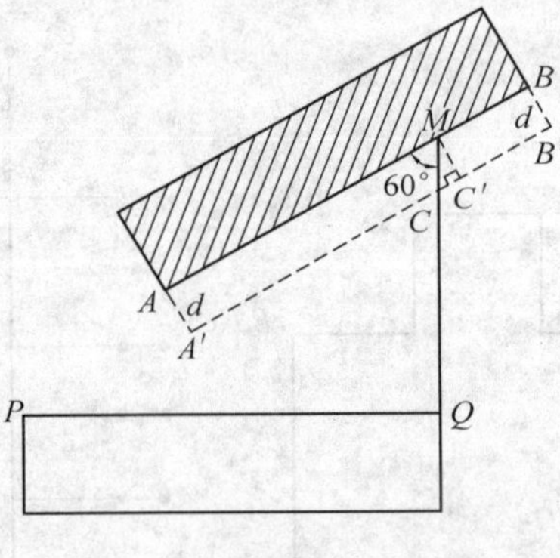

图 14-19

的钢尺上找出 MQ 读数，拉直两钢尺，则两读数对齐处即为 Q 点的位置，采用此法时，MQ、AQ 两段距离必须小于一整尺。

【例 14-1】 欲在原锅炉房西侧进行扩建，其设计尺寸与原锅炉房的相对位置如图 14-20所注，叙述其定位方法与过程。

解 1. 分析

从图中可看出两建筑物的北墙外皮对齐，中间留有 0.050 m 的施工缝。①轴到原锅炉房西墙外皮为 0.250 m，Ⓐ轴到北墙外皮为 0.250 m，定位时直接定出各轴线的桩位，以便施工。

2. 定位过程

(1)在原锅炉房的西墙外皮上，从北墙外皮向里量取 0.250 m，即得Ⓐ轴标志，再继续量取 4.800 m 和 15.120 m + 4.800 m = 19.920 m 分别得到Ⓑ轴、Ⓔ轴标志，如图 14-21 所示。

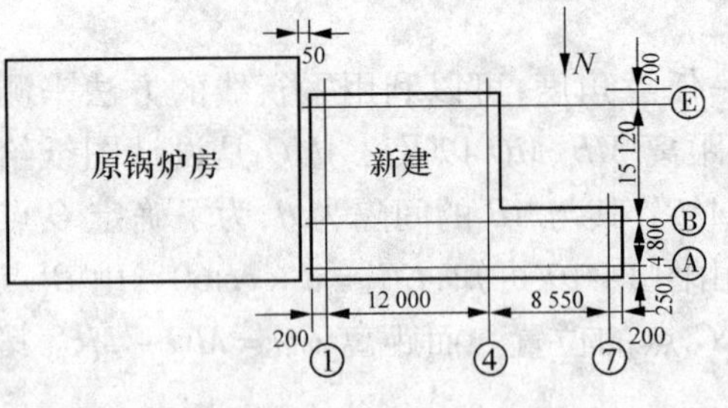

图 14-20 （单位：mm）

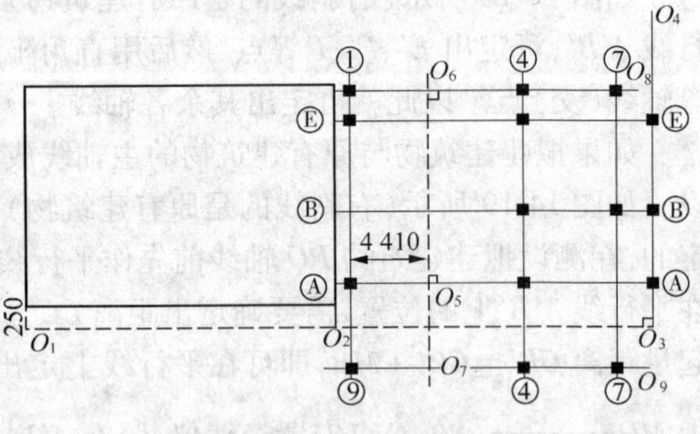

图 14-21 （单位：mm）

(2)从原锅炉房北墙两端各向外丈量出 0.250 m 得 O_1、O_2 两点，在 O_2 上安置经纬仪，延长 O_1O_2 到 O_3 点，在 O_3 点上安置经纬仪照准 O_1 点旋转照准部90°得 O_3O_4 方向线。

(3)在 O_3O_4 方向上依次量取 0.500 m 得Ⓐ轴桩位，继续丈量 4.800 m 和 4.800 m + 15.120 m = 19.920 m 得到Ⓑ轴、Ⓔ轴桩位，各自与墙上相应轴线标志的连线就是Ⓐ、Ⓑ、Ⓔ三轴的位置。

(4)在Ⓐ轴桩位上安置经纬仪，照准墙上标志Ⓐ，下转望远镜在Ⓐ轴线上得 O_5 点，量取 O_5 到西墙皮的距离，若为 4.410 m，在 O_5 点上安置经纬仪照准Ⓐ轴桩位，旋转照准部 90°得 O_6O_7 方向线。在 O_6 点上安置经纬仪，照准 O_7 点，旋转照准部 90°，得 O_6O_8 方向线，从该方向上由 O_6 向东量取 4.410 m − 0.250 m = 4.160 m 得①轴桩位，向西分别量取 12.000 m + 0.250 m − 4.410 m = 7.840 m 和 12.000 m + 0.250 m − 4.410 m + 8.550 m = 16.390 m 得到④轴、⑦轴的桩位。同理，在 O_7 点安置仪器也可定出①轴、④轴和⑦轴的桩位。相应轴线桩位的连线即①、④、⑦轴的位置。

(5)由各轴线的交点即可定出该建筑物的位置。在交点上安置经纬仪，观测其夹角应为 90°，其差值不超过容许值，否则应调整桩位。

(二)根据建筑红线或道路中心线定位

图 14-22(a)、(b)中的甲、乙两点为建筑红线点，其连线就为建筑红线，它一般与道路中心线平行。

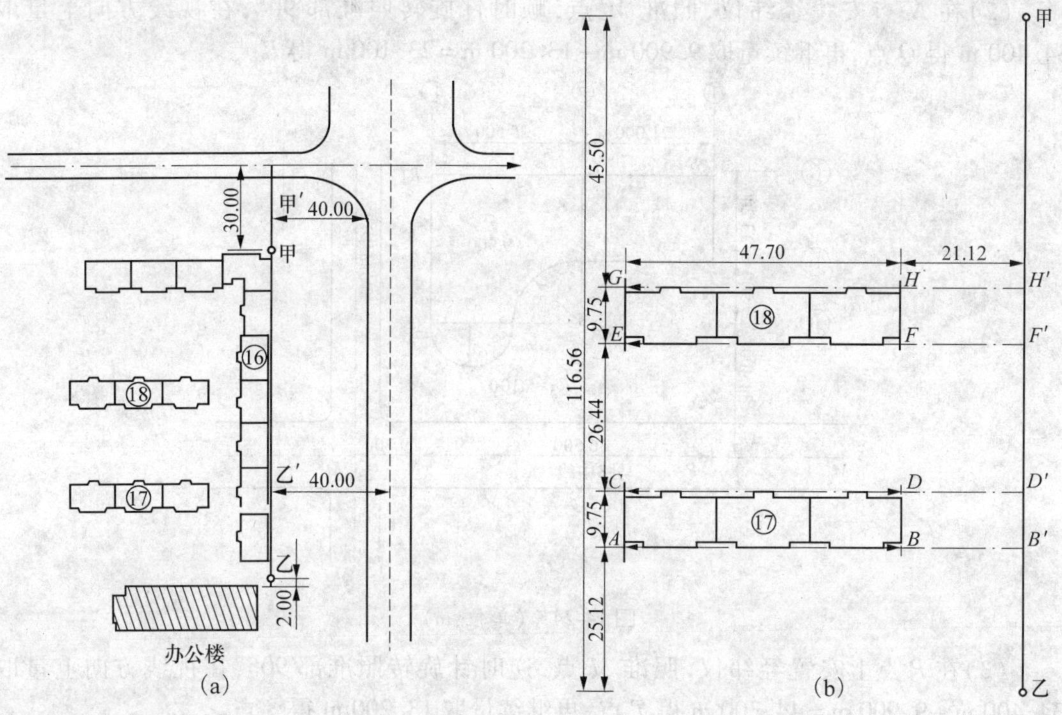

图 14-22 (单位:m)

根据甲、乙红线桩测设⑰号和⑱号拟建建筑物的轴线 AB、CD 和 EF、GH 时，先在甲点上安置经纬仪，照准乙点，在视线方向上从甲点起量取 45.50 m 得到 H' 桩点，再继续量取 9.75 m + 26.44 m + 9.75 m = 45.94 m 得到 B'桩点(桩上钉中心钉)。然后分别在 H'点和 B'点上安置经纬仪，照准乙(甲)点，顺(逆)时针转动照准部 90°，在视线方向上依次量取 21.12 m、47.70 m，钉出 H、G 和 B、A 各桩。随后在 G 点和 A 点上安置仪器，观测∠$H'GA$和∠GAB'值，与 90°比较，其差值在 ±40″范围内即为合格，实量 AG 与 $B'H'$，比较其相对误差，不超过 1/3 000 即为合格。在容许范围之内，根据实际情况对桩位做适当的调整。最后由矩形 ABHG 测设出 C、D、E、F 各点，就得到⑰号和⑱号拟建建筑物的轴线 AB、CD 与 EF、GH。

图 14-23 所示为拟建建筑物 ABCD 与道路中心线平行，根据设计给定的条件，在 M 点上安置经纬仪定出 N、Q 两点，在这两点上用经纬仪按直角坐标法可测设出该建筑物的轴线。

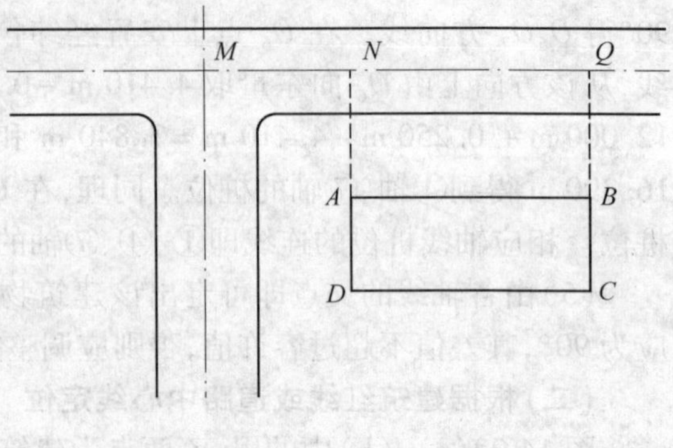

图 14-23

【例 14-2】 某建筑物的平面位置如图 14-24所示，试述其定位方法及过程。

解 (1)在马路中线交点 M 上安置经纬仪，照准 M′点，在马路中线上量取 9.800 m 得 N 点，再继续量 46.500 m 得 P 点。

(2)在 N 点安置经纬仪，照准 M′点，顺时针旋转照准部 90°，在视线方向上量取 34.400 m 得 Q 点，再继续量取 9.900 m + 13.200 m = 23.100 m 得 R 点。

图 14-24 （单位：m）

(3)在 P 点上安置经纬仪，照准 M 点，逆时针旋转照准部 90°，在视线方向上量取 34.400 m + 9.900 m = 44.300 m 得 T 点，再继续量取 13.200 m 得 S 点。

(4)在 S 点安置经纬仪照准 P 点，逆时针旋转照准部 90°，应能照准 R 点，并丈量 SR 的距离，其差值均应在容许值之内。否则，应调整桩位。

(5)S、R 两点边线即为Ⓒ轴，R、Q 连线即为⑭轴，S、T 连线即为①轴。在 Q 点安置经纬仪，照准 R 点，逆时针旋转照准部 90°，量取 10.200 m 得 U 点，Q、U 连线就为Ⓑ轴。以此按图纸设计尺寸就可定出其余轴线的位置。

(6)Ⓑ轴与⑦轴的延长线相交于 O_1 点，以 O_1 点为圆心、9.900 m 为半径就可放出该段圆弧。以 QU 的中点 O_2 为圆心、5.100 m 为半径可放出其圆弧。

（三）根据建筑方格网定位

如图 14-25 所示，方格网点 A、B 及拟建建筑物的四个外角点 M、N、Q、P 的坐标是设计图纸给定的。由这些点的坐标就可以用简单的加、减方法计算出 M 点与 A 点的纵坐标差 e、横坐标差 aM，建筑物的长度 MN 及宽度 PM、NQ。在 A 点安置经纬仪，瞄准 B 点，在经纬仪视线方向上量取距离 e 得 a 点，继续量取 MN 得 b 点，分别在 a、b 两点处安置经纬仪，后视 A 点，用直角坐标法就可测出 M、P 及 N、Q 各点。实量 MN、PQ 边的长度进行检核，与设计值比较，若其相对误差不大于 1/3 000 即为合格。

（四）根据控制点定位

从测量控制点上测设拟建建筑物，一般都是采用极坐标法或角度前方交会法。如图 14-26所示，测量控制点 A、B 及拟建建筑物外角点 M、N 坐标由设计图纸给定。若 M 点用极坐标法测设，则要计算出图中的角 α_2 及距离 S。若 N 点用角度交会法测设，利用相应点的坐标反算出各边的方位角，就可计算夹角 α_1 及 β_1。

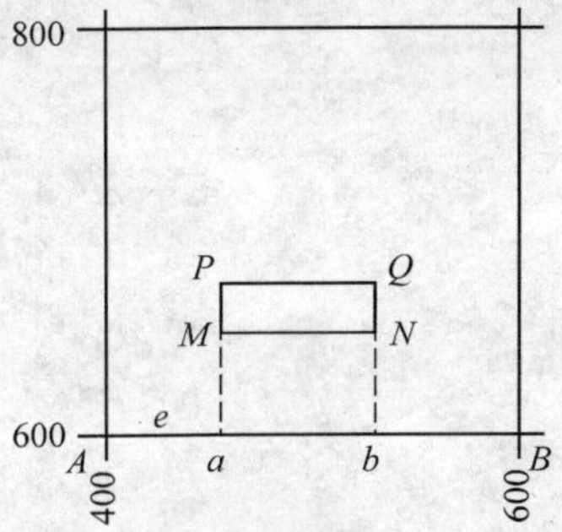

图 14-25 （单位：m）

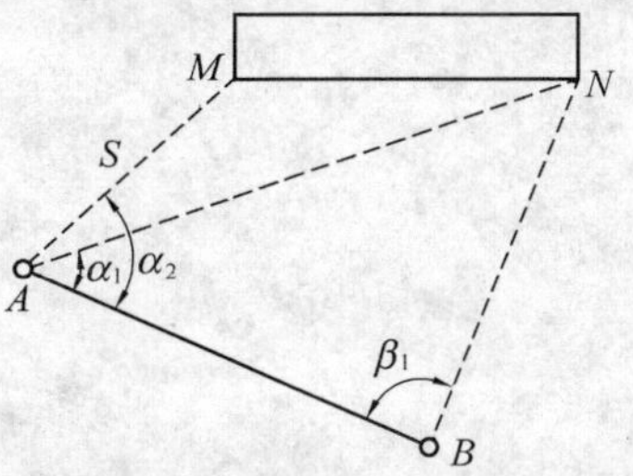

图 14-26

计算公式、方法及测设过程与点的平面位置测设方法相同。为了避免差错，测设前应备有测设示意图。各项数据算出后均应经过校核。

在设计图纸中所给定的拟建建（构）筑物的坐标值，大多数为外角坐标，测设出的点位为建筑物的外墙皮角点，施工时必须由此点位再测设出轴线交点桩。

三、建筑物定位的注意事项

（1）认真熟悉有关图纸及有关技术资料，审核各项尺寸，发现图纸有不符之处应与有关技术部门核实改正。施测前绘制测量定位略图，并标注相关测设数据。

（2）施测过程的每个环节都要仔细认真，精心操作。尽量做到以长方向控制短方向，引测过程的精度不低于控制网精度。

（3）基础施工中最容易发生问题的地方是错位，容易把中线、轴线、边线搞混看错。标注桩位时，一定写清轴线编号、偏移距离和方向。

（4）控制桩要做好明显标记，以便引起人们注意。桩周围要设置保护措施，防止碰撞破坏。定期检测，保证测量精度。

（5）寒冷地区采取防冻措施。

四、工程测量定位记录

工程测量定位记录见表 14-2。

表 14-2　工程测量定位记录

工程测量定位记录		编号	
工程名称		委托单位	
图纸编号		施测日期	
坐标依据		复测日期	
高程依据		使用仪器	
允许误差		仪器检验日期	

定位抄测示意图：

复测结果：

签字栏	建设(监理)单位	施工(测量)单位		测量员证书号	
		专业技术负责人	测量负责人	复测人	施测人

技能点五　建筑物的放线

建(构)筑物各外墙轴线交点桩定位,经验核无误后,方可进行建筑物的放线。所谓建筑物的放线,是指根据定位的轴线交点桩,详细测设其他各轴线交点的位置,用木桩(桩顶钉中心钉)标定出来,称为中心桩,并由此按基础宽及放坡宽用白灰撒出基槽(坑)开挖的边界线。放线方法如下。

一、测设外墙周边上各轴线交点桩

如图 14-27 所示，在 M 点安置经纬仪，照准 Q 点，用钢尺沿 MQ 方向量出相邻轴线间的距离，定出②、③、④…各轴线与轴的交点的桩(也可以每隔 1 ~2 轴线定一点)。同理，可定出其余各轴线的交点桩，量距精度应达到 1/3 000。丈量各轴线间距时，钢尺零端要始终对在同一点上。

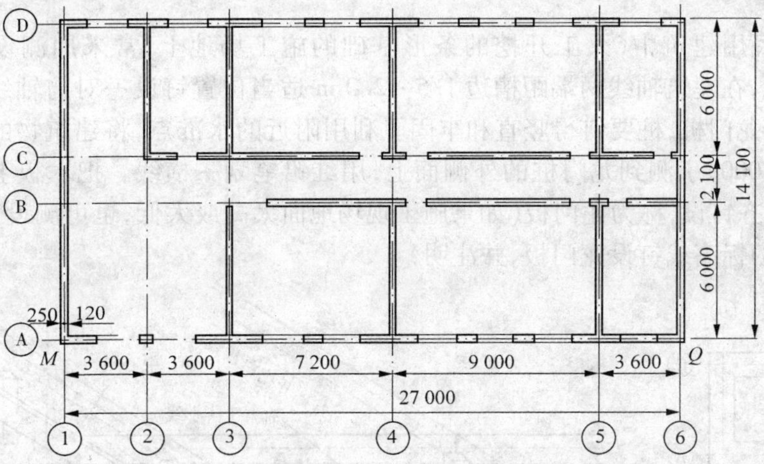

图 14-27 （单位：mm）

由于基槽(坑)开挖时这些轴线交点桩都要挖掉，因此在挖槽工作开始前，要把这些桩移到施工范围以外的安全地方，以便作为各阶段施工中恢复轴线的依据。其方法是：延长这些轴线至一定距离，在施工范围以外的安全地方钉设轴线控制桩或龙门板，将这些轴线位置固定下来。

二、测设轴线控制桩(引桩)

在大面积开挖的箱形基础或桩基础的施工场地以及机械化施工程度高的工地，常测设轴线控制桩。测设时，在轴线交点桩上安置经纬仪，照准另一轴线交点桩，沿视线方向用钢尺向基槽(坑)外侧量取一定距离(一般为 2 ~4 m)，打下木桩，桩顶钉中心钉，准确标定出轴线位置，并用混凝土包裹木桩，如图 14-28 所示。

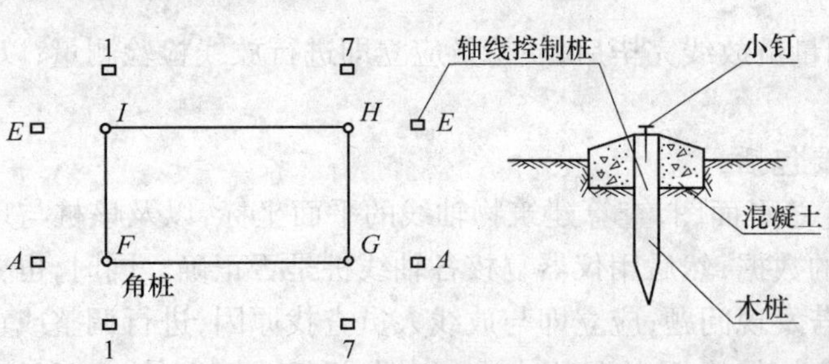

图 14-28

必要时砌筑保护井，加盖保护。在大型施工场地放线时，为了保证轴线控制的精度，通常是选择测设轴线的控制桩，然后根据轴线控制桩测设各轴线交点桩。在中小型的施工场地上，轴线控制桩是根据外墙轴线交点桩（角桩）引测的。如有条件也可把轴线引测到周围固定的地物上，并作好标志，注明轴线号，以便恢复轴线时使用。利用这些轴线控制桩作为在实地上定出基槽（坑）上口宽、基础边线等的依据。

三、龙门板的设置

在一般民用建筑中，人工开挖的条形基础的施工场地上，常采用测设龙门板。如图14-29所示，在建筑轴线两端距槽边1.5～2.0 m适当位置钉设一对与轴线垂直的保留大木桩，称为龙门桩，桩要钉得竖直和牢固。利用附近的水准点，将建筑物的室内地坪设计标高（±0.000）引测到龙门桩的外侧面上，用红铅笔划一横线。把木板上沿与桩上的±0.000线对齐钉设，称为龙门板（如果施工现场地面太高或太低，也可测设比±0.000高或低一整数的标高线钉设龙门板，并注明）。

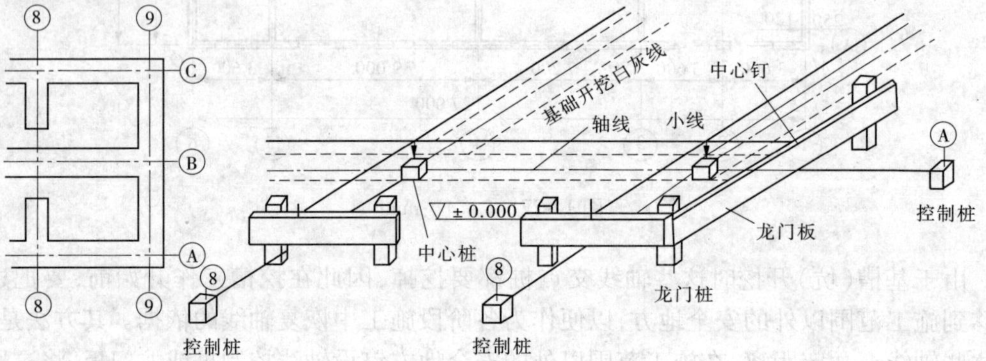

图 14-29

将经纬仪安置于轴线交点上，照准另一轴线交点后，将轴线引测到龙门板上，钉上小钉（称为中心钉）。用钢尺沿龙门板顶面实量各中心钉（轴线）间的距离是否正确，用水准仪检查各龙门板顶的±0.000标高是否正确。经检核无误后，以中心钉为准，将墙宽、基础宽标在龙门板上。

四、民用建筑定位放线的检验测量

当施工员、测量员放线完毕后，质检员应立即进行放线检验测量，以检核放线、桩位有无错误。

检测项目主要包括：

（1）根据设计总平面图，查算建筑物轴线的平面坐标，以及该桩与现场控制点的相关位置和放线需要的数据，然后用仪器复核各轴线桩是否正确。同时，也要检验龙门板上的轴线标记位置。若发现问题，应立即与放线人员查找原因，进行调整或重测。

（2）根据现场水准点，质检员用水准仪对龙门板或墙上的±0.000标高进行检查，务必符合规范要求。

以上检验均应及时记录，并妥善保存。在施工过程中进行有关检测时，常需查对原始资料。同时，在工程竣工验收填写验收报告及编绘竣工图时，均需附上这些资料。

一般建筑放线时，±0.000 标高测设误差范围为 ±5 mm，轴线间距离校核相对误差不得大于 1/3 000，其夹角允许误差范围为 ±40″。

五、施工测量验线的基本规定

（一）验线依据

设计图纸、变更文件、起始点位和数据必须是原始资料，最后定案并有效正确。

（二）仪器设备

仪器和钢尺满足精度要求并在鉴定有效期内。

（三）验线原则

（1）测量放线人员应爱岗敬业，有效保护测量成果。爱护仪器，定期维护保养，按期鉴定检验。

（2）验线应主动。从审核施工测量方案到施工各主要阶段前，应对测量提出预防性要求，做到防患于未然。

（3）独立验线。从人员、仪器、方法到线路尽量做到与放线不相关，验线重点应放在重点部位、薄弱环节。

（四）验线方法及误差处理

（1）场地平面控制网及建筑定位，应在平差计算中评定最弱部位的精度，实地验测，精度不合格时要求重测。

（2）细部验线，可用不低于放线时的精度进行验测。验线成果与放线成果之间的误差按以下办法处理：二者之差 $\Delta < 1/20.5\Delta_{限差}$ 时，对放线成果评为优良；二者之差 $\Delta = 1/20.5\Delta_{限差}$ 时，对放线成果评为合格，可不必改正放线成果，或取其平均值；二者之差 $\Delta > 1/20.5\Delta_{限差}$ 时，原则上不予验收，特别是重要部位，次要部位可令其局部返工。

（五）验线组织管理

验线的组织管理见表 14-3。

表 14-3　验线组织管理

测量内容	验线人员	测量内容	验线人员
水准点引测和场地控制网，建筑物定位	施工现场质量检查人员	楼层放线	质检员及木工工长（结构施工时钢筋工长参加）
基础定位放线	公司质量科	细部尺寸	质检员及相关工长

六、施工测量放线报验表

施工测量放线报验表见表 14-4。

表 14-4 施工测量放线报验表

施工测量放线报验表		编号	
工程名称		日期	

致______________________（监理单位）：

我方已完成（部位）______________________

（内容）______________________

的测量放线，经自检合格，请予查验。

附件：1. □放线的依据材料______________________页

2. □放线成果表______________________页

测量员（签字）： 岗位证书号：

查验人（签字）： 岗位证书号：

承包单位名称： 技术负责人（签字）

查验结果：

查验结论： □合格 □纠错后重报

监理单位名称： 监理工程师（签字）： 日期：

技能点六 基础施工测量

一、基槽开挖边线放线

在基础开挖前，按照基础剖面图上的尺寸，考虑到放坡及工作面大小，确定出基槽的上部开挖宽度。在两端由轴线（中心）桩向两边各量出开挖尺寸，并作好标记；在两端标记之间拉一细线，沿着细线在地面上用白灰撒出基槽边线，作为基槽开挖的界限。

（一）放坡宽度和挖方宽度

基础开挖的宽度和基础开挖深度与土质条件有关。若施工组织设计中对挖方边线有明确规定，撒白灰线时按此规定办理。若只给定放坡比例，则按照图 14-30 计算放坡宽度和挖方宽度，计算公式为

$$b_4 = KH$$

左侧开挖宽度 $b_L = b_1 + b_3 + b_4$

右侧开挖宽度 $b_R = b_2 + b_3 + b_4$

总的开挖宽度 $b = b_1 + b_2 + 2(b_3 + b_4)$

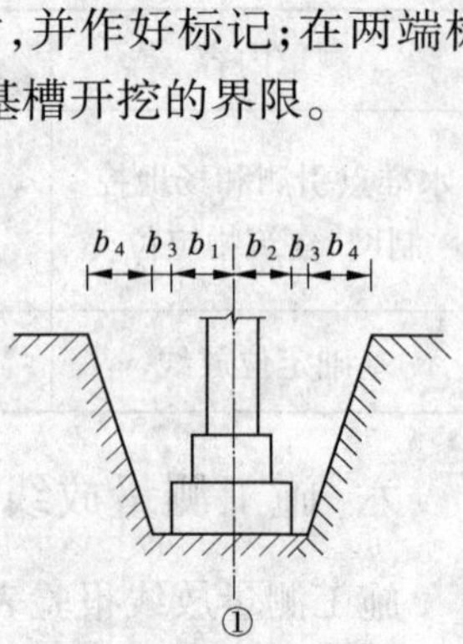

图 14-30

式中 b_4——放坡宽度；

K——放坡系数；

H——挖槽深度；

b_3——施工面宽度；

b_1、b_2——基础两侧到轴线距离。

(二)施工面宽度

若施工组织设计中对施工面宽度有明确规定，按规定计算。否则，可参照下面规定计算：

(1)毛石基础或砖基础，每边增加施工面 15 cm。

(2)混凝土基础或垫层需支模的，每边增加施工面 30 cm。

(3)使用卷材或防水砂浆做垂直防潮层时，增加施工面 50 cm。

(三)放坡系数

若施工组织设计中无明确规定，可参照表 14-5 的规定计算。

表 14-5 基础边坡的放坡系数

土的类型	放坡宽度(高：宽)		
	坡顶无荷载	坡顶有荷载	坡顶有动载
中密的砂土	1:1.00	1:1.25	1:1.50
中密的碎石类土(填充物为砂土)	1:0.75	1:1.00	1:1.25
硬塑的粉土	1:0.67	1:0.75	1:1.00
中密的碎石类土(填充物为黏土)	1:0.50	1:0.67	1:0.75
硬塑的粉质黏土、黏土	1:0.33	1:0.50	1:0.67
老黄土	1:0.10	1:0.25	1:0.33
软土	1:1.00		

在地质条件良好，土质均匀且地下水位于槽底或管沟底面标高，坚硬的黏土挖深不超过 2.0 m，其他土质挖深超过 1.5 m，可直立开挖，不放坡。否则，按表 14-5 要求放坡或做直立壁加支撑，以防止塌方，造成安全事故。

二、基础施工测量的方法

在建(构)筑物的基础工程施工阶段，由于基础的形式不同，施工测量的方法也有所不同。

(一)条形基础的施工测量

1. 水平桩的测设

一般民用建筑大多采用条形基础。当基槽开挖到一定深度时，在基槽壁上自拐角开始，每隔 3 ~ 4 m，由龙门板上沿的 ±0.000 标高测设一比槽底设计标高高 0.5 m 的水平桩，作为挖槽深度、找平槽底和垫层的标高依据。

如图 14-31 所示，室内地坪（±0.000）的设计标高为 49.800 m，槽底设计标高为 48.100 m，欲测设比槽底设计标高高 0.500 m 的水平桩，其标高为 48.100 m + 0.500 m = 48.600 m。在槽边适当处安置水准仪，在龙门板上立水准尺，读得后视读数为 0.774 m，则视线高为 49.800 m + 0.774 m = 50.574 m。求得水准尺立在水平桩上的前视读数为 50.574 m − 48.600 m = 1.974 m。在槽内一侧立水准尺，上下移动，当水准仪读数为 1.974 m 时，用一木桩水平地紧贴尺底钉入槽壁，即为所测的水平桩。同理，测设出其余各桩。水平桩测设的标高容许误差范围为 ±10 mm。

2. 槽底放线

垫层打好后，用经纬仪或拉细线挂垂球，把龙门板或控制桩上的轴线投测到垫层上，如图 14-32 所示，用墨线弹出墙体中心线和基础边线（俗称撂底），以便砌筑基础。整个墙体形状及大小均以此线为准。它是确定建筑物位置的关键环节，必须严格校核。

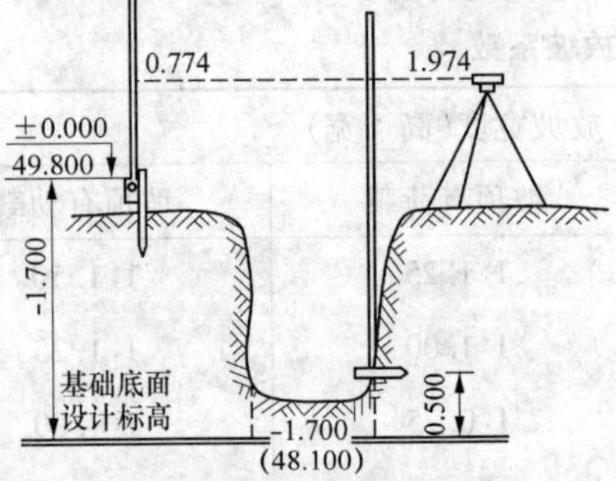

图 14-31 （单位：m）

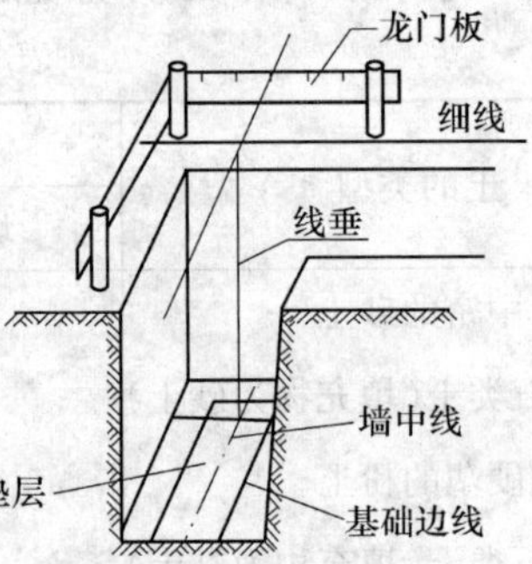

图 14-32

3. 基础墙砌筑时的标高控制

砖基础砌筑时，一般采用基础皮数杆作为标高控制依据。基础皮数杆是一根木制的杆子（见图 14-33）。按照设计尺寸，在杆子上将砖厚度、灰缝厚度、层数画出，并标明 ±0.000、防潮层等标高位置。

在立皮数杆处打一大木桩。用水准仪在该木桩上测设一条比垫层顶标高高一数值（如 10 cm）的水平线。将皮数杆上标高相同的一条线与木桩上的水平线对齐，并用大钉把皮数杆钉到木桩上，作为砌砖时的标高依据。

毛石基础砌筑时，在龙门板中心钉上挂细线，以控制砌筑毛石基础的高度。

基础墙体砌筑完后，用水准仪检查各轴线交点上的基础面的标高是否符合设计要求。一般民用建筑物的基础面标高容许误差范围为 ±10 mm。

（二）箱形基础的施工测量

箱形基础施工时，开挖范围较大，深度较深，测量工作应密切配合。

1. 坑底标高引测

由于开挖较深，可采用吊钢尺法把地面水准点 A 的高程引测到坑底水平桩 B 上，其容许误差范围为 ±5 mm。如图 14-34 所示，在基坑中悬吊一根钢尺，尺下端吊一 10 kg 的

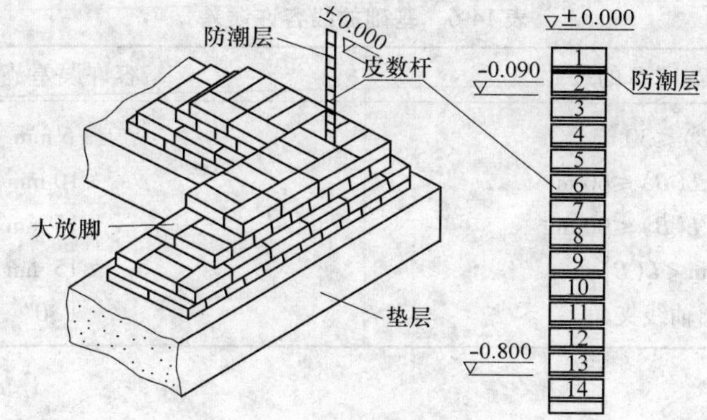

图 14-33

重锤。用地面和坑内的两台水准仪分别读取地面及坑内水准尺上读数 a 和 d,并同时读

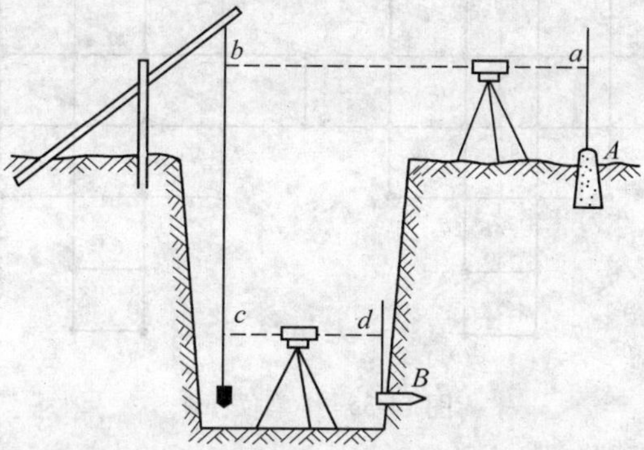

图 14-34

取钢尺读数 b 和 c。若水准点 A 的高程为 H_A,那么水平桩 B 的高程为

$$H_B = H_A + a - (b - c) - d \tag{14-8}$$

由 B 点高程就可在坑壁每隔一定距离测设出比坑底设计标高高 0.5 m 的水平桩,作为挖深及垫层找平的依据。

2. 坑底放线

垫层打好后,在控制桩上安置经纬仪,将主要轴线测设到垫层上,由此按设计图纸弹出其余轴线及墙、柱的中线与边线等,并对外廓轴线交角及间距进行严格检核,符合表 14-6中要求后弹出墨线方可交付施工。

(三)桩基础的施工测量

由于各种原因,有些多(高)层建筑物的基础采用桩基础。桩位的排列随着建筑物形状和基础结构不同而异,最简单的是排列成格网形式。有的基础是由若干个基础梁及承台连接而成的。基础梁下面采用单排或双排桩支撑,沿轴线排列。承台下面采用群桩支撑。其排列有的按矩形、有的按梅花形,如图 14-35 所示。

测设桩位时,排桩纵向(沿轴线方向)偏差应在 ±3 cm 范围之内,横向偏差应在 ±2 cm 范围之内,位于群桩外围边上的桩,偏差不大于桩径的 1/10,中间的桩不大于桩径的 1/5。

表 14-6　基础放线容许误差

长度 L,宽度 B 的尺寸	容许误差范围
$L(B) \leqslant 30$ m	±5 mm
30 m $< L(B) \leqslant 60$ m	±10 mm
60 m $< L(B) \leqslant 90$ m	±15 mm
90 m $< L(B)$	±15 mm
外廓轴线夹角	±30″

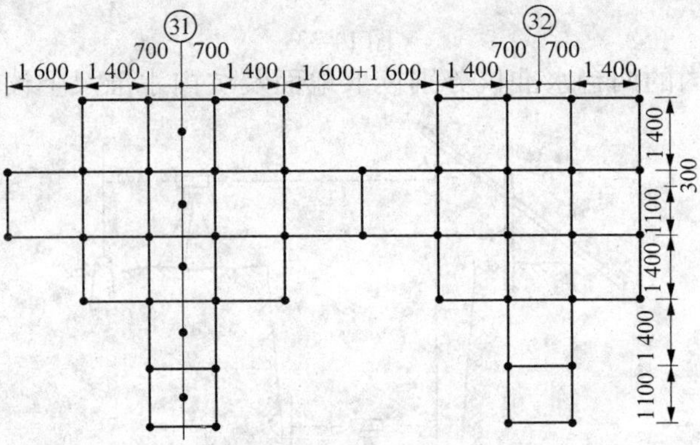

图 14-35　（单位:m）

1. 桩位测设

在定位轴线交点桩或轴线控制桩上,拉细线恢复各轴线,检查无误后方可测设桩位。

对于布设在轴线上的桩位,用钢尺沿细线按设计尺寸测设。对于排列成格网的桩位,根据轴线,精确地测设出格网的四个角点桩,然后按设计尺寸加密。承台下面的群桩,通常是根据轴线用直角坐标法测设的。

测设出的角点桩位及轴线两端的桩位,钉设木桩,上面钉中心钉,以便检核。其余各桩位可用ϕ 20 圆钢凿入地下 30 cm 成孔,灌入细白灰,桩位可持久可靠。

2. 施工后桩位及标高检测

桩基施工完成后,由控制桩恢复轴线,用钢尺实量各桩位中心相对于轴线的纵、横偏差,标注在桩位平面图上,对于偏差较大的桩位(特别是偏离轴线的横向误差),应在正确位置上补桩。用水准仪测设各桩顶标高与设计值比较,其差值也标注在图上。各项差值符合施工要求后才能进行下一步施工。

三、基槽验线记录

基槽验线记录见表 14-7。

表 14-7　基槽验线记录

<table>
<tr><td colspan="3">基槽验线记录</td><td>编号</td><td></td></tr>
<tr><td>工程名称</td><td colspan="2"></td><td>日期</td><td></td></tr>
<tr><td colspan="5">验线依据及内容：</td></tr>
<tr><td colspan="5">基槽平面、剖面简图：</td></tr>
<tr><td colspan="5">检查意见：</td></tr>
<tr><td rowspan="3">签字栏</td><td rowspan="2">建设(监理)
单位名称</td><td colspan="3">施工测量单位</td></tr>
<tr><td>专业技术负责人</td><td>专业质检人</td><td>施测人</td></tr>
<tr><td></td><td></td><td></td><td></td></tr>
</table>

技能点七　主体结构施工测量

一、墙体工程施工测量

墙体施工中的测量工作包括墙体定位弹线及墙体各部位标高控制。

(一)墙体定位弹线

用经纬仪或拉细线挂垂球，将经检查无误后的轴线控制桩或龙门板上的轴线和墙边线标志投测到基础面上，用墨线弹出墙体中线与边线。用经纬仪检查外墙轴线交角及间距，符合规范要求后，将轴线延伸到基础墙外侧，用红油漆作出明显标志，如图 14-36 所示。该标志作为向上投测轴线的依据，应切实保护好。

另外，在基础墙外侧画出门、窗和其他预留洞的边线。

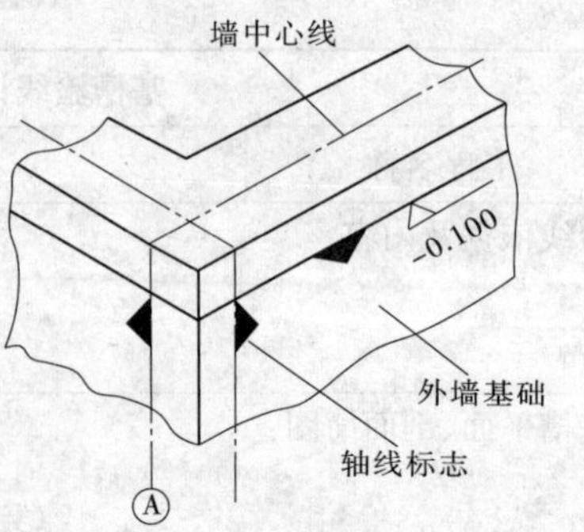

图 14-36

(二)墙体各部位标高控制

在砖墙体砌筑时，墙体各部位标高通常也采用皮数杆来控制，如图 14-37 所示。其画法与钉设与基础皮数杆相同。若采用内脚手架施工，皮数杆应立在外侧；反之，皮数杆应立在内侧。

当墙体砌到窗台时，用水准仪在室内墙体上测设一条 +0. 5 m 的标高线并弹出墨线，作为该层安装楼板、地面施工及室内装修的标高依据。

墙的垂直度是用如图 14-38 所示的托线板来进行检查的。把托线板紧靠墙面，如果垂球线与板上的墨线不重合，就要对砌砖的位置进行校正。

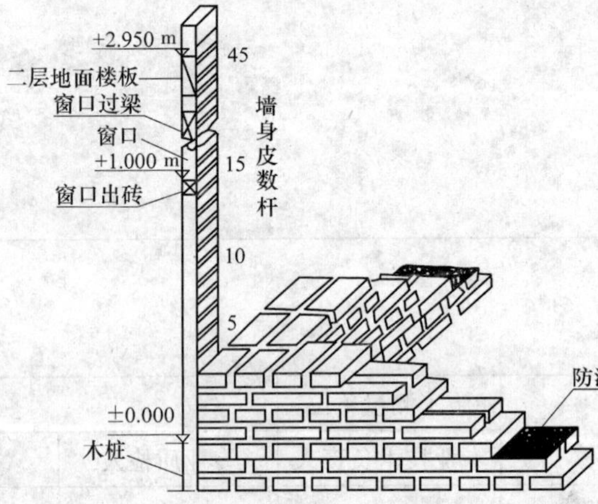

图 14-37

图 14-38

在楼板安装好后，将底层墙体轴线引测到楼面上，并定出墙边线。用水准仪测出楼面四角标高并取平均值作为地坪标高。当精度要求较高时，用钢尺从 +0. 5 m 线向上直接丈量到该层楼板外侧，作为重新立皮数杆的标高标志。框架或钢筋混凝土柱、间墙施工时，在每层的柱、墙上测设 +0. 50 m 标高线代替皮数杆，作为标高控制的依据。

二、多层建筑物轴线投测与标高引测

在多层建筑物的砌筑过程中，为了保证轴线位置的正确传递，常采用吊垂球或经纬仪将底层轴线投测到各层楼面上，作为各层施工的依据。

(一)轴线投测

在砖墙体砌筑过程中，经常采用垂球检验纠正墙角(或轴线)，使墙角(或轴线)在一铅垂线上,这样就把轴线逐层传递上去了。在框架结构施工中将较重垂球悬吊在楼板边缘,当垂球尖对准基础上定位轴线,垂球线在楼板边缘的位置即为楼层轴线端点位置,画一标志,同样投测该轴线的另一端点,两端的连线即为定位轴线。同法投测其他轴线,用钢尺校核各轴线间距,无误后方可进行施工,以此就可把轴线逐层自下而上传递。为了保证投测精度,每隔三、四层用经纬仪把地面上的轴线投测到楼板上进行检核,如图 14-39 所示。

(二)标高传递

一般建筑物可用皮数杆传递标高,对于标高传递精度要求较高的建筑,采用钢尺直接从 +0.50 m 线向上丈量(见图 14-40)。可选择结构外墙、边柱或楼梯间等处向上竖直丈量,每层至少丈量 3 处,以便检核。

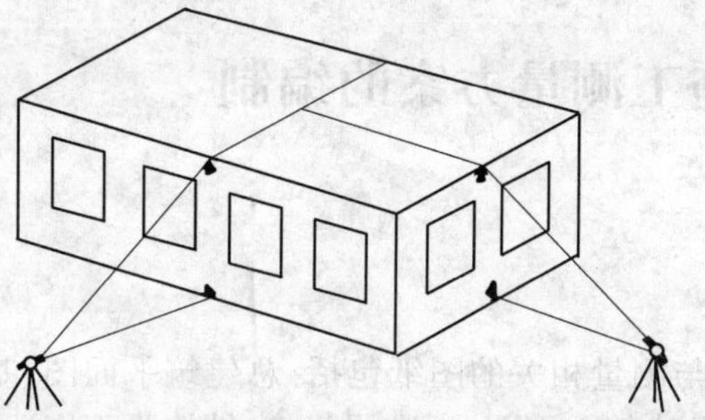

图 14-39

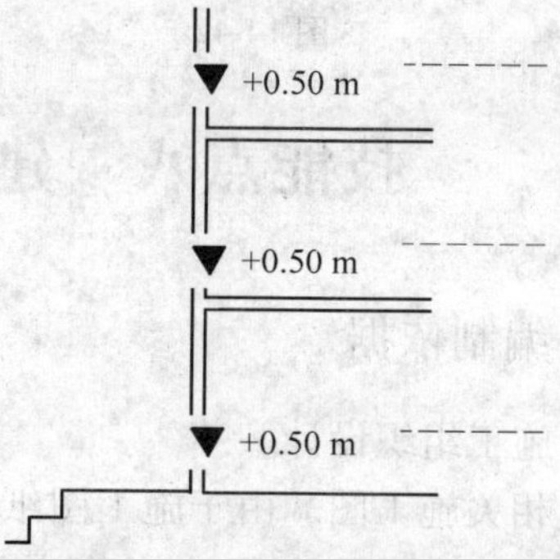

图 14-40

三、预制柱的安装测量

(一)柱子定位与校直

根据楼面上的轴线定出相距一定距离的平行线,作为柱子定位与校直的依据。如图 14-41所示,安装⑥、Ⓑ轴交点柱子时,分别在与⑥轴、Ⓑ轴相距 60 cm 的平行线上安置两台经纬仪,以此线的延长线定向,制动照准部。吊装柱子大致就位后,用小钢尺找出柱子两侧的中点,将尺板(见图 14-42)中点与之对准,分别安装在柱子两侧的上、下两部分,作为精确定位及校直的标志。另外,在下部尺板的对面安装一个同规格的尺板,以防止柱身扭转,如图 14-43 所示。分别用经纬仪观测各自方向上的所有尺板标志,调整柱位,当所有标志位于各自经纬仪视线上时,焊接固定柱子。即柱子就位于相应轴线上,且上下竖直,相互平行。同法

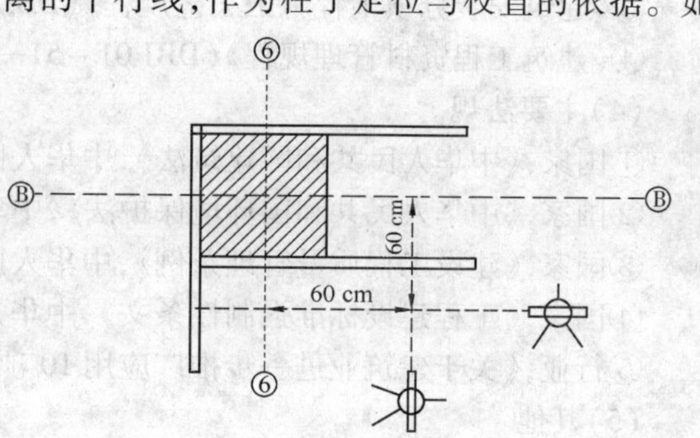

图 14-41

安装其余柱子。为了观测方便，柱子安装最好依轴线进行。

(二)标高控制

在安装好的柱子四侧，用水准仪测设该层的 +0.50 m 标高线，作为标高控制的依据。

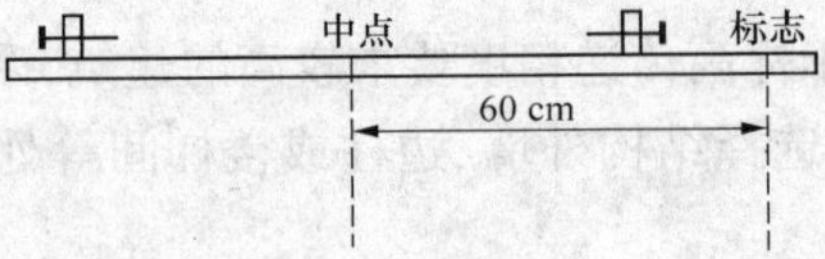

图 14-42

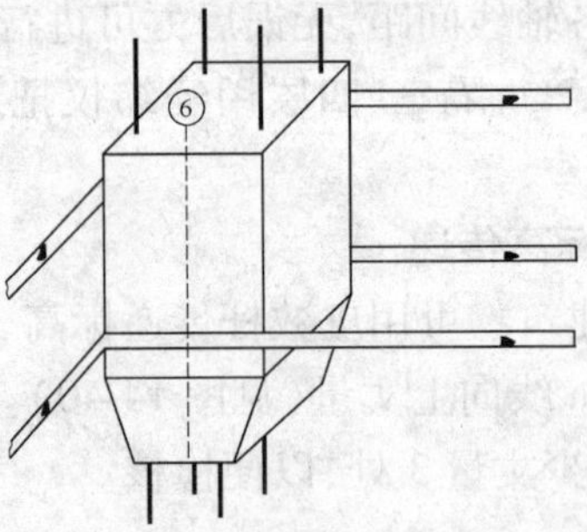

图 14-43

技能点八　建筑施工测量方案的编制

一、编制依据

(1)施工组织设计。

(2)相关施工图。由于施工图纸较多，与测量相关的图纸包括：总建筑平面图、基础结构平面图、剖面图，一层建筑、结构平面图，建筑立面图，标准层建筑、结构平面图，水电布置图，电梯井详图，屋面施工图等。

(3)主要规范规程。

①《建筑工程施工质量验收统一标准》(GB 50300—2001)。

②《工程测量规范》(GB 50026—1993)及条文说明。

③《建筑安装分项工程施工工艺规程》(DBJ/T 01 -26—2003)。

④《建筑工程资料管理规程》(DBJ 01 -51—2003)。

(4)主要法规。

①国家，《中华人民共和国建筑法》，中华人民共和国主席令 1997 年第 91 号。

②国家，《中华人民共和国环境保护法》，中华人民共和国主席令 1989 年第 22 号。

③国家，《建设工程质量管理条例》，中华人民共和国国务院令第 279 号。

④国家，《工程建设标准强制性条文》，中华人民共和国建设部建标[2002]219 号。

⑤行业，《关于建筑业进一步推广应用 10 项新技术的通知》建[1998]200 号。

(5)其他。

①定位坐标桩及标准水准点。

②ISO 9002 质量体系保证手册。

二、建筑设计简介

建筑设计简介主要包括建筑功能、特点、面积、层数、高度、标高及平面大小等。

三、施工总体安排

施工总体安排主要介绍施工现场位置、平面布置及测量控制的分布，周边环境、道路交通情况等，基础施工方法、工艺，施工控制网布设，对边坡及周围设施的保护措施等。

四、施工准备

(1)各种数据及资料收集。包括城市规划部门测绘成果、工程勘察报告、相关图纸及变更文件，施工组织设计或方案，施工场地地下管线、建(构)筑物等测绘成果等。

(2)施工控制点、标高点的测量方案及点位布置。

(3)测量仪器、量具的鉴定检验。

(4)测量人员及相关资质等级证书。

五、施工测量内容及精度

(1)施工测量的内容。包括水准点引测、建筑物定位放线及基础定位测量、平面控制网测设、基础开挖及基础放线、基础施工测量、主体结构施工测量、标高传递及找平、屋面施工测量、装修测量及内部庭院测量等。

(2)施工测量的精度。除前面提到的基础施工测量精度要求外，还要符合表 14-8 ~ 表 14-10 的要求。

表 14-8　轴线竖向投测的允许误差

项目	允许误差(mm)	项目		允许误差(mm)
每层	3	总高	$H \leqslant 30$ m	5

表 14-9　建筑各分部放线的允许误差

项目		允许误差(mm)
外廓主轴线长度(L)	30 m < $L \leqslant 60$ m	±10
	60 m < $L \leqslant 90$ m	±15
细部轴线		±2
承重墙、梁、柱边线		±3
非承重墙边线		±3
门窗洞口线		±3

表 14-10　标高竖向传递的允许误差

项目		允许误差(mm)
每层		±3
总高	$H \leqslant 30$ m	±5

六、测量精度保证措施及测量资料管理

(1)从人员、仪器、方法等方面采取措施,保证测量成果的精度。

(2)保证测量资料准确、真实、可靠,及时上报,按时归档。

思考与练习题

1. 施工测量包括哪些内容?

2. 施工测量的特点有哪些?

3. 进行施工测量之前应做好哪些准备工作?

4. 简述施工控制网的测设步骤。

5. 根据图 14-18 试述用直角坐标法的测设过程。

6. 龙门板和控制桩的作用是什么? 如何设置?

7. 如图 14-44 所示,已知原有建筑物的 1、2 点坐标,现欲建一机房,要求其⑥轴与坐标纵轴方向平行,试述其测设过程。

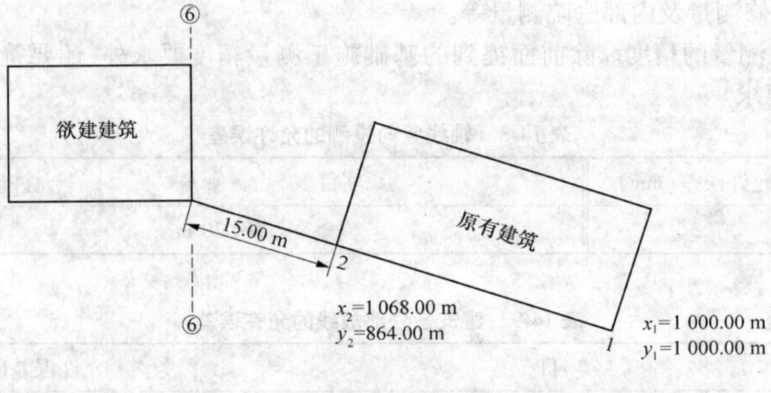

图 14-44

8. 民用建筑施工测量包括哪些主要工作?

单元十五　工业建筑施工测量

教学内容

本单元主要包括工业建筑施工控制测量、厂房定位测量、柱基础施工测量、厂房构件安装测量和竣工总平面图的编绘等内容。

能力目标

熟悉工业建筑施工测量的主要内容和要求；掌握厂房定位测量，基础施工测量及牛腿柱、吊车梁、大屋架等构件的安装测量方法和要求，并能熟练地应用到实际工程中；具备工业建筑施工测量工作岗位的应有技能。

由于工业建筑施工时大多为预制构件安装，内部要进行设备安装，有大量管线内外连接，建成后要进行连续性的生产，机械设备的振动对建筑构件的稳定产生影响，因此工业建筑定位放线精度要求比一般民用建筑高。工业建筑中以工业厂房最有代表性，本单元主要介绍工业厂房的施工测量。

工业厂房分为单层和多层，厂房的柱子按其结构与施工的不同分为预制钢筋混凝土柱子、钢结构柱子及现浇钢筋混凝土柱子。目前，采用较多的是预制钢筋混凝土柱子装配式单层厂房。施工中的测量工作包括厂房矩形控制网测设、厂房柱列轴线放样、杯形基础施工测量、厂房构件安装测量等。

技能点一　厂房控制网及柱列轴线测设

一、厂房矩形控制网测设

厂房的定位多是依据施工场地上的建筑方格网测设的。由于厂房多为柱列式建筑，跨距和间距大，隔墙少，平面布置简单，而且大多数构件都是按设计要求和尺寸预制的，因此就必须测设由柱列轴线控制桩组成的厂房矩形控制网，以保证按设计要求的位置和相互关系进行构件安装。

如图 15-1 所示，a、b、c、d 为厂房四个外角点，其坐标值可从总平面图上查得。A、B、C、D 为布置在基础开挖范围以外的厂房矩形控制网的四个角点，称为厂房控制桩。其坐标可根据厂房四个外角点坐标及设计间距 l_1、l_2 推算出。首先根据厂房控制点的坐标和建筑方格网点Ⅰ、Ⅱ的坐标计算出测设数据，然后利用方格网边ⅠⅡ按直角坐标法测设出四个厂房控制桩。最后检测∠C、∠D 是否等于 90°，AB 和 CD 两边是否等于设计长度，其误差不大于 1/10 000 且误差范围一般为 ±10″。为了便于测设细部，在测设和检测距离的过程中，每隔若干柱间距埋设一个控制桩，称为距离指示桩。

这种控制网适用于中小型工业厂房。

二、厂房控制网的主轴线测设

对于大型或设备基础复杂的厂房，应先测设厂房控制网的主轴线，如图 15-2 中的 *MON* 与 *POQ* 为厂房主轴线，再根据主轴线测设矩形控制网 *ABDC*。

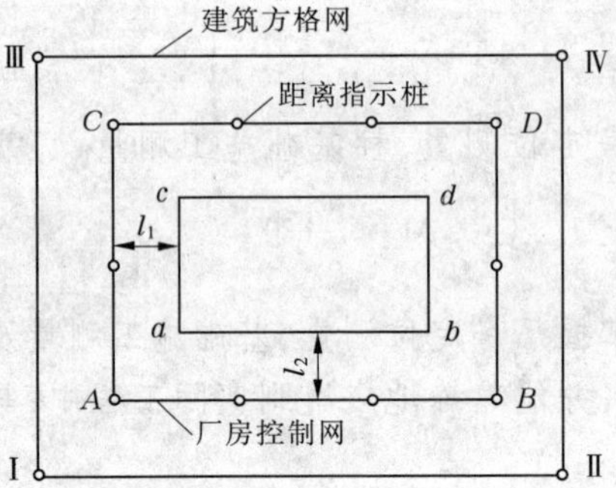

图 15-1

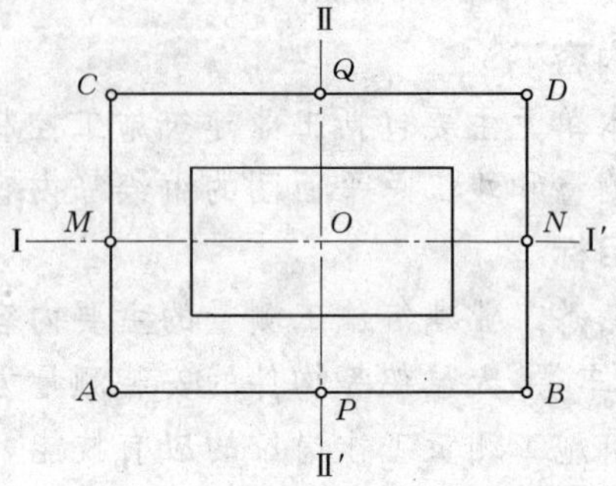

图 15-2

主轴线的测设方法与单元十四的技能点三中建筑基线测设方法相同。

工业厂房主轴线及控制网的技术要求与限差见表 15-1。

表 15-1　工业厂房主轴线及控制网的技术要求与限差

等级	控制网网型	厂房类别	边长(m)	测角中误差(″)	边长相对误差	主轴线交角允许偏差(″)	角允许偏差(″)
Ⅰ	田字形网	大型	100 ~ 300	±5	1∶5万 ~ 1∶3万	±3 ~ ±5	±5
Ⅱ	矩形网	中小型	100 ~ 300	±8	1∶2万 ~ 1∶1万	—	±7 ~ ±10

三、厂房柱列轴线的测设

厂房矩形控制网建立后，根据厂房平面图上所注的柱子间距和跨距尺寸，用钢尺沿矩形控制网各边量出各柱列轴线控制点的位置（如图 15-3 中的Ⓐ、Ⓑ、①、②…），并打入大木桩，桩顶用小钉标出点位，作为基坑放样和构件安装的依据。丈量时应根据相邻的两个距离指示桩为起点分别进行，以便检核。

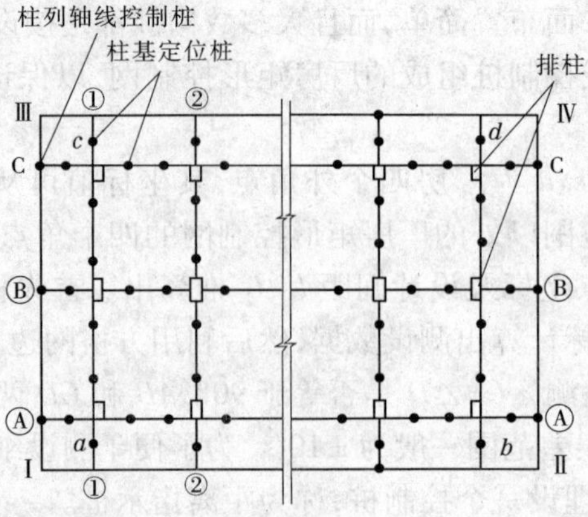

图 15-3

技能点二　杯形基础施工测量

一、杯基定位

用两台经纬仪安置在两条相互垂直的柱列轴线控制桩上，沿轴线方向交会出桩基定位点（定位轴线交点），再根据定位点和定位轴线，按基础详图（见图 15-4）上的设计尺寸和基坑放坡宽度，用特制角尺放出基坑开挖边线，并撒上白灰。同时，在基坑外的轴线上离开所挖边线 2 m 处，各打入一个基坑定位桩，桩顶钉小钉作为修坑和立模的依据，如图 15-5所示。

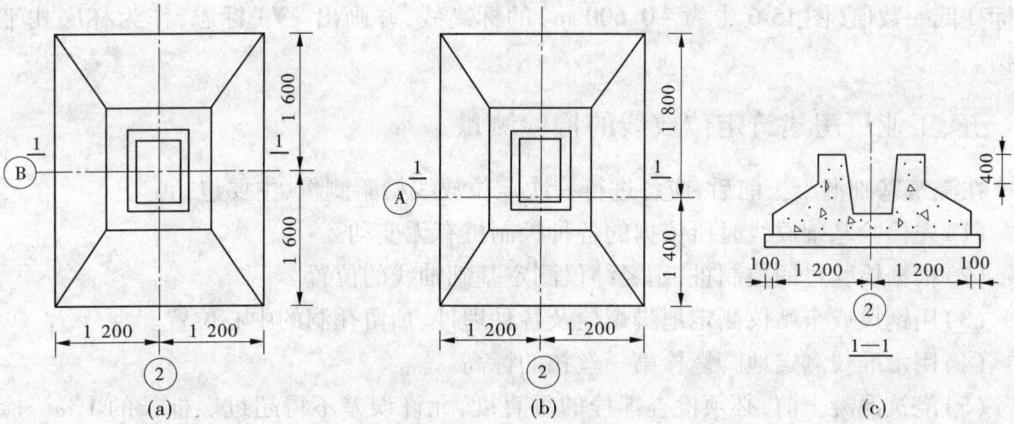

图 15-4　（单位：mm）

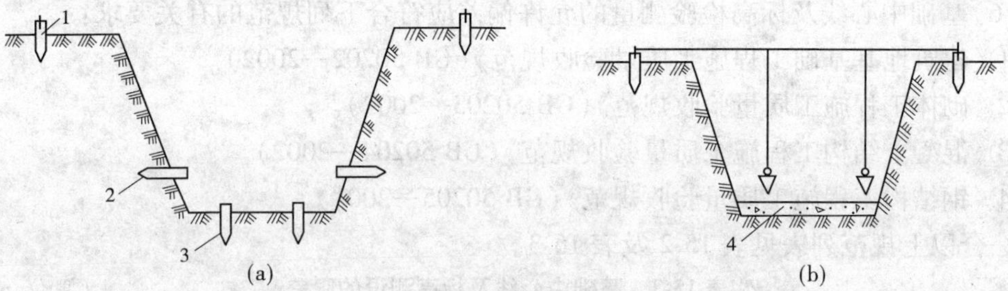

1—基坑定位桩；2—水平桩；3—垫层标高桩；4—垫层

图 15-5

二、基坑标高控制

将标高引测到厂房控制桩上，当基坑挖到一定的深度后，用水准仪在坑壁的四周离坑底设计标高 0. 5 m 测设几个水平桩（见图 15-5（a）），作为检查坑底标高和打垫层的依据。

三、支模板放线

垫层打好后，根据基坑定位桩在垫层上放出基础中心线，并弹墨线标明，作为支模板的依据。模板支好后，应用拉线、吊垂线等方法检查上口的位置（见图 15-5(b)）。然后用水准仪在模板内壁测设出基础面设计标高线。在支杯底模板时，应注意使实际浇灌出的杯底面略低于设计标高 3～5 cm，以便以后杯底找平。

四、杯口弹线与抄平

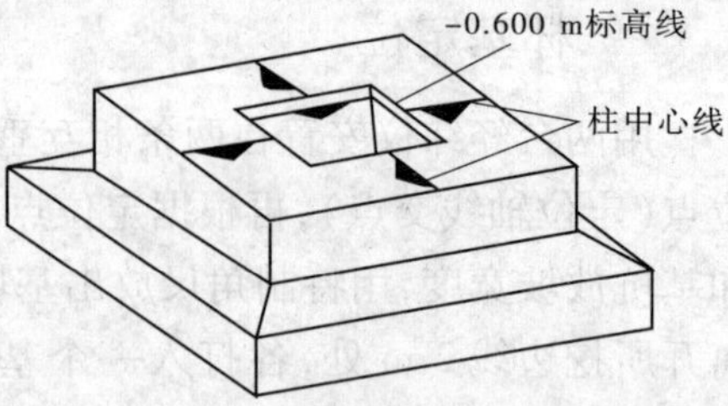

图 15-6

杯基拆模后，由柱列轴线控制桩用经纬仪把轴线投测在杯口顶面上，并弹出墨线，用红油漆画上“▶”标志（见图 15-6）作为柱子中心定位线。当柱列轴线不通过柱中心线时，应在柱基顶面加弹中心线。另外，用水准仪在杯口内壁测设一条比杯口顶面标高低一数值（图 15-6 中为 -0.600 m）的标高线，并画出“▼”标志，作为杯底找平的依据。

五、工业厂房建筑定位放线的检验测量

在浇筑基础混凝土前后，应各进行一次定位放线检验测量，主要包括：

(1)先检验基础放线时所依据的各种控制桩有无变动。

(2)根据检验过的控制桩，用经纬仪测定基础轴线的位置。

(3)用钢尺或全站仪测定地脚螺栓及各种埋件、预留孔洞的中心位置。

(4)用水准仪测定地脚螺栓第一丝扣的标高。

(5)浇筑混凝土前，必须检查螺栓的垂直度，允许误差不得超过螺杆长的 1‰。检验合格后，应立即将螺栓焊牢在基础钢筋的网架上。

(6)基础中心线及标高检验测量的允许偏差应符合下列规范的有关要求：

①《建筑地基基础工程施工质量验收规范》(GB 50202—2002)。

②《砌体工程施工质量验收规范》(GB 50203—2002)。

③《混凝土结构工程施工质量验收规范》(GB 50204—2002)。

④《钢结构工程施工质量验收规范》(GB 50205—2001)。

综合以上规范列表见表 15-2 及表 15-3。

表 15-2　基础中心线及标高测设的限差　（单位：mm）

项目	基础定位	垫层面	模板	螺栓
中心线端点测设	±5	±2	±1	±1
中心线投测	±10	±5	±3	±2
标高测设	±10	±5	±3	±3

注：测设螺栓及模板标高时，应考虑预留高度。

工业建筑中常用的预制混凝土杯形基础测量检验时，中心线允许偏差可参照混凝土独立基础的规定，杯底标高允许偏差为 -10 mm。

表 15-3　基础中心线及标高的竣工测量限差　（单位：mm）

项目		限差
基础中心线竣工测量	连续生产线上设备基础	±2
	预埋螺栓基础	±2
	预留螺栓孔基础	±3
	基础杯口	±3
	烟囱、烟道、沟槽	±5
基础标高竣工测量	杯口底标高	±3
	钢柱、设备基础面标高	±2
	地脚螺栓标高	±3
	工业炉基础标高	±3

六、设备基础的定位程序

设备基础施工程序有两种情况：一种是设备基础与柱基同时进行，大多数大型设备基础采用这种施工方案，这时可直接根据厂房矩形控制网定位；另一种是在厂房柱子基础和厂房部分建成后才进行设备基础施工，采用这种施工方案时，必须在砌筑砖围墙前，将外面的厂房控制网引测到厂房内，建立一个内控制网，作为设备基础施工与设备安装的依据。

技能点三　厂房构件安装测量

装配式单层厂房主要由柱、吊车梁、层架等构件组成（见图 15-7）。这些构件大多是预制成后运到工地进行现场装配。因此，在构件安装时，必须对所用测量仪器进行严格的检校，特别是柱子安装，它的位置与标高正确与否将直接影响到梁、屋架等构件能否正确安装。

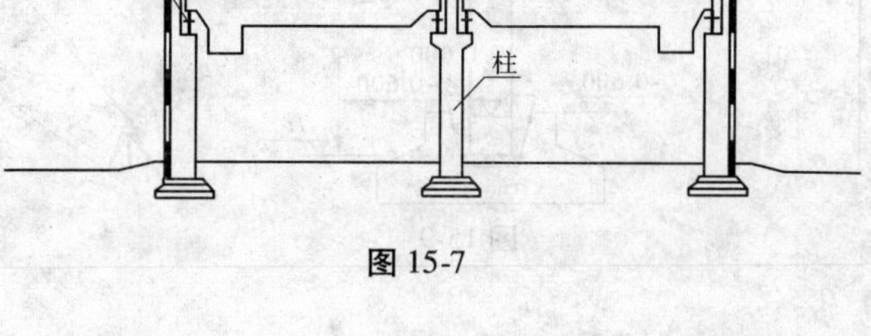

图 15-7

一、柱子安装测量

(一)基本要求

柱子安装测量的基本要求有以下几点:

(1)位置正确,柱子中心与轴线位移应在 ±5 mm 范围之内。

(2)柱身竖直,柱顶对柱底的垂直度偏差:当柱高 $H \leqslant 5$ m 时,垂直度偏差应在 ±5 mm 范围内;当 5 m $< H \leqslant 10$ m 时,垂直度偏差应在 ±10 mm 范围内;当 $H > 10$ m 时,垂直度偏差不得大于 $H/1\,000$ 且应在 ±25 mm 范围内。

(3)牛腿面及柱顶的标高,其容许偏差范围为 ±5 mm。

(二)准备工作

(1)柱身弹线。如图 15-8 所示,在每根柱子的三个侧面弹出柱中心线,在中心线的上端与下端杯口处画出"▶"标志,并根据牛腿面设计标高,从牛腿面向下用钢尺量出 -0.600 m的标高线,并画出"▼"标志,再量出到柱底的距离,标注在柱身上。

(2)杯底找平。如图 15-9 所示,为了保证安装后的牛腿面的设计标高 H_2,即 $H_2 = H_1 + l_0$,由于柱子预制时的误差,致使柱长 l_0 与设计长度不符,因此必须进行杯底找平。

找平时,用钢尺量出杯口内 -0.600 m 线到杯底的距离,与柱身 -0.600 m 线到柱底的距离比较,从而确定出杯底的找平厚度。由于浇灌杯底时通常使其低于设计标高 3 ~ 5 cm,故可用 1:2的水泥砂浆根据确定的找平厚度进行找平,最后用水准仪测量,其误差范围应在 ±3 mm 以内。

(三)柱子安装及竖直校正

柱子起吊后,应对号插入杯口。首先应使柱身基本竖直,再使柱身中心线与杯口轴线对齐,用硬木楔或钢楔临时固定,若偏差较大可用锤子敲打楔子拨正,其容许偏差范围为 ±5 mm。然后进行竖直校正,如图 15-10 所示,用两台经纬仪分别安置在柱列纵、横轴线上,离开柱子的距离不小于柱高的1.5倍,同时观测。先照准柱子下端的中心线,固定照

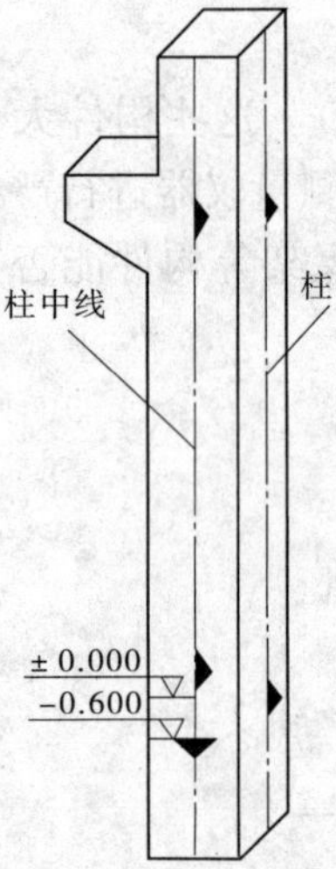

图 15-8

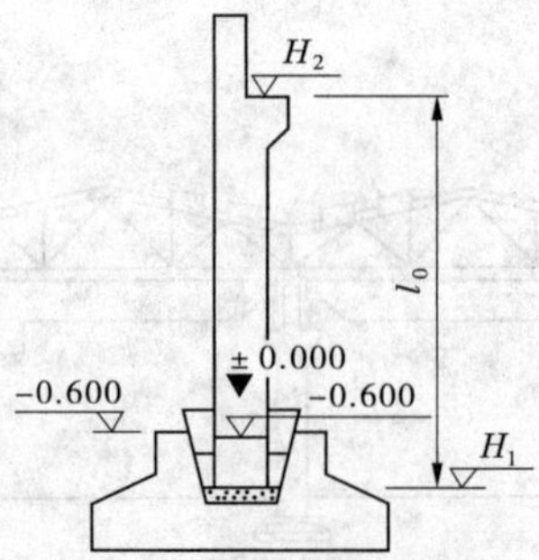

图 15-9

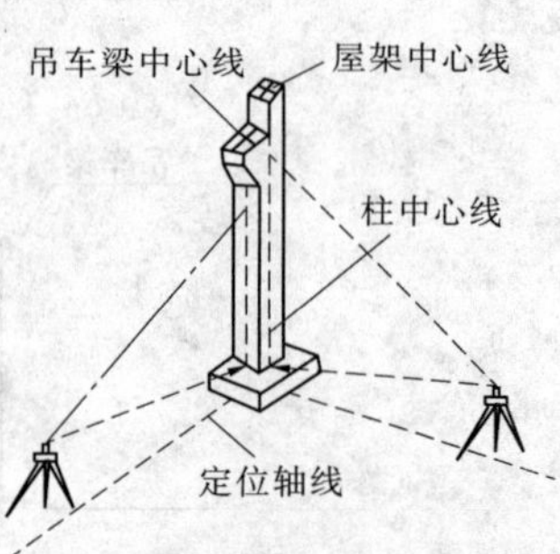

图 15-10

准部，再仰视柱顶中心线。如果中心线重合，则柱子在这个方向上就是竖直的；如果中心线不重合，应进行调整，直到在互相垂直的两个方向上都符合要求，将杯口的楔块打紧。用经纬仪实测柱子的垂直偏差值，若在容许范围之内，随即浇灌混凝土进行最后固定。

为了提高安装速度，有时先将若干柱子分别插入杯口，临时固定，这时则将经纬仪安置在柱列轴线的一侧，与轴线的偏角 β 不超过 15°，一次可校正几根柱子（见图 15-11）。柱子较短或精度要求较低时，可用垂球进行校正。

（四）柱子竖直校正的注意事项

柱子竖直校正应注意以下几点：

（1）柱子校正前应对经纬仪严格校正，观测时严格调平照准部水准管气泡。

（2）柱子竖直校正好后，应复查柱子下部的中心线是否对准杯口的柱列轴线。

（3）安装变截面的柱子时，经纬仪必须安置在柱列轴线上，以免产生差错。

（4）在日照下校正柱子的垂直度，应考虑温度的影响。因为柱子受太阳照射后，阴面与阳面形成温度差，柱子会向阴面弯曲，使柱顶产生水平位移，因此在垂直度要求较高、温度较高、柱身较高时，应利用早、晚或阴天进行校正，或在日照下先检查早晨校正过的柱子的垂直偏差值，对所校正柱子作预留偏差校正。

二、吊车梁、轨安装测量

（一）准备工作

（1）在预制好的吊车梁的顶面及两个端面上用墨线弹出梁中心线，如图 15-12 所示。

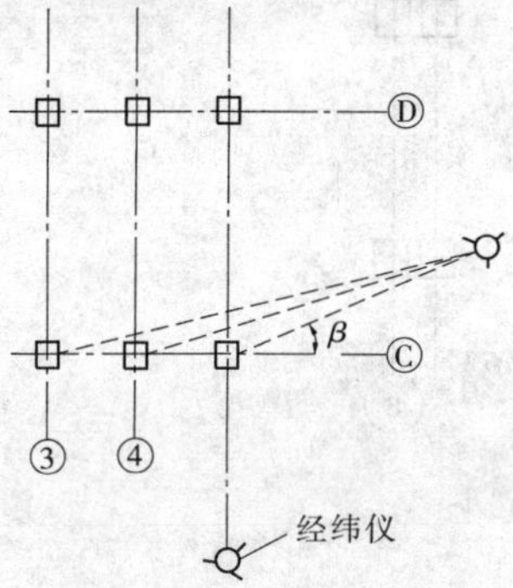

图 15-11

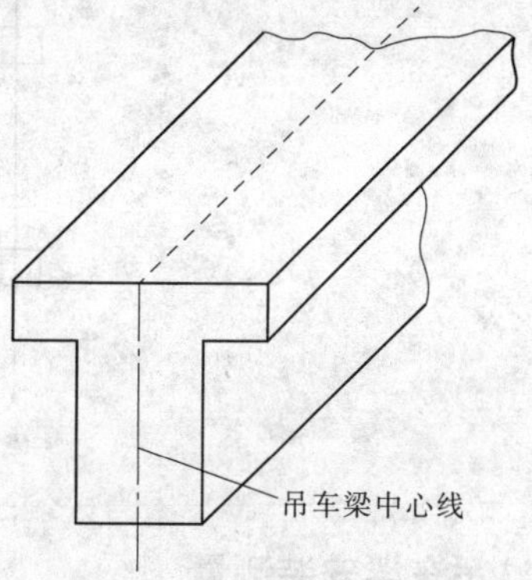

图 15-12

（2）在牛腿面上弹出吊车梁的中心线由柱中心到梁中心的距离，以柱中心为准，在牛腿面上弹出吊车梁的中心线，或者在图 15-13 中厂房中心线一端 A_1' 安置经纬仪，照准另一端 A_1''，测设 90°，沿视线方向量取吊车梁中心距离 d 得 A' 点，纵转望远镜沿视线方向量取 d 得 B' 点，再在 A_1'' 点上安置经纬仪，同法测出吊车梁中心线的另外两个端点 A'' 和 B''。在吊车梁中心线的一端安置经纬仪，照准另一端点，仰起望远镜，即可在每根柱子的牛腿面上测出吊车梁的中心线。

（3）根据柱子上的标高线，用钢尺沿柱子侧面向上量取吊车梁顶面的设计标高，也可量取比梁面的设计标高高 5 ~ 10 cm 的标高线，供调整梁面标高用。

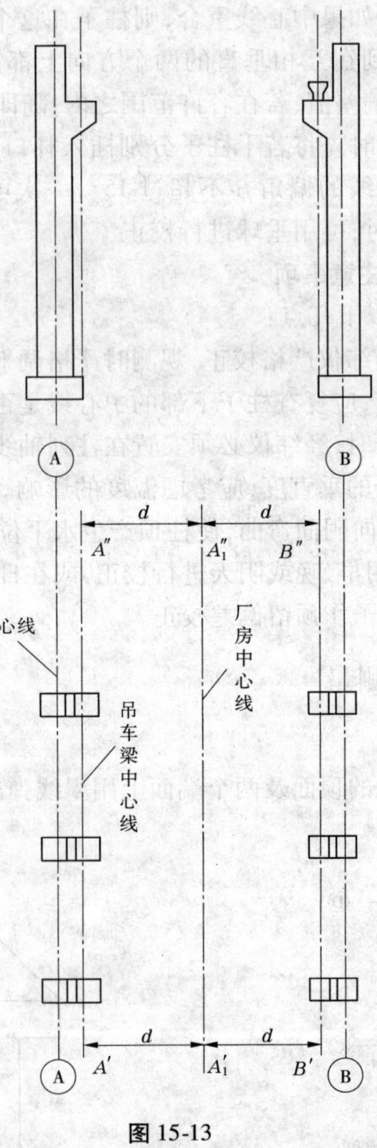

图 15-13

(二)吊车梁安装测量

(1)吊车梁安装时,使吊车梁两个端面上的中心线分别与牛腿面上的中心线对齐,其误差应小于 3 mm。

(2)吊车梁就位后,要根据梁面设计标高对梁面进行调整,然后用水准仪检测梁面实际标高,一般每隔 3 m 测一点,其误差不应大于 -5 mm。

(三)轨道安装测量

(1)吊车轨道安装之前,采用平行线法对吊梁上的中心线进行一次检测。如图 15-14 所示,在离开中心线间距为 d(1 m)处,测设一条校正轴线 aa',在校正轴线的一端点上安置经纬仪,照准另一端点,仰起望远镜,在吊车梁上横放一木尺(见图 15-15),当十字丝中心对准木尺上 d(m)的读数时,尺的零点应与梁中心线重合。如不重合,应予改正,再弹出墨线，供安置轨道时使用。

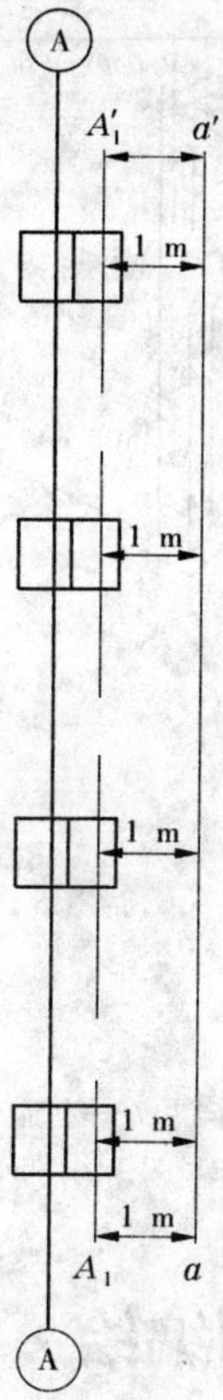

图 15-14

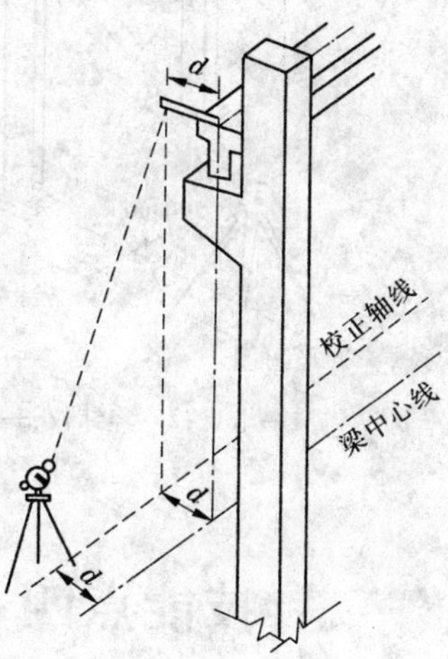

图 15-15

(2)吊车梁按校正过的中心线安装就位后，其容许误差范围为 ±2 mm。可将水准仪直接安置在轨面上进行检测，与设计高程相比较，误差范围为 ±3 mm。还要用钢尺悬空丈量轨道上对应中心线点的跨距，其误差范围为 ±5 mm。

三、屋架的安装测量

屋架安装前用经纬仪或其他方法在柱顶面上弹出屋架的定位轴线(见图 15-16)及屋架两端头的中心线，以便进行安装定位。

屋架就位时，应使屋架的中心线与柱顶面上的定位线对准，其误差范围为 ±5 mm。

屋架的竖直度可用垂球或经纬仪检查。用经纬仪检查，可在屋架上横装三把卡尺(见图 15-16)，一把安装在屋架上弦中点附近，另外两把分别安装在屋架的两端，从屋架的几何中心沿卡尺向外量取一定距离(一般为 500 mm)，并作标志。在地面上距屋架中心同样的距离测一条平行线。在该线的一端安置经纬仪，照准另一端，仰起望远镜，观测三把卡尺上的标志是否位于同一竖直面内。若屋架竖直偏差较大，则用机具校正，最后将屋架固定。

竖直度允许偏差：薄腹梁为不大于 5 mm，桁架为不大于屋架高的 1/250。

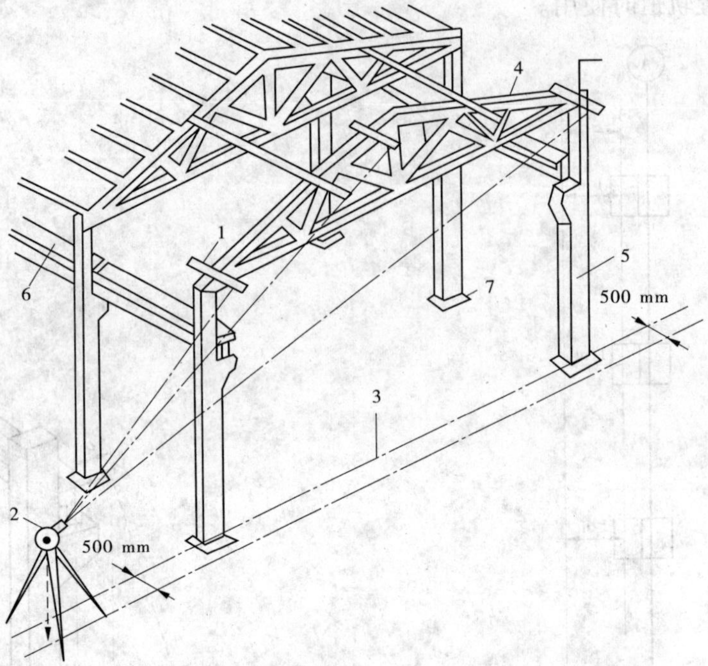

1—卡尺;2—经纬仪;3—定位轴线;4—屋架;5—柱;6—吊车梁;7—基础

图 15-16

技能点四　竣工总平面图的编绘

各种工程建设是根据设计图纸进行施工的,但在施工过程中,可能由于设计时无法预料到的问题而使设计有所更改,更改后的实际位置必须用图纸真实地反映出来,作为交工验收资料。另外,为了给工程竣工投产后营运中的维护、管理、改建或扩建等提供实际可靠的资料,应编绘竣工总平面图。

竣工总平面图按工程性质分为综合竣工总平面图、管道竣工总平面、分类管理竣工总平面图及铁路、道路竣工总平面图。竣工总平面图的比例尺应根据企业规模大小和工程密度来决定,一般厂区和市中心地区采用 1∶500 或 1∶1 000、厂外和城郊用 1∶1 000 或 1∶2 000。竣工总平面图编绘的有效方法是:随单位工程或系统工程的陆续竣工及时编绘分类竣工平面图,若有问题及时到现场查对,以保证竣工总平面图的真实可靠。

竣工总平面图的编绘包括竣工测量和竣工资料汇编两方面的内容,现分别叙述如下。

一、竣工测量的内容

各项工程竣工验收时所进行的测量工作称为竣工测量,它包括以下几方面内容:

(1)测量工业厂房及一般建筑物的房角坐标、室外高程、房屋的编号、结构层数、面积和竣工时间、各种管线的进出口的位置及高程。

(2)测量铁路和公路的起止点、转折点、交叉点坐标,曲线元素、桥涵等构筑物的位置和高程。

(3)地下管网的检查井,转折点的坐标,井盖、井底、沟槽和管顶等的高程,并附注管道及检查井的编号、名称、管径、管材、间距、坡度和流向。

(4)架空管网的转折点、起止点、交叉点的坐标,支架间距,基础面高程等。

竣工测量完成后,应及时提交完整的资料,包括工程的名称、施工依据、施工成果,作为编绘竣工总平面图的依据。

二、竣工资料汇编

竣工资料汇编的依据除竣工测量提供的资料外,还包括各种设计资料及施工测设资料和施工检查测量资料,有关部门和建设单位的具体要求等。

竣工总平面图除包括竣工测量提供的各建筑物、构筑物的坐标及高程等资料外,还应包括测量控制点的坐标和高程以及厂区内净空地带和尚未兴建区域的地物、地貌等内容。

竣工总平面图汇编步骤如下。

(1)在图纸上绘制坐标方格网,其精度要求与地形图测量坐标方格网相同。

(2)在坐标方格网上展绘施工控制点。

(3)将设计总平面图的图面内容按其设计坐标用铅笔展绘在方格网上,作为底图。

(4)展绘竣工总平面图。①根据设计资料展绘。凡按设计坐标定位施工的工程,应以测量定位资料为依据,展绘其设计坐标(或相对尺寸)和标高,建(构)筑物的拐角、起止点、转折点应根据坐标数据展点成图;对附属部分,如无设计坐标,可用相对尺寸绘制,若原设计变更,则应根据设计变更资料编绘。②根据竣工测量资料和施工检查测量资料展绘。在每项工程完成后,应进行竣工测量,若竣工测量成果与设计值之差不超过规定的定位容许误差,按设计值编绘;否则应按竣工测量资料编绘。

由上述资料编绘成图时,对于厂房应使用黑色墨线绘出该工程的竣工位置,并注明名称、坐标和高程及有关说明。对于各种地上、地下管线,应用各种不同颜色的线条绘出其中心位置、起止点及井位坐标、高程和有关说明。用棕色等高线表示地貌。在一般没有设计变更的情况下,墨线的竣工位置与按设计原图用铅笔绘的设计位置应重合,但其坐标及高程值与设计值比较可能稍有出入。随着各项工程相继竣工,逐渐在底图上将铅笔线都绘成墨线。

竣工总平面图汇编完成后,应到实地进行核对,如果有与实地情况不符或遗漏的部分应在现场实测并绘出草图,最后根据实测成果和草图在室内进行补充更改,便可成为完整可靠的竣工总平面图。

思考与练习题

1. 在厂房柱基开挖过程中,如何确定开挖边线?怎样保证基坑不超挖?
2. 简述杯形基础的测量方法。
3. 牛腿柱安装的基本仪器有哪些?
4. 试述吊车梁的安装测量工作。
5. 编绘竣工总平面图的目的是什么?根据什么编绘?具体怎样编绘?

单元十六　高层建筑施工测量

教学内容

本单元主要包括高层建筑施工测量概述、高层建筑的轴线投测与高层建筑的高程传递等内容。

能力目标

熟悉高层建筑施工测量的特点与精度要求，掌握高层建筑的轴线投测与高层建筑的高程传递的方法。这是建筑施工测量职业岗位的基本技能之一。

技能点一　高层建筑施工测量概述

一、高层建筑施工测量的特点

由于高层建筑物层数多、高度高、体型巨大、结构复杂、平面与立面变化多样、设备和装修标准较高，与一般建筑工程相比，其施工测量的特点如下：

(1)由于建筑层数多、高度高，结构竖向偏差直接影响工程受力情况，因此要求轴线竖向投测精度高，所用仪器和投测方法要与施工工艺、结构类型相适应。

(2)由于结构复杂，设备和装修标准较高，特别是钢结构、带有高速电梯等设备的建筑，要求测量定位精读达到1 mm。

(3)由于建筑平面、立面造型复杂多变，要求定位放线因时、因地制宜，灵活实用，并配备功能相适应的专用设备和必要的安全措施。

(4)由于工程规模大、工期长，为保障工程的整体性和局部施工的需要，在开工前需要测设足够精度的平面和高程控制网。由于基础开挖、地下工程施工，场地布置变化大，应采取妥善保护措施，使主要控制点在整个施工期间，能准确、牢固地保留到竣工，并移交给建设单位继续使用，这项工作是整个施工测量顺利进行的基础，也是施工测量中难度最大的工作。

(5)由于采取立体交叉作业，施工项目多，为保证各工序间的相互配合、衔接，施工定位工作要与设计、施工等各方面密切配合，并要事先充分做好准备工作，制订切实可行的与施工同步的定位放线方案。

(6)为了保证工程质量，定位放线人员要严格遵守施工放线准则工作的要求。为防止因定位放线的差错造成损失，必须在整个施工的各个阶段和各主要部位做好验线工作，改变事后验线的被动工作方式。

(7)高层建筑一般基础深，开挖面积大，自身荷载大，工期长，对周围环境影响大，因此，必须进行相关项目的变形监测，以保证相邻设施及自身的安全。

二、高层建筑施工测量的精度

高层建筑在施工中对建筑各部位的水平位置、垂直度及轴线尺寸、标高等放线精度要求都十分严格。《钢筋混凝土高层建筑结构设计与施工规范》(JGJ 3—2002)中不同结构形式在施工中轴线与标高的容许偏差值如表16-1所示。

表16-1 高层建筑施工容许偏差

结构类型	竖向偏差限值(mm)		高差偏差限值(mm)	
	每层	全高(H)	每层	全高(H)
现浇混凝土	8	H/1 000(最大30)	±10	±30
装配式框架	5	H/1 000(最大20)	±5	±30
大模板施工	5	H/1 000(最大30)	±10	±30
滑模施工	5	H/1 000(最大50)	±10	±30

对施工测量的精度也有严格要求。每层间竖向偏差限值与高差偏差限值范围均为±3 mm，建筑物全高(H)测量偏差和竖向测量偏差不应超过3/10 000，且应满足下列条件：①当30 m < H≤60 m时，全高(H)测量偏差和竖向测量偏差范围为±10 mm；②当60 m < H≤90 m时，全高(H)测量偏差和竖向测量偏差范围为±15 mm；③当H > 90 m时，全高(H)测量偏差和竖向测量偏差范围为±20 mm。

为保证工程的整体与局部施工的精度，在进行施工测量前，必须制订出严谨合理的测量方案，建立牢固的测量控制点，严格检校仪器工具，健全检核措施，确保测设的精度。

高层建筑的定位、放线与多层建筑物基本相同。本单元着重介绍高层建筑物的轴线投测与标高传递。

技能点二　高层建筑的轴线投测

一、轴线投测的概念

轴线投测就是把底层的轴线通过一定的测量方法引测到施工面上。高层建筑的轴线投测是选择若干条主要轴线的平行线(或称为轴线控制线，间距一般为0.5～1.0 m)，组成一定的几何图形(见图16-1)，以便检核。各控制线交点称为轴线控制点，每层相邻控制点及各层相同控制点间应相互通视。把这些控制点投测到施工面上，由此放样出全部轴线。

图16-1(a)为十字线，适用于面积较小的塔式建筑；图16-1(b)为双十字线，适用于条形建筑；图16-1(c)为正方形，适用于面积较大的方形建筑；图16-1(d)为三角形，适用于扇形建筑。

由于施工场地、结构形式、施工方法等不同，轴线投测可采用外控法、内控法及三维坐标定位等。

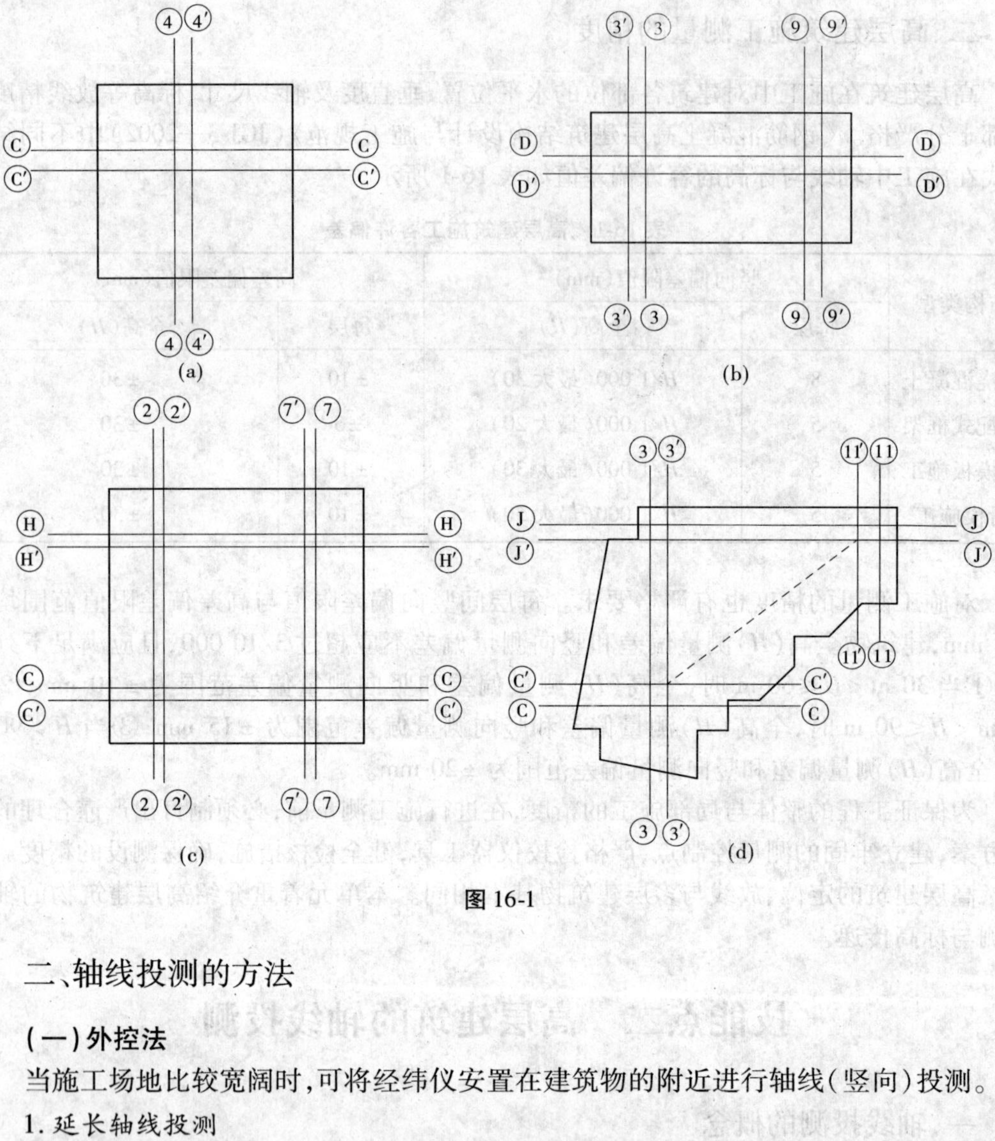

图 16-1

二、轴线投测的方法

(一)外控法

当施工场地比较宽阔时,可将经纬仪安置在建筑物的附近进行轴线(竖向)投测。

1. 延长轴线投测

如图 16-2(a)所示,在地面控制桩 b'、b_1'、c'、c_1'安置经纬仪,将中心线投测于施工面上得 $b_中$、$b_{1中}$、$c_中$、$c_{1中}$。随着施工的进行,楼层不断增加,投测时仰角就会越来越大,投测精度随之降低,因此须将原控制桩引测到离建筑物较远的延长线上或附近已有建筑物的楼顶上,以减小仰角。如图 16-2(b)所示,把控制桩 c'引测到 cc'延长线的 c''点。在 $c_{1中}$安置经纬仪,照准 c_1',正、倒镜取中点,将 c_1'引测到楼顶 c_1''点,做标志固定点位,在上部楼层施工时,即可将经纬仪安置在新的控制桩 c''和 c_1''上,照准 c、c_1 进行投测。同理,可引测 b'、b_1'、b''、b_1''点。

2. 侧向借线法

(1)侧向平行借线法。如图 16-3 所示,建筑场地窄小,外廓轴线 A 无法延长,可将轴

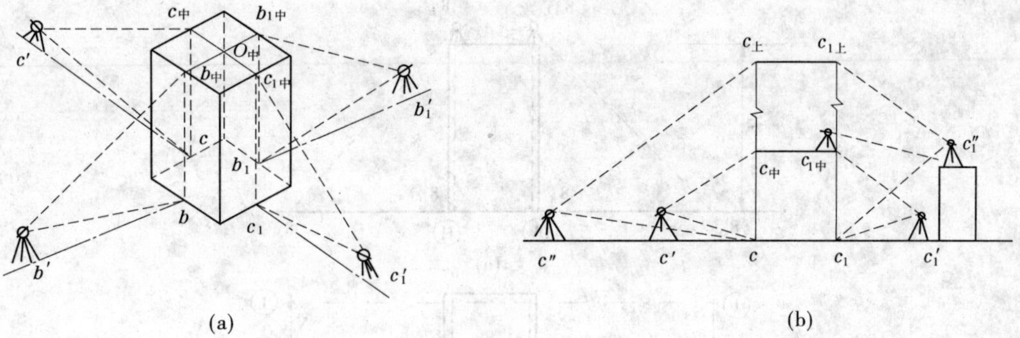

图 16-2

线向建筑物外侧平行移出 d(d 不超过 2 m),得到 A_W 及 A_E 点。投测时,在 A_W 点安置经纬仪照准 A_E 点,抬高望远镜照准横放在该端施工面上的木尺,指挥其左右移动,当视线读数为 d 时,在尺底端做一标志。同理,在 A_E 点安置经纬仪,照准 A_W 点,就可在该端施工面上得到另一标志,连接这两个标志,即为 A 轴。随着楼层的增加,可延长 A_WA_E 到 A'_W、A'_E,以减小仰角。

(2)侧向垂直借线法。如图 16-4(a)所示,在施工面上已测设出 A 轴线,而①轴北侧延长线上 L_N 点不能安置仪器,将仪器安置在施工面 A 轴与①轴交点附近,如图 16-4(b)中 A'_1点。照准 A_E,逆时针测设 90°,在 L_N 处定出 L'_N点。在 A 轴上根据 L_N、L'_N的间距由A'_1定出 A_1 点。在 A_1 点上安置经纬仪检查 A_1L_N 与 A_1A_E 是否垂直,符合要求后,就可在施工面上定出①轴。

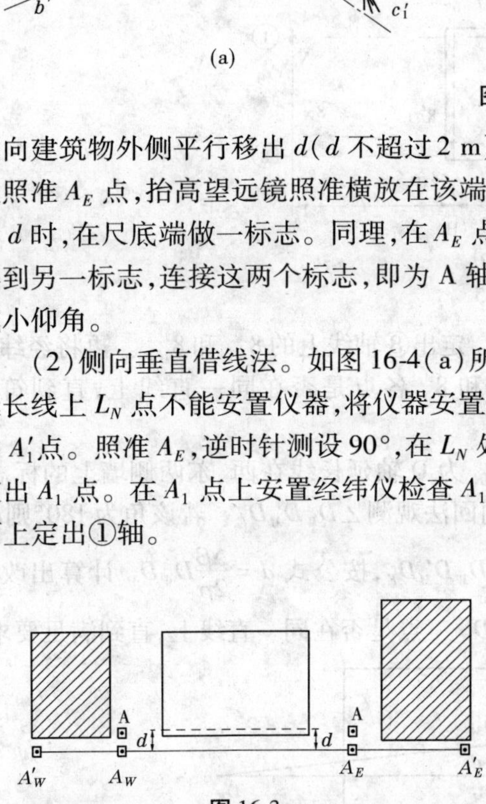

图 16-3

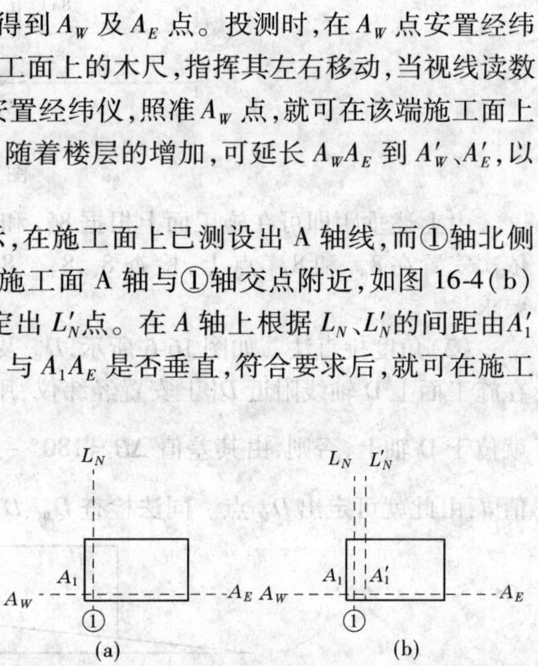

图 16-4

3. 挑直法

建筑物的轴线(控制线)虽然可以延长但不能在延长线上安置经纬仪,可采用挑直法投测轴线。

(1)距离挑直法。如图 16-5 所示,8_S、8_N 为⑧轴延长到西、东两端墙上的轴线标志,无法安置经纬仪,投测⑧轴时,在施工面 $8'_{A上}$上安置仪器后视 8_S,纵转望远镜可定出 $8'_{H上}$;在 $8'_H$上安置仪器,后视 $8'_{A上}$,纵转望远镜,在 8_N 处定出 $8'_N$点,实量 $8_N8'_N$间距,根据相似三角形相应边成正比的原理,就可计算出 $8'_{A上}$和 $8'_{H上}$ 偏离轴线⑧的垂距,即

$$8_{A上}8'_{A上} = 8_N8'_N\frac{d_1}{d_1 + d_0 + d_2} \tag{16-1}$$

$$8_{H上}8'_{H上} = 8_N8'_N\frac{d_1 + d_0}{d_1 + d_0 + d_2} \tag{16-2}$$

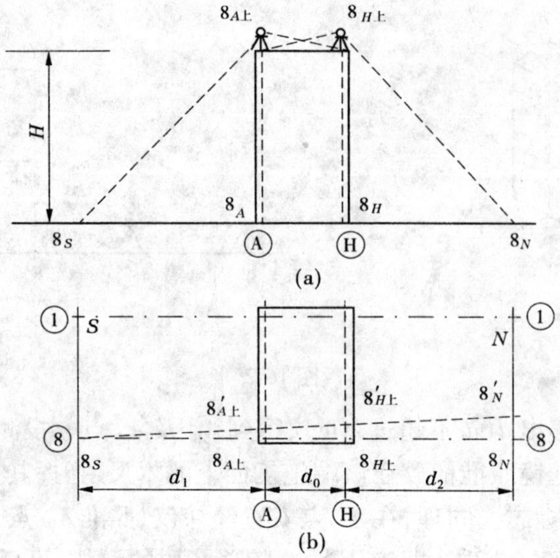

图 16-5

由上述垂距即可在施工面上根据 $8'_{A上}$ 和 $8'_{H上}$ 定出⑧轴线上的 $8_{A上}$ 和 $8_{H上}$。再将经纬仪依次安置在 $8_{A上}$ 和 $8_{H上}$ 点上，检查 8_s、$8_{A上}$、$8_{H上}$ 和 8_N 各点是否在同一直线上，直到符合要求。

(2)角度挑直法。如图 16-6 所示，D_W 及 D_E 为 D 轴延长线在西、东两侧墙上的标志，在施工面上 D 轴线附近 D'_M 上安置经纬仪，用测回法观测 $\angle D_W D'_M D_E$。若该角为 180°则 D'_M 就位于 D 轴上，否则，由其差值 $\Delta\beta = 180° - \angle D_W D'_M D_E$，按公式 $d = \frac{\Delta\beta}{2\rho} D_W D_M$ 计算出改正值 d，由此就可定出 D_M 点。同法检查 D_W、D_M、D_E 三点是否在同一直线上，直到满足要求。

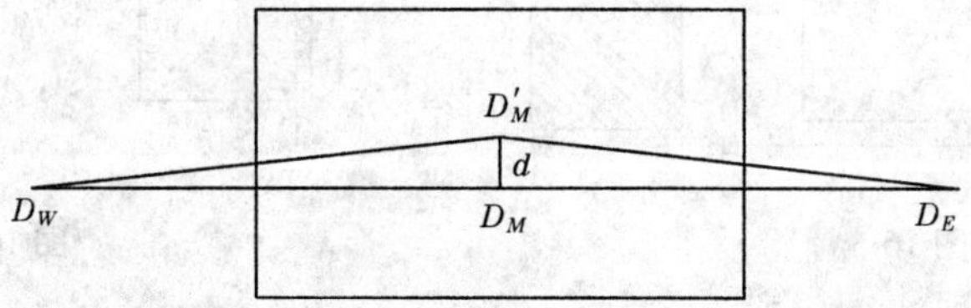

图 16-6

无论采用哪种方法投测，为保证精度要注意以下几点：

(1)轴线(控制线)的延长桩点要准确，标志明显，并妥善保护桩点。每次投测时，应尽量以底层轴线标志为准，以避免逐层上投误差的累积。

(2)投测前严格检校仪器，投测时精确调平照准部水准管，以减少竖直轴不铅垂的误差，每次按照正、倒镜投测取中点的方法进行。

(二)内控法

在建筑物密集的地区，由于施工场地狭小，无法在建筑物附近延长轴线进行投测，多采用在建筑物底层测设室内轴线控制点。用垂准线原理将各控制点竖直投测到各层施工楼面上，作为该层轴线测设的依据，此法称为内控法或垂准线投测法。

室内轴线控制点(内控点)的布设，根据建筑平面的形状可采用图 16-1(b)、(c)、(d)

等形式，相邻控制点之间应互相通视。当基础施工完成后，由校测后的场地轴线控制桩，将室内轴线控制点测设到底层地面上，并埋设标志，作为向上投测轴线的依据。在各内控点的垂直方向上的每层楼板上预留约 20 cm×20 cm 的传递孔。为了防止传递孔掉石块、砂浆等，应有防护措施。依据投测仪器不同，可按下面三种方法投测。

1. 吊垂球法

吊垂球法使用得当，既经济简单，又直观准确，如图 16-7 所示。但应注意以下问题：垂球的几何形体要规正，质量要适当（3～5 kg）。吊线不得有扭曲，上端固定牢靠，中间没障碍、扛线。下端投测人视线必须垂直于结构面，并防止震动、风吹等。若用塑料套管套吊线，下端专用设备观测精度会更高，每隔 3～5 层用大垂球由下直接向上放一次通线校测。投测时以底层轴线控制点为准，通过预留孔直接向各施工面投测轴线。每点应进行两次投测，两次投测偏差在 ±4 mm 范围之内时取平均位置作标志并固定，然后检查各点间的距离和角度，与底层相应数据比较，满足要求后，就可由此测设出其他轴线。

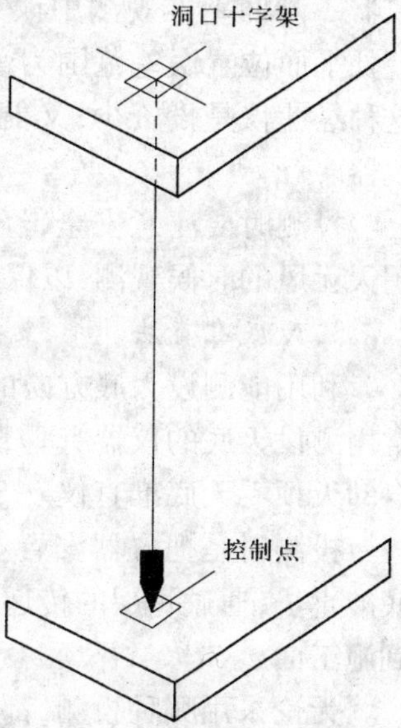

图 16-7

2. 天顶准直仪

利用能测设天顶方向的仪器，向上进行竖向投测。测设天顶方向的仪器有配有 90°弯管目镜的经纬仪、激光经纬仪、激光垂直仪、自动天顶准直仪等。

采用激光垂准仪或激光经纬仪投测时（见图 16-8），在底层控制点上安置仪器，进行严格的对中、整平（激光经纬

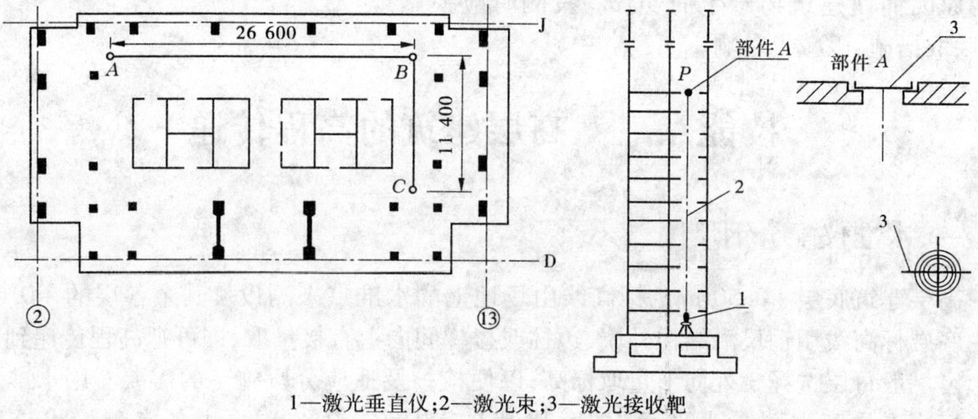

1—激光垂直仪；2—激光束；3—激光接收靶

图 16-8

仪须将望远镜物镜指向天顶）。在施工面预留孔上安置有机玻璃制成的接收靶。接通电源，起辉激光器，物镜调焦使接收靶上的光斑直径最小。转动仪器，若光斑不动，说明该点即为所投测的轴线控制点；若光斑画圆，移动接收靶使其沿着某个圆转动，该圆心即为所投测的轴线控制点，固定接收靶，由此就可在施工面上投测出 A、B、C 三点。经过角度和距离检核后，按底层三点与柱列轴线的相对关系，用经纬仪将各轴线测设于该层楼面，作

好标志，供施工放样使用。

使用配有弯管目镜的经纬仪，是将望远镜指向天顶方向，由弯管目镜观测。严格整平、对中仪器后，旋转照准部360°，若视线一直指向某点，说明视线处于铅直，即将底层轴线控制点投测到施工面接收靶上。

图16-9为上海第三光学仪器厂生产的配有90°弯管目镜的DJ_6-C_6型垂直经纬仪。该仪器不但能使视线指向天顶，也能使视线通过直径20 mm的空心竖直轴指向天底。此仪器一测回垂准观测中误差范围为±6″，即100 m高差处平面位置误差范围为±3 mm（约为±1/30 000）。这种经纬仪是投资少，又能满足精度要求的最简便的仪器。

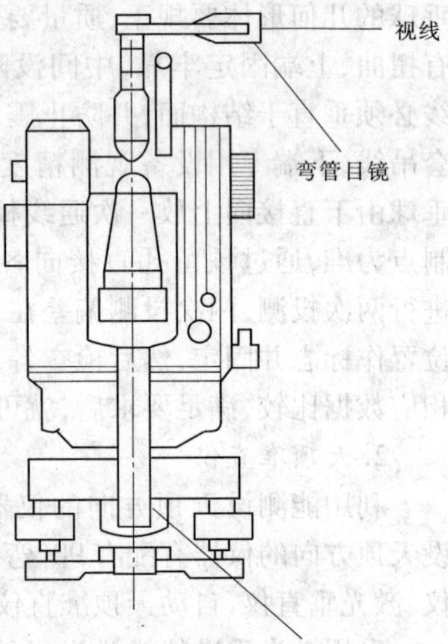

图16-9

投测时要注意安全，经常检校激光束。最好选择阴天无风的时候观测，以保证精度。

3. 天底准直法

利用能测设天底方向的仪器，向下进行竖直投测。常用测设天底的仪器有垂直经纬仪、自动天底准直仪、自动天顶－天底准直仪。

投测时是把仪器安置在施工面的传递孔上，用天底准直法，通过每层的传递孔，将底层轴线控制点引测到施工面。

无论采用哪种投测，都必须注意校测，可采用吊垂球或外方向经纬仪测角等，还必须注意因阳光照射、焊接等原因而使建筑物产生的变形。投测时应摸索规律，采取措施，以减少影响。

技能点三　高层建筑的高程传递

一、水准仪配合钢尺法

高层建筑底层+0.50 m的标高线由场地上的水准点来测设。其余各层的+0.05 m线由底层标高线用钢尺沿结构外墙、边柱或楼梯间向上直接量取，即可把高程传递到施工面上。一般每层选择3处向上量取标高，以便检核及适应分段施工的需要。用水准仪检查各标高点是否在同一水平面上时，其误差范围为±3 mm，再由各点测设出该层的+0.50 m标高线。

二、全站仪法

对于超高层建筑，用钢尺测量有困难时，可以在投测点或电梯井安置全站仪，采用对天顶方向测距的方法进行高程传递，如图16-10所示。操作方法和过程如下：

(1)在投测点上安置全站仪，使望远镜视线水平（置竖盘读数为90°），读取竖立在首

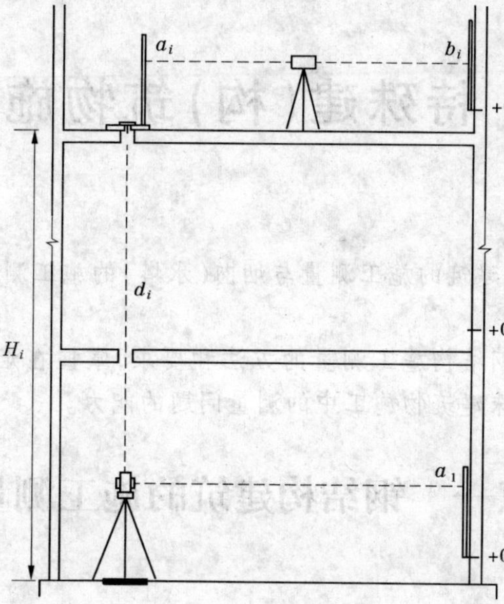

图 16-10

层 +0.50 m 标高线上水准尺上的读数为 a_1。a_1 即为全站仪横轴到 +0.50 m 标高线的仪器高。

(2)将望远镜视线指向天顶(置竖盘读数为 0°),在需要测设高程的第 i 层楼投测洞口上,水平安放一块 400 mm×400 mm×5 mm、中间有一个 ϕ30 圆孔的钢板。听从仪器观测员指挥,使圆孔中心对准望远镜视线,将测距反射片扣在圆孔上,进行测距为 d_i。

(3)在第 i 层楼上安置水准仪,在钢板上立一水准尺并读取后视读数 a_i,在欲测设 +0.50 m标高线处立另一水准尺,设该尺读数为 b_i,则第 i 层楼面的设计高程 H_i 为

$$H_i = a_1 + d_i + (a_i - b_i) \tag{16-3}$$

(4)由式(16-3)可解出应读前视 b_i 为

$$b_i = a_1 + d_i + (a_i - H_i) \tag{16-4}$$

(5)上下移动水准尺,使其读数为 b_i,沿尺底在墙面上画线,即为第 i 层楼的 +0.50 m 标高线。

思考与练习题

1. 高层建筑施工测量的特点有哪些?
2. 高层建筑轴线投测主要有哪些方法?
3. 用全站仪如何进行高层传递?

单元十七　特殊建(构)筑物施工测量

教学内容

本单元主要包括钢结构建筑的施工测量与烟囱(水塔)的施工测量等内容。

能力目标

通过学习,使学生了解钢结构施工测量的方法和要求,掌握在烟囱(水塔)施工中的测量方法,具备解决这些特殊建筑物施工中的测量问题的能力。

技能点一　钢结构建筑的施工测量

一、钢结构建筑概述

1985 年,深圳发展中心大厦作为我国第一座高层钢结构建筑而出现。随后,在深圳、北京、上海等地相继建成高层钢结构建筑 10 多幢。近年来,随着经济的发展和建筑技术的创新,高层钢结构建筑以自身轻、构件截面面积小、使用空间大、抗震性能好、用工少等特点,在我国取得了快速的发展,使我国的高层建筑进入世界前列。

高层钢结构施工过程中安装测量与精度监控是一门复杂而严格的综合技术,需要各工种紧密配合、相互协作,并要求随安装工艺流程的变化而及时改变测量方法和手段。钢结构建筑的施工测量与传统的施工测量比较,具有下面几个特点:

(1)作业环境比较特殊,需要配备专业的卡具、夹具。

(2)构件安装精度要求高,测量工作量大,对所有钢柱都要进行全程监测。

(3)由于金属构件对外界环境影响比较敏感,应综合考虑阳光、温度变化对安装施工的影响。

二、钢结构安装的精度

钢结构施工测量包括整体控制和细部放样定位。

整体控制测量精度要求主要参见专业技术标准,如《工程测量规范》(GB 50026—2003)和《城市测量规范》(CJJ 8—1999)。

细部的结构安装和精度控制的现行标准有《钢结构工程施工质量验收规范》(GB 50205—2001)、《钢结构工程质量检验评定标准》(GB 50221—1995)和《高层民用建筑钢结构技术规程》(JGJ 99—1998)。综合以上规范,钢结构安装允许偏差见表 17-1。

表 17-1　钢结构安装允许偏差

类别	项目内容	允许偏差（mm）	测量方法
地脚螺栓	钢结构的定位轴线	$L/2\,000$ 且≤3	钢尺和经纬仪
	钢柱的定位轴线	±1	钢尺和经纬仪
	地脚螺栓的位移	±2	钢尺和经纬仪
	柱子的底座位移	±3	钢尺和经纬仪
	柱底的标高	±2	水准仪检查
钢柱	底层柱基准标高	±2	水准仪检查
	同一层各节柱柱顶高差	±5	水准仪检查
	底层柱轴线对定位轴线偏移	±3	经纬仪和钢尺检查
	上、下连接处错位（位移、扭转）	±3	钢尺和直尺检查
	单节柱垂直度	$\pm H_1/1\,000$ 且≤10	经纬仪检查
主梁	同一根梁两端顶面高差	$\pm L/1\,000$ 且≤10	水准仪检查
次梁	与主梁上表面高差	±2	钢尺和直尺检查
主体结构	垂直度（按每节柱的偏差累计计算）	$\pm(H/2\,500+10)$ 且≤50	全站仪检查
整体偏差	平面弯曲（按每层的偏差累计计算）	$\pm L/1\,500$ 且≤25	全站仪检查

注：H 为主体结构高度，L 为梁长度，H_1 为单节柱高度。

三、构件安装测控

（一）测量放线工作流程

测量放线工作流程如图 17-1 所示。

（二）地脚螺栓的定位测量

在垫层上埋设地脚螺栓，其施测方法与过程如下。

1. 垫层中线投测和抄平

当垫层混凝土凝固后，在控制桩上安置经纬仪，盘左、盘右观测，把中线点直接投测到垫层上，由此弹出墨线并标出地脚螺栓固定架的位置，如图 17-2 所示，以便下一步安置固定架并根据中线支立模板。

螺栓固定架位置在垫层上标出后，即在固定架外框四角处测出四点标高，以便检查并找平垫层，使其符合设计标高，便于固定架的安装。当基坑过深，标尺不够长时，挂钢尺抄平。

2. 固定架中线投点与抄平

（1）固定架安置。固定架是用钢材（或木材）制作，用以固定地脚螺栓及其埋件的框架，如图 17-3 所示。根据垫层上的中线和所标的位置将其安置在垫层上，然后根据在垫层上测出的标高点，借以找平地脚，将高的地方的混凝土打去一些，低的地方用小块钢片

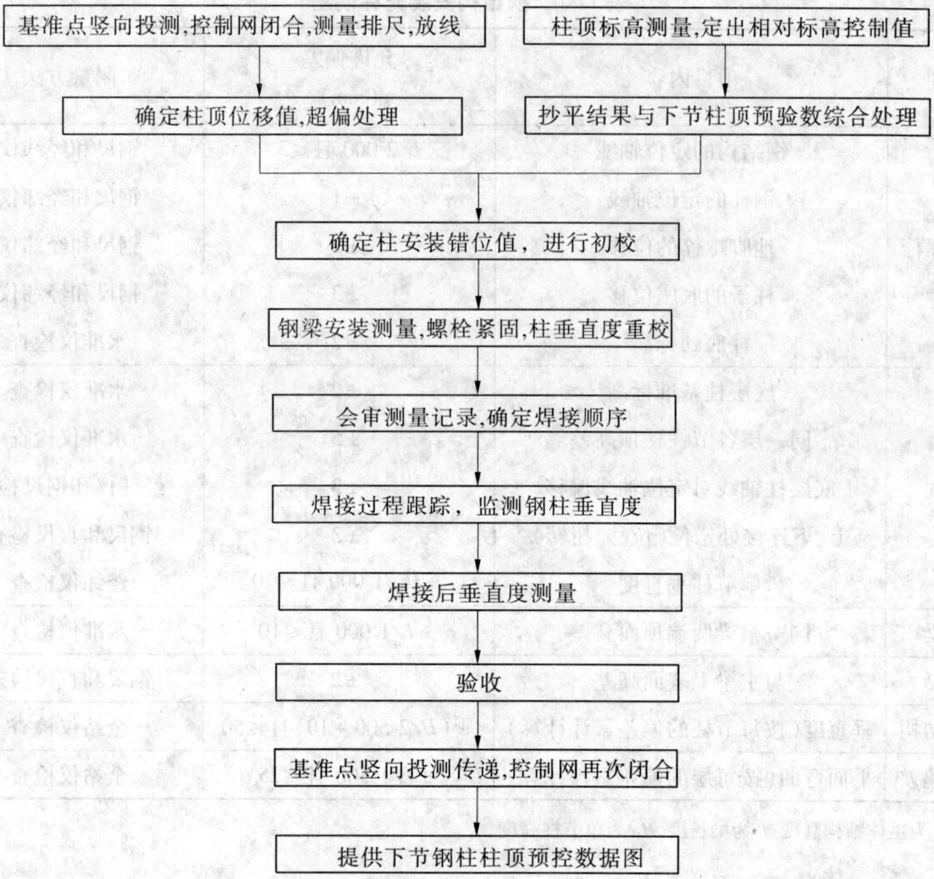

图 17-1

垫起,并与底层钢筋网焊牢,使其符合设计标高。

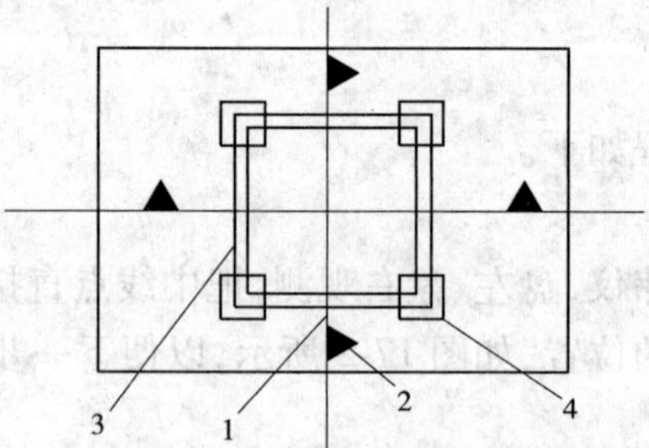

墨线;2—中线点;3—螺栓架;4—垫层抄平位置固定架

图 17-2

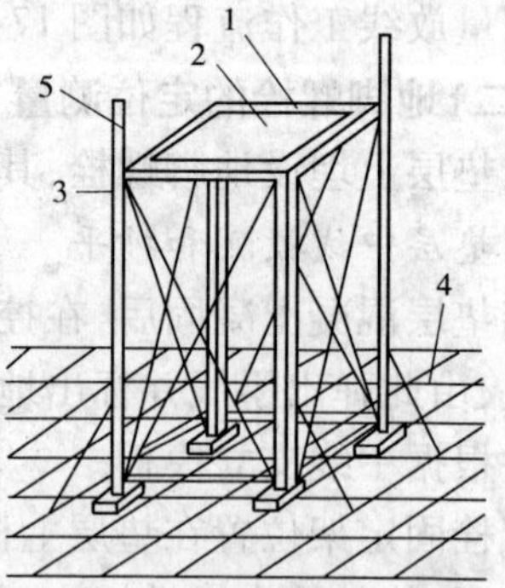

1—固定架中心点;2—拉线;3—横梁抄平位置;

4—钢筋网;5—标高点

图 17-3

(2)固定架抄平。固定架安置好后,用水准仪测出四根横梁的标高,以检查固定架标高是否符合设计要求,容许偏差为 -5 mm,但不应高于设计标高。固定架标高满足要求后,将固定架与底层钢筋网焊牢,并加钢筋支撑。若是深坑固定架,则在其脚下需浇灌混凝土,使其稳固。

(3)中线投点。投点前,应对中线控制点进行检查,把中线投测到固定架的横梁上,并刻划标志,其投点误差范围为 ±2 mm。

3. 地脚螺栓的安装与标高测量

由垫层固定架上的中线点,把地脚螺栓安放在设计位置。为了测定地脚螺栓的标高,在固定架的斜对角处焊两根小角钢,在两角钢上引测同一数值的标高点,并刻划标志,其高度应比地脚螺栓的设计高度稍低一些。然后在角钢上两标志处拉一细钢丝,以定出螺栓的安装高度。待螺栓安装好后,测出螺栓第一丝扣的标高。地脚螺栓不宜低于设计标高,容许偏差为 +5 ~ +25 mm。

4. 支立模板与浇灌混凝土时的测量工作

由固定架上的中线位置,根据设计尺寸支立模板。在浇灌混凝土时,为了保证地脚螺栓位置及标高的正确性,应进行看守观测,如发现变动应立即通知技术人员及时处理。

(三)柱端划线

在吊装前,在每一个钢柱的两端标出其几何中心,以便安装后用钢针准确地划出其轴线位置,作为校正垂直度的依据。

(四)柱顶放线

在柱顶四周进行轴线放线,便于施工监测及推算钢柱的扭转量。

(五)安装监测

钢结构安装精度的控制以钢柱为主。在监控时应预留梁柱节点焊接的收缩量,以免焊接后因焊接变形导致垂直度和标高误差超限。在焊接过程中,钢柱的垂直度因温度升高而发生变化,这时需要采用经纬仪进行跟踪观测,确定其变化情况,以指导焊接。

在同一节构件所用节点高强螺栓初拧完后,对所有钢柱的垂直度再次测量。所用节点焊接完后作最终测量,测量数据形成交工记录。

技能点二　烟囱(水塔)的施工测量

烟囱(水塔)是截圆为锥形的高耸构筑物,其特点是基础小、筒身长、重心高、稳定性差。因此,施工测量的主要工作是严格控制筒身中心线的竖直与外壁的设计坡度,以保证烟囱的稳定性。国家规范规定烟囱身中心线的竖直度偏差为:当高度 $H \leqslant 100$ m 时,偏差值应小于 0.15% H;当高度 $H > 100$ m 时,偏差值应小于 0.1% H。

一、基础施工测量

(1)按照设计图纸,根据已知控制点或已有建筑物的相对关系,在地面上测设出烟囱中心位置 O 和烟道起点 P 的位置,并检核 OP 之间的距离是否与设计值一致(见图 17-4)。

(2)在 O 点安置经纬仪,由 OP 方向在地面上测设出正交于 O 点的两条定位轴线 AB 和 CD,轴线控制点 A、B、C、D 应选在不易碰动、便于安置仪器的地方,且离开烟囱的距离应大于烟囱高度的 1.5 倍。为了便于在施工中检查烟囱的中心位置,可在轴线上多设置几个控制桩，并妥善保护。

(3)以 O 为圆心、$R=r+r'$为半径(r 为烟囱底部半径，r'为基坑的放坡宽度)在地面上画圆，并撒白灰线，标明挖坑的边线，同时在边线外侧定位轴线方向上钉四个定位小木桩 a、b、c、d，作为修坑和恢复基础中心之用。

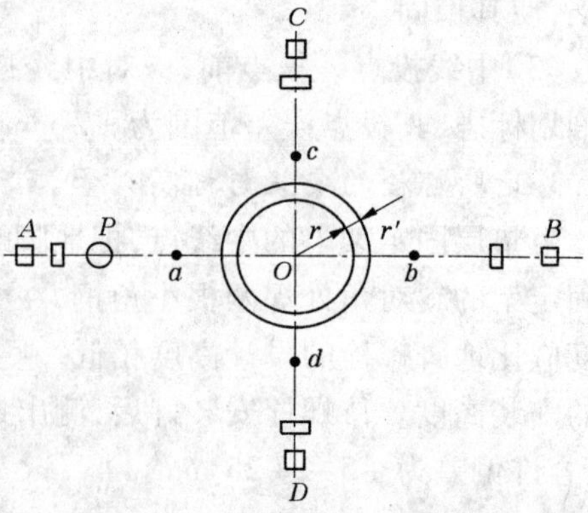

图 17-4

(4)当基坑开挖接近设计深度时，在坑内四壁测设水平桩，作为控制挖深和确定浇灌混凝土垫层标高的依据。

(5)浇灌混凝土基础时，在垫层表面的烟囱中心 O 处埋设一块钢板，根据定位桩用经纬仪准确地在钢板上定出烟囱的中心位置，并刻上十字，作为筒身施工时控制烟囱中心和半径的依据。

二、筒身施工测量

烟囱筒身向上砌筑时，筒身的中心、直径、收坡都要严格控制。

(一)筒身竖直控制

每提升一次模板或步架时，都须将基础中心点投测到施工作业面上，作为架设烟囱模板的依据。

在施工作业面上架设的直径控制杆(见图 17-5(a))是由一根方木和一根刻划尺杆组成的，尺杆的一端铰接在方木中心。在方木中心下挂一 8 ~ 10 kg 的垂球，调整方木，使垂球尖对准基础的中心标志(见图 17-5(b))，则方木中心就是作业面的正确中心位置。旋转刻划尺就可检查出施工面的偏差情况，并可找出继续施工的正确位置。筒身每砌筑 10 m，必须用经纬仪检查一次中心。检查时分别在控制桩 A、B、C、D(见图 17-4)上安置经纬仪，照准基础上面的轴线标志，把轴线点投测到作业面上，并作标志。然后对应标志拉两条细线绳，其交点即为烟囱的中心点，与垂球引测的中心点比较，以作校核。无误后，以经纬仪投测的中心点为圆心，对筒身进行检查，若有偏差应立即纠正。

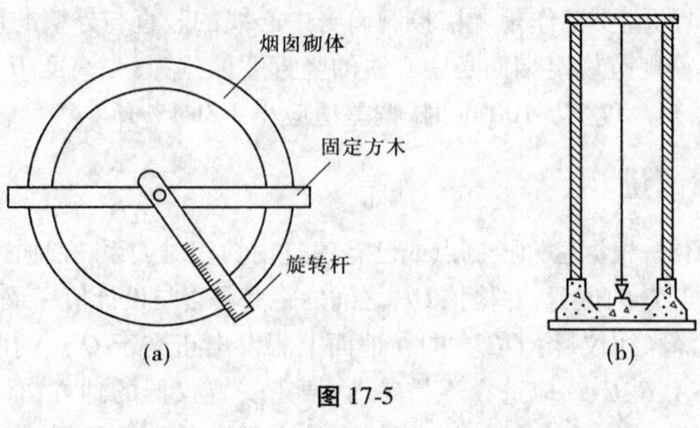

(a) (b)

图 17-5

当烟囱高度超过 100 m，且精度要求较高时，可在烟囱基础中心点上安置激光经纬仪（激光垂直仪）来控制筒身中心竖直度。

图 17-6 所示为混凝土烟囱采用滑模施工的情况，为保证筒身的竖直，钢模体每次提升前均应进行一次垂直度检核。

在滑模施工开始前，将调试检验好的激光经纬仪激光垂直仪安置在筒身基础的中心点上，进行严格对中、整平。在工作台中心位置安置激光接收靶。检查时打开电源开关发射激光束，物镜调焦，使接收靶上光斑最小，记录靶心偏离光斑的距离和方位，根据偏差值和方向纠正钢模体。

（二）外壁收坡控制

烟囱筒身外壁的控制，除用尺杆画圆检查外，还应随时用坡度靠尺板来检查收坡及表面平整度。靠尺板的形状如图 17-7 所示，两侧斜边是严格按设计的筒壁斜度制作的。使用时，把斜边贴靠在筒身外壁上，如垂线恰好通过下端缺口，则说明外壁收坡符合设计要求。

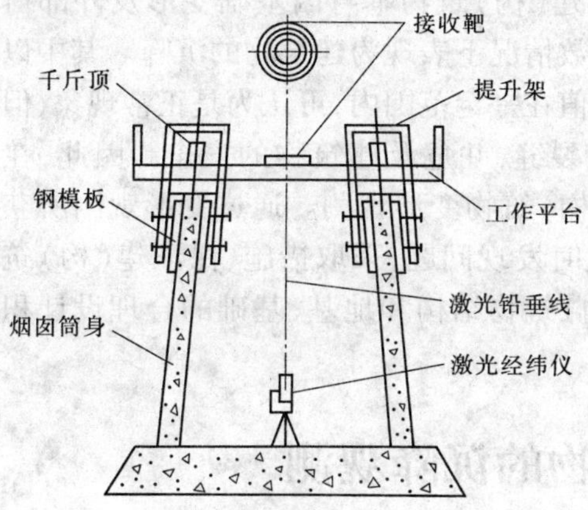

图 17-6

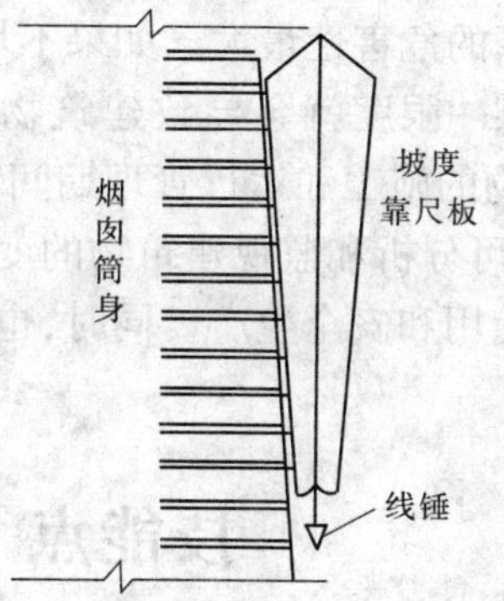

图 17-7

（三）筒身标高控制

一般是用水准仪在烟囱壁上测出某一标高（如 +0.50 m）线，由此线用钢尺向上直接量取标高。

思考与练习题

1. 钢结构建筑及其施工测量的特点各有哪些？
2. 简述钢结构测量放线的工作流程。
3. 在烟囱筒身施工过程中，有哪些控制烟囱垂直度的测量方法？

单元十八　建筑物的变形观测

教学内容

本单元主要包括建筑物的沉降观测、倾斜观测、裂缝观测及水平位移观测等内容。

能力目标

熟悉建筑物变形观测的重要性，掌握沉降、倾斜、裂缝及位移观测的方法和要求，这是提高测量技术水平的必备技能，并能应用于实际施工过程中。

对于高层建筑物、大型工厂柱基、重型设备基础、高耸构筑物（如烟囱、水塔等）以及震动较大的连续性生产车间，在修建过程中和使用的初期，由于基础和地基所承受的荷载不断增加，将引起基础及其四周地基的变形，而建（构）筑物本身因基础变形及外部荷载与内部应力的作用，其结构也要产生变形，大多数情况下表现为建筑物的沉降。其中以不均匀沉降的危害性最大。如果不均匀沉降的差值在一定范围内，可认为是正常现象，但如果超过某一限度就会导致建筑物的倾斜，甚至裂缝，并危及建筑物的安全。因此，在建（构）筑物的施工和运行管理期间需要进行建（构）筑物变形观测。通过变形观测所获得的数据，可分析和监视建筑物的变形情况，以及时发现问题，采取措施，保证建（构）筑物的正常使用和安全生产。同时，也为今后建（构）筑物结构和地基、基础的合理设计积累资料。

技能点一　建筑物的沉降观测

沉降观测是采用水准测量的方法，连续观测设置在建筑物上的沉降观测点与周围水准点之间的高差变化值来确定出沉降量的工作。

一、水准点与沉降点的设置

（一）水准点的设置

作为沉降观测依据的水准点，必须牢固稳定，在相当长的观测时期内高程固定不变。它应埋设在沉降影响范围以外（一般而言，离开建筑物的距离应是基础宽度的 3 倍）便于观测、点位易于保护的地方。为了检核，最少应布设 3 个水准点。埋设形式和要求与永久性水准点相同，在冰冻地区，埋设深度应达到冰冻线以下 0.5 m。如有条件可用 159 mm 钻头钻孔后灌注混凝土

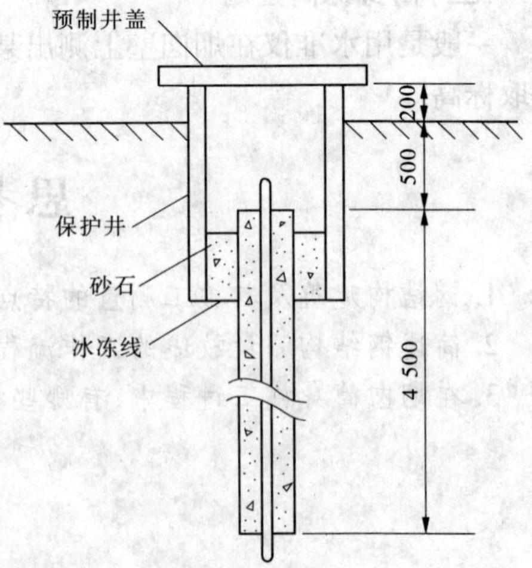

图 18-1　（单位：mm）

筑成(见图 18-1),钻孔要钻到较密实土层,其深度不浅于 0.5 m,在浇灌混凝土前应插入 Φ20 钢筋(顶部须处理),作为水准点标志,并砌筑保护井。

(二)沉降点的设置

沉降点是为沉降观测而设置在待测建(构)筑物上的固定标志,其数目和位置应能全面反映建(构)筑物的沉降情况,与建(构)筑物或设备基础的结构、形状、大小、荷载以及地质条件有关。一般沿建(构)筑物四周每隔15 ~ 20 m布设一点,其位置通常设在建(构)筑结构上有代表性的地方,如建(构)筑物四角、沉降缝两侧以及设备基础、柱子基础、基础改变处、地质条件变化处等。建筑物宽度大于 15 m 时,内墙(柱)也应设置一定数量的观测点,如图 18-2 所示。高大圆形的烟囱、水塔或贮气罐等,可在其周围或轴线上布设沉降观测点,如图 18-3 所示。

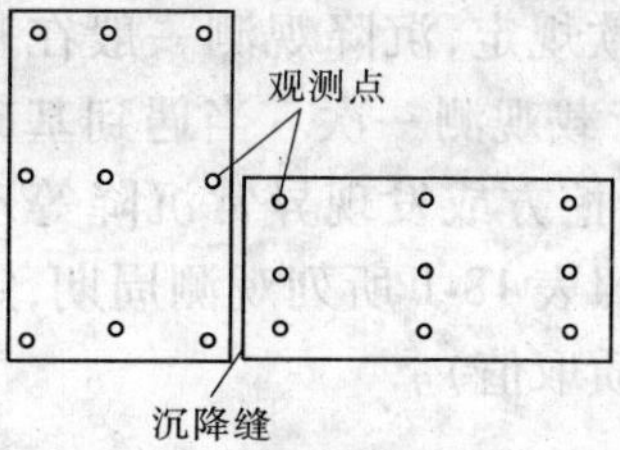

图 18-2

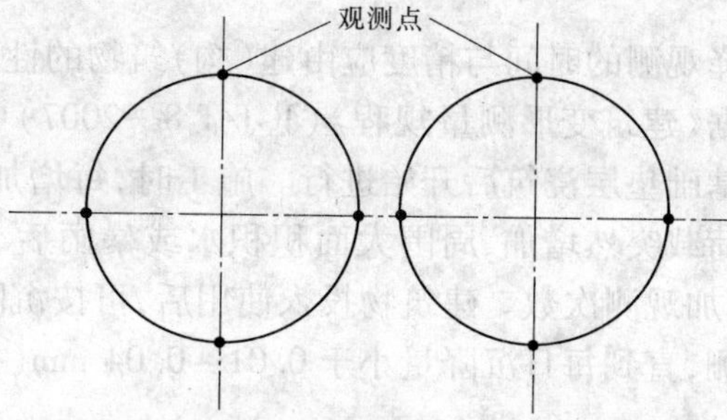

图 18-3

沉降点的形式和设置方法应根据工程性质和施工条件来确定,分为以下几种形式:

(1)墙上标志。如图 18-4 所示,墙上标志是用 30 mm × 30 mm × 5 mm 的角钢加工而成的,长160 ~ 180 mm。在离地 0.5 m 左右的墙上凿一孔,深 120 ~ 140 mm,将角钢嵌入孔内,并与墙成 60°角,角钢露出墙面约 50 mm,角顶向上,用 1∶2的水泥砂浆填满抹平。

(2)柱上标志。混凝土浇灌前,在高出地坪约 0.5 m 处安放一 100 mm × 100 mm 的钢板,并与主筋焊接。拆模后,在预留钢板上焊接长 50 mm 的角钢(见图 18-5(a)),在钢柱上直接焊接角钢(见图 18-5(b))。

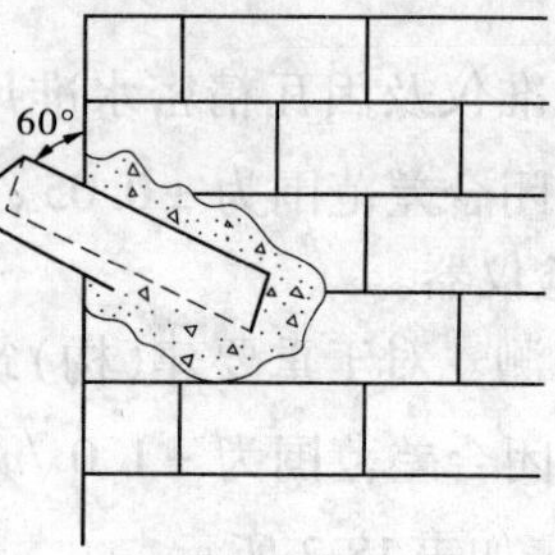

图 18-4

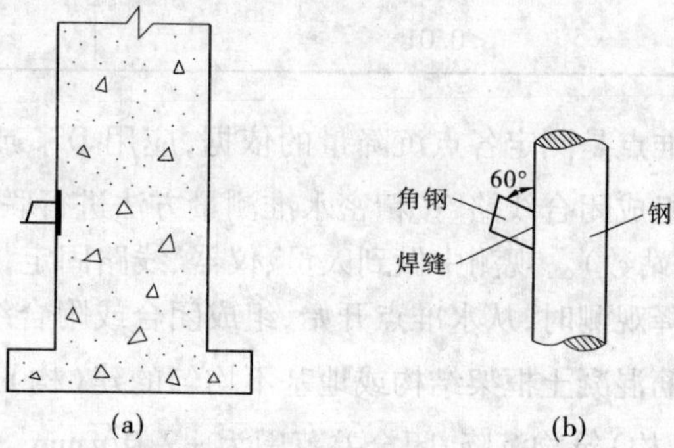

图 18-5

(3)隐蔽标志。对于一些具有旅游观赏意义的高大建筑物或古建筑,宜采用如图 18-6 所示的隐蔽式观测标志。观测时旋进标身,观测完后卸下标身,旋进保护盖,以便保护标志。

(4)地坪标志。地坪或设备基础的观测点,一般利用铆钉或钢筋来制作,然后将其埋入混凝土中，如图 18-7 所示。

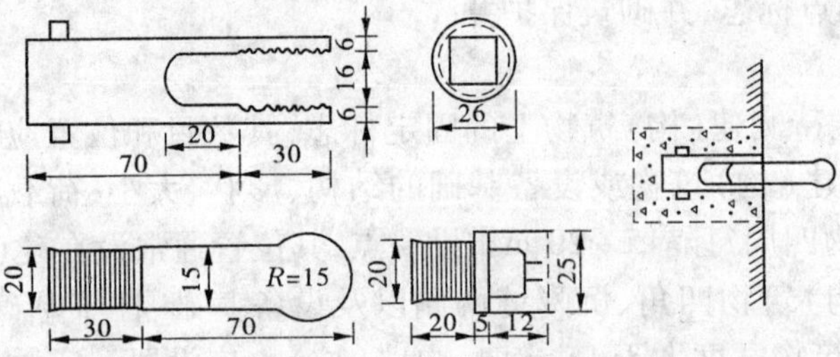

图 18-6 （单位：mm）

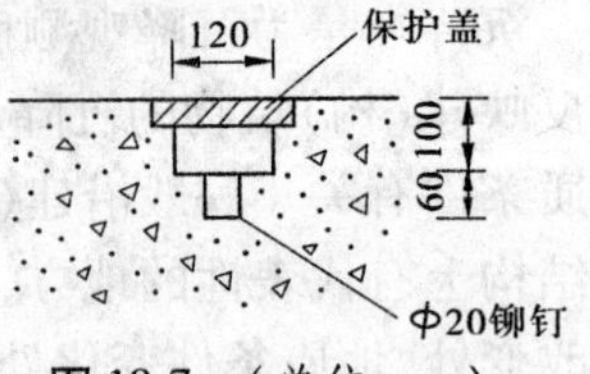

图 18-7 （单位：mm）

二、观测方法

沉降观测的时间与精度应由建（构）筑物的性质、规模以及地基基础的情况决定。

根据《建筑变形测量规程》（JGJ/T 8—2007）中相关条款规定，沉降观测一般在基础施工或基础垫层浇筑后开始进行。施工时，每增加一定的荷载观测一次。当遇到基础附近地面荷载突然增加、周围大面积积水或暴雨后、周围大量挖方或发现异常沉降等现象时，应增加观测次数。建筑物投入使用后，可按沉降速度参照表 18-1 所列观测周期，定期进行观测，直到每日沉降量小于 0.01～0.04 mm（按不同土质取值）。

表 18-1　沉降观测周期

沉降速度（mm/d）	观测周期
>0.3	半个月
0.1～0.3	一个月
0.05～0.1	三个月
0.02～0.05	六个月
0.01～0.02	一年
<0.01	停止

水准点是测定各点沉降量的依据，应用 DS_{05} 或 DS_1 级水准仪及因瓦精密水准尺，将水准点组成闭合线路，按精密水准测量方法进行联测，其高差闭合差范围为 $\pm 0.05\sqrt{n}$ mm（n 为测站数）。观测中做到人员、仪器、线路固定，并定期检验仪器。

沉降观测时，从水准点开始，组成闭合或附合线路逐点观测。对于重要建（构）筑物、高层钢筋混凝土框架结构或地基不均匀的建（构）筑物，沉降闭合差范围为 $\pm 1.0\sqrt{n}$ mm。一般建（构）筑物沉降，闭合差范围为 $\pm 2.0\sqrt{n}$ mm。观测记录表如表 18-2 所示。

表 18-2 中标尺读数前面为水准标尺读数，后面为测微分划尺读数。“后－前”为两个读数之初差，除以 2 后为真实高差，以毫米为单位。基辅读数差限范围为 ±20 mm，高差限值范围为 ±0.5 mm。

表 18-2　沉降观测(精密水准)记录手簿　　　　(单位:mm)

测站编号	后尺 下丝 / 上丝 后视 视距差 d	前尺 下丝 / 上丝 前视 $\sum d$	方尺及向尺	标尺读数 基本分划	标尺读数 辅助分划	基 + K − 辅	备考
1			后 BM_1	290 869	883 372	−3	
			前 1#	217 014	809 504	+10	
			后 − 前	+369.28	+369.34	−6	
			h	+369.31			
2			后 1#	217 014	809 504	+0	
			前 2#	219 075	811 564	+11	
			后 − 前	−10.31	−10.30	−1	
			h	−10.31			
3			后 2#	177 946	770 439	+7	
			前 3#	091 115	683 619	−4	
			后 − 前	+434.16	+434.10	+6	
			h	+434.13			
4			后 3#	091 115	683 619	−4	
			前 4#	175 421	767 907	+4	K = 592 500
			后 − 前	−52.00	−421.44	−8	H_1 = 1 051.321 4 m
			h	+52.04			
5			后 4#	210 640	803 152	−12	
			前 5#	200 240	792 735	+4	
			后 − 前	+52.00	+52.08	−8	
			h	+52.04			
6			后 5#	010 345	602 840	+5	
			前 BM_1	084 960	687 465	−5	
			后 − 前	−423.08	−423.12	+4	
			h	−423.10			
			后		f_h =	+0.58 mm	
			前		$f_{h允}$ =	$\pm 1.0\sqrt{6}$	
			后 − 前		=	±2.45 mm	
			h	合格			

三、成果整理

每次观测之后，应及时检查手簿，精度合格后，调整闭合差，推算各点的高程，与上次所测高程比较，计算出本次沉降量及累积沉降量（或计算机输出成果），并将观测日期、荷载情况填入观测成果表 18-3 中，提交有关部门。

表 18-3　沉降观测成果

观测点点号	第1次 1995年5月24日			第2次 1995年7月20日			第3次 1995年10月23日			第4次 1996年2月24日		
	高程（m）	本次沉降量（mm）	累积沉降量（mm）	高程（m）	本次沉降量（mm）	累积沉降量（mm）	高程（m）	本次沉降量（mm）	累积沉降量（mm）	高程（m）	本次沉降量（mm）	累积沉降量（mm）
1	48.756 7			48.746 5	−10.2		48.739 2	−7.3	−17.5	48.736 0	−3.2	−20.7
2	48.774 0			48.762 8	−11.2		48.756 7	−6.1	−17.3	48.753 8	−2.9	−20.2
3	48.775 5			48.764 0	−11.5		48.757 2	−6.8	−18.3	48.754 4	−2.8	−21.1
4	48.777 2			48.766 3	−10.9		48.759 1	−7.2	−18.1	48.755 8	−3.3	−21.4
5	48.747 0			48.735 3	−11.7		48.731 8	−3.5	−15.2	48.730 8	−1.0	−16.2
6	48.740 5			48.729 2	−11.3		48.724 8	−4.4	−15.7	48.722 7	−2.1	−17.8
7	48.763 0			48.753 0	−10.0		48.745 2	−7.8	−17.8	48.741 2	−4.0	−21.8
8	48.753 8			48.742 7	−11.1		48.737 0	−5.7	−16.8	48.734 9	−2.1	−18.9

观测完成后（或分期）应汇总每次观测成果，提交沉降点平面分布及沉降展开线（见图 18-8）、荷载—时间—沉降曲线图。荷载与时间曲线图是以荷载为纵轴，时间为横轴，根据每次观测日期和每次荷载画出各点，然后用曲线相连。时间与沉降曲线图是以沉降量为纵轴，时间为横轴，根据每次观测日期和沉降量画出各点，然后用曲线相连，并在曲线的末端注明点号。两条曲线绘在同一张图上，以便能更清楚地表明各点在一定的时间内所受到的荷载及沉降量。为了简洁，可选择最大、最小与平均沉降量绘制，如图 18-9 所示。

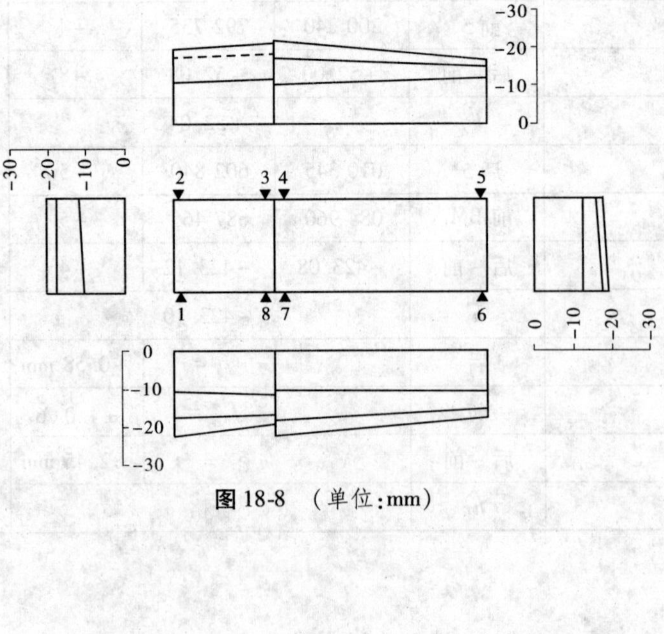

图 18-8　（单位：mm）

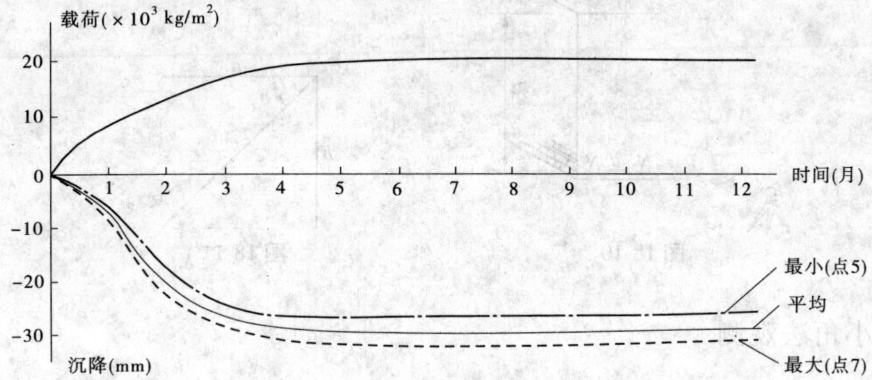

图 18-9

最后还应提交沉降观测技术总结报告。

技能点二　建筑物的倾斜观测

由于施工中的偏差以及不均匀沉降等,将会导致建(构)筑物产生倾斜,其观测方法有以下几种。

一、经纬仪投影法

如图 18-10 所示,在被观测的建(构)筑物上、下部设置观测标志 M、N,两点应在同一竖直面内。若建(构)筑物发生倾斜,则 MN 连线随之倾斜。观测时在离建(构)筑物大于其高度约 1.5 倍处安置经纬仪,正、倒镜分别照准 M 点向下投影,取中点得 N' 点,若 N' 与 N 不重合,说明建(构)筑物产生倾斜。N' 与 N 之间的水平距离 a 为倾斜值,它除以建(构)筑物的高度 H 为倾斜度 i,即

$$i = \frac{a}{H} \tag{18-1}$$

高层建(构)筑物应在互相垂直的方向上进行倾斜观测,如图 18-11 所示,a、b 分别为两个垂直方向上的倾斜值。两方向的总倾斜值 c 为

$$c = \sqrt{a^2 + b^2} \tag{18-2}$$

建(构)筑物的总倾斜度为

$$i = \frac{c}{H}$$

c 的倾斜方向与 a 方向的夹角 θ 为

$$\theta = \arccos \frac{a}{c} \tag{18-3}$$

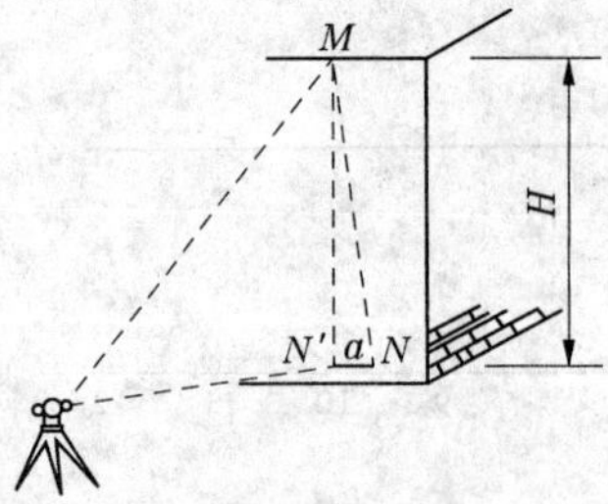

图 18-10

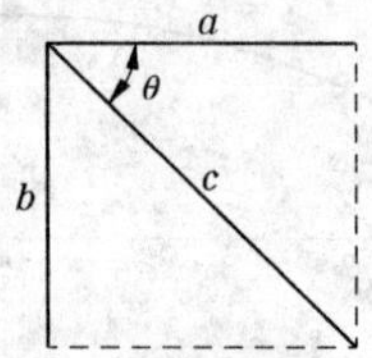

图 18-11

二、小角法观测

在滑模施工中，对外墙（柱）体及时进行倾斜观测，求出倾斜值，以便调整钢模体，保证墙体的竖直。

如图 18-12 所示，$3S_O$ 与 S_OS_E 成 90°，当钢模体每次提升后，在 S_O 点安置经纬仪观测 $\angle 3S_OS_E$，若角值仍为 90°，说明上下竖直，否则，$\angle 3S_OS_E$ 与 90°有一个偏角，说明墙体相对于下部发生倾斜，其倾斜值 l 为

$$l = (\Delta\beta/\rho) \times D \tag{18-4}$$

式中 D——S_O 到 3′的距离，m；

$\rho = 206\ 265''$。

当 $\Delta\beta$ 为正时，墙体向左倾斜；否则向右倾斜。

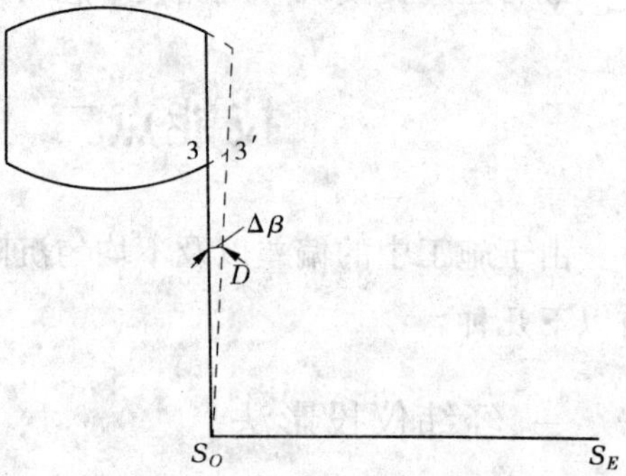

图 18-12

三、圆形（烟囱）建（构）筑物的倾斜观测

对圆形建（构）筑物的倾斜观测就是测定其顶部中心对于底部中心的偏心距，观测按经纬仪投影法进行。如图 18-13 所示，先在底部横放一根木尺，在离开烟囱约 1.5 倍烟囱高度远的标尺中垂线上安置经纬仪。分别照准烟囱顶部边缘两点 A、A' 及底部边缘两点 B、B'，将其投测到标尺上，得读数为 y_1、y_1' 及 y_2、y_2'，如图 18-14 所示。则顶部中心 O 对底部中心 O' 在 y 方向上的偏心距 δ_y 为

$$\delta_y = \frac{y_1 + y'_1}{2} - \frac{y_2 + y'_2}{2} \tag{18-5}$$

同法得另一垂线方向上的偏心距 δ_x 为

$$\delta_x = \frac{x_1 + x'_1}{2} - \frac{x_2 + x'_2}{2} \tag{18-6}$$

顶部中心对底部中心的总偏心距 δ 为

$$\delta = \sqrt{\delta_x^2 + \delta_y^2}$$

倾斜度 i 为

$$i = \frac{\delta}{H} \tag{18-7}$$

式中　H——烟囱高度。

烟囱的倾斜方向为

$$\alpha_{O'O} = \arctan\delta_y/\delta_x \tag{18-8}$$

式中　$\alpha_{O'O}$——相对于 x 轴的坐标方位角。

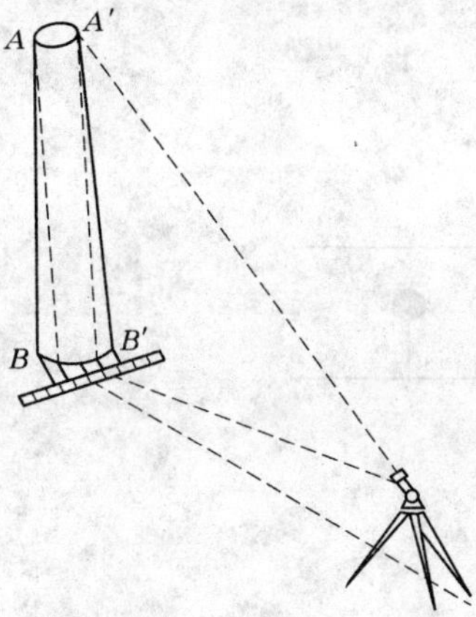

图 18-13

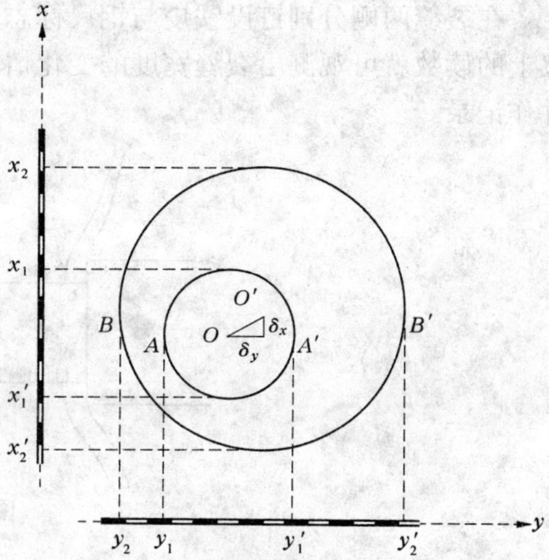

图 18-14

技能点三　建筑物的裂缝观测

建(构)筑物发现裂缝时,除要增加沉降观测的次数外,还应立即进行裂缝变化的观测。首先在建筑物上标出裂缝的范围,量出裂缝的长度、走向、宽度及深度,并画裂缝分布图,对裂缝进行编号(见图 18-15)。裂缝观测是测定建筑物某一部位裂缝发展状况的工作。观测方法有以下两种。

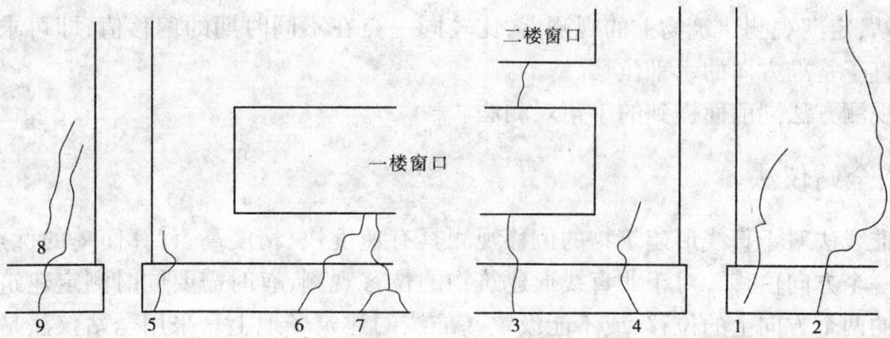

图 18-15

一、石膏标志

在裂缝的两端(最窄处与最宽处)抹一层厚 10 mm、宽约 50 mm 的石膏(长度视裂缝长短而定)，石膏干固后，用红油漆喷一层宽约 5 mm 的横线，横线跨越裂缝两侧且垂直于裂缝。若裂缝继续扩张，则石膏开裂，每次测量红线处裂缝的宽度并作记录。

二、铁皮标志

在裂缝两侧分别钉设铁皮与钢尺标志，如图 18-16 所示。每次观测时，读取铁皮在钢尺上的读数就可观测出裂缝宽度的变化情况。在观测裂缝宽度的同时量出其长度与走向并作记录。

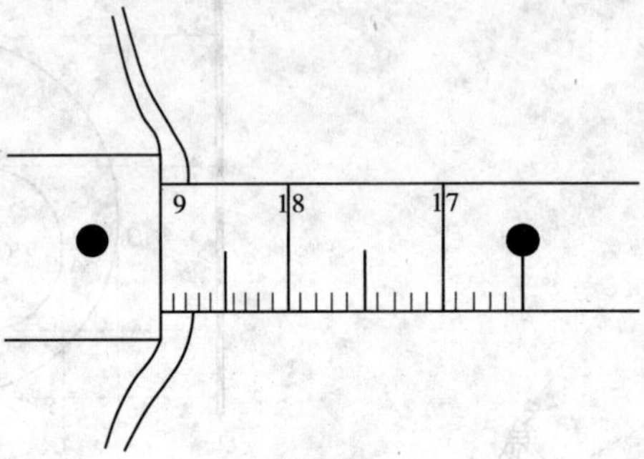

图 18-16

技能点四　建筑物的水平位移观测

建筑物的水平位移观测是测定建筑物在规定平面位置上在外力作用下随时间变化的位移量。其观测方法较多，有基准线法、全站仪法、前方交会法和导线法等。下面主要介绍基准线法和全站仪法。

一、基准线法

基准线法的基本原理是以选取建筑线或建筑物轴线的平行线为基准线，在基准线上设观测站，定期观测建筑物上的观测点，比较同一点在不同时期的偏移值，即可求出观测的在垂直于基准方向的水平位移。

其观测方法同前面提到的小角观测法。

二、全站仪法

基准线法对于直线形建筑物的位移观测具有速度快、精度高、计算简单的优点，但只能测定一个方向位移。对于非直线形建筑物的位移观测，有时需要同时测定建筑物上某观测点的两个方向上的位移，或不能设置基准线的建筑场地上。采用全站仪法是最简单的方法之一。

在被观测建筑物附近设置观测站，在建筑物上设置图 18-17 所示的微型棱镜，在观测站上安置全站仪，定期观测该点的坐标，就可求出该点的水平位移。

在测量屋顶或大坝顶观测点水平位移时，也可采用 GPS 的方法，测量出坐标值求出水平位移。

图 18-17

思考与练习题

1. 对建筑物为什么要进行沉降观测？它的特点是什么？
2. 沉降观测时对沉降观测的布设有何要求？
3. 倾斜观测方法有哪些？
4. 在什么情况下应采用全站仪法观测建筑物的水平位移？

模块五　管道与路桥施工测量

本模块主要包括管道施工测量、道路与桥涵施工测量等内容，是市政工程、线路工程测量工作岗位的核心技能。

单元十九　管道施工测量

教学内容

本单元主要包括管道工程测量概述、管道中线测量及纵横断面测量、管道施工测量、顶管施工测量和管道竣工测量等内容。

能力目标

了解管道工程测量的任务和要求，掌握中线测量、纵横断面测量和管道施工测量的方法和要求，具备在施工现场进行中线、纵横断面测量和管道施工放线的测量技能。

技能点一　管道工程测量概述

随着城市化的发展，地下管道的种类及数量愈来愈多，管道是城乡建设中不可缺少的组成部分。常见的管道有给水管道、排水管道、供暖管道、天然气管道、输油管道等。从管道的设计到管道的施工，工程测量不但是必要的而且是先行的。

管道工程测量的主要任务有两点：其一是为管道工程设计提供地形图和纵断面图，其二是按图纸设计要求将管道平面位置、竖向位置准确敷设于地面及地下。管道施工测量的具体工作有以下几个方面：

(1)收集资料。收集管道施工地段规划区域的1∶10 000～1∶1 000的地形图；如果该地段原有管道存在，则收集原有管道的平面图和断面图。

(2)地形测量。实地测量管道规划线路带状地形图或对原有地形图进行修测，为确定管道中心线的位置提供依据。

(3)规划定线。结合现场，在地形图上进行初步规划和确定管道中心线的位置。

(4)管道中线测量。根据设计要求及在地形图上确定的管道中线位置，在地面上定出管道中线的位置。

(5)纵断面测量。测绘管道中线方向的地面高低起伏情况，给管道的设计提供依据。

(6)横断面测量。测绘垂直于管道中线方向的地面高低起伏情况，以便确定土方工程量等。

(7)管道施工测量。为管道施工提供准确的中线方向及标高。

(8)管道竣工测量。管道竣工图的测绘。

技能点二　管道中线测量及纵横断面测量

一、管道中线测量

管道中线测量就是将管道中心线的位置在所施工的地面上标定出来，即每隔一定距离用木桩标定中线位置。根据管道中各桩位置不同可分为主点桩和中桩。

(一)主点桩的测设

管道的起点、终点、转折点通常称为管道的主点，主点决定了管道中心线的起始位置及走向。在地面上把这些点的位置用木桩标定出来称为主点桩的测设。

主点的位置及管线走向是由设计确定的，所以在主点测设时应根据管道总平面图来确定测设主点所需的依据及方法。

1. 根据控制点测设主点

当管道总平面图给出控制点和主点的位置及坐标时，采用极坐标法或方向交会法测设主点桩。根据坐标反算出测设数据(夹角及距离)，然后在实地按照极坐标法或方向交会法测设出主点的位置。

如图19-1所示，4、5、6、7点是现场已有的导线点，B、C、D、E为拟测设的管线主点，在4点安置经纬仪，由测设数据d_{4B}、β_{4B}及d_{4C}、β_{4C}根据极坐标法就可测设出B、C两点，在6、7点上安置经纬仪，由β_{6D}、β_{7D}按方向交会法就可测设出D点。同理，可测设出其余各点。测量各主点间距离，与设计值比较，以资检核。

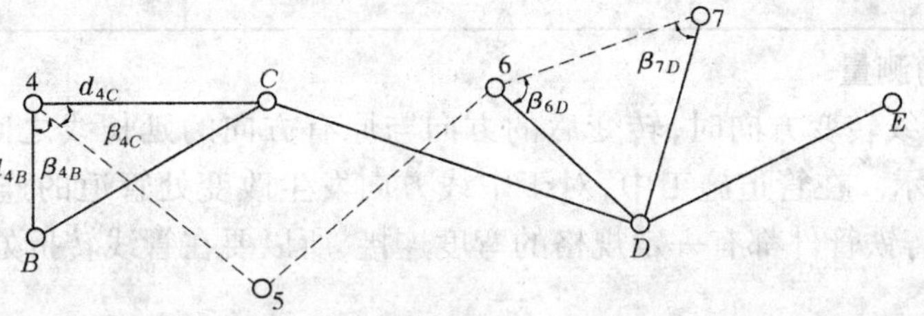

图19-1

2. 根据原有建筑物测设主点

当总平面图没有给出控制点而给出管道中心线主点与原有建筑物的位置关系时，可从图上直接量测测设数据，按直角坐标法或距离交会法测设出点。

如图19-2所示，Ⅰ、Ⅱ是原有管道的检查井位置，A、B、C是拟建管道的主点。欲在地面上测设出各主点，可根据比例尺在图上量测出测设数据S、a、b、c、d和e。然后沿原管道Ⅰ、Ⅱ方向，从Ⅰ点量出S即得A点；用直角坐标测设B点，用距离交会法测设C点，测设长度全部小于一整尺。

检核无误后，用木桩标定点位，并作好点之记。

《工程测量规范》(GB 50026—2007)规定管道中线测设的精度要求如表19-1所示。

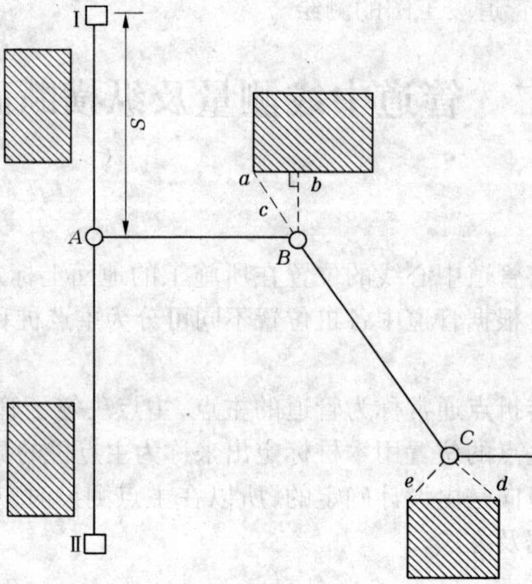

图 19-2

表 19-1　管道中线测设精度要求

测设内容	点位容许误差(mm)	测角容许误差范围(′)
厂房内部管线	7	±1.0
厂区内地上和地下管道	30	±1.0
厂区外架空管道	100	±1.0
厂区外地下管道	200	±1.0

(二)转折角测量

转折角是管线转变方向时,转变后的方向与原有方向的延长线之间的夹角,亦称偏角,如图 19-3 所示。在管道施工中,对于中线方向发生改变处管道的连接要采用特殊的方法,尤其对于铸铁管件都有一定规格的弯度连接,所以要在管线转折处测出转折角值。

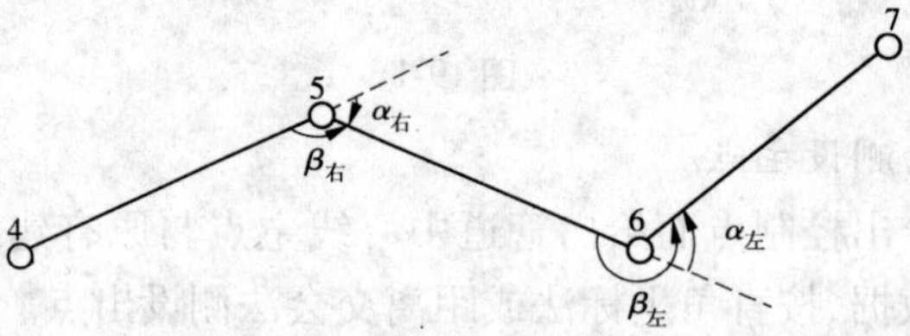

图 19-3

1. 直接测偏角

由于管线的转向不同,转折角有左偏角、右偏角之分,分别以 $\alpha_{左}$ 和 $\alpha_{右}$ 表示。测量时,可直接测出转折角,如图 19-3 所示,需测点 5 的转向角。将经纬仪安置于点 5,盘左先照准原方向点 4,并读数,然后倒转望远镜,即原方向的延长线,接着旋转仪器照准点 6,并读数,两数之差即为转折角的最终值。

2. 测管线转折处右角

可用经纬仪按测回法直接观测线路的右角 $\beta_{右}$，由 $\beta_{右}$ 计算偏角。当 $\beta_{右} < 180°$ 时，$\alpha_{右} = 180° - \beta_{右}$，为右偏角（见图 19-3 中的点 5）。

管线转折角测量记录手簿如表 19-2 所示

表 19-2　管线转折角测量记录手簿

工程名称：××厂供水管道　　天气：晴　　测量员：×××

日　期：　年　月　日　　仪器：DJ_6　　记录员：×××

桩号	间距(m)	转折角		备注
		左　偏	右　偏	
0+055			63°41′24″	
	85.00			
0+140		37°16′06″		
	110.00			
0+250			31°08′40″	
	68.00			
0+318				

（三）中桩测设

为了标定管线的中线位置，测定管线的长度和测绘纵、横断面图，从管道起点开始，沿管道中线方向根据地面变化情况在实地要设置整桩和加桩，这项工作称为中桩测设。从起点开始按规定某一整数（20～50 m）设一桩，这个桩叫整桩。相邻整桩间的重要地物（如铁路、公路及原有管道等）以及穿越地面坡度变化处（高差大于 0.3 m）要增设木桩，这些桩叫加桩。

为了便于计算，中桩自起点开始按里程注明桩号，“+”号前面的表示“km”，“+”号后面的三位数字分别表示百米、十米、米，并用红油漆写在木桩测面，书写要整齐、美观，字面要朝向管线起始方向，写后要检核。如整桩桩号为 0+080，即表示此桩离起点 80 m，如加桩桩号为 0+087 即表示离起点 87 m。因此，管线中线上的整桩和加桩都叫里程桩。

为了保证精度要求，测设中桩时，中线定线应采用经纬仪定线，中线量距采用检定后的钢尺丈量两次。在精度要求不高时，也可用目估定线、皮尺或测绳量距的方法，但在丈量时，要尽量保持尺身的平直，量距相对误差不低于 1/2 000。

中桩都是根据该桩到管线起点的距离来编定里程桩号的，管线不同，其起点也有不同规定。污水管道以下游出口处作为起点，给水管道以水源作为起点，煤气、热力管道以来气方向作为起点。

为了给设计和施工提供资料，中线定好后，应将中线展绘到线状地图上。图上应反映出各主点的位置和桩号、各主点的点之记、管线与主要地物、地下管线交叉点的位置和桩号、各交点的坐标、转折角等。当没有线状地形图时，则需要测绘带状地形图。

（四）带状地形图测绘

带状地形图是在中桩测设的同时，现场测定管线两侧带状地区的地物和地貌并绘制而成的地形图。它是绘制纵断面图和设计管线时的重要依据，其宽度一般为中心线两侧各 20 m。测绘的方法主要是用直角坐标法或距离交会法，若遇到建筑物，需测绘到两侧建筑物,并用统一的图式表示。此图一般绘制在毫米方格纸上,如图 19-4 所示,图中粗线表示管道的中心线,0+000 处是管道起点,0+380 处为转折点,转向后仍接原方向绘出,但要用箭头表示管道转向并注明转折角(图中转折角 $\alpha_{左}=30°$)。0+215 和 0+287 是地面坡度变化处的加桩,0+510 和 0+530 是管线穿越公路的加桩,其余均是整桩。

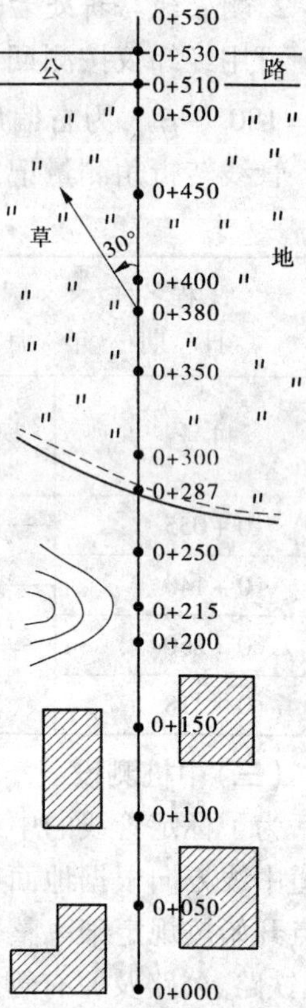

图 19-4

当已有大比例尺地形图,某些地物和地貌可以直接从地形图上量取时,可减少外业工作量。

二、管道纵断面测量

管道纵断面测量就是根据水准点的高程,用水准测量的方法测出中线上各桩的地面点的高程,然后根据里程桩号和测得相应的地面高程按一定比例绘制成纵断面图,用以表示管道中线方向地面高低起伏变化情况,为设计管道埋深、坡度及计算土方量提供重要依据。其主要工作内容如下。

(一)水准点的布置

水准点是管道水准测量的控制点,为了保证管道全线高程测量的精度,在纵断面水准测量之前,应先沿管线设立足够的水准点。一般要求沿管线方向,每 1~2 km 埋设一个永久性水准点,每 300~500 m 埋设一个临时性水准点,按四等水准测量的精度观测出各水准点的高程,作为纵断面测量和施工引测高程的依据。水准点应埋设在不受施工影响,使用方便和宜于保存的地方,或在沿线周围牢固建筑物的墙角或台阶上。

(二)纵断面水准测量

纵断面水准测量一般是以相邻两水准点为一测段,从一个水准点出发,逐点测量各中桩的高程,再附合到另一水准点上,以资校核。纵断面水准测量视线长度可适当放宽,一般采用中桩作为转点,但也可以另设,在两转点间的各桩,通称中间点,中间点的高程通常用视线高法求得,故中间只需一个读数(即中间视)。由于转点起传递高程的作用,所以转点上读数必须读至毫米,中间点读数只是为了计算本身高程,故读至厘米。

在施测过程中,应同时检查整桩、加桩是否恰当,里程桩号是否正确,若发现错误和遗漏需进行补测。

在测设主点时,为保证测设无误,应有检核条件,若无检核条件,应重新丈量一次,以保证测设精度。

图 19-5 是由一水准点 BM_A 到 0+300 一段中桩纵断面水准测量示意图。其施测方法如下:

(1)安置仪器于测站 1,后视水准点 A,读数 1.823,前视 0+000,读数 1.514。

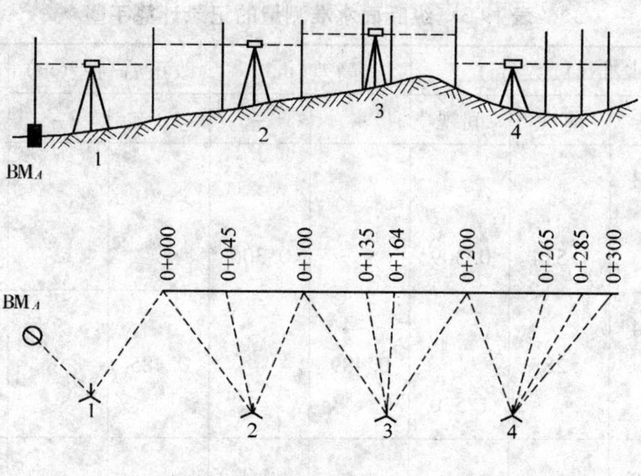

图 19-5

(2)安置仪器于测站 2,后视 0 + 000,读数 1. 774,前视 0 + 100,读数 1. 285,再将水准尺立于中间点 0 + 045,读数 1. 530。

(3)安置仪器于测站 3,后视 0 + 100,读数 1. 289,前视 0 + 200,读数 1. 367,同法再读中间点 0 + 135 和 0 + 164,分别读得 1. 020 和 0. 870。

以后各站同上法进行,直到附合到另一个水准点上。

为了完成一个测段的纵断面水准测量,要根据观测数据进行如下计算:

(1)高差闭合计算。纵断面水准测量从一水准点附合到另一水准点上,其高差闭合差应小于容许值(无压管道容许值为 $\pm 5\sqrt{n}$ mm,一般管道容许值为 $\pm 10\sqrt{n}$ mm,其中 n 为测站数),则成果合格。将闭合差反号平均分配到各站高差上,得各站改正高差,然后计算各前顶点高程。

(2)每一测站上各项高程计算:

视线高程 = 后视点高程 + 后视读数

中桩高程 = 视线高程 − 中视读数

转点高程 = 视线高程 − 前视读数

计算按表 19-3 进行。

当管线较短时,纵断面水准测量可与测量水准点的高程一起进行,由一已知水准点开始按上述方法测出各中桩的高程后,附合到另一个未知高程的水准点上,再以水准测量的方法(即不测中间点)返测到已知水准点。若往返闭合差在限差内,取高差有效平均数推算未知水准点的高程。

(三)纵断面图的绘制

纵断面图是以中桩的里程为横坐标,以各点的地面高程为纵坐标进行绘制的,它一般绘制在毫米方格纸上。为了明显地表示地面管线中线方向上的起伏变化,一般纵向比例尺比横向比例尺大 10 倍或 20 倍,如里程比例尺为 1∶500,则高程比例尺为 1∶50。具体绘制方法如下:

表 19-3　纵断面水准测量的记录计算手簿

测站	标号	水准尺读数(m)			高差(m)		改正后高差(m)		视线高程(m)	高程(m)
		后视	前视	间视	+	−	+	−		
1	BM_A	1.823		−3						1 046.800
	0 + 000		1.514	0.309		0.306				1 047.106
2	0 + 000	1.774			−4				1 048.880	1 047.106
	0 + 100		1.285		0.489		0.485			1 047.591
	0 + 045			1.530						1 047.350
3	0 + 100	1.289				−4			1 048.880	1 047.591
	0 + 200		1.367			0.078		0.082		1 047.509
	0 + 135			1.020						1 047.860
	0 + 164			0.870						1 048.01
4	0 + 200	0.363				−4			1 047.872	1 047.509
	0 + 300		1.762			1.399				1 046.106
	0 + 265			1.470						1 046.402
	0 + 285			1.770				1.403		1 046.102
5	0 + 300	0.502				−4				1 046.106
	BM_B		1.858			1.356		1.360		1 044.746
	Σ	5.751	7.786		0.798	2.833				

辅助 $h_{AB} = \sum a - \sum b = \sum h_i = -2.035$ m, $f_h = -2.035\ 3 - (-2.054) = +0.019$ m $= +19$ mm

计算 $f_{h容} = \pm 10\sqrt{5} = \pm 22$ mm > 19 mm 合格

(1)如图 19-6 所示,在毫米方格纸上合理位置绘出水平线,水平线以上绘制管道纵断面图,水平线以下各栏需注记设计、计算和实测的有关数据。

(2)根据横向比例尺,在距离、桩号和管线平面图等栏内标出各中桩桩位,在距离栏内注明各相邻桩间距。根据带状地形图绘制管道平面图,在地面高程栏内填注各桩实测的高程,并凑整到厘米(排水管道技术设计的断面图上高程注记到毫米)。

(3)在水平粗线上部,按纵向比例尺,根据各中桩的实测高程,在相应的垂线上定出各点位置,再用直线连接各相邻点,即得纵断面图。

(4)根据设计坡度,在纵断面图上绘出管道的设计坡度线,在坡度栏内注明方向。

(5)计算各中桩的管底高程:管道起点高程一般由设计线给定,管底高程则是根据管道起点高程、设计坡度及各桩的间距逐点推算而来的。例如,0 + 000 的管底设计给定的高程为 1 044.12 m,管坡度为 +0.4%,则 0 + 100 的底高程为 1 044.12 + 0.4% × 100 =

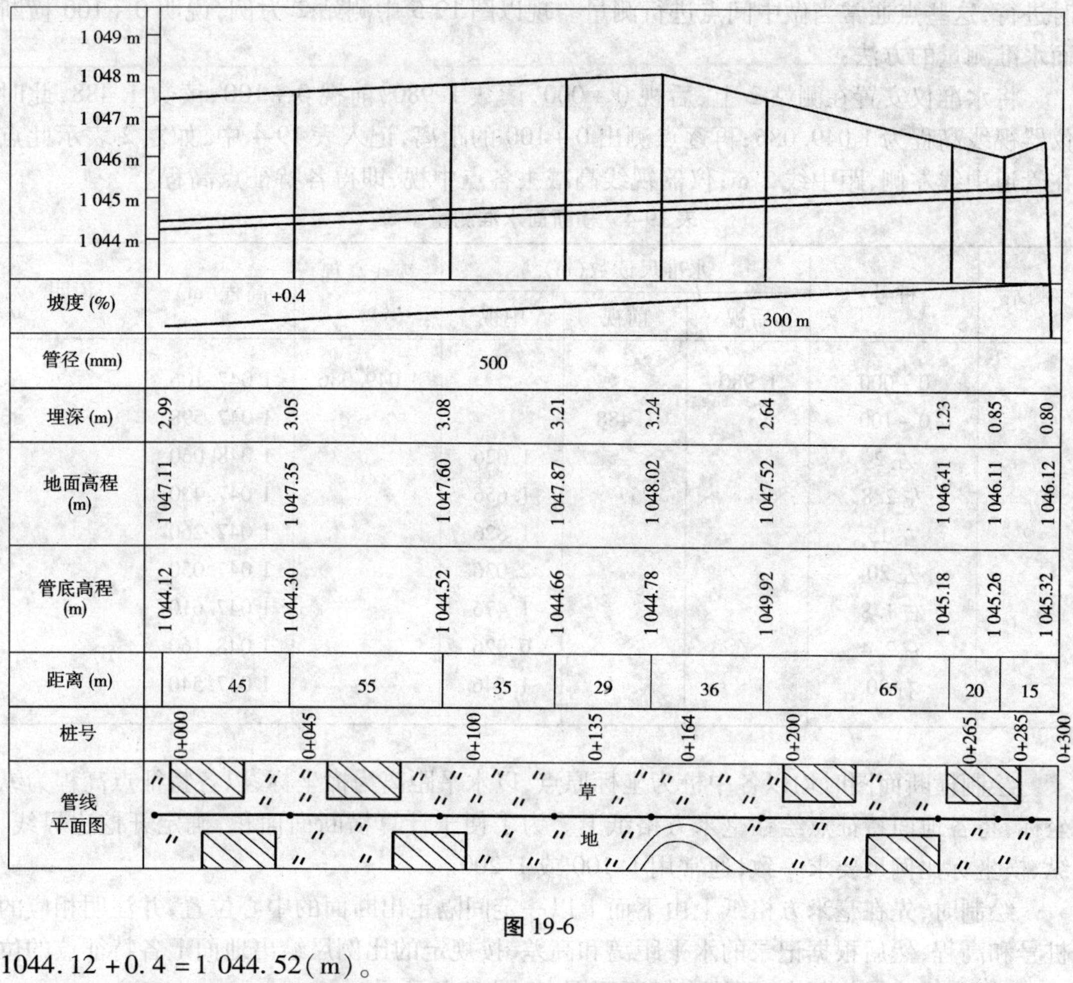

图 19-6

1044. 12 +0. 4 =1 044. 52(m)。

(6)计算各中桩点管道埋深,即地面高程减去管底高程。

除上述基本内容外,还需把本管线与四临管线相接处、交叉处以及与之交叉的地下构筑物等在图上绘出。

三、管道横断面图测量

横断面图是用来表示垂直于管线方向上一定距离内的地面起伏变化情况,是施工时确定开挖边界线和土方估算的依据。在各中桩处,垂直于中线的方向,测出各特征点到中桩的平距和高差,根据这些测量数据所绘断面图就是管道横断面图。

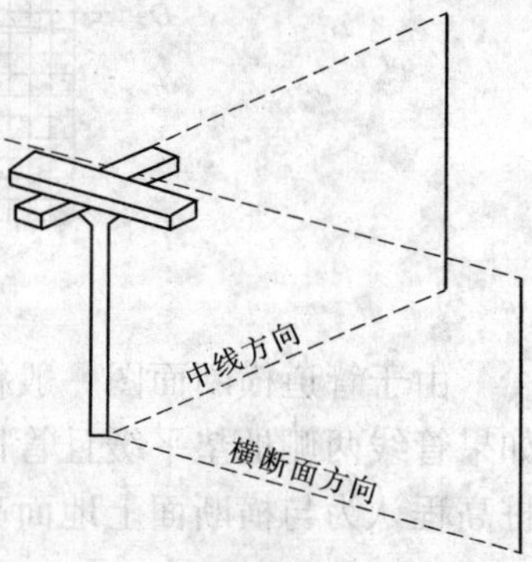

图 19-7

横断面图的施测宽度一般由管道埋深和管道直径来确定。一般要求每侧为 15 ~30 m。施测时,用十字定向架定出横断面方向(见图 19-7),用木桩或测钎插入地上作为地面特征点标志。各特征点的高程一般与纵断面水准测量同

时进行,这些点通常当做中间点进行测量。现以图 19-5 中测站 2 为例,说明 0 + 100 横断面水准测量的方法:

将水准仪安置在测站 2 上,后视 0 + 000,读数 1. 980,前视 0 + 100,读数 1. 488,此时仪器视线高程为 1 049. 086;再逐点测出 0 + 100 的距离,记入表 19-4 中,如左 2 表示此点在管道中线左侧,距中线 2 m;仪器视线高减去各点中视,即得各特征点高程。

表 19-4 横断面水准测量手簿

测站	桩号	水准尺读数(m)			视线高程(m)	高程(m)	说明
		后视	前视	中视			
2	0 +000	1. 980			1 049. 086	1 047. 106	
	0 + 100		1. 488			1 047. 598	
	左 2			1. 026		1 048. 060	
	左 2. 8			1. 656		1 047. 430	
	左 15			1. 826		1 047. 260	
	左 20			2. 036		1 047. 050	
	右 1. 8			1. 476		1 047. 610	
	右 2. 4			0. 926		1 048. 160	
	右 20			1. 546		1 047. 540	

绘制横断面图时均以各中桩为坐标原点,以水平距离为横坐标,以各特征点高程为纵坐标,将各地面特征点绘在毫米方格纸上。为了便于计算横断面面积,确定开挖边界线,纵、横坐标比例尺要求一致,通常用 1∶100 或 1∶200。

绘制时,先在毫米方格纸上由下而上以一定间隔定出断面的中心位置,并注明相应的桩号和高程,然后根据记录的水平距离和高差,按规定的比例尺绘出地面上各特征点的位置,再用直线连接相邻点,即绘出横断面图,如图 19-8 所示。

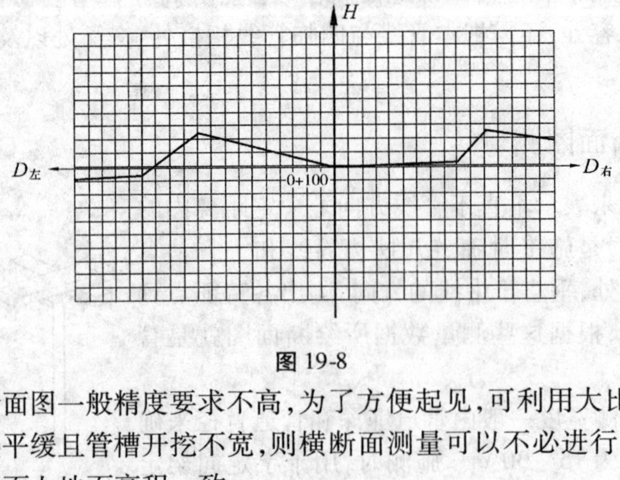

图 19-8

由于管道横断面图一般精度要求不高,为了方便起见,可利用大比例尺地形图绘制。如果管线两侧地垫平缓且管槽开挖不宽,则横断面测量可以不必进行,计算土方量时,中桩高程认为与横断面上地面高程一致。

技能点三　管道施工测量

管道施工中管线的走向、管底标高位置的正确性是依据测量所设的标志确定的，所以管道施工测量的主要任务是依据设计图纸，根据工程进度的要求，为施工测设各种标志，使施工人员随时掌握中线方向和高程满足设计要求。管道施工测量的精度要求取决于工程的性质和施工方法，如无压管道测量精度高于有压管道，不开槽施工测量精度高于开槽施工精度。测设精度要以设计要求和施工规范要求为准。管道施工时，中线和高程均以测量标志为依据，因此施工测量应密切配合施工进行。

一、施工前的准备工作

（一）熟悉图纸和现场情况

管道施工前必须对施工现场各主点桩、中桩的位置进行检查。作为管道施工测量人员，首先要在施工前认真熟悉设计图纸，了解设计意图和对测量的精度要求，掌握管道中线位置、各种附属构筑物的位置和数量等，并找出有关测设数据及相互关系，认真检查，以防出错。

到现场勘察复核管道总平面图与实地情况是否一致，在图上找出有关测设数据及相互关系是否与实地一致。另外，还应做好现有地下管线的复查工作，以免施工时造成不必要的损失。

（二）恢复中线并测设施工控制桩

管道施工开挖之前，要对所测设的主点桩、中桩进行数量位置的复核与检查，将位置变动的、丢失的桩重新恢复，同时应把管线附属构筑物及支线位置定下来。

由于管道中线上的条桩在施工中很易被挖掉，为了在施工中控制中线和其他附属构筑物的位置，应将施工控制桩设在不受施工干扰、易于保存和引测方便的地方。施工控制桩分为中线控制桩和附属构筑控制桩两种。

1. 测设中线控制桩

如图 19-9 所示，施测时一般以管道中线为准，在各段中线延长线上钉设控制桩。若管道直线段较长，也可以在中线一侧管槽边线外测设一条与中线平行的轴线桩，相邻桩间距以 20 m 为宜，作为恢复控制中线的依据。

2. 测设附属构筑物控制桩

在垂直于中线的方向上钉两个控制桩，如图 19-9 所示。恢复附属构筑物的位置时，通过两控制桩拉小线，则小线与中线的交点就是构筑物的中心位置。控制桩要钉在槽口外 0.5 m 左右，与中线距离取整米数，以便使用。

《工程测量规范》（GB 50026—2007）规定：管线点的平面坐标宜采用全站仪（见图 19-10）极坐标法实测，高程可采用水准测量或电磁波测距三角工程测量的方法实测；管线点也可采用 GPS - RTK（见图 19-11）方法实测。管线点相对于邻近控制点的测量点位中误差不应大于 5 cm，测量高程中误差不应大于 2 cm。

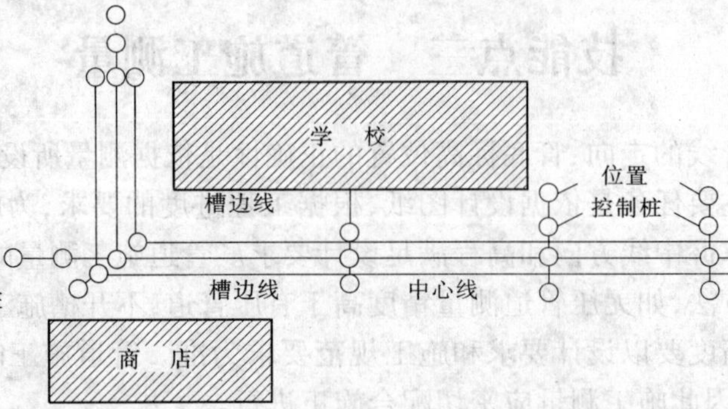

图 19-9

图 19-10

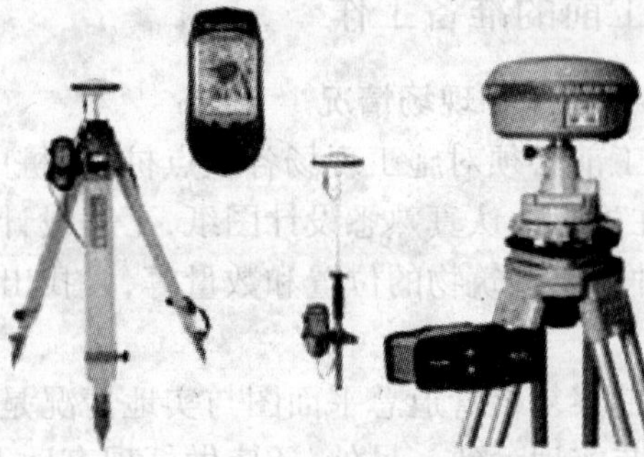

图 19-11

3. 加密临时水准点

为了统一施工高程并便于在施工过程中引测、调用方便起见，应根据原有水准点，将临时水准点加密到间隔 100 ~ 150 m 一个，以便不经过转点就可测定线路上任意点的高程。

二、管道槽口放线

由于土体的类别不同，从而土体的稳定性不同，所以在管道开挖时为了防止塌方，有的需要放坡。管道施工中槽口测量的施工任务是根据设计要求的埋深和土层情况、管径大小等及是否需放坡计算出开槽宽度，并在地面上定出槽边线的位置，作为开槽依据。

当横断面比较平坦时，如图 19-12(a)所示，槽宽按式(19-1)计算

$$D_{左} = D_{右} = \frac{b}{2} + m \times h \tag{19-1}$$

当槽断面倾斜较大时，中线两侧槽口宽度就不一致，应分别按式(19-2)和式(19-3)计算或用图解法示出，如图 19-12(b)所示。

$$D_{左} = \frac{b}{2} + m_2h_2 + m_3h_3 + c \tag{19-2}$$

$$D_{右} = \frac{b}{2} + m_1h_1 + m_3h_3 + c \tag{19-3}$$

其中，m 为放坡系数，随土质不同、挖深不同而不同。

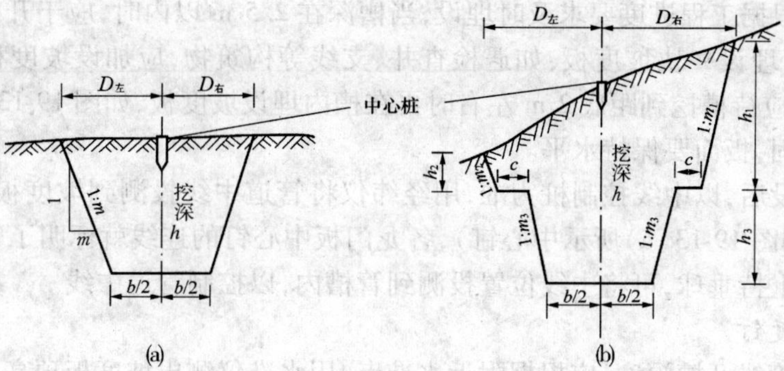

图 19-12

【例 19-1】 已知某管道工程的施工场地地面标高为 225.000 m，管道沟底的设计标高为 222.000 m，管沟底宽为 1.3 m，土质为黄土，其放坡系数 $m=0.10$，试确定管沟的上口宽度为多少米？

解 挖深 $h=225.000-222.000=3(\text{m})$

所需放坡的宽度 $B=hm=3\times0.10=0.3(\text{m})$

所以 $$D_{左}=D_{右}=\frac{b}{2}+B=\frac{1.3}{2}+0.3=0.95(\text{m})$$

三、坡度控制标志的测设

管道施工的关键是中线方向和坡度的控制，这对于无压的污水管道坡度更为重要，如果实际施工的坡度不满足设计要求有可能形成污水倒流。所以，在管道施工的测量工作中，主要是控制管道的中线和高程位置。因此，在开槽前应设置控制管道中线和高程位置的施工测量标志，以便按设计要求进行施工，一般常采用龙门板法和腰桩法。

(一)龙门板法

龙门板由坡度板和高程板组成，具体施测方法如下。

1. 埋设坡度板及投测中心钉

坡度板法是控制管道中线和构筑物位置的常用方法，一般均跨槽埋设，如图 19-13(a)所示。

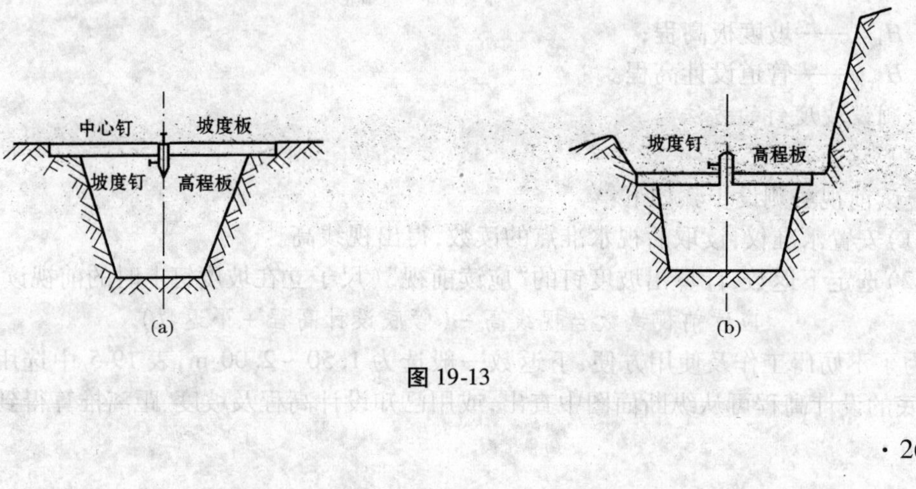

图 19-13

坡度板应根据工程进度要求及时埋设，当槽深在 2.5 m 以内时，应于开槽前在槽口上每隔 10～20 m 埋设一块坡度板，如遇检查井、支线等构筑物，应加设坡度板。当槽深在 2.5 m 以上时，应待槽挖到距底 2 m 左右时再在槽内埋设坡度板，如图 19-13(b)所示。坡度板要埋设牢固，板面要保持水平。

坡度板埋设后，以中线控制桩为准，用经纬仪将管道中线投测到坡度板上，并用小钉标定其位置(如图 19-13(a)所示中心钉)，各龙门板中心钉的连线就标明了管道的中线方向。在中心钉上持垂球，可将中线位置投测到管槽内，以控制管道中线。

2. 测设坡度钉

为了控制管线开槽深度，应根据附近水准点，用水准仪测出坡度板顶高程。板顶高程与根据管道坡度计算该处管道设计高程的差，即为由坡度板顶往下开挖的深度(实际管槽开挖深度还应加下管壁和垫层的厚度)。由于地面有起伏，因此各坡度板顶向下开挖深度都不一致，对施工中掌握管底高程和坡度都很不方便。为此，需在坡度板中线一侧设置坡度立板，称为高程板，在高程板侧面测设一坡度钉，使各高程板上坡度钉连线平行于管道设计坡度线，并距离槽底设计高程为一整分米数 C，称为下返数，如图 19-14 所示。施工时利用这条线来检查和控制管道坡度和高程，既灵活又方便。

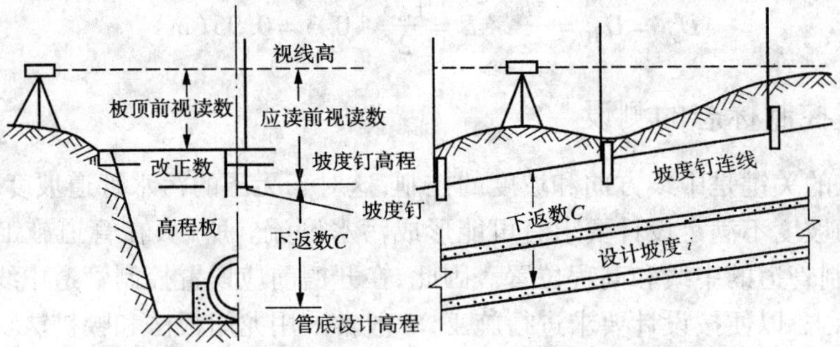

图 19-14

为了求得坡度钉的位置，每一坡度板顶应向下或向上量一改正数，使下返数为预先确定的一个整数 C。

改正数

$$\delta = C - (H_{板顶} - H_{管底}) \tag{19-4}$$

式中 $H_{板顶}$——坡度板高程；

$H_{管底}$——管道设计高程。

3. 测设坡度钉的方法

1) 应读前视法

应读前视法测设步骤如下：

(1) 安置水准仪，读取后视水准点的读数，得出视线高。

(2) 选定下返数，计算出坡度钉的"应读前视"(尺子立在坡度钉上时的前视读数)

应读前视读数 = 视线高 -(管底设计高程 + 下返数)

为了不妨碍工作及使用方便，下返数一般选为 1.50～2.00 m，表 19-5 中选用 1.900 m；管底的设计高程可从纵断面图中查出，或用已知设计高程及坡度、距离推算得到。

表 19-5　“应读前视法”坡度钉测设手簿

坡度钉测设手簿

工程名称：××厂污水管道　　天气：晴天少云　　观测者：______

仪器型号：DS3－08　　日期：2008. 4. 28　　记录员：______

测点（桩）号	后视读数	视线高	前视读数	高程	管底设计高程	下返数	应读前视读数	改正数		说明
								+	−	
BM_A	1. 643	59. 675		58. 032	$i=+3‰$					
0＋200. 0			1. 908	57. 767	55. 831	1. 900	1. 944		0. 036	
0＋210. 0			2. 105	57. 570	55. 861		1. 914	0. 191		
0＋220. 0			1. 838	57. 837	55. 891		1. 884		0. 046	
0＋230. 0			1. 688	57. 987	55. 921		1. 854		0. 166	
0＋240. 0			1. 566	58. 109	55. 951		1. 824		0. 258	
0＋250. 0			1. 526	58. 149	55. 981		1. 794		0. 268	
0＋260. 0			1. 489	58. 186	56. 011	1. 900	1. 764		0. 275	
BM_B			1. 529	58. 146						
校核	已知 BM_B 高程为 58. 145 m，闭合差为＋1 mm 合格									

（3）在坡度板顶上立尺，读出板顶前视读数，计算出该坡度钉的改正数。

改正数＝板顶前视－应读前视

当改正数为“＋”时，表示由板顶向上量，钉钉；

当改正数为“－”时，表示由板顶向下量，钉钉。

（4）坡度钉钉好后，在钉上立尺，用水准仪读取前视读数，与应读前视读数之差在±2 mm 内合格。

（5）第一块坡度板的坡度钉钉好后，即可根据管理设计坡度及坡度板间的距离，推算第二块、第三块…坡度板上的应读前视，按上述方法测设各板上的坡度钉（见图 19-14）。

2）坡度平行线法

坡度平行线法测设步骤如下：

（1）如图 19-15 所示，在管沟一端中线的 A 点上安置水准仪（使目镜下一个脚螺旋位于中线上，物镜下的另两个脚螺旋的边线与中线垂直），并量取仪器高。

（2）瞄准另一端中线上 B 点水准尺，调平水准管气泡，读数为 b。

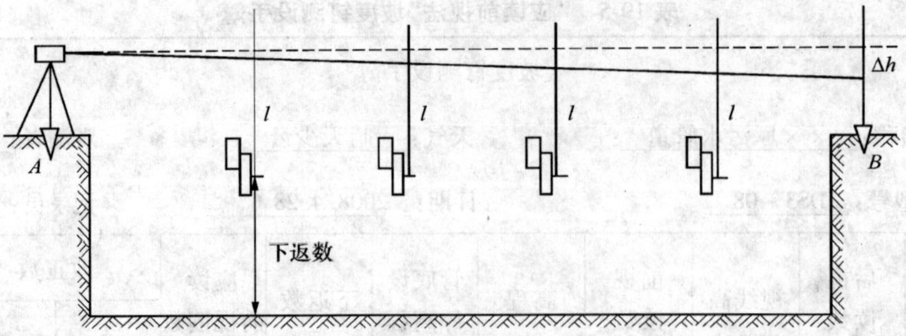

图 19-15

(3)由设计坡度与 AB 间的距离计算出 Δh

$$\Delta h = i \times D_{AB} \tag{19-5}$$

调节微倾螺旋(或目镜下的脚螺旋)使十字丝的横丝照准 $b-\Delta h$ 读数,这时倾斜视线就与管道的设计坡度平行。

(4)由仪器高、管底设计高程及下返数即可计算出木尺板照准标志到板底的长度 l

$$l = (H_A + \text{仪器高}) - (\text{管底设计高} + \text{下返数})$$

从木尺板底端向上取 l,并作"▽"标志。

(5)分别在各坡度板的高度板上立木尺板,上下移动,当"▽"标志与十字丝横丝重合时,在尺板底钉钉,即为坡度钉。同理,可定出其余各坡度钉。

该方法计算简单,实用方便,但应注意检核。若 Δh 较大,可用经纬仪代替水准仪。

3)高差改正数法

以表 19-6 来说明高差改正数法测设坡度钉的方法,先用水准仪测出各坡度板高程,填入表 19-6 中第(7)栏内,再用第(2)栏数据计算各坡度板处管底的设计高程,列入第(4)栏,如0+000管底设计高程为 32.800 m,坡度 $i=+4‰$,0+000 到 0+010 距离为 10 m,则 0+010 的管底设计高程为

$$32.800 + 4‰ \times 10 = 32.800 + 0.040 = 32.840(\text{m})$$

同法可以计算出其他各处管底设计高程,第(5)栏是根据现场情况选定的下返数,本例下返数选用 1.800 m,填入第(5)栏。第(6)栏是各板坡度钉高程,它等于管底设计高程加上下返数,如 0+000 坡度钉高程为

$$32.800 + 1.800 = 34.600(\text{m})$$

其余类推。第(8)栏为坡度钉高程减去坡度板高程,即为钉坡度钉需要的改正数

$$34.600 - 34.677 = -0.077(\text{m})$$

式中,改正数为"+"时,表示自板顶向上改正;改正数为"-"时,表示自板顶向下改正,其余类推。

完成以上计算后,用小钢卷尺分别从每个坡度板顶向下(或向上)量取对应的改正数,在高程板侧面钉上小钉,即为坡度钉。各坡度钉的连线就是一条与管道设计坡度平行,相距为下返数(1.800 m)的坡度线。

表 19-6　坡度钉测设手簿

板号	距离(m)	设计坡度	管底设计高程(m)	坡度钉下返数(m)	坡度钉高程(m)	坡度板高程(m)	改正数(m)
(1)	(2)	(3)	(4)	(5)	(6)	(7)	(8)=(6)-(7)
0+000	0	+4‰	32.800	1.800	34.600	34.677	-0.077
0+010	10		32.840		34.640	34.692	-0.052
0+020	20		32.880		34.680	34.684	-0.004
0+030	30		32.920		34.720	34.601	+0.119
0+040	40		32.960		34.760	34.631	+0.129
0+050	50		33.000		34.800	34.644	+0.156
0+060	60		33.040		34.840	34.664	+0.176

4. 测设坡度钉的注意事项

坡度钉是管道施工中控制管道坡度的基本标志，必须准确可靠。为此，测设时应注意以下各点：

(1)为防止观测和计算中的错误，每测一段后应附合到另一个水准点上进行校核。

(2)施工中交通频繁，容易碰动龙门板，尤其是雨后，龙门板还可能有下沉现象，因此要定期检查。

(3)在测设坡度钉时，除对本工段校测外，还要联测已建成的管道或已测好的坡度钉，以便互相衔接。

(4)管道穿越地面起伏较大的地段时，应分段选取合适的下返数。在变换下返数处要测设两个高程板，钉两直坡度钉，如图 19-16 所示。

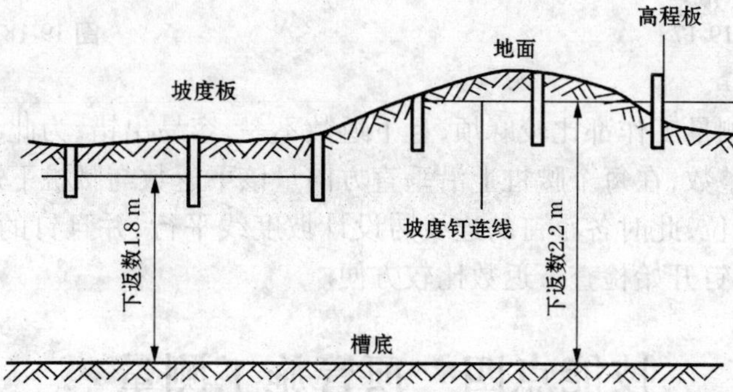

图 19-16

(5)为了施工中掌握高程，在每块坡板上都应标示高程牌或注明下返数，高程牌的形式如表 19-7 所示。

表 19-7　高程牌　　（单位:m）

0 + 030　高程牌	
管底设计高程	32.920
坡度钉高程	34.720
坡度钉到管底设计高度	1.800
坡度钉到基础面距离	1.850
坡度钉到槽底距离	2.030

(二)平行轴腰桩法

管径较小、坡度较大、精度要求比较低的管道,施工测量时,常用平行轴腰桩法来测设控制标志,以控制管道的中线和坡度。其步骤如下所述。

1. 测设平行轴线桩

在开工前,先在中线一侧或两侧定一排平行轴线桩,桩位应落在管槽边线外,如图 19-17所示,平行轴线桩与管道中心相距 a,各桩间距以 20 m 为宜,各检查井位置也应相应地在平行轴线上设桩。

2. 钉腰桩

为了准确地控制管道路线和高程,在槽坡上(距槽底 1 m 左右)再钉一排与平行轴线相对的平行轴线桩,使其与管道中线的间距为 b,这排桩称为腰桩,如图 19-18 所示。

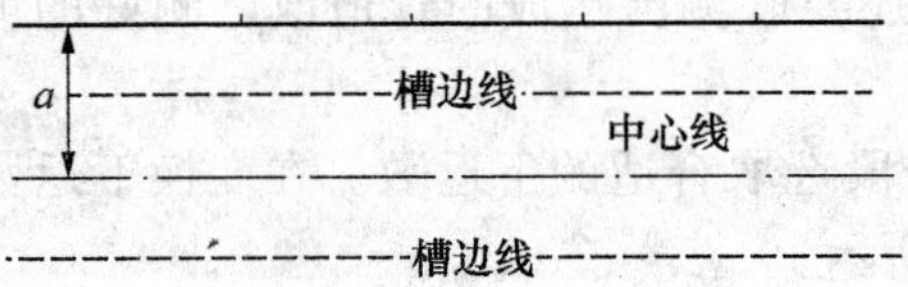

图 19-17

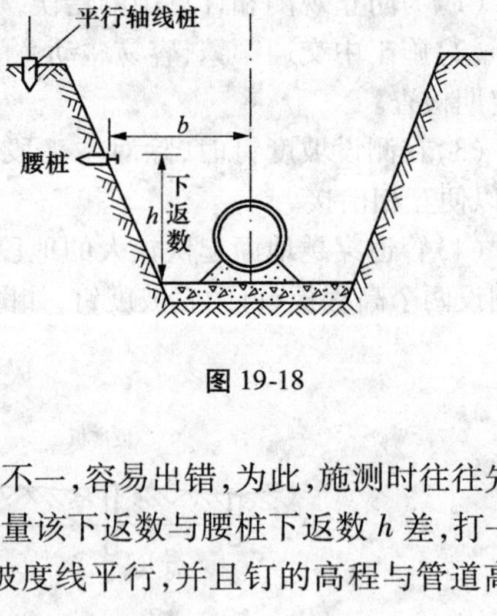

图 19-18

3. 引测腰桩高程

腰桩法施工和测量工作都比较麻烦,且下返数不一,容易出错,为此,施测时往往先确定到管底的下返数整数,在每个腰桩上沿垂直方向量该下返数与腰桩下返数 h 差,打一木桩,并以小钉标志点位,此时各小钉的连线与设计坡度线平行,并且钉的高程与管道高程相差为一常数,从小钉开始检查下返数比较方便。

技能点四　顶管施工测量

在地下管道敷设工程中,常常遇到管线穿越铁路、公路、河流和重要建筑物的情况,为了保证正常的运输和避免施工中大量的拆迁工作,往往不宜用开槽法施工,而采用顶管施工的方法。

采用顶管施工法时，应在管线两端先挖工作坑，在工作坑内安装导轨，将管材放在预定管线方向的导轨上，用千斤顶将管材沿管线顶进土中，然后将管内土方挖出，即成管道。顶管施工比开槽施工复杂，精度要求高，所以在这项技术设计时常采用1:200 或1:500的平面图为设计依据，这种图的测区面积一般不大，测绘时应注意：

(1)测图与管线施工时所用的坐标与高程应统一。

(2)管道中线与顶管的始点、终点位置以及前后管道位置应在图上精确绘出。

(3)管道穿越处地面上的重要建筑物的位置、基础埋深、路面结构、原有地下管道埋深、电杆和大树等位置都应给出。

在顶管施工中测量的主要任务是掌握好管道的中线方向、高程和坡度。

一、准备工作

(一)中线桩的测设

中线桩是工作坑放线和测量管道中心线的依据。设置时应按照设计图纸上管线的要求，在工作坑前后钉立两个桩，称为中线控制桩(见图19-19)，然后确定开挖边界。开挖到设计高程后，用经纬仪中线引到工作坑的前后臂并钉上木桩(在桩上钉一中心钉)，此桩称为顶管中线桩，用来标定管中心线。中线桩要钉牢，需妥善保护，以免碰动或丢失。

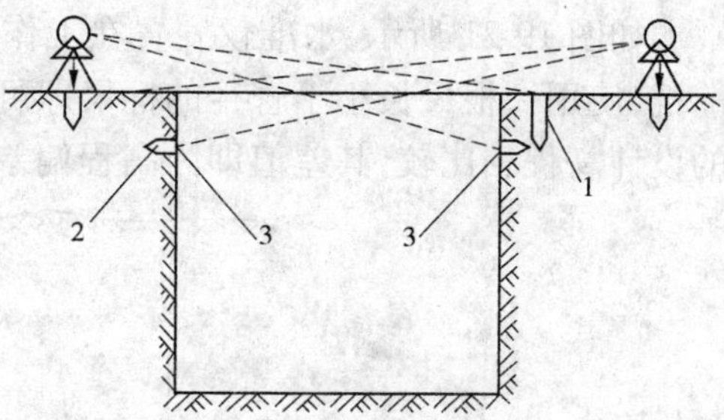

1—中线控制桩；2—顶管中线桩；3—中心钉

图19-19

(二)水准点的设置

为了控制管道按设计高程和坡度顶进，需在工作坑内设置临时水准点。一般要求有两个临时水准点，以便相互检核。为应用方便，设置时应使临时水准点的高程与顶管起点管底设计高程一致。

(三)导轨的安装

导轨有铁轨和木轨两种，目前多采用铁轨。导轨一般安装在垫木或混凝土垫层上，垫层面的高程及纵坡都应符合设计要求，根据导轨的宽度安装导轨，根据顶管中线桩和临时水准点检查中心线和高程，确认无误后将导轨固定。

导轨的作用是保证管道在顶入土之前位置正确并引导管道，按设计的中心线和坡度顶入土中。导轨安装的准确与否对管道的顶进质量影响较大，因此安装导轨必须符合管道中心高程、坡度的要求，要在轨前、轨中、轨尾检查。容许偏差范围为 $-2\sim+3$ mm。

二、顶进过程中的测量工作

(一)中线测量

如图19-20 所示，在中心钉连线上挂两个垂球的边线即管道中心线，这时在管前横放一个带有刻度的中心尺，尺长略小于或等于管径，使它恰好能平放在管内，中心尺的分划中央为零向两端增加。使小线与两根垂线相切，将后端固定并延长小线通过顶管前端的中心尺。若小线与中心尺零刻划重合，说明管位无偏差，若小线偏离中心线若干毫米，即产生若干毫米的偏差，应校正顶管的方向。

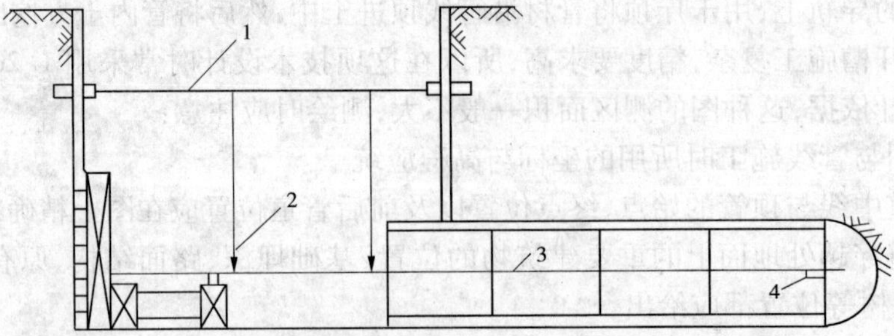

1—管道中心线；2—垂球；3—小线；4—水平标尺

图 19-20

（二）高程测量

如图 19-21 所示，水准仪安置在工作坑内，以临时水准点为后视，以顶管内待测点为前视，使用一根尺长小于管径的标尺即可求得待测点的高程。将测得的高程与此点管底的设计高程相比较，其差值即为高程偏差。

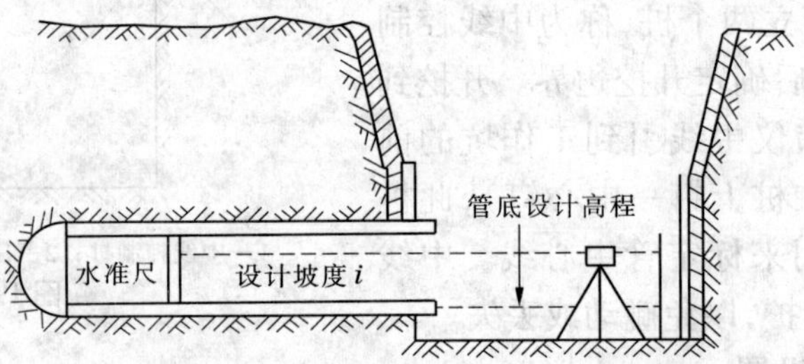

图 19-21

为保证施工质量，一般要求每顶进 0.5 m 进行一次中线和高程测量，如果在限差之内，可继续顶进，若发现偏差超限，则需进行修正。

根据施工规范要求：中线容许偏差为 ±20 mm，高程容许偏差为 ±10 mm。

如 +4‰的坡度，每顶进 0.5 m，管道应升高 2 mm，用水准仪检查时，该处的水准尺读数就应比未顶进前的读数少 2 mm。

表 19-8 是顶管施工测量的记录格式。它记录了顶进过程中的中线和高程偏差情况，是评定施工质量的重要依据。表 19-8 中高程偏差和中线偏差均未超过限差。

短距离顶管施工（小于 50 m）可按上述方法进行测设。当距离较长时，需分段施工，可以每 100 m 设一个工作坑，采用对向顶管施工方法，在贯通时，管道错口不得超过 30 mm。

（三）激光导向仪导向

上述测量方法精度低，且所需的时间长，影响顶进速度。近年来，已有采用激光导向仪进行导向，使机械顶管方向测量和偏差矫正实现了自动化，如图 19-22 所示。

首先将激光水准仪或激光经纬仪安置在工作坑内管道中线上，通过调整使激光束符合顶管轴向方向和设计坡度，以此作为导向的基准线。然后调整装在掘进头上的光电接收靶和自动控制装置，使激光束与接收靶中心重合。当掘进方向出现偏差时，则光电接收

表 19-8　顶管施工测量手簿　　（单位:m）

设计高程（管内壁）	桩号	中心偏差（m）	水准点后视读数	待测点应有读数	待测点实际读数	高程偏差（m）	说明
(1)	(2)	(3)	(4)	(5)	(6)	(7)	(8)
44.564	0+360.0	0.000	0.692	0.692	0.692	0.000	
44.566	0+360.5	右 0.003	0.747	0.745	0.746	-0.001	
44.568	0+361.0	左 0.002	0.694	0.690	0.692	-0.002	
44.570	0+361.5	右 0.001	0.704	0.698	0.699	-0.001	水准点
44.572	0+362.0	左 0.003	0.786	0.778	0.779	-0.001	高程为
44.574	0+362.5	左 0.002	0.705	0.695	0.696	-0.001	44.564
44.576	0+363.0	右 0.001	0.713	0.701	0.700	+0.001	$i = +4‰$
⋮	⋮	⋮	⋮	⋮	⋮	⋮	
44.644	0+380.0	右 0.002	0.785	0.705	0.706	-0.001	

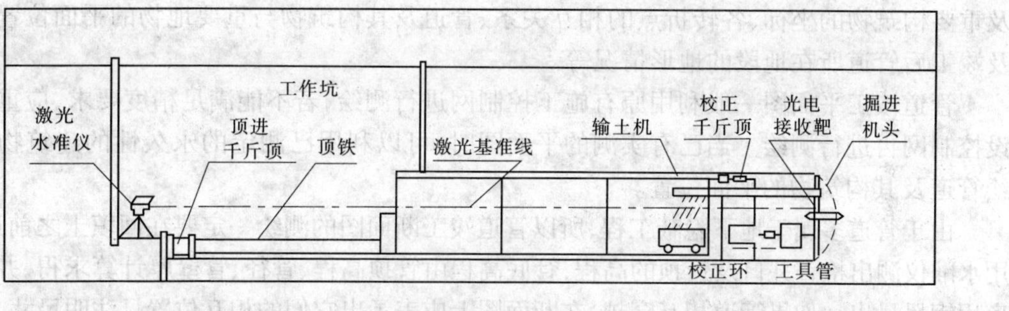

图 19-22

靶接收到偏差信号，并通过液压纠偏装置自动调整机头方向，使机头沿着激光束方向继续前进。在引人注目的西气东输长江穿越工程中可以看到新兴的掘进机盾构机，如图 19-23 所示。随着高新技术的发展，遥控控制技术、激光制导技术、陀螺仪定位系统已普遍应用于盾构机中。盾构机的直径为 1.8 ~ 15.5 m，不仅应用于隧道工程，而且应用于市政地下管道和地下轨道交通工程。

图 19-23

技能点五　管道竣工测量

为了如实地反映管道工程施工成果，在工程竣工后，应及时整理竣工资料并编绘竣工图，竣工图的图幅与编号宜与测区原有地形图保持一致，也可采用现行设计图幅尺寸A0、A1、A2等。竣工图的图式应采用国家标准《国家基本比例尺地形图图式　第1部分　1∶500　1∶1 000　1∶2 000地形图图式》(GB/T 20257.1—2007)地下管线及其附属设施的要素分类代码。竣工图是管道竣工后进行管理、维修、改扩建时的可靠依据，它的作用主要有以下几点：

(1)评定管道工程施工质量是否符合设计要求。

(2)竣工图注有管道运行中的各种附属设备，这为管道投入使用后的管理和维护工作提供了重要依据。

(3)对管道进行维修时，从竣工图上可以找到维修的目标，方便维修工作。

(4)在管道工程改建、扩建时，利用竣工图能够清楚地查找原有构筑物的平面位置和高程等资料，这为改建、扩建的管道设计和后续施工提供了很大的方便。

综上所述，管道竣工测量是管道施工测量的重要组成部分，必须予以充分重视。

管道竣工测量的主要内容是编绘竣工平面图和竣工断面图。

管道竣工平面图全面反映了管道及其附属构筑物施工后的平面位置，如管道的主点及重要构筑物的坐标、各转折点的相互关系、管道及其构筑物与重要地物的平面位置关系及竣工后管道所在地段的地形情况等。

管道竣工平面图一般利用原有施工控制网进行测绘，若不能满足精度要求，应重新布设控制网再进行测绘。当已有实测的平面图时，可以利用已测定的永久性的建筑物来测绘管道及其构筑物的平面位置。

由于管道多属于地下隐蔽工程，所以管道竣工断面图的测绘一定要在回填土之前进行。用水准仪测出检查井口及管顶的高程，管底高程由管顶高程、管径、管壁厚计算求得，井间距离用钢尺量出。如果管道相互穿越，在断面图上应表示出它们的相互位置且注明尺寸。

竣工资料和竣工图编绘完毕，应由工程负责人和编绘人鉴定，交付使用单位存档保管。

思考与练习题

1. 管道工程测量的主要任务有哪几个方面？

2. 管道中线测量包括哪些内容？

3. 管道施工中应进行哪些测量工作？

4. 试根据图19-24中的数据完成下列断面测量工作。

(1)将数据填入表19-9中，并完成各项计算。

(2)根据表19-9中有关数据绘制纵断面图，平距比例尺1∶2 000，高程比例尺1∶200。

(3)在纵断面图上设计出坡度为−7‰的坡度线，起点设计高程为352.00 m，并计算各桩点设计高程。

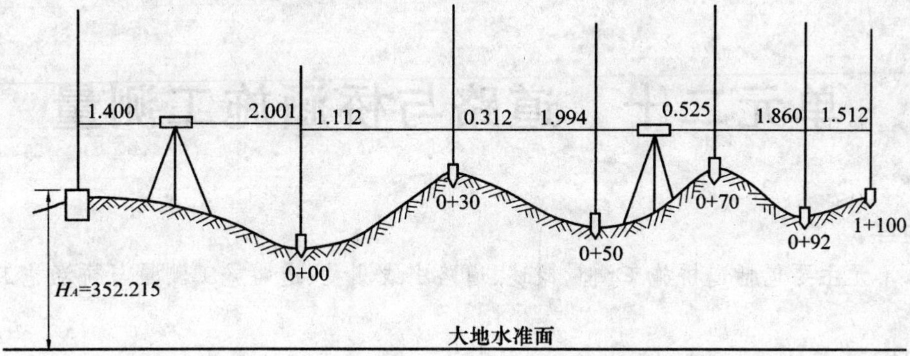

图 19-24 （单位：m）

表 19-9 纵断面水准测量的记录计算手簿

测站	桩号	水准尺读数			高差		视线高	高程
		后视	前视	中视	+	-		

5. 根据表 19-10 中数据计算坡度板顶的改正数。

表 19-10 坡度钉测设手簿

线名 *AB*			设计坡度 $i = +5‰$		BM$_5$ 高程 $H_5 = 149.053$ m			
测点	后视读数	视线高（m）	管底设计高程（m）	板顶前视读数（m）	板顶高程（m）	坡度钉下返数（m）	板顶改正数（m）	说明
BM$_5$	1.796							
0+000			146.951	2.012				
0+010				2.015		1.900		
0+020				1.748				
0+030				1.693				

单元二十　道路与桥涵施工测量

教学内容

本单元主要包括道桥施工测量概述、道路中线测量、道路施工测量与桥涵施工测量等内容。

能力目标

熟悉道路测量的内容与要求，掌握中线测量、道路施工测量与桥涵施工测量的方法，具备道路测量职业岗位的基本技能。

技能点一　道桥施工测量概述

一、路线勘测的目的和作用

道路是陆上交通的主要设施，它是由路、桥、涵、隧洞、安全设施、交通标志及其附属工程组成的。路线勘测的目的和作用包括：

(1)为了在一定的标准要求下，使道路所经行的路线最短，建造费用最省，其建设过程通常要经过多方面的分析、比较，以求最优。因此，在勘察、设计阶段，除提供一定比例尺的地形图外，还要进行实地踏勘、道路选线、中线测量、纵横断面测量和带状图测量等，以提供各种测绘资料。

(2)道路选线要满足政治、经济、文化、国防等方面的要求，并且使路线最优，工程造价最低。为达到此目的，要多方面收集资料，实地调研，认真分析比较。选线工作一般分图上选线和勘测选线两个阶段。

(3)图上选线是根据道路规划所确定的起讫点，先在中小比例尺地形图上选定几条可资比较的路线，作为进一步分析研究的基础。

(4)勘测选线是在图上选线的基础上，对几个可资比较的方案进行更加深入、细致的分析、比较，以选定一个最优的方案。因此，需要有具体、全面的地形、地质、水文、建筑材料、经济和建设等资料，作为分析比较选优的依据。对测量来说，就是要提供详细的地形资料，即沿线的大比例尺带状地形图。

(5)在线形方面要对路线平面、纵断面和横断面综合考虑，做到平面顺适、纵坡均衡、横断合理。如要设置桥梁、隧道及涵洞，还应全面调查水文、地质等有关资料。多作方案比较，选用最佳方案。

(6)选出最优线路之后，即可按照道路等级的技术标准，在图上设计出它的具体位置。

二、路线勘测设计测量的内容

在实际工作中，路线勘测设计测量通常是边选线边实测，实测的内容主要有以下各部分：

(1)中线测量。根据选线确定的定线条件，在实地定出道路中心线位置。

(2)纵断面测量。测绘道路中线的地面高低起伏情况。

(3)横断面测量。测绘道路中线两侧的地面高低起伏情况。

(4)地形图测量。测绘道路中线附近地形图(俗称条图)和局部地区(如重要交叉口、大中桥址和隧道及涵洞等处)地形图。

以上测量工作称为路线勘测设计测量。它的主要任务是为道路的设计提供详细的测量资料，使设计工作切合实际情况，做到合理、经济。

三、道路施工测量的内容

道路技术设计经上级主管部门批准后，即可开始施工。

施工前和施工中，需要恢复中线、测设边坡、桥涵、隧道等的位置和高程标志，作为施工的依据，以保证工程按图施工。当工程逐项结束时，还应进行竣工验收测量，以检查施工成果是否符合设计要求，并为工程竣工后使用、养护提供必要的资料。以上测量工作称为道路施工测量。

由上述可知，测量所得到的各种成果和标志是工程设计和工程施工的重要依据，测量工作的精度和速度将直接影响设计和施工的质量和工期。因此，测量人员必须树立对党和人民高度负责的态度，努力做好测量工作。为了保证精度和防止错误，道路工程测量也必须采取“从整体到局部，先控制后碎部”的工作程序和步步有校核的工作方法。

技能点二　道路中线测量

中线测量的主要任务是通过直线和曲线的测设，将道路中心线的平面位置具体地标定在施工现场，并测设路线的实际里程。

一、转角测定

转角是线路由一个方向偏转至另一个方向时，偏转前后方向间的夹角常用 I 表示。路线在转折处所构成的角度有左角、右角和转角之分，设 1、2、3、4 为路线前进方向上的转折点，如图 20-1 所示。在路线前进方向左侧的水平夹角称为左角，在右侧的水平夹角称为右角。后一边的延长线与前一边的水平夹角称为转角，在延长线左侧的称为左转角，如 I_3；在延长线右侧的称为右转角，如 I_2。

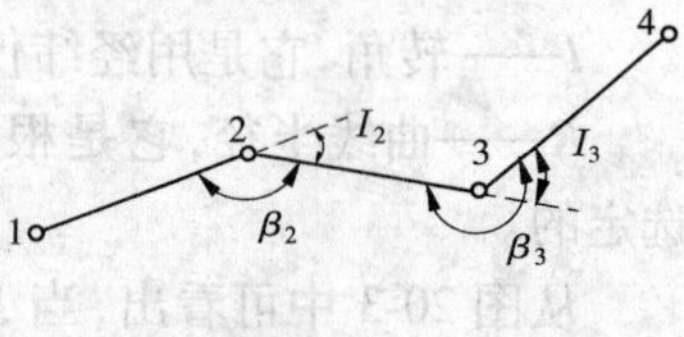

图 20-1

左角、右角和转角，它们三者之间有着固定的几何关系，只要知道其中一角，便可计算出其余两角。

如果已知观测路线的右角$\beta_右$，可按下式计算其转角I

$$\left.\begin{aligned}&当\beta_右\leqslant180°时 \quad & I_右=180°-\beta_右\\&当\beta_右>180°时 \quad & I_左=\beta_右-180°\end{aligned}\right\} \tag{20-1}$$

如果已知观测路线的左角$\beta_左$，可按下式计算其转角I

$$\left.\begin{aligned}&当\beta_左\leqslant180°时 \quad & I_左=180°-\beta_左\\&当\beta_左>180°时 \quad & I_右=\beta_左-180°\end{aligned}\right\} \tag{20-2}$$

在测量中，通常观测线路的左角$\beta_左$时，前后视方向应尽量照准相邻交点。若交点间不能直接通视，可利用转点；若交点不便设测站，可利用间接观测法得到转角值。如图20-2中的转角I_3，交点JD_3不能设测站，可不测β_3。而通过在A、B转点设测站，测得α_1、α_2，则$I_3=\alpha_1+\alpha_2$。

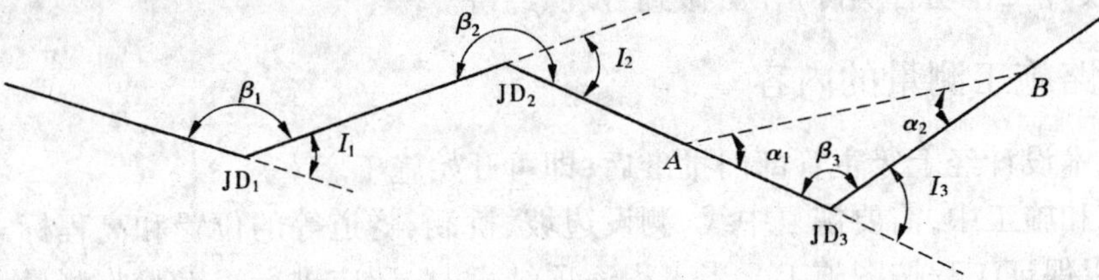

图 20-2

二、曲线测设

(一)圆曲线上主点测设

单圆曲线是由一定半径的圆弧构成的。圆弧线的半径应满足各级公路规定的最小半径要求。我国《公路工程技术标准》(JTB 01—2003)规定的最小半径见表20-1。

表 20-1　圆曲线最小半径参考表

公路等级	一	二		三		四	
		平原微丘	山岭重丘	平原微丘	山岭重丘	平原微丘	山岭重丘
不设超高平面曲线半径(m)	2 000	1 000	250	500	150	250	100
最小平面曲线半径(m)	600	250	50	125	25	50	15

圆曲线是路线交点处使路线从一个方向转到另一个方向最常用的曲线。圆曲线各部分的名称和常用的符号如图20-3所示。

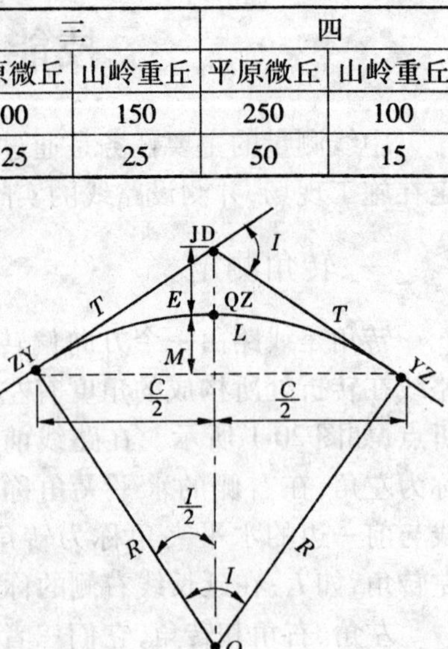

图 20-3

JD——交点(或叫转折点，用IP表示)，它是根据设计条件测设的；

I——转角，它是用经纬仪在实地测得的；

R——曲线半径，它是根据地形条件和工程要求选定的。

从图20-3中可看出，当JD点位置选定后，I和R是确定曲线的基本元素。

ZY——直圆点(或叫曲线起点，用BC表示)；

QZ——曲中点(或叫曲线中点,用 MC 表示);

YZ——圆直点(或叫曲线终点,用 EC 表示)。

1. 测设元素计算

测设元素可按下列公式计算

切线长 $$T = R\tan\frac{I}{2} \tag{20-3}$$

曲线长 $$L = \pi RI/180° \tag{20-4}$$

外矢距 $$E = R(\sec\frac{I}{2} - 1) \tag{20-5}$$

切曲差 $$D = 2T - L \tag{20-6}$$

中央纵距 $$M = R(1 - \cos\frac{I}{2}) \tag{20-7}$$

式中,T、E 用于主点测设,L、D、M 用于里程桩计算与验算。在测设中可以根据公式直接计算,也可以根据公式编制成曲线元素测用表,直接从表中查取。

2. 主点测设

由于道路中线不经过交点 JD,故曲线中点 QZ 和终点 YZ 的桩号必须由起点 ZY 的桩号沿曲线长度推算出来,其计算公式如下

$$\left.\begin{aligned} \text{ZY 桩号} &= \text{JD 桩号} - T \\ \text{YZ 桩号} &= \text{ZY 桩号} + L \\ \text{QZ 桩号} &= \text{YZ 桩号} - L/2 \end{aligned}\right\} \tag{20-8}$$

校核 $$\text{JD 桩号} = \text{QZ 桩号} + D/2 \tag{20-9}$$

【例 20-1】 某线路交点 JD 桩号为 K1 +385.50,测得转角 $I = 42°25'$(右转),圆曲线半径 $R = 120$ m,求圆曲线元素及主点桩号。

解 依式(20-3)~式(20-6)得

$T = R\tan(I/2) = 120 \times \tan(42°25'/2) = 46.96$(m)

$L = \pi RI/180° = \pi \times 120 \times 42°25'/180° = 88.84$(m)

$E = R[\sec(I/2) - 1] = 120 \times [\sec(42°25'/2) - 1] = 8.72$(m)

$D = 2T - L = 4.28$ m

依式(20-8)得

JD 桩号	K1 +385.50
$-T$	46.96
ZY 桩号	K1 +338.94
$+L$	88.84
YZ 桩号	K1 +427.78
$-L/2$	44.42
QZ 桩号	K1 +383.36

再按式(20-9)检核,得

QZ 桩号	K1 +383.36
$+D/2$	2.14
JD 桩号	K1 +385.50

表明计算无误。

测设按图 20-3 中所示符号，将经纬仪安置于 JD 处，盘左后视照准曲线起点 ZY 方向，即前个交点或转点方向，沿此方向自 JD 量取切线长 T，即得圆曲线起点 ZY；再逆时针转 $\frac{1}{2}(180° - I)$，得角平分线方向，即圆曲线的圆心方向，沿此方向自 JD 量取外矢矩 E，即得圆曲线中点 QZ；最后根据转折角 I 确定终点 YZ 方向，沿此方向自 JD 量取切线长 T，即得圆曲线终点 YZ；校对与下段直线方向的一致性。

（二）圆曲线详细测设

在一般情况下，曲线长度小于 40 m 时，测设曲线的三个主点已能满足工程施工的需要。如果曲线较长或半径较小，就要在曲线上每隔一定距离测设一个辅点，这样就可把曲线的形状和位置详细地表示出来。实测中，一般规定：当 $R \geqslant 150$ m 时，曲线上每隔 20 m 测设一个辅点；当 50 m $< R <$ 150 m 时，曲线上每隔 10 m 测设一个辅点；当 $R \leqslant 50$ m 时，曲线上每隔 5 m 测设一个辅点。

辅点测设的方法很多，现将常用的偏角法和切线支距法介绍如下。

1. 偏角法

偏角法亦称总偏角法，它是用距离与方向交会平面点位的一种方法，简称距离方向交会法。

一般情况下，ZY、YZ 两主点均不是整桩，这时，往往选择 ZY 至曲线上第一个桩 1 的距离（用 L_{A1} 表示）、最后一个桩 n 至 YZ 的距离（用 L_{nB} 表示）（L_{A1}、L_{nB} 都比整桩距 L_0 小），刚好使曲线上最前一个桩和最后一个桩都凑为整桩，如图 20-4 所示。这样做可使圆曲线上所有桩都是整桩，便于施工，这种方法简称整桩号法。

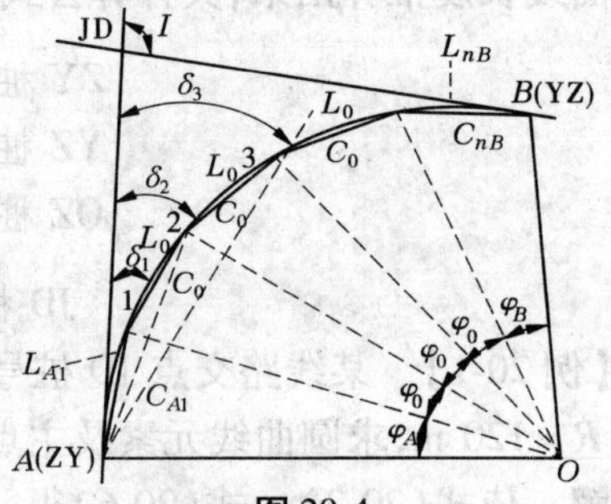

图 20-4

我们把 L_{A1}、L_{nB}、L_0 分别叫做首弧长、末弧长、整弧长，与其对应的弦长分别为首弦长 C_{A1}、末弦长 C_{nB}、整弦长 C_0，所对应的圆心角分别用 φ_A、φ_0、φ_B 表示。

整桩距 L_0 的大小视施工精度、曲线长度等条件选择，一般取 20 m。

根据几何知识得

$$\left.\begin{aligned} \varphi_A &= 180° \times L_{A1}/(\pi \times R) \\ \varphi_0 &= 180° \times L_0/(\pi \times R) \\ \varphi_B &= 180° \times L_{nB}/(\pi \times R) \end{aligned}\right\} \tag{20-10}$$

$$\left.\begin{aligned} C_{A1} &= 2R \times \sin(\varphi_A/R) \\ C_0 &= 2R \times \sin(\varphi_0/R) \\ C_{nB} &= 2R \times \sin(\varphi_B/2) \end{aligned}\right\} \tag{20-11}$$

$$
\left.\begin{aligned}
\delta_1 &= \varphi_A/2 \\
\delta_2 &= \varphi_A/2 + \varphi_0/2 = \delta_1 + \varphi_0/2 \\
\delta_3 &= \varphi_A/2 + \varphi_0/2 + \varphi_0/2 = \delta_1 + 2\varphi_0/2 \\
&\vdots \\
\delta_i &= \delta_1 + \varphi_0(i-1)/2
\end{aligned}\right\} \tag{20-12}
$$

检核式：终点 YZ 的偏角 $\delta_n = \delta_1 + \delta_0(n-2)/2 + \varphi_B/2 = I/2$

若检核式不相等，则应调整偏角值，使等式成立。

【例 20-2】 设 $I = 45°16'$ 的圆曲线半径 $R = 100$ m，交点 JD 的桩号为 K2 + 687.89，整弧长 $L_0 = 20$ m，试求测设曲线的数据并详述其步骤。

解 （1）测设数据的计算。

根据式(20-3) ~ 式(20-9)的计算可求得 ZY 桩号为 K2 + 646.20，YZ 桩号为 K2 + 725.20，从桩号的数值可看出，选定 $L_{A1} = 13.80$ m 时刚好使 1 点的桩号为整桩 K2 + 660；选定 $L_{nB} = 5.20$ m 时刚好使 4 点的桩号为整桩 K2 + 720。

L_{A1}、L_{nB} 确定后，R 是已知量，据式(20-10) ~ 式(20-12)即可求得测设曲线的数据(见表 20-2)。

表 20-2 圆曲线放样数据计算

点名	里程桩	偏角 单值 (° ′ ″)	偏角 累计值 (° ′ ″)	偏角 累计值 (° ′ ″)	在 ZY 上设站拨角(正拨) (° ′ ″)	在 YZ 上设站拨角(反拨) (° ′ ″)	弧长 (m)	弦长 (m)
ZY	K2 + 646.20			22 38 00		337 22 00		
1	K2 + 660.00	3 57 13	3 57 13	18 40 47	3 57 13	341 19 13	13.80	13.79
2	K2 + 680.00	5 43 48	9 41 01	12 56 59	9 41 01	352 46 49	20.00	19.97
3	K2 + 700.00	5 43 48	15 24 49	7 13 11	15 24 49	358 30 37	20.00	19.97
4	K2 + 720.00	5 43 48	21 08 37	1 29 23	21 08 37		20.00	19.97
YZ	K2 + 725.20	1 29 23	22 38 00		22 38 00		5.20	5.20
Σ		22 38 00					79.00	

（2）测设步骤。

①将经纬仪安置(对中、整平)于 ZY 上，在盘左位置配置水平度盘为 0°00′00″，并照准 JD，此时的视线方向为切线方向。

②转动照准部，使度盘读数对准 $\delta_1 = 3°57'13''$（亦叫拨角 3°57′13″）得 1 点方向，在该方向上将尺零点对准 ZY 点并量 $C_{A1} = 13.79$ m 即得 1 点。

③继续拨角 $\delta_2 = 9°41'01''$，得 2 点方向，把钢尺零点对准 1 点，量 $C_0 = 19.97$ m，得 2 点。

④拨角 $\delta_3 = 15°24'49''$ 得 3 点方向，与从 2 点量的 $C_0 = 19.97$ m 相交得 3 点；拨角 $\delta_4 = 21°08'37''$ 得 4 点方向，与从 3 点量的 $C_0 = 19.97$ m 相交得 4 点。至此，曲线测设完毕。

（3）检核。

为了检查曲线测设的精度，在 4 点上继续往前测（测得的点应为 YZ 点），即拨角 $\delta_5 = 22°38'00''$ 得 YZ 点方向，与从 4 点量的 5.2 m 相交得 YZ′点，若 YZ′与 YZ 刚好重合则说明测设精度很好，若不重合，其限值（视施工精度要求可适当调整）：纵向（切线方向）为 $\pm L/1\,000$（L 为曲线长），横向（法线方向）为 ±5 cm。若超限，应查明原因予以纠正。

上例中，在计算表格内把在 YZ 上设站的测设数据一并列出来了，从计算数据中可发现，各点偏角与放样角并不一致，称这一情况为反拨，在测设中一定要注意。

若曲线较长，可把曲线分成两半，即 ZY ~ QZ 及 YZ ~ QZ两部分分别测设，其测设步骤和精度要求同上。

2. 切线支距法（也称直角坐标法）

如图 20-5 所示，是以曲线起点（ZY）或终点（YZ）为坐标原点，以切线为 X 轴，以过原点的半径为 Y 轴，根据各辅点坐标（X，Y）来进行辅点测设的。一般常用整桩距设桩，即按规定的弧长 L_0，桩距为整数，桩号多为非整数。设 L_i 为待定辅点至原点间的弧长，φ_i 为 L_i 所对应的圆心角，R 为曲线半径。由图可知，待定辅点 P_i 的坐标计算公式为

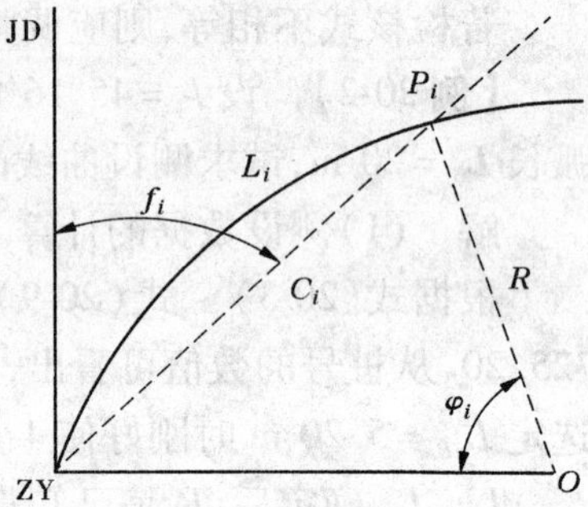

图 20-5

$$\left.\begin{aligned} X_i &= R\sin\varphi_i \\ Y_i &= R(1-\cos\varphi_i) \end{aligned}\right\} \tag{20-13}$$

当没有切线支距表或精度要求不高时，式中 Y_i 的计算公式可用下面的近似公式计算

$$Y_i = \frac{X_i^2}{2R} \tag{20-14}$$

或
$$Y_i = R - \sqrt{(R+x_i)(R-x_i)}$$

为了减少计算量和避免支距过长，可由 ZY、YZ 两点开始向 QZ 点施测。

切线支距法测设辅点程序如下：

（1）自 ZY 或 YZ 点开始用钢尺沿切线方向量取 P_i 点的横坐标 X_i，得出垂足 N_i。

（2）在各垂足点 N_i 沿垂线量出纵坐标值 Y_i，即定出圆曲线上的辅点 P_i。

（3）辅点测设完后，要量取 QZ 点至最近的一个辅点间的距离，并将该距离与它们的桩号之差作比较，若在限差之内，则曲线测设合格；否则，应查明原因，予以纠正。

此法宜用于平坦开阔地区，一般不用经纬仪，且有测点误差不累积的优点。

（三）缓和曲线测设

车辆从直线驶入曲线后，当保持一定行车速度时，会突然产生离心力，影响车辆行驶的安全和乘车人的舒适感。为了保证车辆行驶安全和乘车人的舒适感，在直线和圆曲线间要设置一段半径由无穷大逐渐变到等于圆曲线半径的曲线，这种曲线称为缓和曲线。若公路等级较高，特别是高速公路，在路线转向时，必须要求设置缓和曲线。

缓和曲线线型有加旋线（亦称辐射螺旋线）、三次抛物线、双扭线和多圆弧曲线等几种。目前，国内外公路和铁路的路线设计中，多采用回旋曲线作为缓和曲线。我国交通部颁发的《公路工程技术标准》（JTG B01—2003）中规定：缓和曲线采用回旋曲线，缓和曲线的长度应不小于表 20-3 中的规定值。

表 20-3　缓和曲线长度参考

公路等级	高速公路		一		二		三		四	
地形	平原微丘	山岭重丘	平原微丘	山岭重丘	平原微丘	山岭重丘	平原微丘	山岭重丘	平原微丘	山岭重丘
缓和曲线长度(m)	100	70	85	50	70	35	50	25	35	20

1. 缓和曲线基本公式

(1)参数公式。回旋曲线具有的特性:曲线上任意一点的曲率半径 R' 与该点至起点的曲线长 l 成反比,即

$$R' = c/l \quad 或 \quad c = R'l \tag{20-15}$$

如图 20-6 中,当 $l = l_0$ 时,$R' = R$,则

$$c = R'l = Rl_0 \tag{20-16}$$

式中　c——回旋曲线参数,亦称为曲线半径变化率;

l_0——缓和曲线全长。

(2)线角公式。如图 20-6 所示,曲线上任意点 P 处的切线与起点切线的交角称为切线角,则

$$\beta = l^2/(2c) \tag{20-17}$$

当 $l = l_0$ 时,$c = Rl_0$,则

$$\beta_0 = \frac{l_0}{2R}\frac{180°}{\pi} \tag{20-18}$$

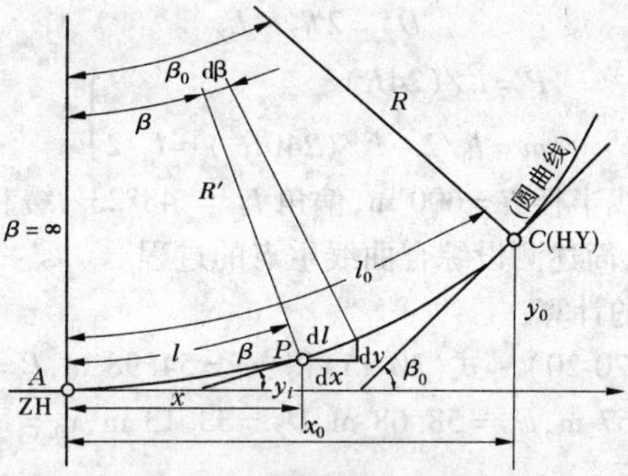

图 20-6

(3)参数方程式。如图 20-6 中,任意点 P 的坐标(x,y)为

$$\left.\begin{aligned} x &= l - l^5/(40R^2l_0^2) \approx l_0 \\ y &= l^3/(6Rl_0) \end{aligned}\right\} \tag{20-19}$$

当 $l = l_0$ 时,式(20-19)变为

$$\left.\begin{aligned} x_0 &= l_0 - l_0{}^3/(40R^2) \\ y_0 &= l_0^2/(6R) \end{aligned}\right\} \tag{20-20}$$

2. 综合曲线主点的测设

我们把带有缓和曲线的圆曲线称为综合曲线。

如图 20-7 所示,在直线与圆曲线间增加了缓和曲线后,圆曲线应内移一段距离 P,方

能使缓和曲线与直线相接,这时切线增长 m。

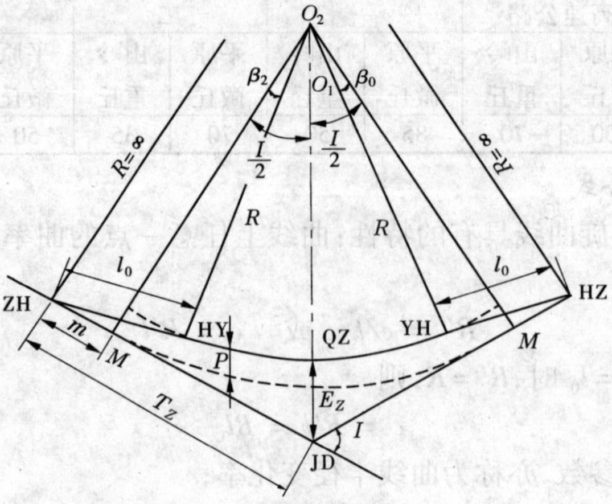

图 20-7

综合曲线的主点有 ZH(直缓点,亦为曲线起点)、HY(缓圆点)、QZ(曲中点)、YH(圆缓点)、HZ(缓直点,亦为曲线终点)。

综合曲线要素可用下列公式求得

切线长 T_Z $$T_Z = m + (R+P)\tan(I/2) \tag{20-21}$$

曲线长 L_Z $$L_Z = 2l_0 + R(I-2\beta_0)\pi/180° \tag{20-22}$$

外矢距 E_Z $$E_Z = (R+P)\sec(I/2) - R \tag{20-23}$$

切曲差 D_Z $$D_Z = 2T_Z - L_Z \tag{20-24}$$

式中 $$\left.\begin{aligned} P &= l_0^2/(24R) \\ m &= l_0/2 - l_0^3/(240R^2) \approx l_0/2 \end{aligned}\right\} \tag{20-25}$$

【例 20-3】 设圆曲线半径 $R=600$ m,偏角 $I_{右} = 48°23'$,缓和曲线长度 $l_0 = 110$ m,交点桩号为 K162 +028.77,简述测设综合曲线主点的过程。

解: (1)测设数据的计算。

根据式(20-18)、式(20-20)~式(20-25)得:$m = 54.98$ m,$P = 0.84$ m,$\beta_0 = 5°15'08''$,$T_Z = 324.90$ m,$L_Z = 616.67$ m,$E_Z = 58.68$ m,$D_Z = 33.13$ m,$x_0 = 109.908$ m,$y_0 = 3.361$ m。

各主点里程推算如下:

JD 桩号	K162 +028.77
$-T_Z$	324.90
ZH 桩号	K161 +703.87
$+l_0$	110.00
HY 桩号	K161 +813.87
检核:QZ 桩号	K162 +012.21
$+D_Z/2$	16.57
JD 桩号	K162 +028.77

ZH 桩号	K161 +703.87
$+L_Z/2$	308.34
QZ 桩号	K162 +012.21
$+L_Z/2$	308.34
HZ 桩号	K162 +320.55
$-l_0$	110.00
YH 桩号	K162 +210.55

(2)测设步骤。

①将经纬仪安置于交点上，定出切线方向，沿两切线方向分别量出切线长 $T_Z=324.90$ m，即得 ZH 及 HZ。

②拨角 $(180°-I)/2=65°48'30''$（此数为两切线夹角的平分线与切线的夹角），并从 JD 沿视线量取外矢距 $E_Z=58.68$ m，即得曲线的中点 QZ。

③在两切线上，自 JD 起分别向 ZH、HZ 量取 $T_Z-l_0=214.90$ m，得两点 A、B，然后沿其垂直方向量 $y_0=3.361$ m 即得 HY、YH，如图 20-8 所示。

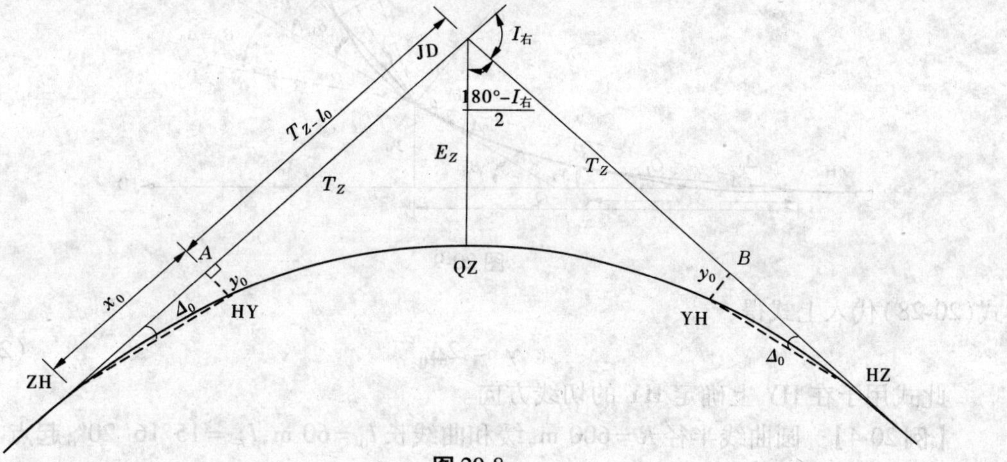

图 20-8

3. 综合曲线的详细测设

1）缓和曲线上各点偏角值的计算

如图 20-9 所示，曲线上任意一点 P 的坐标为 (x_i,y_i)，该点到曲线起点 ZH 的曲线长为 l_i，偏角为 Δ_i，因 Δ_i 很小，故有

$$\sin\Delta_i\approx\Delta_i=y_i/l_i\,(c_i \text{ 为 } l_i \text{ 对应的弦长}, c_i\approx l_i)$$

把式(20-19)代入上式得

$$\Delta_i=\frac{l_i^2/6Rl_0}{180°/\pi} \tag{20-26}$$

在 HY 上，由于 $l_i=l_0$，$\Delta_i=\Delta_0$，将其代入上式得

$$\Delta_0=\frac{l_0/6R}{180°/\pi} \tag{20-27}$$

根据式(20-18)与式(20-27)比较即可知

$$\Delta_0=\beta_0/3 \tag{20-28}$$

此式既可用来求偏角（测设曲线主点时已求出 β_0），还可用来检查主点测设的正确与否。

2）圆曲线上各点偏角值的计算

圆曲线上各点偏角 δ_i 是以 HY 上的切线为起始边（零度）来计算的，δ_i 的值与前面圆曲线偏角值的求法一致。

如图 20-9 中，HY 的切线与 HY 至 ZH 的连线间的夹角为 $\gamma=\beta_0-\Delta_0$ 或 $\beta_0=\Delta_0+\gamma$，把

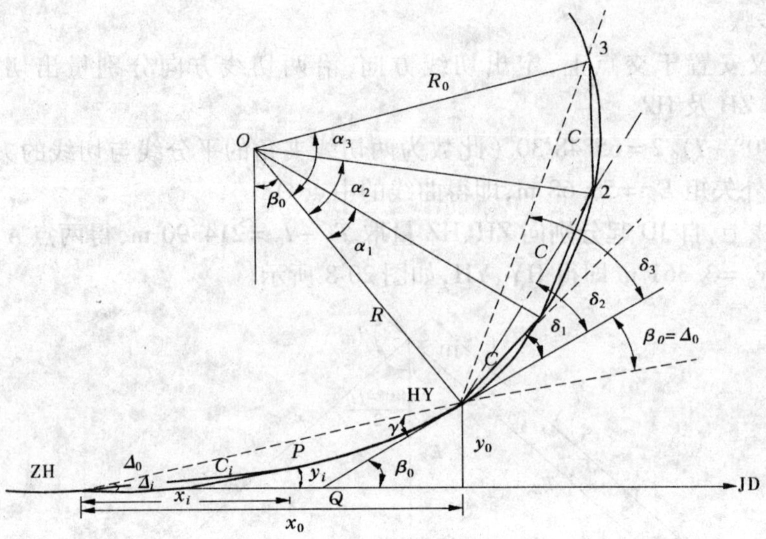

图 20-9

式(20-28)代入上式得

$$\gamma = 2\Delta_0 \tag{20-29}$$

此式用于在 HY 上确定 HY 的切线方向。

【例 20-4】 圆曲线半径 $R=600$ m,缓和曲线长 $l_0=60$ m,$I_{左}=15°16'20''$,起点 ZH 桩号 K52+574.88,中点 QZ 桩号为 K52+684.84,终点 HZ 桩号 K52+794.81,曲线主点已测设完毕,要求缓和曲线上每 10 m 打桩,圆曲线上每 20 m 钉桩,简述用偏角法测设综合曲线的过程。

解 (1)测设数据的计算。

计算数据如表 20-4 所示。

表 20-4 综合曲线测设数据计算

点号	桩号	偏角 缓和曲线 (° ′ ″)	偏角 圆曲线 (° ′ ″)	在 ZH 上设站拨角 (° ′ ″)	在 HY 上设站拨角 (° ′ ″)	在 HZ 上设站拨角 (° ′ ″)	弧长(弦长) (m)
ZH	K52+574.88	0 00 00		0 00 00	(1 54 36)		0
P_1	K52+584.88	0 01 35		359 58 25			10.00
P_2	K52+594.88	0 06 22		359 53 38			10.00
P_3	K52+604.88	0 14 19		359 45 41			10.00
P_4	K52+614.88	0 25 28		359 34 32			10.00
P_5	K52+624.88	0 39 47		359 20 13			10.00
HY	K52+634.88	0 57 18	0 00 00	359 02 42	0 00 00		10.00(0)
P_7	K52+640.00		0 14 40		359 45 20		5.12
P_8	K52+660.00		1 11 58		358 48 02		

续表 20-4

点号	桩号	偏角 缓和曲线 (° ′ ″)	偏角 圆曲线 (° ′ ″)	在 ZH 上设站拨角 (° ′ ″)	在 HY 上设站拨角 (° ′ ″)	在 HZ 上设站拨角 (° ′ ″)	弧长(弦长) (m)
P_9	K52 +680.00		2 09 16		357 50 44		20.00
QZ	K52 +684.84		2 23 07		357 36 53		(4.84)
P_{11}	K52 +700.00		3 06 34		356 53 26		20.00
P_{22}	K52 +720.00		4 03 52		355 56 08		20.00
YH	K52 +734.81	0 57 18	4 46 17		355 13 43	0 57 18	14.81
P_{14}	K52 +744.81	0 39 47				0 39 47	10.00
P_{15}	K52 +754.81	0 25 28				0 25 28	10.00
P_{16}	K52 +764.81	0 14 19				0 14 19	10.00
P_{17}	K52 +774.81	0 06 22				0 06 22	10.00
P_{18}	K52 +784.81	0 01 35				0 01 35	10.00
HZ	K52 +734.81	0 00 00				0 00 00	0

(2)测设步骤。

①测设缓和曲线。如图 20-10 所示,将仪器安置在 ZH 点上,照准交点 JD 或切线方向的转点并置度盘在 0°00′00″上,转动照准部使度盘读数对准 359°58′25″(亦叫拨角 359°58′25″)得 P_1 方向,在该方向上从 ZH 点开始量 10 m,即得 P_1 点,钉桩于准确位置。继续拨角 359°53′38″得 P_2 方向,与从 P_1 量 10 m 的距离交会得 P_2 点,同理定出其余各点直至HY 点。

②测设圆曲线。将仪器移置 HY 点上,使度盘对准 $2\Delta_0$ ($2\Delta_0 = 1°54′36″$)并照准起点 ZH。此时,当度盘读数为 0°00′00″时,视线方向即为 HY 点的切线方向,倒镜并拨角 359°45′20″,从 HY 点量 5.12 m 即得圆曲线上第一点 P_7。圆曲线上其余各点可依前法测出。

③测设第二段缓和曲线。将仪器移置于 HZ 点上,照准 JD 点并配置度盘 0°00′00″,拨角 0°01′35″得 P_{18}点方向,在该方向上从 HZ 点量 10 m 即得 P_{18}点。继续拨角 0°06′22″得 P_{17}点方向,从 P_{18}点量 10 m 的距离交会得 P_{17}点。依此法分别测出其余各点。

(3)检核。当测设到 HY、QZ 及两次测到 YH 点时,均可检查测设精度,若精度不满足要求,则应查明原因并予以纠正。

三、线路测量软件

随着计算机的应用,线路测量的软件也有很多种,大致的功能包括线路平面测量计算,可计算设计院所能设计的一切线形(包括圆曲线、缓和曲线、回旋曲线、直线)。程序

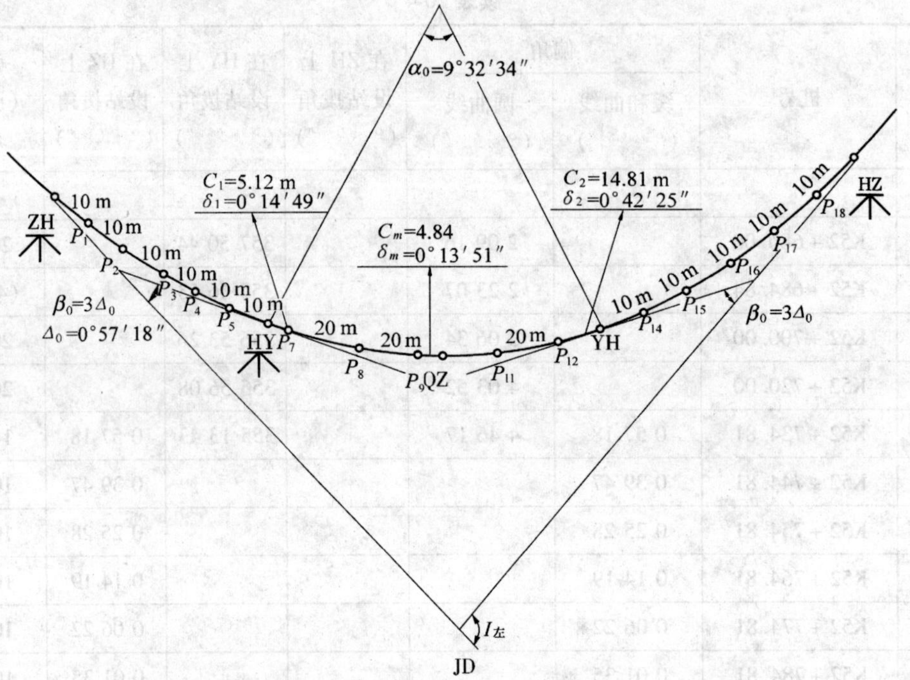

图 20-10

只用一次性把一段线路(可以包含几段曲线)资料输入电脑,以后使用只用调用线路资料文件就可以了,非常方便。计算时输入或选择置镜和后视点、线路里程(可以是一段里程进行批量计算),便可计算出方位角和坐标。程序不但可计算线路中心坐标,还可计算与线路成一定交角的线路外点坐标。

图 20-11 ~ 图 20-14 是一款比较典型的线路计算软件的计算界面。

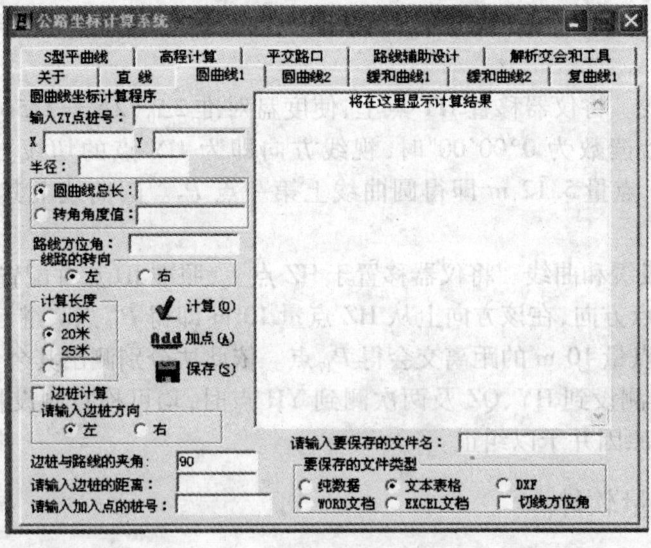

图 20-11

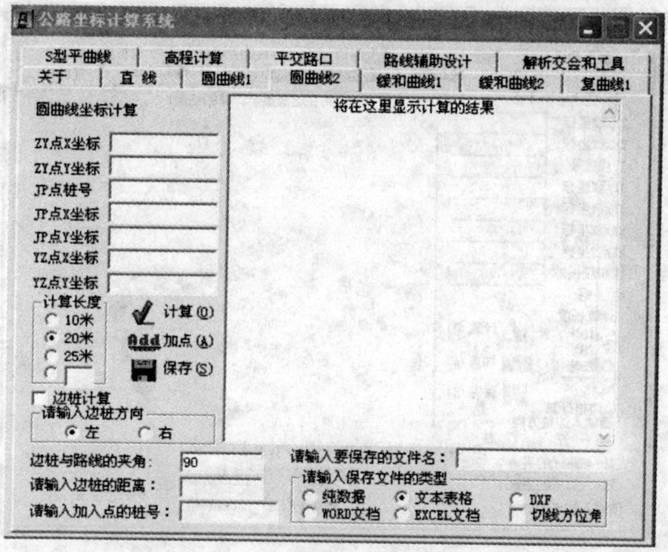

图 20-12

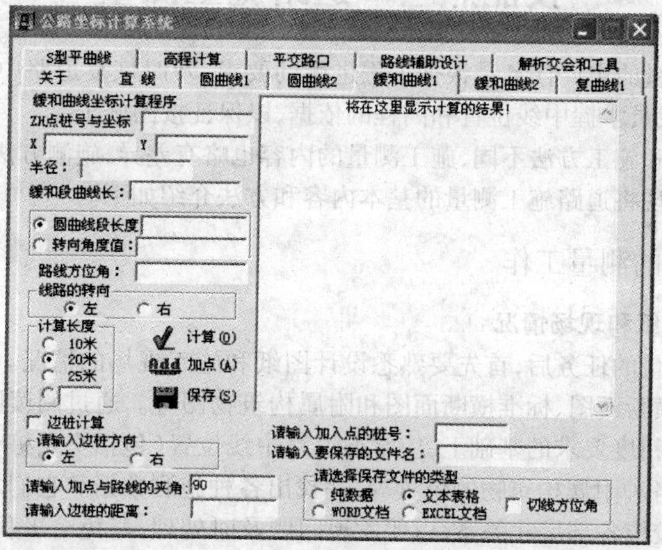

图 20-13

应用这些计算软件可轻松地进行常用的线路计算,同时也免除了计算器计算的烦琐的输入,在内业计算好后进行外业放样,减少外业现场计算出错的可能性。在放样过程中的边桩计算是线路测量最常用的计算内容,这些软件解决了计算时烦琐的输入并减少了出错的可能性。另外,目前的全站仪自带程序中,有的也内置了线路测量的放样程序,只需输入曲线要素就可以进行线路的放样,十分方便。

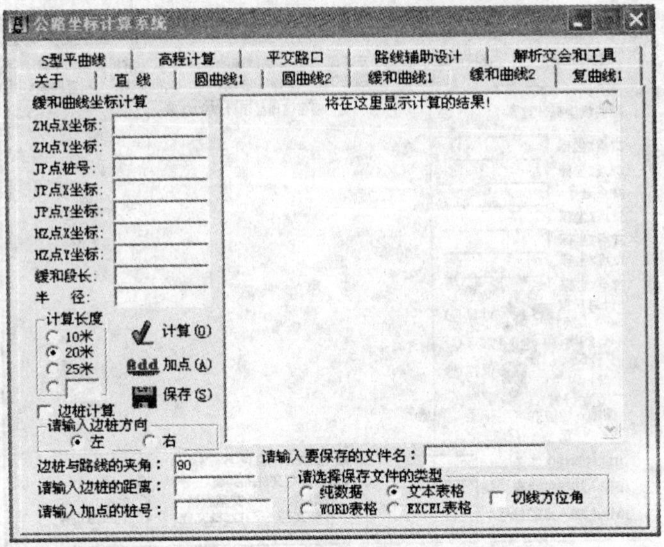

图 20-14

技能点三　道路施工测量

道路施工测量的主要任务是根据工程进度的要求,及时恢复道路中线和测设高程标志等,作为施工人员掌握中线位置和高程的依据,以保证按图施工。

因工程情况和施工方法不同,施工测量的内容也略有差异,施测方法更因现场条件不同应灵活选用。现将道路施工测量的基本内容和方法介绍如下。

一、开工前的测量工作

(一)熟悉图纸和现场情况

接到施工测量的任务后,首先要熟悉设计图纸和施工现场的情况。设计图纸主要有路线平面图、纵横断面图、标准横断面图和附属构筑物图等。通过阅读图纸,在了解设计意图及对测量的精度要求的基础上,应掌握道路中线位置(包括交点桩、转点桩的位置和曲线情况等)和各种附属构筑物的位置等,并找出各种施测数据和它们之间的相互关系。同时,还要认真校核各部尺寸关系,以便发现问题及时处理,避免给工程造成不必要的损失。勘察施工现场时,除了解工程及地形的一般情况外,应在实地找出各交点桩、转点桩、里程桩和水准点的位置,必要时应实测校核,以便及时发现被碰动破坏的桩点,并避免用错点位。

(二)恢复中线

在路线勘测后至开始施工这段时间里,往往有一部分里程桩会被碰动或丢失,为了保证道路中线位置准确可靠,施工前应根据原定线条件复核,并将丢失和碰动过的 JD 桩、里程桩等恢复和校正好。在复核或补钉 JD 桩位时,常需要在现场计算 JD 间距,由图 20-15 中可看出计算 JD_9 和 JD_{9-10} 的公式和计算校核公式为

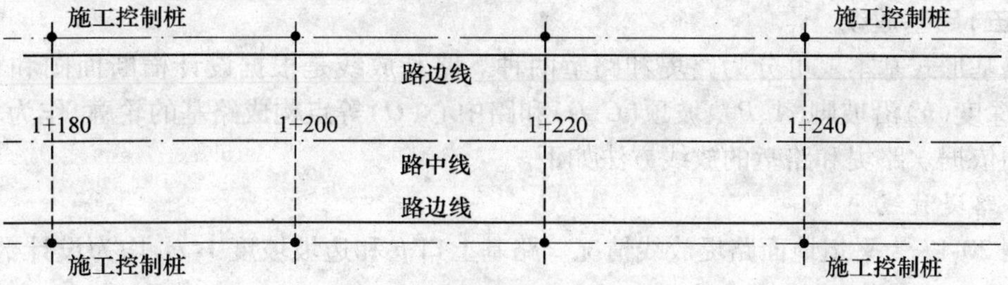

图 20-15

$$\left.\begin{aligned} D_{9-10} &= (\mathrm{JD}_{10}\text{ 桩号} - \mathrm{YZ}_9\text{ 桩号}) + T_9 \\ D_{9-10} &= (\mathrm{JD}_{10}\text{ 桩号} - \mathrm{JD}_9\text{ 桩号}) + D_9 \end{aligned}\right\} \tag{20-30}$$

式中　D_9——切曲差。

对于部分改线地段，则应重新定线并测绘相应的纵、横断面图。恢复中线时，一般均将附属构筑物（如涵洞、挡土墙等）的位置一并定出。

（三）测设施工控制桩

由于中线上所钉各桩在施工中都要被挖掉或掩盖，为了在施工中控制中线位置，就需在不受施工干扰、便于引用、易于保存桩位的地方测设施工控制桩。测设方法有以下两种。

1. 平行线法

平行线法是在路基以外，距中线等距的地方测设两排平行于中线的控制桩，如图 20-15 所示。

平行线法多用在地势平坦、直线段较长的城郊街道。为了便于施工，控制桩的间距多以 10 ~ 30 m 为宜。用它既控制中线位置，又控制高程（桩上测有路顶高程线）。

2. 延长线法

延长线法是在中线和 QZ 至 JD 的延长线上钉施工控制桩，如图 20-16 所示。

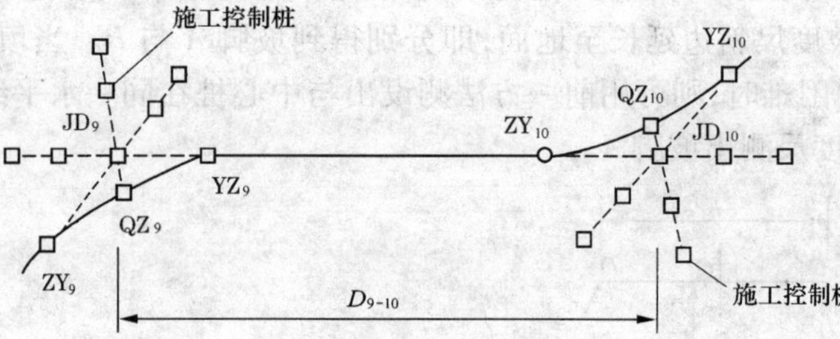

图 20-16

延长线法多用在地势起伏较大、直线段较短的山区公路，主要为控制 JD 点位置，控制桩距 JD 点的距离。

以上两种方法在城区、郊区或山区的道路施工中，都应根据实际情况互相配合使用。

（四）加密水准点

为了方便在施工中引测高程，施工前应在原有水准点之间再加设临时水准点，每 300 m 左右加设一个。加密的水准点应尽量设在小桥涵和其他构筑物附近使用方便的地方。

（五）路基放线

路基形式基本上可分为路堤和路堑两种。路基放线是根据设计横断面图和各桩的填、挖深度（h）沿坡脚（A、P）、坡顶（C、D）和路中心（O）等点构成路基的轮廓，作为填土和挖土的依据。路堤和路堑的放线方法如下。

1. 路堤放线

图 20-17 为平坦地面路堤放线情况。路基上口 b 和边坡坡度 $1:m_1$ 均为设计数值，填方高度 h 可由纵断面图上查得，由图 20-17 中看出：

$$\left.\begin{array}{ll}\text{路基下口宽度即坡脚 }A\text{、}P\text{ 的间距} & B = b + 2m_1h \\ \text{路基下口半宽即坡脚 }A\text{、}P\text{ 的半距} & B/2 = b/2 + m_1h\end{array}\right\} \tag{20-31}$$

当 $B/2$ 算出后，即可由路中桩沿横断面方向向两侧各量 $B/2$ 钉桩即得坡脚 A 和 P。在中心桩及距路中心桩 $b/2$ 处立小木杆（或竹竿），用水准仪在杆上测设出该断面的设计高程即得中心 O 及路坡顶 C、D，最后用小线绳将 A、C、O、D 和 P 点连起，即得到路基的轮廓。在实际工作中，一般还在相邻断面坡脚的连线上撒出白灰线作为填方的边界。

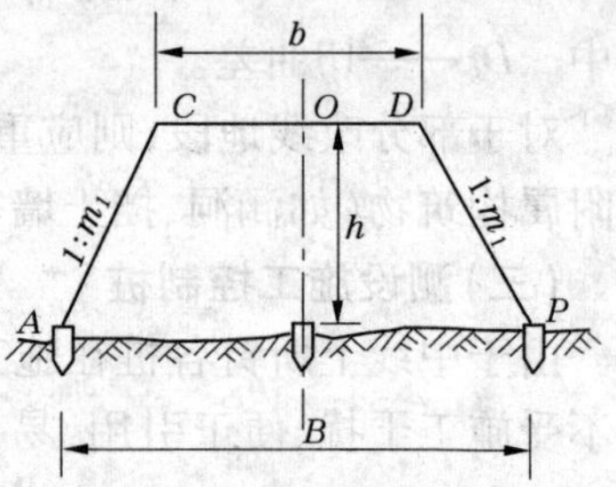

图 20-17

由于自然地面的起伏变化多样，路堤放线应根据具体地形情况灵活运用上述方法。若在斜坡上做路堤放线（见图 20-18），由于坡脚 A、P 距中线桩距离 B_1、B_2 与 A、P 处地面的高低有关，故不能使用式（20-31）直接算出。在长期的生产实践中，人们创造了许多测设坡脚的简易方法，其中最常用的是坡度尺定点法和横断面图解法。

（1）坡度尺定点法。坡度尺定点法是先做一个符合设计边坡 $1:m$ 的坡度尺，如图 20-19所示，当转动坡度尺使直立边平行于垂球线时，其斜边即为设计坡度。用坡度尺测设坡脚的方法是先用前一方法测出坡顶 C 和 D，然后将坡度尺的顶点 Z 分别对在 C 与 D 上，用小线顺着坡度尺斜边延长至地面，即分别得到坡脚 A 与 P。当填方高度 h 较大，由 C 点测设 A 点有困难时，则可用前一方法测设出与中心桩在同一水平线上的边坡上的点 A'，再由 A'用坡度尺测出坡脚 A。

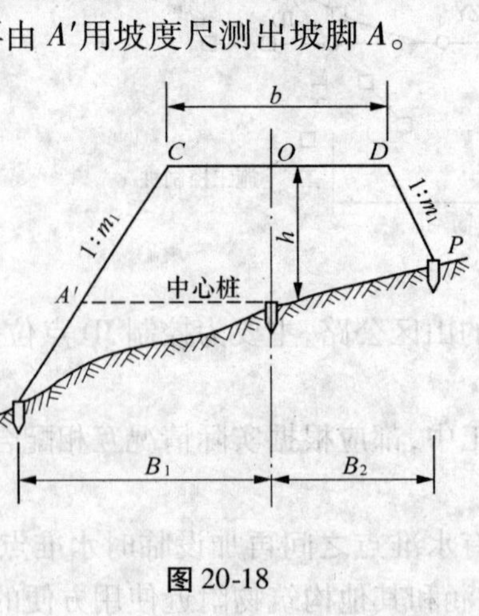

图 20-18

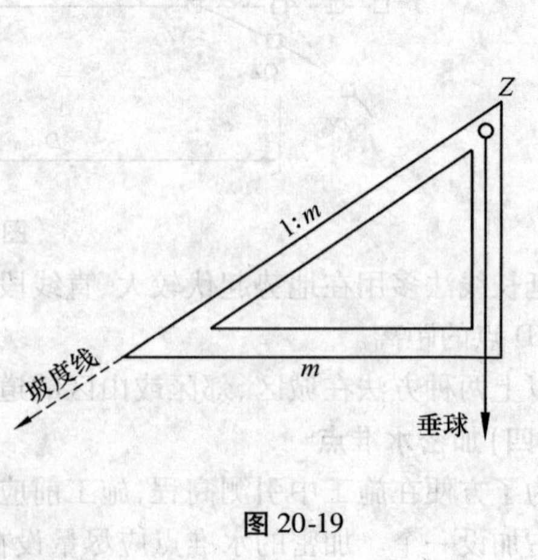

图 20-19

（2）横断面图解法。横断面图解法是先在透明纸上绘出设计横断面图（比例尺与现状横断面图相同），然后将透明纸按各桩填方高度蒙在相应的现状横断面图上，则设计横断面的边坡与现状地面的交点即为坡脚，用比例尺由图上量得坡脚距中心桩的水平距离，即可在实地相应的断面上测设出坡脚位置。

2. 路堑放线

图 20-20 和图 20-21 是在平坦地面和斜坡上路堑的放线情况，其原理与路堤放线基本上相同，但具体做法上有两点区别。

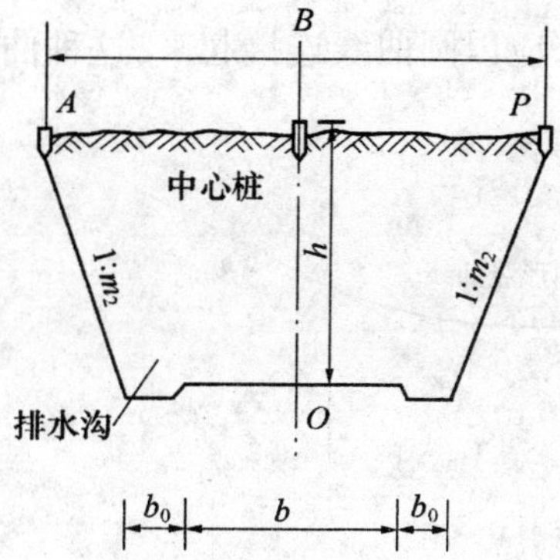

图 20-20

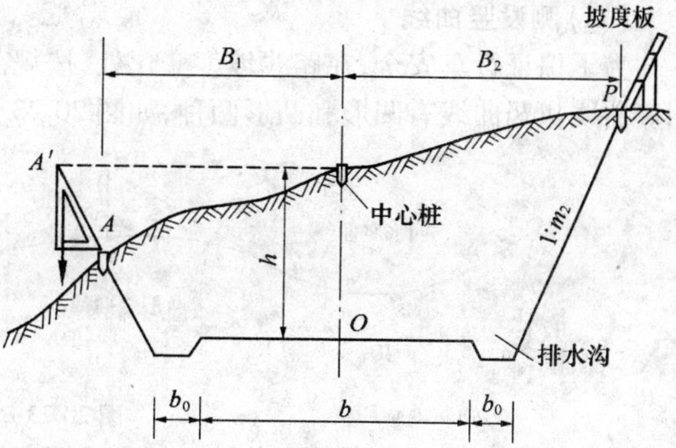

图 20-21

（1）计算坡顶宽度 B 时，应考虑排水边沟的宽度 b_0，即

$$\left.\begin{aligned} B &= b + 2(b_0 + m_2 h) \\ B/2 &= b/2 + b_0 + m_2 h \end{aligned}\right\} \tag{20-32}$$

（2）路堑放线的关键是找出坡顶 A 和 P，为施工方便，在挖深较大的坡顶处，可测设坡度板作为施工时掌握边坡的依据，如图 20-21 所示。

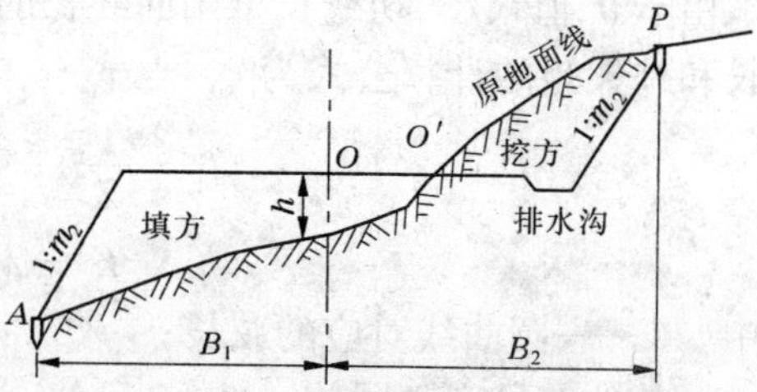

图 20-22

在修筑山区公路时，为减少土石方量，路基常采用半填半挖形式，如图 20-22 所示。这种路基放线时，除按前述方法测设出填方坡脚 A 和挖方坡顶 P 外，有时还要测设出不填不挖的零点 O'。测设方法是用水准仪直接在横断面方向上找出等于路基设计高程的地面点，即为零点 O'。

二、施工过程中的测量工作

（一）测设路面高程桩

当路基工程完成后，为控制路面高程，多在路肩上测设平行于中线的路面高程桩，间距多取 10 ~ 30 m，用它既控制路面高程又控制中线位置，俗称施工边桩。其位置根据中线施工控制桩测定（若已有平行中线的施工控制桩，均一桩两用，不再另行测设）。桩位测定后，可在桩的侧面测设出该桩的路面中心设计高程线（可钉高程钉或画红铅笔线作为标志）。其测设程序如下：

（1）后视水准点或中线上的里程桩，根据其已知高程和读数，求出视线高程。

（2）前视边桩，根据读数求出其桩顶高程。

（3）计算边桩与其所在断面的设计高程之差，并注在桩的侧面上。如边桩低于设计高程，前面应冠以“+”号，表示需要填高；如边桩高于设计高程，则应冠以“-”号，表示需要挖深。但它所表示的填挖量是以边桩桩顶为准的，因为在施工过程中是利用边桩来检查的。

（二）测设竖曲线

为了保证行车安全，在路线坡度变化处，按规范规定，应以圆曲线连接起来，这种曲线叫竖曲线。竖曲线有凹形和凸形两种，如图 20-23 所示。

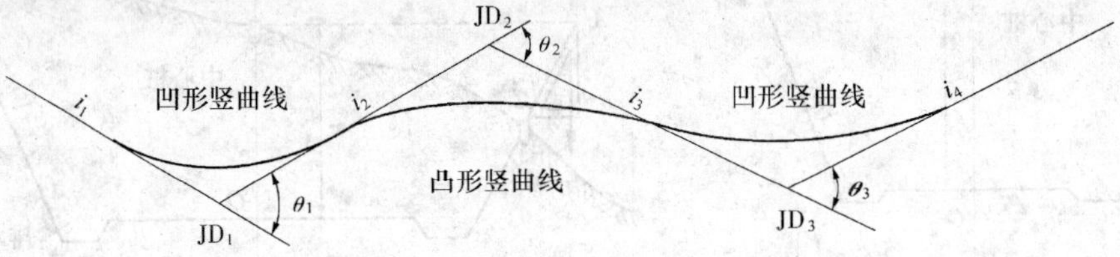

图 20-23

测设竖曲线是根据路线纵断面设计中给定的半径 R 和变坡点前后的两坡度 i_1 和 i_2 进行的。测设参数即曲线长 L、切线长 T 和外矢矩 E，其计算公式同平面圆曲线。但由于竖向转折角 θ 值很小，故用两坡度值 i_i 和 i_j 的绝对值之和代替，即 $\theta_i = |i_i| + |i_j|$，则曲线长 L 的计算公式为

$$L = R\theta_i = R(|i_i| + |i_j|) \tag{20-33}$$

由于 θ_i 值很小，切线长可用曲线长的一半代替，外矢矩 E 可用中央纵距 M 代替，则切线长和外矢矩的计算公式为

$$T = \frac{1}{2}L = \frac{1}{2}R(|i_i| + |i_j|) \tag{20-34}$$

$$E = M = C^2/(8R) \tag{20-35}$$

式中　C——圆曲线对应的弦长；

其他符号意义同前。

1. 主点测设

根据式(20-34)计算 T 值，由设计的变坡点里程及 T 值，即可求出圆曲线起点 ZY 到终点 YZ 的里程，并可据以测设于地面，如图 20-24 所示。

2. 辅点测设

用切线支距法原理，以起点或终点为坐标原点，沿切线方向为 X 轴，切线上的支距为 Y 轴。测设辅点时，X 轴坐标为设计值，一般每隔 10 m 选一个辅点，当 X_i 为已知时，对应的支距 Y_i 的计算公式为

$$Y_i = X_i^2/(2R) \tag{20-36}$$

式中，Y_i 在凹形竖曲线中为“+”号，在凸形竖曲线中为“-”号。

将各点的支距（亦称标高改正数）Y_i 求出后，与坡道各点的对应高程 H_i' 相加取代数

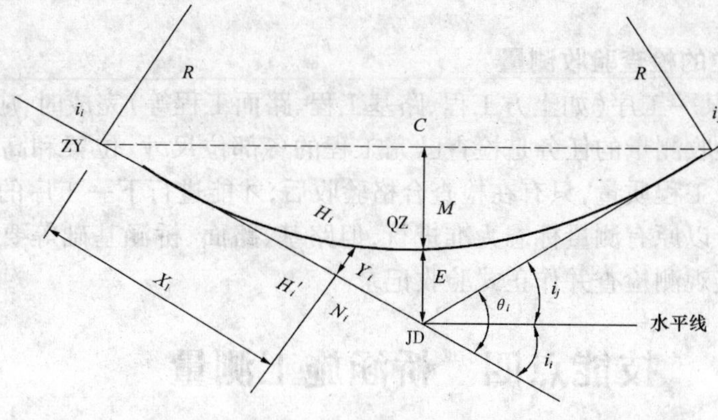

图 20-24

和，即得到竖曲线上各点的设计高程 H_i，其计算公式为

$$H_i = H_i' + Y_i \tag{20-37}$$

竖曲线上各辅点的设计高程求出之后，用水准仪将其高程测设出来，即为竖曲线各辅点的位置。

（三）路面放线

路面放线的任务是根据路肩上测设的路面高程桩和路拱曲线大样图（见图 20-25）、路面结构大样图（见图 20-26）测设侧石（道牙）位置并绘出控制路拱的标志。

由两侧高程桩向中线量出至侧石的距离，钉小木桩并将相邻木桩用小线连起，即为侧石的内侧边线。侧石的高程可在高程桩上按路中心高程拉上小线后，自小线下返路拱高度（即路面半宽×横坡）得到，图 20-25 中为 79 mm。

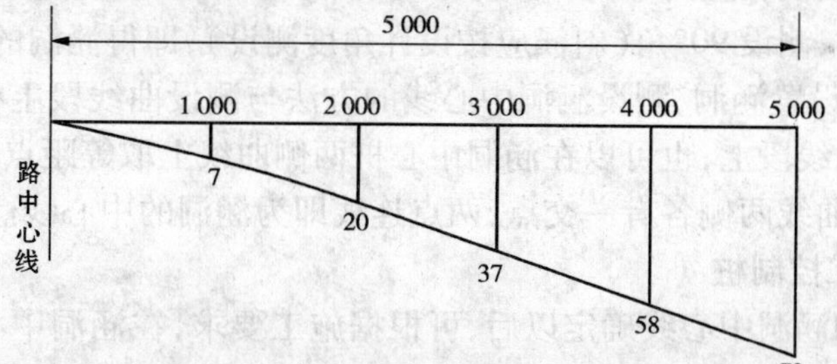

图 20-25　（单位：mm）

施工时为控制路拱形状，常采用下“平砖”的办法，即在高程桩上按路中心高程挂线后，按路拱曲线大样图中所注尺寸，在路中线及中线两侧一定距离处（图 20-25 中是在距中线 1 m、2 m、3 m、4 m、5 m 处）放置平砖，并使平砖顶面正处在路基拱面上，铺撒路基材料时，以平砖为标志即可找出拱形。在曲线部分测设道牙和下平砖时，应根据设计图纸做好内侧路面加宽和外侧路拱超高的放线工作。随着筑路机械的快速发展，现大多在施工时采用自动摊铺机，根据横坡要求自动调整路拱，这样既节省了大量的

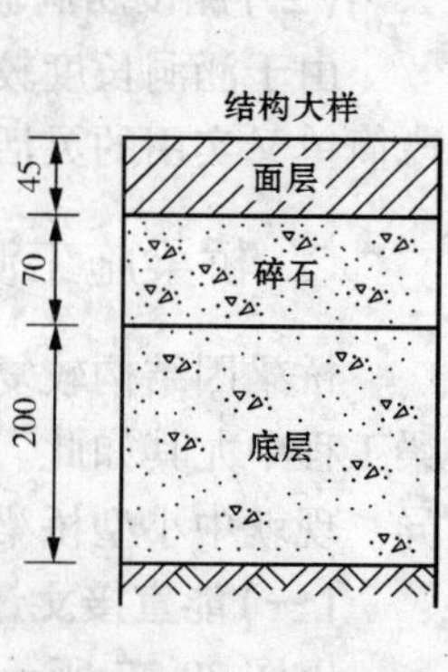

图 20-26　（单位：mm）

时间,又提高了工效。

(四)施工过程中的检查验收测量

在施工过程中,某一工序(如土方工程、路基工程、路面工程等)完成时,应及时进行检查验收测量。检查验收测量的任务是检查已完工程的各部位尺寸、位置和高程是否合乎设计要求。为了确保工程质量,只有在检查合格验收后,才能进行下一工序的施工。检查方法根据精度要求可以原有测量标志为准进行,但路基、路面、桥涵基础等要求工程的验收必须使用仪器直接观测检查并作正式验收记录。

技能点四　桥涵施工测量

桥涵施工测量的基本任务是测设桥涵的中线位置及各部位高程标志,作为施工的依据。施测的具体内容和方法因桥涵大小及结构形式不同而有所差异。但无论何种桥涵,其基础位置的测设是全部测设工作中的关键环节,应当特别注意。

一、涵洞施工测量

涵洞施工测量的主要内容是控制涵洞的中心位置及涵底的高程与坡度。

(一)测设涵洞中心桩及中心线

涵洞中心桩一般均根据设计给定的涵洞位置(桩号),以其邻近的交点 JD 桩或转点 ZD 桩为准测设。

(1)在直线上设置涵洞,是用经纬仪直接照准路中线方向,根据涵洞与其邻近的里程桩的关系,用钢尺测设相应的距离,即可钉出涵洞中心桩。将经纬仪安置在中心桩上,以路中线为后视方向,测设 90°角(斜涵应按设计角度测设),即得涵洞的中心线方向。

(2)在曲线上设置涵洞,测设涵洞中心线的方法与测设曲线段上横断面的方法相同。如果涵洞位于圆曲线段上,也可以在涵洞中心桩两侧曲线上取等距点为圆心,以一定长为半径画弧,两弧在曲线两侧各有一交点,两点连线即为涵洞的中心线。

(二)测设施工控制桩

涵洞中线桩和涵洞中心线确定以后,可根据施工要求,在涵洞中心线上、两端横断面上以及端墙翼墙等位置测设控制桩,以控制涵洞各部位的位置和高程。

(三)测设涵洞坡度

由于涵洞长度较小,坡度精度要求较低,所以坡度控制较容易。可根据设计数据采用既简单又实用的灵活方法进行坡度测设,如拉线法、埋桩法等。

二、桥梁施工测量

桥梁因结构较复杂,施工测量中精度要求一般均较高,在跨度较大或有中水作业的桥梁工程中尤其如此。桥梁施工测量的内容与方法因桥梁跨度、河道情况等不同而有所差异。现就中小型桥梁施工测量的主要内容介绍如下。

(一)能直接丈量桥长的小型桥梁施工测量

以图 20-27 所示两跨装配式钢筋混凝土 T 形桥为例,介绍桥梁施工测量。

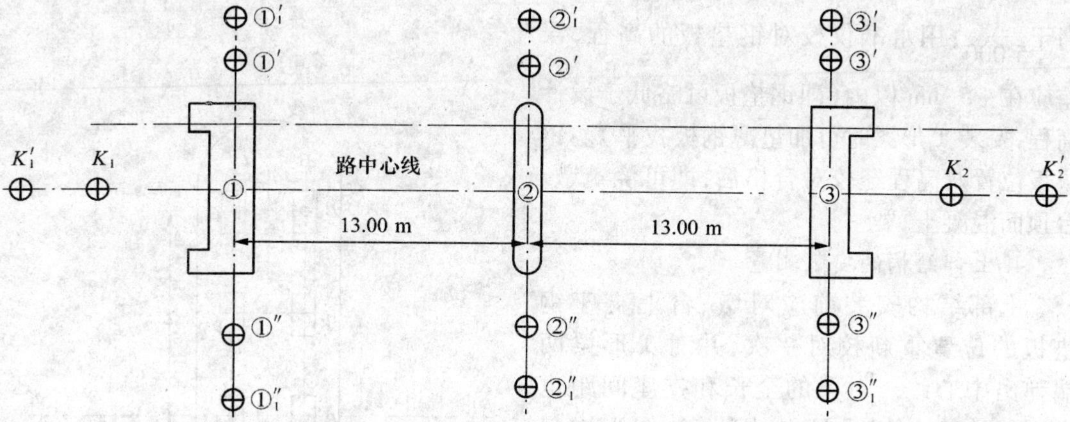

图 20-27

1. 测设桥梁中心线和控制桩

根据桥位桩号，在路中心线上准确地测设出桥台和桥墩的中心桩①、②、③，并在河道两岸测设桥位控制桩 K_1、K'_1、K_2、K'_2。然后分别安置经纬仪于①、②、③点上，测设桥台和桥墩控制桩①′、①′₁、①″、①″₁、…、③″、③″₁（为防止丢失或施工障碍，每侧至少两个控制桩）。测设距离尤其在测设跨度时，应用测距仪或检定过的钢尺，丈量精度应高于$\frac{1}{5\ 000}$，以保证上部结构安装时能正确就位。

2. 基础施工测量

根据桥台和桥墩的中心线测设基坑开挖边界线。基坑上口尺寸应根据坑深、坡度、土质情况及施工方法确定。施测方法与路堑放线基本相同。基坑挖至一定深度后，应根据水准点高程在壁上测设距基底设计面为一定高差（如 1 m）的水平桩，作为控制挖基及基础施工中掌握高程的依据。

基础完工后，应根据桥位控制桩 K_1、K_2 和墩、台控制桩①′、①′₁、①″、①″₁、…、③″、③″₁，用经纬仪在基础面上测设出桥台、桥墩中心线和道路中心线，并弹墨线作为砌筑桥台、桥墩的依据。

3. 墩、台顶部的施工测量

桥墩、桥台砌筑至一定高度时，应根据水准点的墩身、台身每侧测设一条距顶部为一定高差（如 1 m）的水平线，以控制砌筑高度。墩帽、台帽施工时，应根据水准点用水准仪控制其高程（误差应在 −10 mm 以内），根据中线桩用经纬仪控制两个方向的中线位置（偏差应在 ±10 mm 以内），墩台间距（即跨度）要复测，精度应高于$\frac{1}{5\ 000}$。

测出墩、台上两个方向的中心线并经校对合格后，即可根据墩、台中心线在墩、台上定出 T 形梁支座钢垫板的位置。如图 20-28 所示，测设时先根据桥墩中心线②②定出两排钢垫板中心线 $B'B''$、$C'C''$，再根据路中心线 K_1K_2 及 $B'B''$和 $C'C''$线，定出路中心线上的两块钢垫板的中心位置 B_1 和 C_1，然后根据设计图上的相应尺寸用钢尺分别自 B_1 和 C_1 点沿$B'B''$和 $C'C''$方向量出 T 形梁间距，即得到 B_2、B_3、B_4、B_5 和 C_2、C_3、C_4、C_5 等垫板中心位置。桥台上钢垫板位置可依同法测出。最后用检定过的钢尺校对钢垫板的间距，精度应高于$\frac{1}{5\ 000}$；用水准仪校对钢垫板的高程，误差应在 -5 mm 以内（即钢垫板可略低于设计高程，安装 T 形梁时可加垫薄钢板找平）。钢垫板位置及高程经校对合格后，即可浇筑墩、台顶面混凝土。

4. 上部结构的安装测量

上部结构安装前应对墩、台上支座钢垫板的位置重新校对一次，并对 T 形梁两端弹出中心线。对梁的全长和支座间距也应进行检查并记录量得的数值，作为竣工测量资料。

T 形梁就位时，其支座中心线应对准钢垫板中心线，初步就位后，用水准仪检查梁两端的高程，误差范围为 ±5 mm。中线位置及高程经检查合格后，应及时打好保险垛并焊牢，以防 T 形梁位移。

T 形梁和防护栏全部安装后，即可用水准仪在护栏上测出桥面中心高程线，作为铺设桥面铺装层起拱的依据。

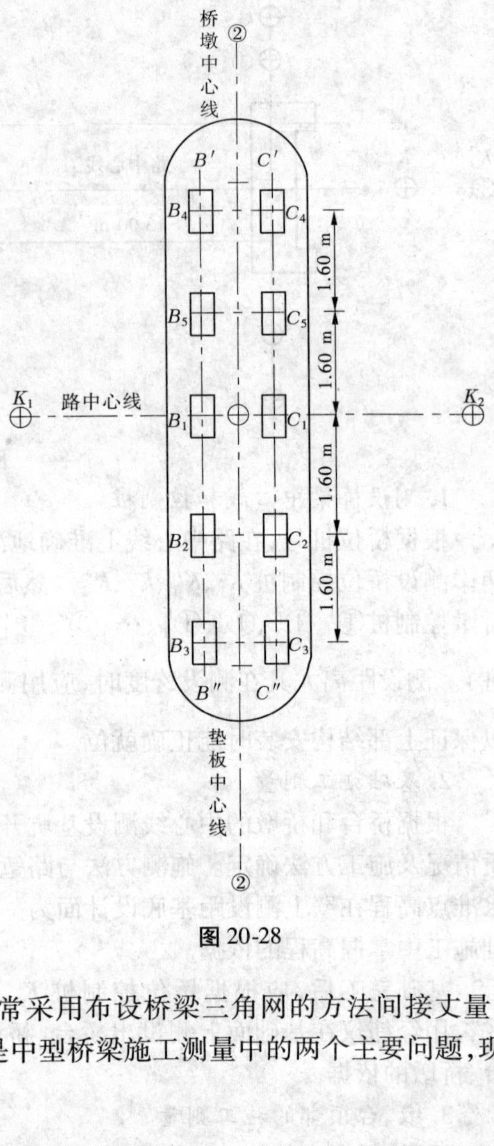

图 20-28

（二）间接丈量桥长的中型桥梁的施工测量

中型桥梁施工测量的内容与小型桥梁基本上相同。但中型桥梁一般因河道宽阔，桥长不能用钢尺直接丈量。一般中型桥梁的桥长常采用布设桥梁三角网的方法间接丈量，而水中桥墩的位置则多用方向交会法测设，这是中型桥梁施工测量中的两个主要问题，现分述如下。

1. 桥梁三角网测量

图 20-29 所示 *AB* 是桥位中心线，为了丈量河宽并测设墩、台位置，可布设三角形 *ABC* 和 *ABE* 组成桥梁三角网。当河流的一岸地势较平坦便于量距时，桥梁三角网应取图 20-29（a）的形式，用光电测距仪或用钢尺精确丈量基线边 *AC* 和 *AE* 的长度，并用经纬仪精确测出两三角形的内角，根据正弦定理即可算出 *AB* 间的距离。当在一岸不能选出两条便于丈量的基线时，可采用图 20-29（b）的形式，称为大地四边形。

为了保证 *AB* 距离的精度高于$\frac{1}{5\ 000}$，基线边长不能小于 *AB* 的 70%，并用光电测距仪往返丈量，其精度应高于$\frac{1}{10\ 000}$。三角形各内角可用 DJ_6 型光学经纬仪观测两个测回，三角形角度闭合差范围为 ±30″。

现以图 20-29（a）桥梁三角网为例，其计算步骤如下：

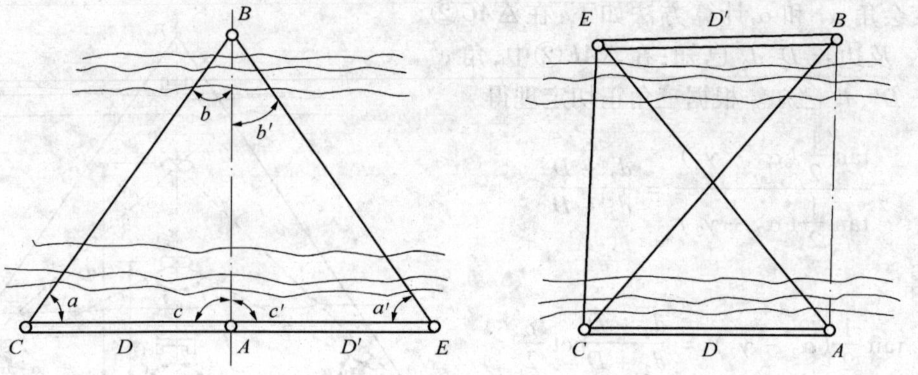

(a) (b)

图 20-29

(1)计算基线边长。起始边用光电测距仪直接测定，或用检定过的钢尺精密量距。现设经过改正的基线边长分别为 $D = 138.560$ m，$D' = 150.852$ m。

(2)计算与调整角度闭合差。三角形各内角外业观测的两个测回值差在 ±15″之内时，应取其平均值作为观测成果。角度闭合差的计算与调整方法见表 20-5。

表 20-5　三角形角度改正计算

内角	观测值 (° ′ ″)	改正数 (″)	调整值 (° ′ ″)	内角 (′)	观测值 (° ′ ″)	改正数 (″)	调整值 (° ′ ″)
a	53 32 09	+3	533 2 12	a'	49 22 24	−3	49 22 21
b	39 56 33	+2	39 56 35	b'	41 16 08	−2	41 16 06
c	86 31 10	+3	86 31 13	c'	89 21 36	−3	89 21 33
Σ	179 59 52	+8	180 00 00	Σ	180 00 00	−8	180 00 00
$f_{\beta测} = -00'08'' < 30''$，合格				$f_{\beta测} = 00'08'' < 30''$，合格			

(3)计算 AB 距离。根据三角正弦定理得

$$D_{AB} = \frac{D\sin a}{\sin b} = \frac{138.560 \times \sin 53°32'12''}{\sin 39°56'35''} = 173.568(\text{m})$$

$$D'_{AB} = \frac{D'\sin a'}{\sin b'} = \frac{150.852 \times \sin 49°22'21''}{\sin 41°16'06''} = 173.579(\text{m})$$

较差　　$|\Delta D| = |D_{AB} - D'_{AB}| = 0.011$ m

平均值　　$AB = \frac{1}{2}(D_{AB} + D'_{AB}) = 173.574$ m

精度：$K = \frac{|\Delta D|}{AB} = \frac{1}{AB/|\Delta D|} = \frac{1}{\frac{173.574}{0.011}} = \frac{1}{15\,779} < \frac{1}{10\,000}$，合格。

2. 方向交会法测设桥墩位置

桥位控制桩 A、B 间距算出后，按设计尺寸分别自 A 点和 B 点量出相应的距离，即可测设出两岸桥台①和④的位置，如图 20-30 所示，水中桥墩的位置因直接量距困难，可用方向交会法测设，测设时将两台经纬仪分别安置在 C 点和 E 点，以 A 点为后视，分别测设 α_2 角（即∠②CA）和 α_2' 角（即∠②EA），则两视线方向与桥中心线的交点即为桥墩②的位

置。交会角 α_2 和 α_2' 计算方法如下：在△AC②中，角 c 及边长 D、d_2 已知；在△AE②中，角 c' 和边长 D'、d_2 已知。根据三角正切定理得

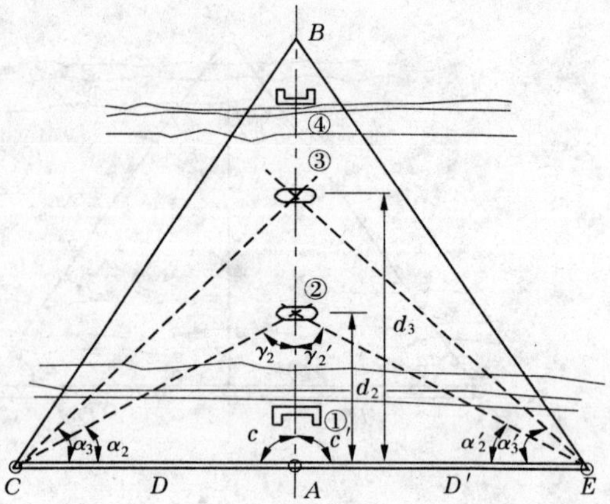

图 20-30

$$\frac{\tan\frac{1}{2}(\alpha_2-\gamma_2)}{\tan\frac{1}{2}(\alpha_2+\gamma_2)}=\frac{d_2-D}{d_2+D}$$

移项得

$$\tan\frac{1}{2}(\alpha_2-\gamma_2)=\frac{d_2-D}{d_2+D}\cot\frac{c}{2}$$

$$\frac{1}{2}(\alpha_2-\gamma_2)=\arctan\left(\frac{d_2-D}{d_2+D}\cot\frac{c}{2}\right)$$

又

$$\frac{1}{2}(\alpha_2+\gamma_2)=\frac{1}{2}(180°-c)$$

两式相加得

同理得

$$\left.\begin{aligned}\alpha_2&=\arctan\left(\frac{d_2-D}{d_2+D}\cot\frac{c}{2}\right)+\frac{1}{2}(180°-c)\\ \alpha_2'&=\arctan\left(\frac{d_2-D'}{d_2+D'}\cot\frac{c'}{2}\right)+\frac{1}{2}(180°-c')\end{aligned}\right\}\tag{20-38}$$

【例 20-5】 上面算例中，若已知 $d_2=62.022$ m，$d_3=112.022$ m，计算交会角 α_2、α_2' 和 α_3、α_3'。

解 将 $d_2=62.022$ m，代入式(20-38)得

$$\begin{aligned}\alpha_2&=\arctan\left(\frac{d_2-D}{d_2+D}\cot\frac{c}{2}\right)+\frac{1}{2}(180°-c)\\&=\arctan\left(\frac{62.022-138.560}{62.022+138.560}\times\cot\frac{86°31'13''}{2}\right)+\frac{1}{2}(180°-86°31'13'')\\&=24°40'05''\end{aligned}$$

$$\begin{aligned}\alpha_2'&=\arctan\left(\frac{d_2-D'}{d_2+D'}\cot\frac{c'}{2}\right)+\frac{1}{2}(180°-c')\\&=\arctan\left(\frac{62.022-150.852}{62.022+150.852}\times\cot\frac{89°21'33''}{2}\right)+\frac{1}{2}(180°-89°21'33'')\\&=22°26'30''\end{aligned}$$

用正弦定理作计算校核：

$$d_2=\frac{D\sin\alpha_2}{\sin(180°-c-\alpha_2)}=\frac{138.560\times\sin24°40'05''}{\sin68°48'42''}=62.022\ (\text{m})$$

与设计值相同，α_2 计算无误。

$$d_2=\frac{D'\sin\alpha_2'}{\sin(180°-c'-\alpha_2')}=\frac{150.852\times\sin22°26'30''}{\sin68°11'57''}=62.022\ (\text{m})$$

与设计值相同，α_2' 计算无误。

同法，将 $d_3=112.022$ m 代入式(20-38)即可得到

$$\alpha_3 = 40°19'08''$$
$$\alpha_3' = 36°49'29''$$

桥墩交会角 α_2、α_2' 和 α_3、α_3' 算出后，即可用两台经纬仪同时以测回法测设交会角，则两视线的交点即为桥墩的中心位置。为校核所得交点是否准确，还应在 A 点安置经纬仪，看交点是否在桥中心线上。若偏离尺寸在允许范围之内，可将交会点投影到桥中心线上，以减少误差影响。

桥墩施工中，每砌筑一定高度，均须重新交会定点，以保证墩位施工质量。结构安装前，应将桥墩中心位置测设于墩顶，并在其上安置经纬仪，实测出 γ_2 和 γ_2'，根据实测的 α_2、γ_2 和 α_2'、γ_2' 计算出 d_2，与相应的设计数值比较，并测出偏离桥中线的距离，作为竣工资料。

思考与练习题

1. 试述用偏角法测设圆曲线的方法。
2. 何谓缓和曲线？为什么要设缓和曲线？
3. 路基放线分几种情况？怎样进行测设？
4. 何谓竖曲线？有何用处？怎样进行测设？
5. 涵洞施工测量的主要内容是什么？
6. 试述小型桥梁施工测量的主要内容。
7. 已知 JD_3 的桩号为 1 + 422. 32，测得转角 $I_3 = 10°49'00''$（右转），根据地形条件选定曲线半径 R = 1 200 m，试求各测设元素并计算主点桩号。
8. 如图 20-31 所示，利用方向交会法测设桥墩位置。桥墩的净跨为 30 m，基线 D = 150. 05 m，D' = 145. 00 m，$\angle c = 90°01'00''$，$\angle c' = 89°54'20''$，d_2 = 45. 25 m，d_3 = 75. 25 m，计算 α_2、α_2'和 α_3、α_3'。

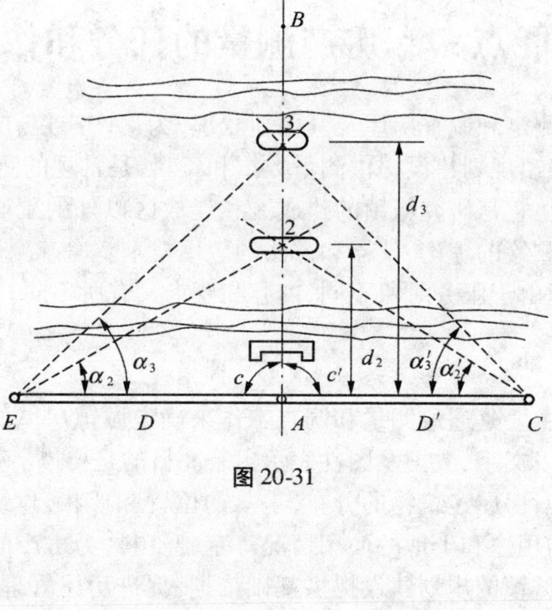

图 20-31

模块六　房产测量

本模块主要包括房产测量中房产控制测量、房地产权属调查和房地产图的绘制等内容，是房产测量职业岗位必备的基本技能。

单元二十一　房产测量

教学内容

本单元主要包括房产测量的任务和作用、房产平面控制测量、界址点测量、境界及房屋测量、房产调查、房产图测绘及房产面积量算与房产变更测量等内容。

能力目标

了解房产测量的任务、作用及国家政策法规的要求，熟悉房地产调查的项目、内容和要求，基本掌握房产测量及房产图绘制的方法和要求，具备房产测量职业岗位的各项基本技能。

随着我国房屋改革的深入进行，住房商品化的实施，为了满足城镇房产产籍管理的需要，必须通过房产测量及权属调查建立完整适时的产籍基础资料（包括房产图、表、册或计算机软盘等），以全面掌握城镇所有房产的权属、数量、用途等方面的现状，为城镇房地产的开发、经营、管理以及市政建设与规划服务。

技能点一　房产测量的任务和作用

房产测量主要是测定和调查房屋及其用地状况，为房产产权、房籍管理、房地产开发利用、征收税费以及城镇规划建设提供测量数据和资料，是常规的测绘技术与房产管理业务相结合的测量工作。它是研究城镇的建成区和建成区以外的工矿企业、事业单位及其相毗连居民点的房产测绘的理论、仪器和方法的应用技术。房产测量与城市地形测量、地籍测量有相同之处，但由于服务对象不同，内容和要求又有所不同。

一、房产测量的任务

房产测量的任务主要是通过测量和调查工作来确定城镇房屋的位置、权属、界线、质量、数量和现状等，并以文字、数据及图件表示出来。目的是要搞清楚房地产的产权，使用权的范围，界线和面积，房屋建筑物的分布，坐落的位置和形状，建筑物的结构、层数和建成年份，以及建筑物的用途和土地的使用情况等基础资料，为房产的产权和户籍管理\房地产的开发利用以及城镇的规划建设提供基础依据，促进房屋管理、维修、保养和建设工作经济效益和社会效益的提高。归纳起来就是:①提供核发房屋所有权证和土地使用权证的图件,建立产权、产籍档案等房产管理基础资料。②为房产的产业管理测制分幅图、分丘图和分户图。③为城镇住宅建设和旧城改造提供规划设计所需的图纸资料。具体任务包括以下几项。

(一)测制分幅图

分幅图是全面反映一个城镇的房屋及用地位置和权属等状况的基本图,是分丘图和分户图的基础,是全面掌握一个城镇的房屋建筑、土地现状及变化情况的总图。

对于已有适用地形图的城镇,可以利用现有地形图,在这个基础上加测所需要的房产内容就可以了。若没有适用的现成地形图,则要重新做包括地形图在内的全部房产图的内容。

(二)测制"三产"管理图卡

"三产"即产权、产业和产籍。产权泛指所有权者对财产的占有、使用、收益和处理,并排除他人干涉的权能。产业是指房地产经营部门所经营的财产、家庭,它涉及公房的产权来源依据,其内容有房屋结构、层次、设备和经常性的变动,要账实相符,住户和租户一致。产籍则是指产业情况的登记和记载。

"三产"管理图卡包括:①房产分丘平面图;②房产分层、分户平面图;③房产部门直管房屋图卡;④房产部门直管土地图卡。这些资料正是加强城市房产产权、产业和产籍管理的基础,是核发房屋所有权证和土地使用权证的附图,也是房产部门进行房地产业管理和评算租金的依据。

(三)房产图的修测和补测

城镇的基本建设在不断发展,旧城的改造、新建、扩建、加层等增加的房屋和拆除、焚毁等减少的房屋,在基本分幅图上都需要及时进行修测和补测。使原测制的房产图不断得到更新,以便保持房产图、图卡和实地三者的一致,使房产图永远保持最好的使用价值,以适应房地产业不断发展的需要。

二、房产测量的作用

由于房产测量所获得与永久性标志相联系的房产权属界址、土地位置、用地面积、房产质量和数量等都具有法律效力,载入权属证书,所以它是房产产权发证和土地税收的重要依据,拥有权属(法律上)、财政(税收上)和城建规划三个基本功能,它的主要作用可以归纳为如下几方面。

(一)管理方面

为了使城市房地产管理和住宅建设都能稳步纳入社会主义现代化建设的轨道,城镇房产管理部门和规划建设部门都必须全面了解和掌握房产的权属、位置、质量、数量和现状等基本情况。只有这样,才能进行妥善的管理和合理的规划建设,更好地调配使用房屋和土地,有计划地安排旧城区住宅的修建改造以及新发展区的规划建设。另外,房地产测量的成果亦是开展城镇房产管理理论研究的重要基础资料。

(二)经济方面

房产测量提供了大量准确的图纸资料,为正确掌握城镇房屋和土地的现状及变化,清理公、私各占有的房产数量和面积,建立产权、产籍和产业管理的图册档案,统计各类房屋的数量和比重等，提供了可靠的依据，亦为开展房地产经济理论研究提供了重要基础。

房产测量还为城镇财政、税收等部门研究确定土地分类等级，制定税费标准提供了基础依据，确保各项税费的及时征收。

（三）法制方面

房产图所表示的每户所有的房屋及使用土地的权属范围，是经过逐幢房屋清理产权，逐块土地清理使用权，并经过各户申请登记，经主管部门逐户审核确认的。房产图作为核发房屋所有权与土地使用权证书中的附图，是具有法律效力的图纸。它是加强房产管理，核定产权，颁发权证，保障房产占有者和使用者的合法权益，加强社会主义法制管理的重要依据。

技能点二　房产平面控制测量

房产测量也应遵循“从整体到局部，由高级到低级，先控制后碎部”的原则进行。由于各种房产图均为平面图，故房产控制测量仅需布设平面控制网。

一、房产测量的基准

房产测量应采用1980西安坐标系或地方坐标系，采用地方坐标系时应和国家坐标系联测。

房产测量统一采用高斯投影。

房产测量一般不测高程，需要进行高程测量时，由设计书另行规定，高程测量采用1985国家高程基准。

二、房产平面控制测量

房产平面控制测量可选用三角测量、三边测量、导线测量、GPS定位测量等方法。

房产控制网由基本控制点和图根控制点组成。基本控制点包括一、二、三、四等国家平面控制网点，二、三、四等城市平面控制网点，二、三、四等城镇地籍控制网点，以及城市一、二级三角点及导线点。除二级三角点外均可作为房产测量的首级控制。

平面控制点的密度依据房产图比例尺、房屋密集程度而定，建筑物密集区的控制点平均间距在100 m左右，建筑物稀疏区的控制点平均间距在200 m左右。

房产平面控制测量大多采用GPS测量或测距导线。《房产测量规范》（GB/T 17996—2000）规定的GPS测量和测距导线技术要求如表21-1与表21-2所示。

表21-1　各等级GPS相对定位测量的技术指标

等级	卫星高度角（°）	有效观测卫星总数	时段中任一卫星有效观测时间（min）	观测时段数	观测时段长度（min）	数据采样间隔（s）	点位几何图形强度因子*PDOP*
二等	≥15	≥6	≥20	≥2	≥90	15～60	≤6
三等	≥15	≥4	≥5	≥2	≥10	15～60	≤6
四等	≥15	≥4	≥5	≥2	≥10	15～60	≤8
一级	≥15	≥4		≥1		15～60	≤8
二级	≥15	≥4		≥1		15～60	≤8
三级	≥15	≥4		≥1		15～60	≤8

表 21-2　各等级测距导线技术要求

等级	平均边长(km)	附合导线长度(km)	每边长测距中误差(mm)	测角中误差(″)	导线全长相对闭合差	水平角观测的测回数			方位角闭合差(″)
						DJ_1	DJ_2	DJ_6	
三等	3.0	15	±18	±1.5	1/60 000	8	12		$\pm 3\sqrt{n}$
四等	1.6	10	±18	±2.5	1/40 000	4	6		$\pm 5\sqrt{n}$
一级	0.3	3.6	±15	±5.0	1/14 000		2	6	$\pm 10\sqrt{n}$
二级	0.2	2.4	±12	±8.0	1/10 000		1	3	$\pm 16\sqrt{n}$
三级	0.1	1.5	±12	±12.0	1/6 000		1	3	$\pm 24\sqrt{n}$

注:n 为导线转折角的个数。

技能点三　界址点测量

界址点又称地界点或拐点,亦即房屋用地界线的转折点处设置的界桩点。在房产测量和管理中,用它来确定房屋用地权界的位置。界址点的边线构成房屋用地范围的地界线。由于每家每户都有房屋用地权界线问题,所以在房产测量和管理中,界址点测量是一项专门工作,而且是一项任务量大、关系到千家万户的房产登记发证的重要工作。

一、界址点的精度

界址点根据其所在地区和单位的不同要求,其测定精度有高低之分,根据测定精度的高低共分为三级。对大中城市繁华地段的界址点和重要建筑物的界址点,一般要选用一级或二级,其他地区可选用三级。例如,城镇街坊的街面、中外合资企业、大型工矿企业及大型建筑物的界址点,一般选用一级或二级;而街坊内部隐蔽地区及居民区内部的界址点,则可选用三级。

《房产测量规范》(GB/T 17996—2000)规定的各级界址点相对于邻近控制点的点位误差和间距超过 50 m 的相邻界址点的间距误差不超过表 21-3 的规定,间距未超过 50 m 的界址点间的间距误差限差不应超过式(21-1)的计算结果。

表 21-3　房产界址点的精度要求　　(单位:m)

界址点等级	界址点相对于邻近控制点的点位误差和相邻界址点间的间距误差	
	限差	中误差
一	±0.04	±0.02
二	±0.10	±0.05
三	±0.20	±0.10

$$\Delta D = \pm (m_j + 0.02 m_j D) \qquad (21\text{-}1)$$

式中　m_j——相应等级界址点的点位中误差,m;

D—— 相邻界址点间的距离，m；

ΔD——界址点坐标计算的边长与实量边长较差的限差，m。

界址点测量就是根据测区内已布设的控制点，用图根点测量的方法，根据不同等级界址点的不同精度要求，测定各个界址点坐标数值，并编制出坐标成果表。

二、界址点的标定、埋设及编号

（一）界址点的标定

为了准确划定房屋用地界线，计算房屋用地面积，减少和防止用地纠纷，界址点的标定是一项很慎重的工作。因此，标界时必须由相邻双方指界人到现场指界。单位使用的土地，要由单位法人代表出席指界；组合丘用地，要由该丘各户共同委派的代表指界。房屋用地人或法人代表不能亲自出席指界时，应由委托的代理人指界，并且均需出具身份证明或委托书。

经双方认定的界址，必须由双方指界人在房屋用地调查表上签字盖章。

（二）界址点的埋设

所有界址点在标定之后，如其点不在固定地物上，均应埋设标志，并记载标石类型和方位。无法埋设界标的，应在建筑物上以红漆注记界址点符号，示意界址点位置，并在调查表中注明墙中线、墙外或墙内。对提供不出证据或有争议的应根据实际使用范围标出争议部位，按未定界处理。

界标的种类大致有混凝土界址标桩、带铅帽的钢钉界址标桩、石灰桩带塑料套的钢棍界标桩及喷漆标志等几种。

界标的选用应根据各地的具体情况而定。一般在较为空旷地区的界址点和占地面积较大的机关、团体、企业、事业单位的界址点，应埋设预制混凝土界址标桩或现场浇筑混凝土界址标桩，如图 21-1 所示。泥土地面也可埋设石灰桩，如图 21-2 所示；在坚硬的路面或地面上的界址点，应钻孔浇筑或钉设带帽的钢钉界址标桩，如图 21-3 所示；在坚固的房墙（角）或围墙（角）等永久性建筑物处的界址点，应钻孔浇筑带塑料套的钢棍界址标桩，如图 21-4 所示，也可设置喷漆界址标志，如图 21-5 所示。

埋设墙上界址标桩时，界址钉须露出墙体外 1.0 mm 左右，并用红漆在点位旁以箭头指示，使之醒目易找。用喷漆界址标志时，喷漆应尽量浓一点，以免时间长久，漆被雨水风化。

（三）界址点编号

界址点的编号，以高斯投影的一个整公里格网为编号区，每个编号区的代码以该公里格网西南角的横纵坐标公里值表示。点的编号在一个编号区内从 1 ~9 999 连续顺编。点的完整编号由编号区代码、类别代码、点的编号三部分组成，编号形式如下：

编号区代码	类别代码	点的编号
（9 位）	（1 位）	（5 位）
* * * * * * * * *	*	* * * * *

编号区代码由 9 位数组成，第 1、第 2 位数为高斯坐标投影带的带号或代号，第 3 位数为横坐标的百千米数，第 4、第 5 位数为纵坐标的千千米和百千米数，第 6、第 7 位和第

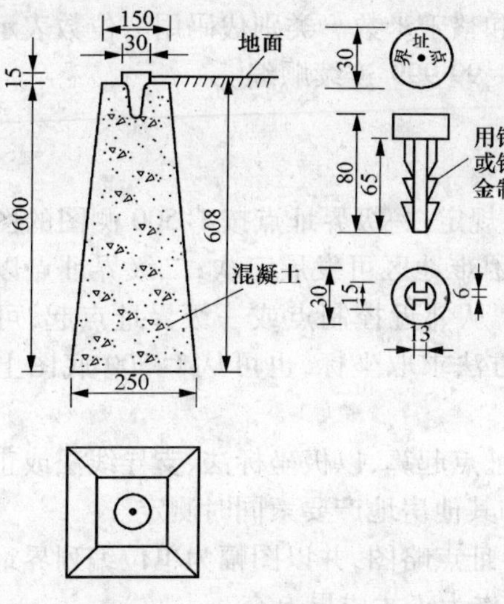

图 21-1 （单位：mm）

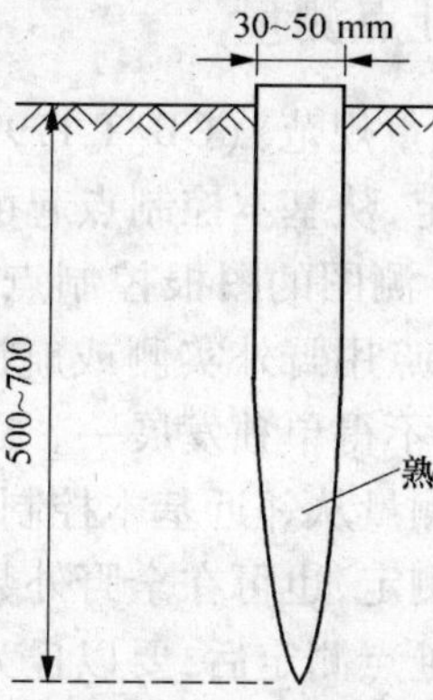

图 21-2 （单位：mm）

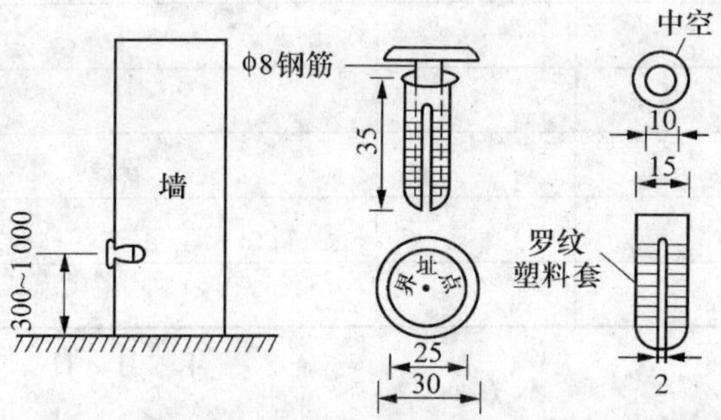

图 21-3 （单位：mm）

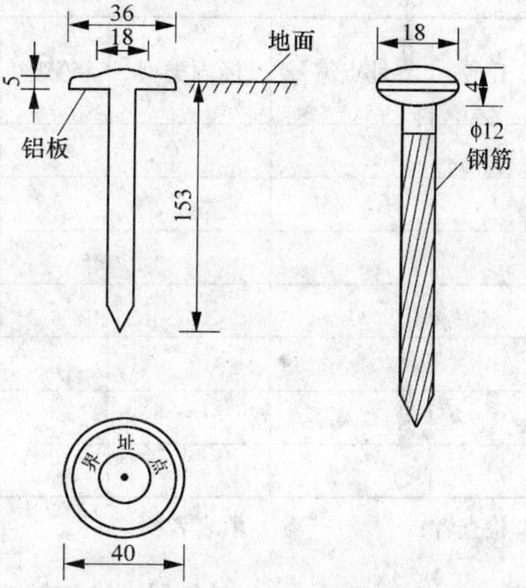

图 21-4 （单位：mm）

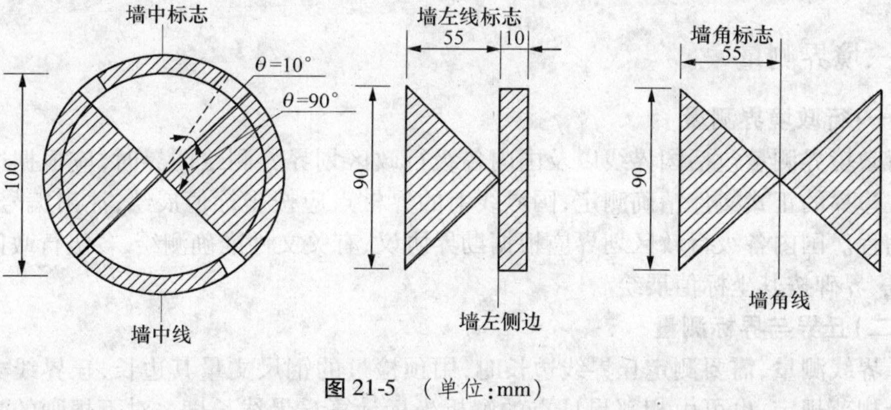

图 21-5 （单位：mm）

8、第9位数分别为横坐标和纵坐标的十千米和整千米数。类别代码用1位数表示,其中:3表示界址点。点的编号用5位数表示,从1~99 999连续顺编。

三、界址点测量

《房产测量规范》(GB/T 17996.1—2000)规定:一级界址点按1:500测图的图根控制点的方法测定,从基本控制点起可发展两次,困难地区可发展三次;二级界址点以精度不低于1:1 000测图的图根控制点的方法测定,从邻近控制点或一级界址点起,可发展三次;三级界址点用野外实测或航测内业加密方法求取坐标,也可从1:500底图上量取坐标;支导线点不得单独发展一、二级界址点。

界址点测量从邻近基本控制点或高级界址点起算,以极坐标法、支导线法或正交法等野外解析法测定,也可在全野外数据采集时和其他房地产要素同时测定。

各级界址点测定后,要以丘为单位绘制界址点略图,并以图幅为单位编列界址点坐标成果表,格式如表21-4所示。将表装订成册,作为正式成果上交。

表21-4　界址点坐标成果表

丘号	界址点编号	标志类型	等级	坐标(m)		点位说明
				x	y	
⋮	⋮	⋮	⋮	⋮	⋮	⋮

检查者:　　　　　　　填表者:　　　　　　　　　　　　　　　　年　月　日

技能点四　境界及房屋测量

一、境界测量

(一)行政境界测量

行政境界测量包括国界线以及国内各级行政区划界。测绘国界时,应根据边界条约或有关边界的正式文件精确测定,国界线上的界桩点应按坐标值展绘,注出编号,并尽量注出高程。国内各级行政区划界应根据勘界协议、有关文件准确测绘,各级行政区划界上的界桩、界碑按其坐标值展绘。

(二)丘界与界标测量

丘界线测量,需要测定丘界线边长时,用预检过的钢尺丈量其边长,丘界线丈量精度应符合规范规定,也可由相邻界址点的解析坐标计算丘界线长度。对不规则的弧形丘界线，可按折线分段丈量。测量结果应标示在分丘图上，作为计算丘面积及复丈检测的依据。

界标地物测量应根据设立的界标类别、权属界址位置（内、中、外）选用各种测量方法测定，其测量精度应符合《房产测量规范》（GB/T 17996—2000）规定，测量结果应标示在分丘图上。界标与邻近较永久性的地物宜进行联测。

二、房屋测量

（一）房屋测量

房屋应逐幢测绘，不同产别、不同建筑结构、不同层数的房屋应分别测量，独立成幢房屋，以房屋四面墙体外侧为界测量；毗连房屋四面墙体，在房屋所有人指界下，区分自有、共有或借墙，以墙体所有权范围为界测量。每幢房屋除按规范要求的精度测定其平面位置外，应分幢分户丈量作图。丈量房屋以勒脚以上墙角为准，测绘房屋以外墙水平投影为准。

（二）房屋附属设施测量

房屋附属设施测量柱廊以柱外围为准，檐廊以外轮廓投影、架空通廊以外轮廓水平投影为准，门廊以柱或围护物外围为准，独立柱的门廊以顶盖投影为准，挑廊以外轮廓投影为准，阳台以底板投影为准，门墩以墩外围为准，门顶以顶盖投影为准，室外楼梯和台阶以外围水平投影为准。

（三）房角点测量

房角点测量是指对建筑物角点的测量，其点的编号方法除点的类别代码外，其余均与界址点相同，房角点的类别代码为4。房角点测量不要求在墙角上都设置标志，可以房屋外墙勒脚以上（100 ±20）cm 处墙角为测点，房角点测量一般采用极坐标法、正交法测量。对正规的矩形建筑物，可直接测定三个房角点坐标，另一个房角点的坐标可通过计算求出。

（四）其他建筑物、构筑物测量

其他建筑物、构筑物测量是指不属于房屋，不计算房屋建筑面积的独立地物以及工矿专用或公用的贮水池、油库、地下人防干支线等。独立地物的测量应根据地物的几何图形测定其定位点。亭以柱外围为准，塔、烟囱、罐以底部外围轮廓为准，水井以中心为准。构筑物按需要测量。共有部位测量前，须对共有部位认定，认定时可参照购房协议、房屋买卖合同中设定的共有部位，经实地调查后予以确认。

技能点五　房产调查

房产调查分房屋调查和房屋用地调查两项，其任务是查清每个权属单元的权属、位置、权界、数量和用途等基本情况，并同时查清所在地的地理名称和行政境界。

房产调查应以已有地形图、地籍图、航摄像片以及有关的产籍资料为依据，按照主管部门统一制定的标准和调查表，以权属单元为单位，逐项实地进行调查。

一、房屋调查

房屋调查的内容如表 21-5 所示，包括房屋坐落、产权人、产权性质、产别、层数、所在层次、建筑结构、建成年份、用途、占地面积、建筑面积、分摊面积、墙体归属、权源、产权纠纷和他项权利等基本情况，以及绘制房屋权界线示意图。

表 21-5　房屋调查表

图幅号：　　　　　丘号：　　　　　序号：

<table>
<tr><td>坐 落</td><td colspan="9">区(县)　街道(镇)　胡同(街巷)　号</td><td colspan="2">电话</td><td colspan="2"></td><td colspan="2">邮政编码</td><td></td></tr>
<tr><td>产权人</td><td colspan="7"></td><td colspan="2">住址</td><td colspan="7"></td></tr>
<tr><td>使用人</td><td colspan="4"></td><td colspan="2">用途</td><td colspan="2"></td><td colspan="2">产权性质</td><td colspan="2"></td><td colspan="2">产 别</td><td colspan="2"></td></tr>
<tr><td rowspan="6">房屋状况</td><td rowspan="2">幢号</td><td rowspan="2">权号</td><td rowspan="2">房号</td><td rowspan="2">总层数</td><td rowspan="2">所在层次</td><td rowspan="2">建筑结构</td><td rowspan="2">建成年份</td><td rowspan="2">占地面积(m²)</td><td rowspan="2">间数</td><td colspan="2">建筑面积</td><td colspan="4">墙体归属</td><td rowspan="2">权源</td></tr>
<tr><td>(m²)</td><td>其中：分摊面积(m²)</td><td>东</td><td>南</td><td>西</td><td>北</td></tr>
<tr><td></td><td></td><td></td><td></td><td></td><td></td><td></td><td></td><td></td><td></td><td></td><td></td><td></td><td></td><td></td><td></td></tr>
<tr><td></td><td></td><td></td><td></td><td></td><td></td><td></td><td></td><td></td><td></td><td></td><td></td><td></td><td></td><td></td><td></td></tr>
<tr><td></td><td></td><td></td><td></td><td></td><td></td><td></td><td></td><td></td><td></td><td></td><td></td><td></td><td></td><td></td><td></td></tr>
<tr><td></td><td></td><td></td><td></td><td></td><td></td><td></td><td></td><td></td><td></td><td></td><td></td><td></td><td></td><td></td><td></td></tr>
<tr><td colspan="17">总占地面积(m²)　　　　总建筑面积(m²)　　　　总间数</td></tr>
<tr><td>房屋权界线示意图</td><td colspan="8"></td><td>附记</td><td colspan="3"></td><td>调查意见</td><td colspan="3"></td></tr>
</table>

调查者：　　　　　　　　　　　　　　　　　　　　　　　　　　年　月　日

我国房屋产权性质分全民、集体、私有 3 类。外产、中外合资产按其他产权类处理。房屋产别按两级分类，一级分 4 类，二级分 11 类，如表 21-6 所示。

权源是指产权人取得房屋的时间和方式。其中，方式有继承、分析、买卖、受赠、交换、自建、翻建、征用、收购、调拨、价拨、拨用等。用途是指房屋目前的实际用途，按两级分类，一级分 8 类，二级分 30 类，如表 21-7 所示。房屋建筑结构按其主要承重结构的建筑材料划分 6 类，如表 21-8 所示。一幢房屋有两种以上结构时，以面积大者为准。墙体归属指房屋四面墙体所有权的归属，分自有墙、共有墙和借墙 3 种。他项权利指典当权、抵押权等权利。房屋权界线为房屋权属范围的界线，应由产权人指界和邻户认证来确定。房屋权界线示意图是以权属单元为单位绘制的略图，表示房屋及其相关位置、权界线、墙体归属、房屋边长以及有争议的权界线部位等内容。

表 21-6 房屋产别分类标准

一级分类		二级分类		内容
编号	名称	编号	名称	
1	直管公产	11	公产	是指由政府接管,国家经租、收购、新建并由房地产管理部门直接管理的房屋
		12	代管产	是指房屋所有权一般属于私有,因所有权人出走弃留或下落不明,由政府房地产管理部门代为管理的房屋
		13	托管产	是指房屋所有权属于私有或单位所有,因管理不便或其他原因委托政府房地产管理部门代为管理的房屋
		14	拨用产	是指房屋所有权属于政府房地产管理部门,免租拨借给单位使用的房屋
2	单位自管公产	21	全民单位自管公产	是指全民所有制单位所有并自行管理的房屋
		22	集体单位自管公产	是指集体所有制单位所有并自行管理的房屋
		23	军产	是指中国人民解放军部队、机关、医院(属于军队建制的)、学校等军事单位所有并自行管理的房屋
3	私产	31	私产	是指私人(包括城镇居民、农民、华侨、侨眷、归侨、外籍华人)所有的房屋
4	其他产	41	外产	是指外国政府、企业、社会团体、国际性机构以及外国侨民所有的房屋
		42	中外合资产	是指我国政府、企业与外国政府、公司、厂商和个人等合资建造、购置的房屋
		43	其他产	凡是不属于以上 10 类产别的房屋,都归在这一类

表 21-7 房屋用途及用地分类标准

一级分类		二级分类		内容
编号	名称	编号	名称	
1	住宅	11	住宅	是指专供人们日常生活居住的房屋、宅基地和院落
		12	成套住宅	是指由若干卧室、起居室、厨房、卫生间、室内走道或客厅等组成的供一户使用的房屋、宅基地和院落,成套住宅是住宅的一部分
		13	集体宿舍	是指机关、学校、企事业单位的单身职工、学生居住的房屋、宅基地和院落,集体宿舍是住宅的一部分

续表 21-7

一级分类		二级分类		内容
编号	名称	编号	名称	
2	工业交通仓储	21	工业	是指独立设置的各类工厂、车间、手工作坊等从事生产活动的房屋、附属设施及生产、作业、排渣(灰)场地
		22	公用设施	是指自来水、泵站、污水处理、变电、煤气、供热、垃圾处理、环卫、公厕、殡葬、消防等市政公用设施的房屋、附属设施及其用地
		23	铁路	是指铁路系统从事铁路运输的房屋、附属设施及广场、线路等用地
		24	民航	是指民航系统从事民航运输的房屋、附属设施及其用地
		25	航运	是指航运系统从事水路运输的房屋、附属设施及其用地
		26	公交运输	是指公路运输、公共交通系统从事客(货)运输、装卸、搬运的房屋、附属设施及其用地
		27	道路	是指与房产有关的公路、道路、广场、小路等各种道路用地
		28	仓储	是指国家、省(自治区、直辖市)及地方用于储备、中转、外贸、供应等各种仓库、油库、附属设施及其用地
3	商业服务	31	商业服务	是指各类商店、门市部、饮食店、粮油店、菜场、理发店、照相馆、浴室、旅社、招待所等从事商业和居民生活服务的房屋、附属设施及其用地
		32	旅游	是指宾馆、饭店、大厦、乐园、俱乐部、旅行社等主要从事旅游服务活动的房屋、附属设施及其用地
		33	金融保险	是指银行、储蓄所、信用社、信托公司、证券兑换所、保险公司等从事金融活动的房屋、附属设施及其用地
4	教育医疗科研	41	教育	是指大专院校、中等专业学校、中学、小学、幼儿园、托儿所、职业学校、业余学校、干校、党校、进修院校、工读学校、电视大学等从事教育活动的房屋、附属设施及其用地
		42	医疗	是指各类医院、门诊部、卫生所(站)、防疫站、保健院(所、站)、疗养院(所)、医学化验、药品检验等医疗卫生机构从事医疗、保健、防疫、检验活动的房屋、附属设施及其用地
		43	科研	是指各类研究院(所)、设计院(所)等从事自然科学、社会科学等研究、设计活动的房屋、试验工厂、附属设施及其用地

续表 21-7

一级分类		二级分类		内容
编号	名称	编号	名称	
5	文化娱乐体育	51	文化	是指文化馆、图书馆、展览馆、博物馆、纪念馆等从事文化活动的房屋、附属设施及其用地
		52	新闻	是指广播电视台、电台、出版社、报社、杂志社、通信社、记者站等从事新闻出版活动的房屋、附属设施及其用地
		53	娱乐	是指影剧院、游乐场、俱乐部、剧团等从事文娱演出活动的房屋、附属设施及其用地
		54	园林绿化	是指公园、植物园、陵园、苗圃、花圃、花园、风景名胜、防护林等园林绿化的房屋、附属设施、公共绿化及其用地
		55	体育	是指体育场(馆)、健身房、游泳池、射击场、跳伞塔等从事体育活动的房屋、附属设施及其用地
6	办公	61	办公	是指党、政机关、群众团体、行政事业单位等行政、事业机关办公房屋、附属设施及其用地
7	军事	71	军事	是指中国人民解放军军事机关、营房、阵地、基地、机场、码头、工厂、学校等从事军事活动的房屋、设施及其他军事用地
8	其他	81	涉外	是指外国使(领)馆、驻华办事处等涉外的房屋、附属设施及其用地
		82	宗教	是指寺庙、教堂等从事宗教活动的房屋、附属设施及其用地
		83	监狱	是监狱、看守所、劳改场(所)等管押犯人的房屋、附属设施及其用地
		84	农用	是指水田、菜地、旱地、果园等从事农业生产的房屋、附属设施及其用地
		85	水域	是指与房产有关的江、湖、河、海、塘、库、渠等方面
		86	空隙	是指与房产有关的街道(街坊)内的夹地、空闲地

表 21-8　房屋的建筑结构分类

类型		内容
编号	名称	
1	钢结构	承重的主要结构是用钢材料建造的,包括悬索结构
2	钢、钢筋混凝土结构	承重的主要结构是用钢、钢筋混凝土建造的,如一幢房屋一部分梁柱采用钢筋混凝土构架建造
3	钢筋混凝土结构	承重的主要结构是用钢筋混凝土建造的,包括薄壳结构、大模板现浇结构及使用滑模、升板等先进施工方法施工的钢筋混凝土结构的建筑物
4	混合结构	承重的主要结构是用钢筋混凝土和砖木建造的,如一幢房屋的梁是用钢筋混凝土制成,以砖墙为承重墙,或者梁是木材制造的,柱是用钢筋混凝土建造的
5	砖木结构	承重的主要结构是用砖、木材建造的,如一幢房屋是木制房架、砖墙、木柱建造的
6	其他结构	凡不属于上述结构的房屋都归此类,如竹结构、砖拱结构、窑洞等

二、房屋用地调查

房屋用地调查的内容如表 21-9 所示，包括用地的坐落、产权性质、土地等级、税费、使用地人、用地单位所有制性质、权源、四至、界标、用地分类、用地面积和纠纷等基本情况，以及绘制房屋用地范围示意图。

表 21-9　房屋用地调查表

<table>
<tr><td colspan="2">坐落</td><td colspan="7">区（县）　街道（镇）　胡同（巷）　号</td><td colspan="2">电话</td><td></td><td>邮政编码</td><td></td></tr>
<tr><td colspan="2">产权性质</td><td></td><td>产权人</td><td colspan="2"></td><td>土地等级</td><td></td><td>税费</td><td colspan="3"></td><td colspan="2">用地范围示意图</td></tr>
<tr><td colspan="2">使用人</td><td></td><td>住址</td><td colspan="2"></td><td colspan="2">所有制性质</td><td colspan="4"></td><td colspan="2" rowspan="13"></td></tr>
<tr><td colspan="2">权源</td><td colspan="10"></td></tr>
<tr><td rowspan="16">用地状况</td><td rowspan="2">四至</td><td colspan="2">东</td><td colspan="2">南</td><td colspan="2">西</td><td colspan="2">北</td><td colspan="2"></td></tr>
<tr><td colspan="2"></td><td colspan="2"></td><td colspan="2"></td><td colspan="2"></td><td colspan="2"></td></tr>
<tr><td rowspan="2">四至</td><td colspan="2">东</td><td colspan="2">南</td><td colspan="2">西</td><td colspan="2">北</td><td colspan="2"></td></tr>
<tr><td colspan="2"></td><td colspan="2"></td><td colspan="2"></td><td colspan="2"></td><td colspan="2"></td></tr>
<tr><td rowspan="8">用地分类面积（m^2）</td><td>合计</td><td>住宅</td><td>工业</td><td>公用设施</td><td>铁路</td><td>民航</td><td>航运</td><td>公交运输</td><td>道路</td><td>仓储</td><td>商业服务</td></tr>
<tr><td rowspan="7"></td><td></td><td></td><td></td><td></td><td></td><td></td><td></td><td></td><td></td><td></td></tr>
<tr><td>旅游</td><td>金融保险</td><td>教育</td><td>医疗</td><td>科研</td><td>文化</td><td>新闻</td><td>娱乐</td><td>园林绿化</td><td>体育</td></tr>
<tr><td></td><td></td><td></td><td></td><td></td><td></td><td></td><td></td><td></td><td></td></tr>
<tr><td>办公</td><td>军事</td><td>涉外</td><td>宗教</td><td>监狱</td><td>农用</td><td>水域</td><td>空隙</td><td colspan="2"></td></tr>
<tr><td></td><td></td><td></td><td></td><td></td><td></td><td></td><td></td><td colspan="2"></td></tr>
<tr><td colspan="10"></td></tr>
<tr><td colspan="10"></td><td rowspan="2">调查意见</td><td rowspan="2"></td></tr>
<tr><td rowspan="2">用地面积（m^2）</td><td>合计</td><td colspan="2">房屋占地</td><td colspan="2">院落</td><td colspan="2">分摊共同院落</td><td colspan="2">室外楼梯占地</td><td colspan="2"></td></tr>
<tr><td></td><td colspan="2"></td><td colspan="2"></td><td colspan="2"></td><td colspan="2"></td><td colspan="2"></td><td>备注</td><td></td></tr>
</table>

调查者：　　　　　　　　　　　　　　　　　　　　　　　　　　　　　年　月　日

我国房屋用地产权性质分全民、集体两类。用地等级按土地主管部门制定的土地等级标准区分。权源是指取得土地使用权的时间和方式，调查的要求与房屋调查类同。四至是指用地范围与四邻接壤的情况，一般按东、西、南、北方向注明四邻用地的编号或街道名称。界标是指用地界线上的各种标志，包括道路、河流等自然界线，房屋墙体、围墙、栅栏等围护物体，以及界碑、界桩等埋石标志。用地分类按政府正式颁布的规定执行，无规定的按表 21-6 执行。房屋用地范围示意图是以用地单元为单位绘制的略图，表示房屋用地的位置，四至关系、界线、共同院落界线、界标类别和归属以及有争议的界线部位，并勘丈和注记用地界线的边长。用地范围界线包括共用院落界线由产权人（用地人）指界和邻户认证来确定。

三、房屋用地的编号

房屋用地的编号有丘号、幢号和房产权号。

丘是由地界线封闭的地块。一个用地单元独立使用的地块称独立丘,几个用地单元共同使用而又无明确分界线的地块称组合丘。几个面积过小互相毗连的用地单元也可划分为一个组合丘。丘号以房产分幅图的图幅为单位,从左到右,自上而下用数字1、2…顺序按反S形编号。组合丘内各用地单元以"丘号—支号"形式编立,称为丘支号。跨越图幅的丘,按主门牌所在的图幅编立丘号,其相邻图幅部分不另编丘号,以主门牌所在图幅的丘号加括号表示。

幢是指一座独立的同一结构包括不同层次的房屋。同一结构互相毗连的房屋,可按街道门牌号适当划分幢号。幢号以丘为单位,自进大门起,从左到右,由前至后,用数字1、2…顺序按Z形编号。幢号注在房屋轮廓下的左下角,并加括号表示。

房产权号是在他人用地范围内所建房屋的加编号,以房屋权属单元为单位,用大写英文字母A、B…顺序编号,注记在幢号右面,与幢号并列。

四、行政境界与地理名称调查

行政境界调查应依照政府划定的行政境界位置,调查区、县和镇以上的行政区划范围,并标绘在图上。街道或乡的行政区划按需要调绘。

地理名称(即地名)的调查内容包括:居民点、道路、河流、广场、重要的名胜古迹的自然名称,镇以上各级行政机构的名称,工矿、企事业等的单位名称。自然名称应以当地地名管理机构公布的标准名或公安机关编定的地名为准,单位名称应为全称。行政名称与自然名称相同时,应分别注记,自然名称在前,行政名称在后,并加括号表示。

技能点六　房产图测绘

房产图是与城镇实地房屋相符的总平面图。通过它可以全面掌握全城房屋建筑状况和土地使用状况,是房屋产籍管理的基础资料。房产图包括分幅图、分丘图和分户图3种,它们均为平面图。

一、分幅图测绘

房产分幅图是全面反映房屋及其用地的位置和权属等状况的基本图,也是测制分丘图和分户图的基础资料。其测绘范围包括城市、县城、建制镇的建成区和建成区以外的工矿、企事业单位及其毗连的居民点,并应与开发城镇房屋所有权登记的范围一致。城镇建成区的分幅图一般采用1∶1 000比例尺。其图幅大小为40 cm×50 cm矩形或50 cm×50 cm正方形。

分幅图编号以高斯－克吕格坐标的整千米格网为编号区,由编号区代码加分幅图代码组成,如图21-6所示。编号区的代码以该千米格网西南角的横、纵坐标千米值表示。

编号形式如下:

分幅图的编号：编号区代码　　　　　　　　　　分幅图代码

完整编号：　＊＊＊＊＊＊＊＊＊　　　　　　＊＊

　　　　　　（9 位）　　　　　　　　　　　（2 位）

简略编号：　＊＊＊＊　　　　　　　　　　　＊＊

　　　　　　（4 位）　　　　　　　　　　　（2 位）

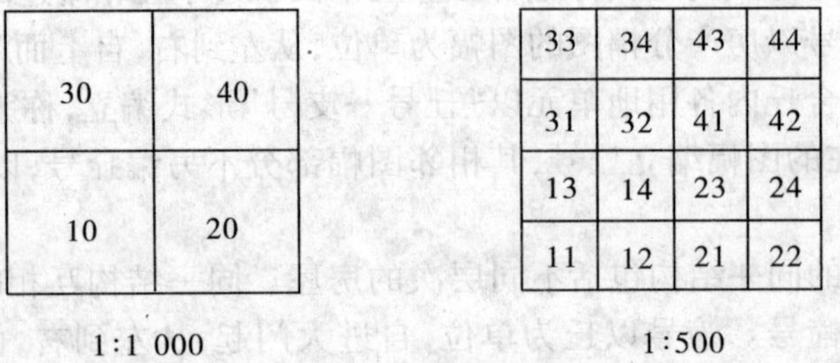

图 21-6

编号区代码由 9 位数组成，代码含义如下：

第 1、第 2 位数为高斯坐标投影带的带号或代码，第 3 位数为横坐标的百千米数，第 4、第 5 位数为纵坐标的千千米和百千米数，第 6、第 7 位和第 8、第 9 位分别为横坐标和纵坐标的十千米和整千米数。

分幅图比例尺代码由 2 位数组成，按图 21-6 的规定执行。

在分幅图上标注分幅图编号时可采用简略编号，简略编号略去编号区代码中的百千米和百千米以前的数值。

房产分幅图的内容应包括测量控制点、行政境界、丘界、房屋附属设施和房屋围护物、房产要素以及与房产有关的地形要素和注记等。其中，房产要素包括丘号、丘支号、幢号、房产权号、门牌号、房屋产别、结构、层数、房屋用地分类等。在与房产有关的地形要素中，铁路、道路、桥梁、水系和城墙等地物均应测绘，亭、塔、烟囱、罐、水井、停车场、球场、花圃、草地等应根据需要测绘。图中的各项内容均应按规范规定的符号和格式绘制和注记。表 21-10 中列出部分房产图图式，可供参考。

表 21-10　部分房产图图式

序号	名称	符号	
		分幅图	分丘图
1	平面控制点 　基本控制点 　　I、5——等级 　　横山——点名	3.0 △ I/横山 3.0 △ 5/横山	
	埋石图根点 　N16——点号 　不埋石图根点 　N8——点号	2.0 ⊡ N16 1.5 ⊕ N8	

续表 21-10

序号	名称	符号	
		分幅图	分丘图
2	行政境界 县、旗、市、区界 街道、镇、乡界	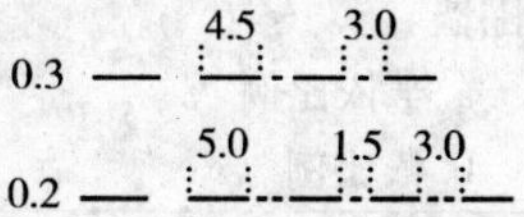	
3	用地界线及房屋权界线 丘界线 a. 丘界在围墙一侧 b. 丘界在围墙中间	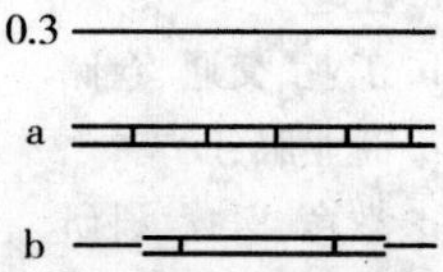	
4	房屋权界线 a. 自有墙、借墙 b. 共有墙	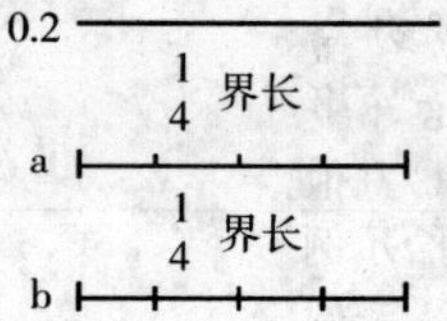	
5	未定权界线 a. 未定丘界线 b. 未定房屋权界线	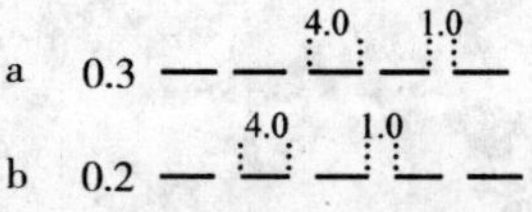	
6	界址点 a. 一级界址点 b. 二级界址点 c. 三级界址点	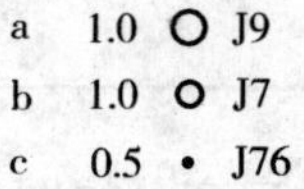	
7	房屋 一般房屋 2——产别 4——建筑结构 05、04——层数 (8)——幢号 64——建成年份 388.92——建筑面积	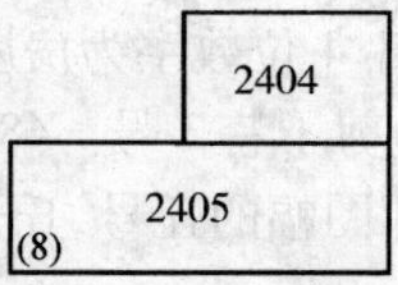	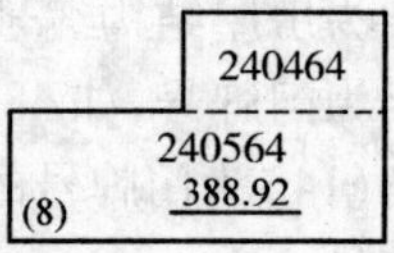
8	架空房屋 a. 架空房屋 b. 廊房 c. 过街楼	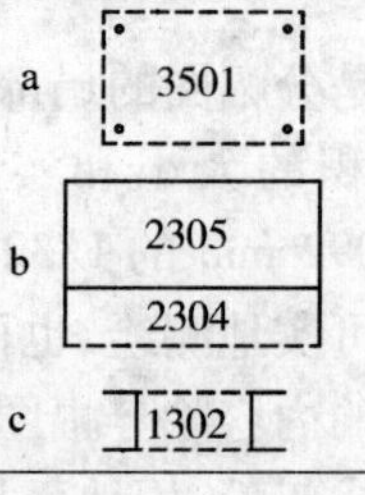	

续表 21-10

序号	名称	符号	
		分幅图	分丘图
9	围墙 a. 半依比例 b. 依比例	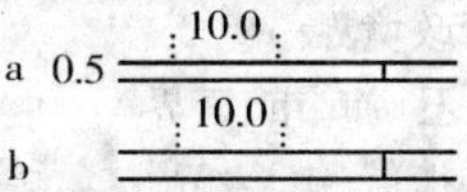	
10	房屋用途及用地分类 a. 住宅 b. 工业、交通、仓储 c. 商业服务 d. 教育、医疗、科研 e. 文化、娱乐、体育 f. 办公 g. 军事 h. 其他	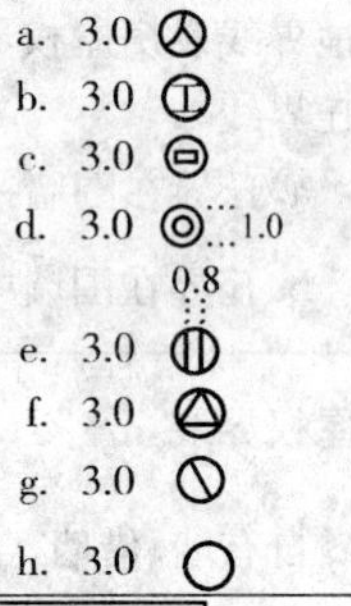	
11	综合示例 a. 示例(一) b. 示例(二)	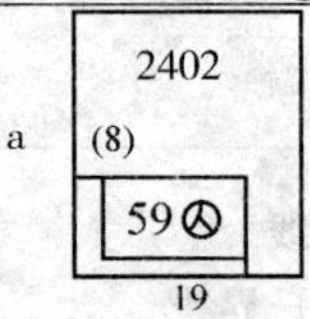 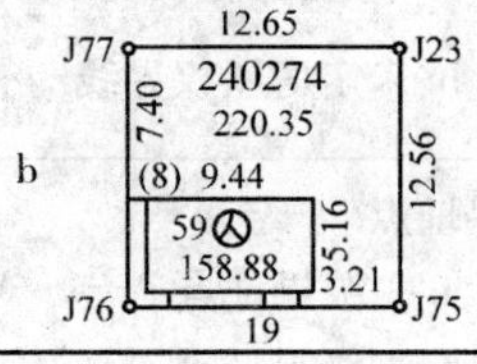	

图 21-7 为房产分幅图(局部)示例。图中,大号字头朝北的注数 33、34、35…为丘号。第 48 丘为组合丘,丘内 48－1、48－2 等为丘支号。每幢房屋轮廓线内左下带括号的(1)、(2)等为幢号。每幢房屋中的四位数字代码,左起第 1 位数字为房屋产别编号,第 2 位数字为房屋结构编号,第 3、4 位数字为房屋层数。房屋或单位大门处与大门方向一致的注字为门牌号,如 48 丘为剪子巷 3 号。48 丘内各支的 3-1、3-2 等注字为丘内门牌号。右下角(14)为门牌号的相邻图幅的丘号,丘号右侧的符号为房屋用途及用地分类的一级分类符号。

二、分丘图测绘

分丘图是分幅图的局部图,是绘制房屋产权附图的基本图,以丘为单位绘制。比例尺可根据丘面积的大小和实际需要,在 1∶100～1∶1 000 范围内选用。图幅幅面可在 787 mm×1 092 mm 的 1/32～1/4 范围内选用。

分丘图可实地测绘,也可利用分幅图和房屋调查表的有关资料绘制。

分丘图的内容除分幅图的内容外,还应表示房屋权界线、界址点、窑洞使用范围、挑廊、阳台、建成年份、用地面积、建筑面积、丘界线长度、房屋边长、墙体归属和四至关系等

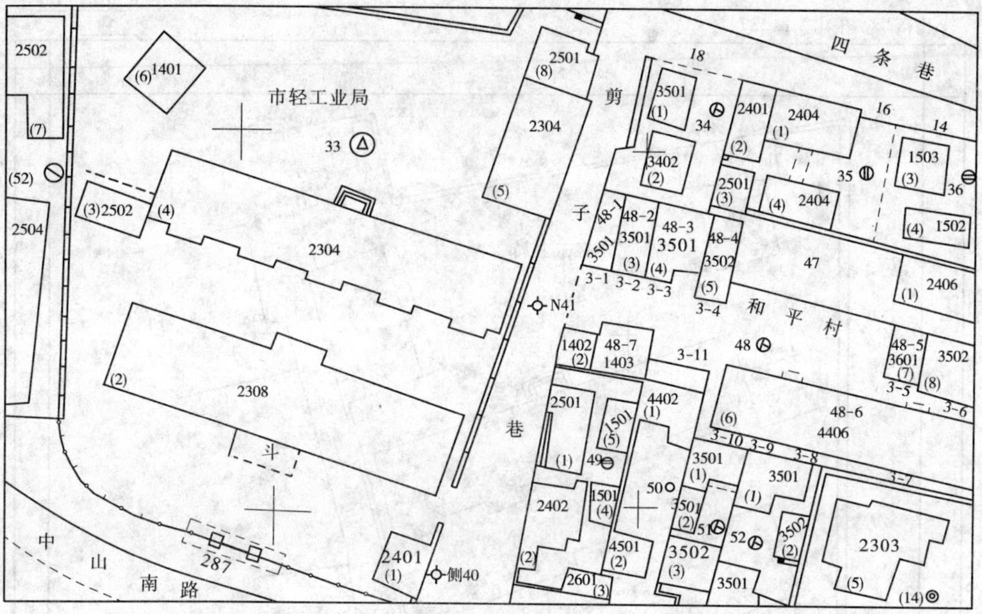

图 21-7

各项房产要素。

分丘图上，应分别注明所有周邻产权所有单位（或人）的名称，分丘图上各种注记的字头应朝北或朝西。

测量本丘与邻丘毗连墙体时，共有墙以墙体中间为界，量至墙体厚度的 1/2 处；借墙量至墙体的内侧；自有墙量至墙体外侧并用相应符号表示。

丘界线长和房屋边长应用钢卷尺丈量至 0.01 m，也可由界址点计算丘界线长，弧形边长可按拆线分段丈量。每边应丈量两次取中数，两次丈量的较差不得超过下式规定

$$\Delta D \leqslant \pm 0.04D \tag{21-2}$$

式中　ΔD——两次丈量的较差，m；

　　　D——边长，m。

图 21-8 为分丘图示例。图内界址点按其级别用不同符号表示，前面冠以英文字母 J。丘号下为本丘用地面积，以 m^2 为单位。每幢房屋内的 6 位数字代码，其前 4 位数的含义同分幅图的 4 位数代码，后 2 位数为建筑年份。房屋代码下划有横线的数为本幢房屋的建筑面积，以 m^2 为单位。组合丘应分别标注各丘支的代码和建筑面积以及丘的总建筑面积。丘界线长和房屋边长均标注在其相应位置，注记方向与边长方向一致。

三、分户图测绘

分户图是以分丘图为基础绘制的局部图，是以一户产权人为单位表示房屋权属范围的细部图。其作用是明确异产毗连房屋的权利界线，作为房屋产权证的附图。

分户图的方位应使房屋的主要边线与图框边线平行，按房屋的朝向横放或竖放，并在适当位置加绘指北线。比例尺一般为 1∶200，当房屋过小或过大时，比例尺可适当放大或缩小。分户图的幅面可选用 787 mm ×1 092 mm 的 1/32 或 1/16 等尺寸。

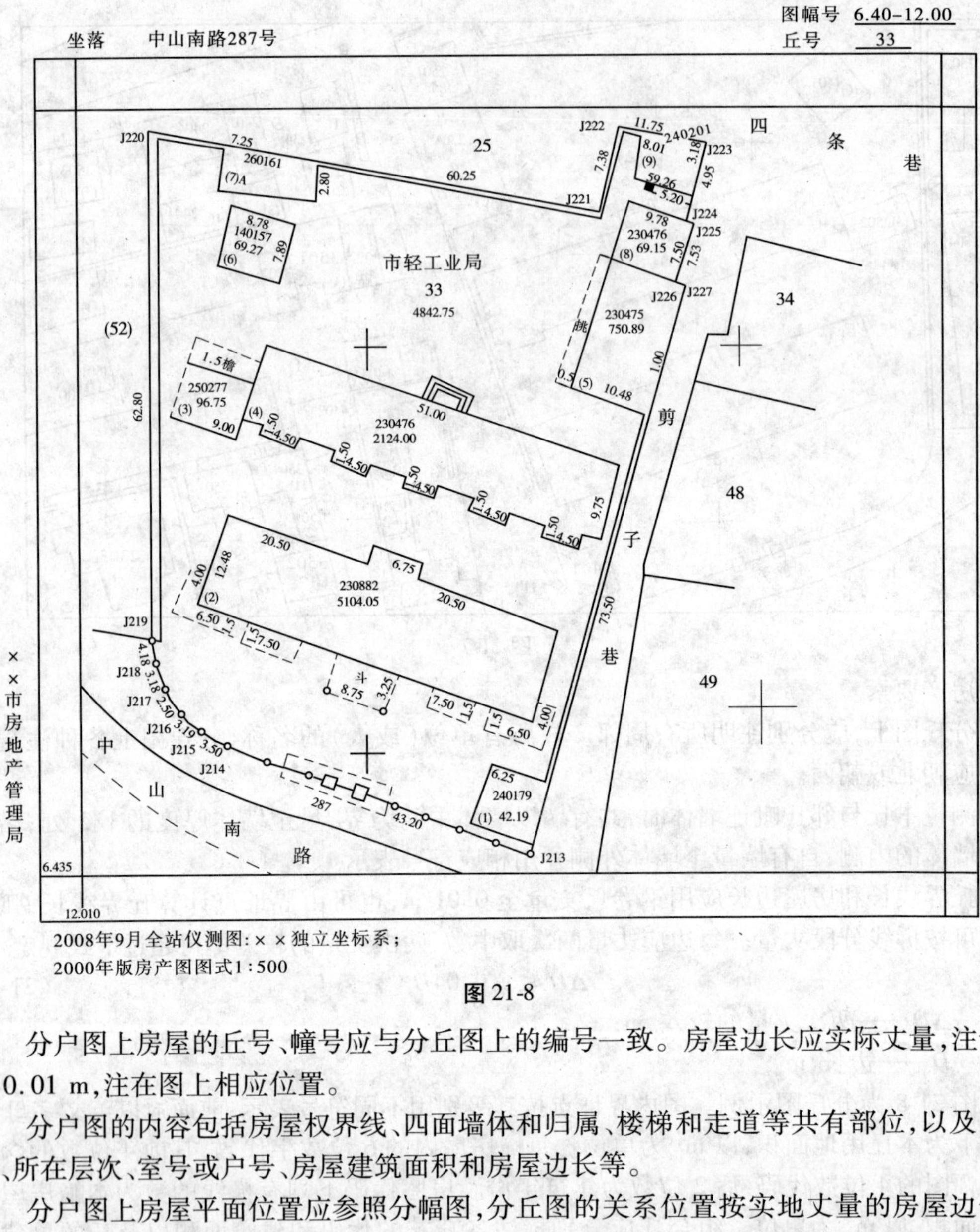

图 21-8

分户图上房屋的丘号、幢号应与分丘图上的编号一致。房屋边长应实际丈量，注记取至 0.01 m，注在图上相应位置。

分户图的内容包括房屋权界线、四面墙体和归属、楼梯和走道等共有部位，以及门牌号、所在层次、室号或户号、房屋建筑面积和房屋边长等。

分户图上房屋平面位置应参照分幅图，分丘图的关系位置按实地丈量的房屋边长绘制。边长应丈量两次取中数，计至 0.01 m，较差应符合式(21-2)的规定。规则房屋(矩形)前后、左右两相对边长之差也应符合式(21-2)的规定。不规则图形的房屋除边长外还应加量对角线，使之分解成若干三角形，以便用三角形的三边计算面积和交会定点。若图形内的折角为直角，直角所对的对角线可以不量。

图 21-9 为分户图示例。房屋产权面积包括套内建筑面积和共有分摊面积，标注在分户图框内。本户所在的丘号、户号、幢号、结构、层数、层次标注在分户图框内。楼梯、走道等共有部位，需在范围内加简注。

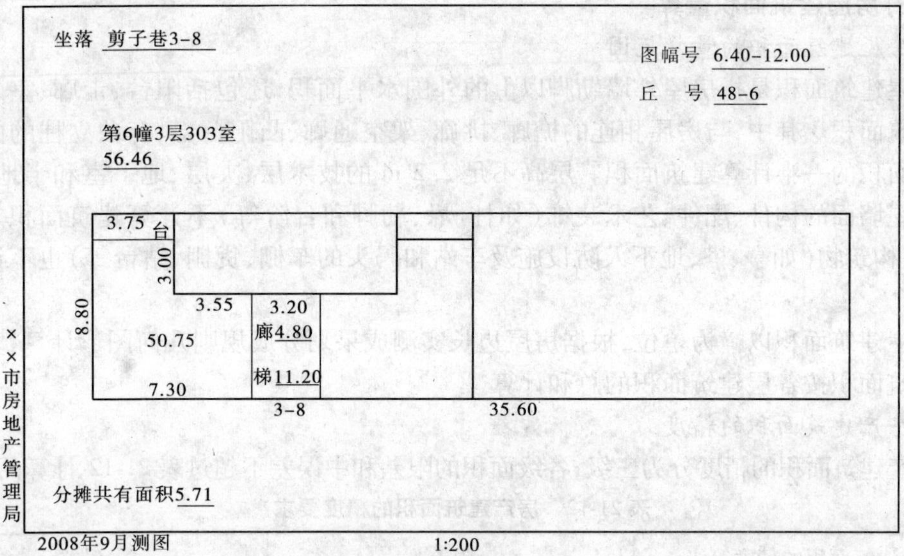

图 21-9

技能点七　房产面积量算与房产变更测量

一、房产面积量算

房产面积包括房屋建筑面积和用地面积，以及共有共用的房屋建筑面积、异产毗连房屋占地面积和共用院落面积的分摊面积等，均按水平面积计算，单位为 m^2，取至 0.01 m^2。各类面积测算应统一使用“房地产面积测算表”（见表 21-11），独立测算两次，其较差不得大于按式（21-2）计算的结果，取中数作为最后结果。

表 21-11　房地产面积测算表

图幅号：　　　　　　　　　丘号：　　　　　　　　　序号：

坐落				区(县)	街道(镇)	胡同(巷)	号		
房屋产权人				用地单位(人)					
面积分类	幢号	层次	部位(室号)	图形编号	计算式	面积计算值(m^2)	较差(m^2)	平差后面积值(m^2)	说明

检查者：　　　　　　　测算者：　　　　　　年　月　日

(一)房屋建筑面积量算

1. 房屋建筑面积的量算范围

房屋建筑面积是指房屋外墙勒脚以上的外围水平面积,还包括阳台、走廊、室外楼梯等的建筑面积。其中,与房屋相连的檐廊、挑廊、架空通廊、凸阳台、只有独立柱的门廊等按投影面积的一半计算建筑面积。层高不足 2.2 m 的技术层、夹层、地下室和半地下室,突出房屋墙面的构件、配件、艺术装饰(如柱、垛、勒脚和台阶等)不计算建筑面积。其他建筑物、构筑物(如亭、塔、地下人防设施及车站和码头的车棚、货棚、站台等)也不计算建筑面积。

房屋建筑面积以幢为单位,根据房屋边长实测成果划分成规则几何图形计算,多层房屋的建筑面积按各层建筑面积的总和计算。

2. 房产建筑面积的精度

房产建筑面积的精度分为三级,各级面积的限差和中误差不超过表 21-12 计算的结果。

表 21-12　房产建筑面积的精度要求

房产建筑面积的精度等级	限差	中误差
一	$0.02\sqrt{S}+0.0006\ S$	$0.01\sqrt{S}+0.0003\ S$
二	$0.04\sqrt{S}+0.0002\ S$	$0.02\sqrt{S}+0.0001\ S$
三	$0.08\sqrt{S}+0.0006\ S$	$0.04\sqrt{S}+0.0003\ S$

注: S 为房产建筑面积,m^2。

(二)用地面积量算

用地面积以丘为单位量算。量算范围包括房屋占地面积、院落面积、分摊的共用院落面积、室外楼梯占地面积和各项地类面积。其中,房屋占地面积指房屋底层外墙(柱)外围水平面积,通常与底层房屋建筑面积相同。

下列土地不计入用地面积:

(1)无明确使用权属的冷巷、巷道或间隙地。

(2)市政管辖的道路、街道、巷道等公共用地。

(3)公共使用的河滩、水沟、排污沟。

(4)已征用、划拨或者属于原房地产证记载范围,经规划部门核定需要做市政建设的用地。

(5)其他按规定不计入用地的面积。

用地面积的量算方法,可采用按界址点坐标解析法计算,或按用地边长实量数据计算,也可由图上量算。图上量算必须在房产原图上进行,且距离量测应准确至图上 0.2 mm。图上量算面积必须量算两次,较差不大于下式规定

$$P \leqslant \pm 0.0003M\sqrt{P} \tag{21-3}$$

式中　P——所量测的面积,m^2;

M——用图比例尺分母。

(三)共有共用面积

共有共用面积包括共有的房屋建筑面积和共用的房屋用地面积。

1. 共有共用面积的处理原则

(1)产权各方有合法权属分割文件或协议的,按文件或协议规定执行。

(2)无产权分割文件或协议的,可按相关房屋的建筑面积按比例进行分摊。

按相关建筑面积进行共有共用面积分摊,按下式计算

$$\delta_{Si} = KS_i \tag{21-4}$$

$$K = (\sum \delta_{Si}) / \sum S_i \tag{21-5}$$

式中 K——面积的分摊系数;

S_i——各单元参加分摊的建筑面积,m^2;

δ_{Si}——各单元参加分摊所得的分摊面积,m^2;

$\Sigma \delta_{Si}$——需要分摊的分摊面积总和,m^2;

ΣS_i——参加分摊的各单元建筑面积总和,m^2。

2. 共有建筑面积的内容

共有建筑面积的内容包括电梯井、管道井、楼梯间、垃圾道、变电室、设备间、公共门厅、过道、地下室、值班警卫室等,以及为整幢建筑服务的公共用房和管理用房的建筑面积,以水平投影面积计算。

共有建筑面积还包括套内与公共建筑之间的分隔墙,以及外墙(包括山墙)水平投影面积一半的建筑面积。

独立使用的地下室、车棚、车库,为多幢建筑物服务的警卫室,管理用房,作为人防工程的地下室都不计入共有建筑面积。

整幢建筑物的建筑面积扣除整幢建筑物各套套内建筑面积之和,并扣除已作为独立使用的地下室、车棚、车库,为多幢建筑物服务的警卫室、管理用房,以及人防工程等建筑面积,即为整幢建筑物的共有建筑面积。

3. 共有建筑面积的分摊方法

1)住宅楼共有建筑面积的分摊方法

住宅楼以幢为单元,依照式(21-3)、式(21-4),根据各套房屋的套内建筑面积,求得各套房屋分摊所得的共有建筑分摊面积。

2)商住楼共有建筑面积的分摊方法

首先根据住宅和商业等的不同使用功能按各自的建筑面积将全幢的共有建筑面积分摊成住宅和商业两部分,即住宅部分分摊得到的全幢共有建筑面积和商业部分分摊得到的全幢共有建筑面积。然后住宅和商业部分将所得的分摊面积再各自进行分摊。

住宅部分:将分摊得到的幢共有建筑面积,加上住宅部分本身的共有建筑面积,依照式(21-3)、式(21-4),按各套的建筑面积分摊计算各套房屋的分摊面积。

商业部分:将分摊得到的幢共有建筑面积,加上本身的共有建筑面积,按各层套内的建筑面积依比例分摊至各层,作为各层共有建筑面积的一部分,加至各层的共有建筑面积中,得到各层总的共有建筑面积,然后根据层内各套房屋的套内建筑面积按比例分摊至各套,求出各套房屋分摊得到的共有建筑面积。

3)多功能综合楼共有建筑面积的分摊方法

多功能综合楼共有建筑面积按照各自的功能,参照商住楼的分摊计算方法进行分摊。

二、房产变更测量

变更测量分为现状变更测量和权属变更测量。

(一)现状变更测量

现状变更测量内容包括:

(1)房屋的新建、拆迁、改建、扩建,房屋建筑结构、层数的变化。

(2)房屋的损坏与灭失,包括全部拆除或部分拆除、倒塌和烧毁。

(3)围墙、栅栏、篱笆、铁丝网等围护物以及房屋附属设施的变化。

(4)道路、广场、河流的拓宽、改造,河、湖、沟渠、水塘等边界的变化。

(5)地名、门牌号的更改。

(6)房屋及其用地分类面积增减变化。

(二)权属变更测量

(1)房屋买卖、交换、继承、分割、赠与、兼并等引起的权界的转移。

(2)土地使用权界的调整,包括合并、分割、塌没和截弯取直。

(3)征拨、出让、节让土地而引起的土地权属界线的变化。

(4)他项权利范围的变化和注销。

(三)变更测量的程序

变更测量应根据房地产变更资料,先进行房地产要素调查,包括现状、权属和界址调查,再进行分户权界和面积的测定,调整有关的房地产编码,最后进行房地产资料的修正。

(四)变更测量的方法

变更测量方法的选择应依据以下几点:

(1)变更测量应根据现有变更资料,确定变更范围,按平面控制点的分布情况选择测量方法。

(2)房地产的合并和分割,应根据变更登记文件,由当事人或关系人到现场指界下,实地测定变更后的房地产界址和面积。

(3)修测之后,应对现有房产、地籍资料进行修正与处理。

(五)变更测量的基准

(1)变更测量以变更范围内平面控制点和房产界址点作为测量的基准点。所有已修测过的地物点不得作为变更测量的依据。

(2)变更范围内和邻近的符合精度要求的房角点,也可作为修测的依据。

(六)变更测量的精度要求

(1)变更后的分幅、分丘图图上精度,新补测的界址点的精度都应符合规范的规定。

(2)房产分割后各户房屋建筑面积之和与原有房屋建筑面积的不符值应在限差以内。

(3)用地分割后各丘面积之和与原丘面积的不符值应在限差以内。

(4)房产合并后的建筑面积取被合并房屋建筑面积之和,用地合并后的面积取被合并的各丘面积之和。

(七)变更测量的业务要求

(1)变更测量时,应做到变更有合法依据,对原已登记发证而确认的权界位置和面积等合法数据和附图不得随意更改。

(2)房地产合并或分割。分割应先进行房地产登记,且无禁止分割文件,分割处必须有固定界标;位置毗连且权属相同的房屋及其用地可以合并,应先进行房地产登记。

(3)房屋所有权发生变更或转移,其房屋用地也应随之变更或转移。

(八)房地产编号的变更与处理

(1)丘号。①用地的合并与分割都应重新编丘号,新增丘号按编号区内的最大丘号续编。②组合丘内,新增丘支号按丘内的最大丘支号续编。

(2)界址点、房角点点号新增的界址点或房角点的点号,分别按编号区内界址点或房角点的最大点号续编。

(3)幢号。房产合并或分割应重新编幢号,原幢号作废,新幢号按丘内最大幢号续编。

思考与练习题

1. 房产调查包括哪些工作?
2. 试述房产图的种类及测绘内容。
3. 房产面积包括哪几部分?如何量算?
4. 房产变更测量包括哪些工作?

参考文献

[1] 国家技术监督局．GB/T 20257.1—2007 1:500　1:100　1:2000 地形图图式[S]．北京:中国标准出版社,2007.

[2] 国家质量技术监督局．GB/T 18314—2001 全球定位系统(GPS)测量规范[S]．北京:中国标准出版社,2001.

[3] 国家技术监督局．GB 12898—1991 国家三、四等水准测量规范[S]．北京:中国标准出版社,1992.

[4] 国家技术监督局．GB/T 17996—2000 房产测量规范[S]．北京:中国标准出版社,2000.

[5] 国家技术监督局．GB 50026—2007 工程测量规范[S]．北京:中国计划出版社,2007.

[6] 国家测绘局．CH/T 2007—2001 三、四等导线测量规范[S]．北京:测绘出版社,2003.

[7] 中华人民共和国建设部．GJJ 8—99 城市测量规范[S]．北京:中国建筑工业出版社,1999.

[8] 建设部．JGJ 3—2002 钢筋混凝土高层建筑结构设计与施工规范[S]．北京:中国建筑工业出版社,2002.

[9] 建设部．JGJ 8—2007 建筑变形测量规程[S]．北京:中国建筑工业出版社,2007.

[10] 同济大学测量系,清华大学测量教研组[M]．测量学．北京:测绘出版社,1991.

[11] 合肥工业大学，等．测量学[M].4 版．北京:中国建筑工业出版社,1995.

[12] 覃辉．土木工程测量[M]．上海:同济大学出版社,2004.

[13] 吕云麟,林风明．建筑工程测量[M]．武汉:武汉工业大学出版社,1988.

[14] 李青岳,等．工程测量学[M]．北京:测绘出版社,1995.

[15] 李生平,等．建筑工程测量[M]．北京:高等教育出版社,2002.

[16] 北京建筑工程学院测量教研组．普通工程测量[M]．北京:中国建筑工业出版社,1983.

[17] 郑庄生．建筑工程测量[M]．北京:中国建筑工业出版社,1995.

[18] 李宝全，等．现代路桥工程测量[M]．哈尔滨:东北林业大学出版社,1994.

[19] 王根虎．建筑工程测量[M]．呼和浩特:内蒙古大学出版社,1997.